AutoCAD 完美应用手册

——室内设计实战案例篇

完美在线　编著

中国水利水电出版社
www.waterpub.com.cn
·北京·

内 容 提 要

《AutoCAD完美应用手册——室内设计实战案例篇》以AutoCAD的实际应用为中心，以“问题引导+设计欣赏”为线索，由基础到复杂、从简单应用到综合实操对要点知识分篇进行讲解，分为基础讲座篇、图形施工篇、风水优化篇、尺寸布局篇、室内配色篇、设计赏析篇，每一篇的最后都有一位名人的作品赏析，以供读者学习和欣赏。书中运用了大量的尺寸布局分析，从不同的角度对AutoCAD在室内设计中的运用进行详尽的介绍，为室内设计从业人员提供了可靠的依据。

《AutoCAD完美应用手册——室内设计实战案例篇》不仅是学习AutoCAD知识必备的参考用书，还是室内设计师的学习用书，更是室内设计爱好者的首选读物。

图书在版编目（CIP）数据

AutoCAD 完美应用手册：室内设计实战案例篇 / 完美在线编著．— 北京：中国水利水电出版社，2021.8
ISBN 978-7-5170-9370-1

Ⅰ．① A… Ⅱ．①完… Ⅲ．①室内装饰设计—计算机辅助设计—AutoCAD 软件 Ⅳ．① TU238.2-39

中国版本图书馆 CIP 数据核字 (2021) 第 026391 号

书　　名	AutoCAD 完美应用手册——室内设计实战案例篇 AutoCAD WANMEI YINGYONG SHOUCE—SHINEI SHEJI SHIZHAN AILI PIAN
作　　者	完美在线　编著
出版发行	中国水利水电出版社 （北京市海淀区玉渊潭南路 1 号 D 座 100038） 网址：www.waterpub.com.cn E-mail：zhiboshangshu@163.com 电话：（010）62572966-2205/2266/2201（营销中心）
经　　售	北京科水图书销售中心（零售） 电话：（010）88383994、63202643、68545874 全国各地新华书店和相关出版物销售网点
排　　版	北京智博尚书文化传媒有限公司
印　　刷	河北文福旺印刷有限公司
规　　格	203mm×260mm　16 开本　15 印张　480 千字
版　　次	2021 年 8 月第 1 版　2021 年 8 月第 1 次印刷
印　　数	0001—3000 册
定　　价	79.80 元

前言 PREFACE

感谢您选择并阅读本书!

众所周知，AutoCAD是目前计算机辅助设计系统中应用最为广泛的图形软件之一，由Autodesk（欧特克）公司开发，集二维绘图、三维设计、参数化设计、协同设计以及通用数据库管理和互联网通信功能于一体。因其强大的功能、稳定的性能、便捷的操作、更好的兼容性等特点，广泛应用于机械设计、室内设计、服装设计、电气设计、家具设计、建筑设计、园林景观设计等领域。经过不断的更新升级，AutoCAD的功能越来越强大，其界面美观度、操作便捷性、软件间的协同交互性等得到了长足改进，进一步朝智能化和多元化方向发展。

全书分为基础讲座篇、图形施工篇、风水优化篇、尺寸布局篇、室内配色篇、设计赏析篇，主要内容介绍如下。

分篇	内容概述
基础讲座篇	全方位讲述AutoCAD的界面构成、基础绘图操作、样式设置、打印输出、扩展工具等基础知识
图形施工篇	主要讲述平面图、立面图形及剖面节点图的做法、施工图例、AutoCAD与其他软件的交互应用等知识
风水优化篇	主要讲述AutoCAD在室内风水布局中的应用，以及室内设计中的常见问题与解决方法
尺寸布局篇	主要讲述家居各个空间的布局安排、尺寸设置，以及人体工程学在室内设计中的应用
室内配色篇	主要讲述室内软装设计知识，如色彩基础、色彩搭配等
设计赏析篇	主要内容为平面布局方案的分析及成品施工图纸的赏析

学习指导 LEARNING GUIDE

在学习本书之前，请您先仔细阅读“学习指导”，这里说明了书中各部分的重点内容和学习方法， 有利于您能正确使用本书，提高学习效率。

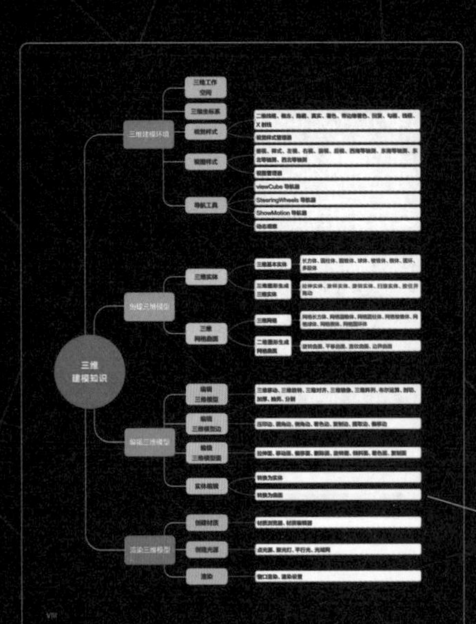

手册编号

全书通过编号进行索引，帮助读者快速检索内容；

书末另附关键字检索方式，查找更加便捷高效。

立体索引

知识分节模块化，细节标注精准化。

思维导图

通过思维导图全面掌握AutoCAD知识点。

Article 112 小户型更需要充足的储物空间

Technique 01 主卧区域

Technique 02 次卧区域

Article 007 高效的快捷键命令

巧妙混排

大容量排版方式，文字内容四栏排版，表格双栏排版。

Article 041 自带的扩展工具——Express Tools

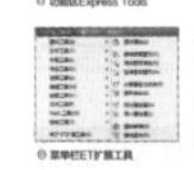

Article 042 梁志天作品赏析

作品赏析

通过赏析行业导师的作品，为自己树立学习榜样。

目录 CONTENTS

基础讲座篇

图形施工篇

风水优化篇

尺寸布局篇

室内配色篇

设计赏析篇

知识导图 KNOWLEDGE

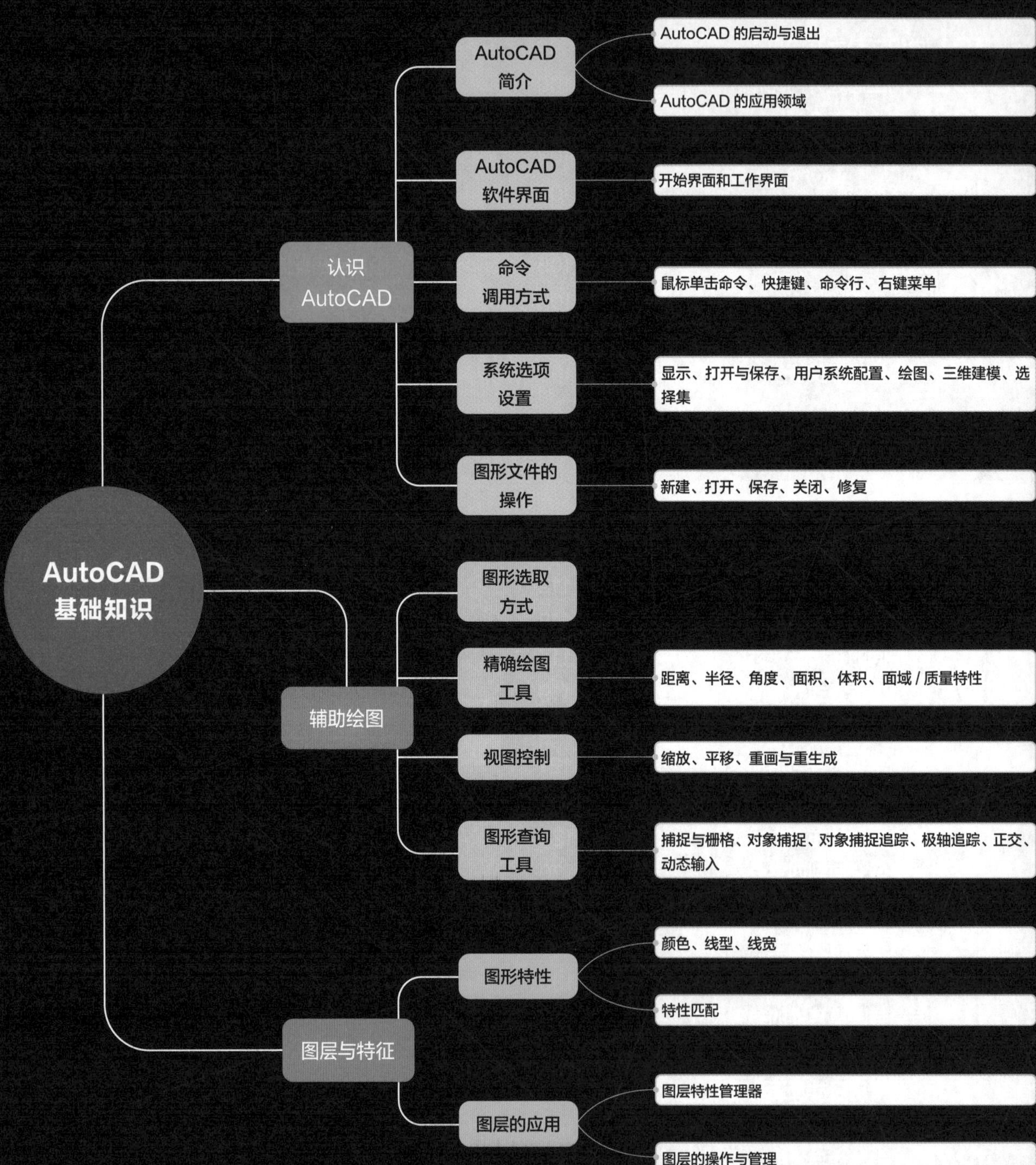

二维绘图知识

- 绘制二维图形
  - 点
    - 点样式
    - 单点、多点、定数等分、定距等分
  - 直线
    - 直线、射线、构造线、多线、多段线、矩形、多边形
  - 曲线
    - 圆和圆弧、椭圆和椭圆弧、圆环、样条曲线、修订云线、螺旋线
  - 图形图案填充
    - 图案填充
    - 渐变色填充
    - 边界填充
- 编辑二维图形
  - 基础编辑
    - 移动、旋转、缩放、分解
  - 复制类
    - 复制、偏移、镜像、阵列
  - 造型类
    - 圆角、倒角、光顺曲线、打断、合并、修剪、延伸、拉伸
  - 编辑复合线段
    - 编辑多线、编辑多段线、编辑样条曲线
  - 夹点编辑
    - 拉伸、移动、旋转、缩放、镜像、复制
    - 夹点样式
- 文字、尺寸与表格
  - 文字注释
    - 文字样式
    - 单行文字、多行文字
    - 字段的应用
  - 尺寸标注
    - 标注样式
    - 标注类型
      - 线性、对齐、弧长、坐标、半径、直径、圆心标记、折弯、角度、基线、连续、公差
    - 引线类型
      - 快速引线
      - 多重引线
    - 编辑尺寸标注
  - 表格
    - 表格样式
    - 创建与编辑表格
    - 调整用外部表格
- 图块与外部参照
  - 定义图块
    - 创建块
      - 内部块
      - 写块
    - 插入块
    - 块编辑器
  - 块的属性
    - 定义块属性
    - 修改块属性
  - 动态图块
    - 参数
      - 点、线性、极轴、XY、旋转、对齐、翻转、可见性、查询、基点
    - 动作
      - 移动、缩放、拉伸、极轴拉伸、旋转、翻转、阵列、查询、块特性表
  - 外部参照
    - 附着外部参照
    - 编辑外部参照
    - 剪裁外部参照
    - 参照管理器

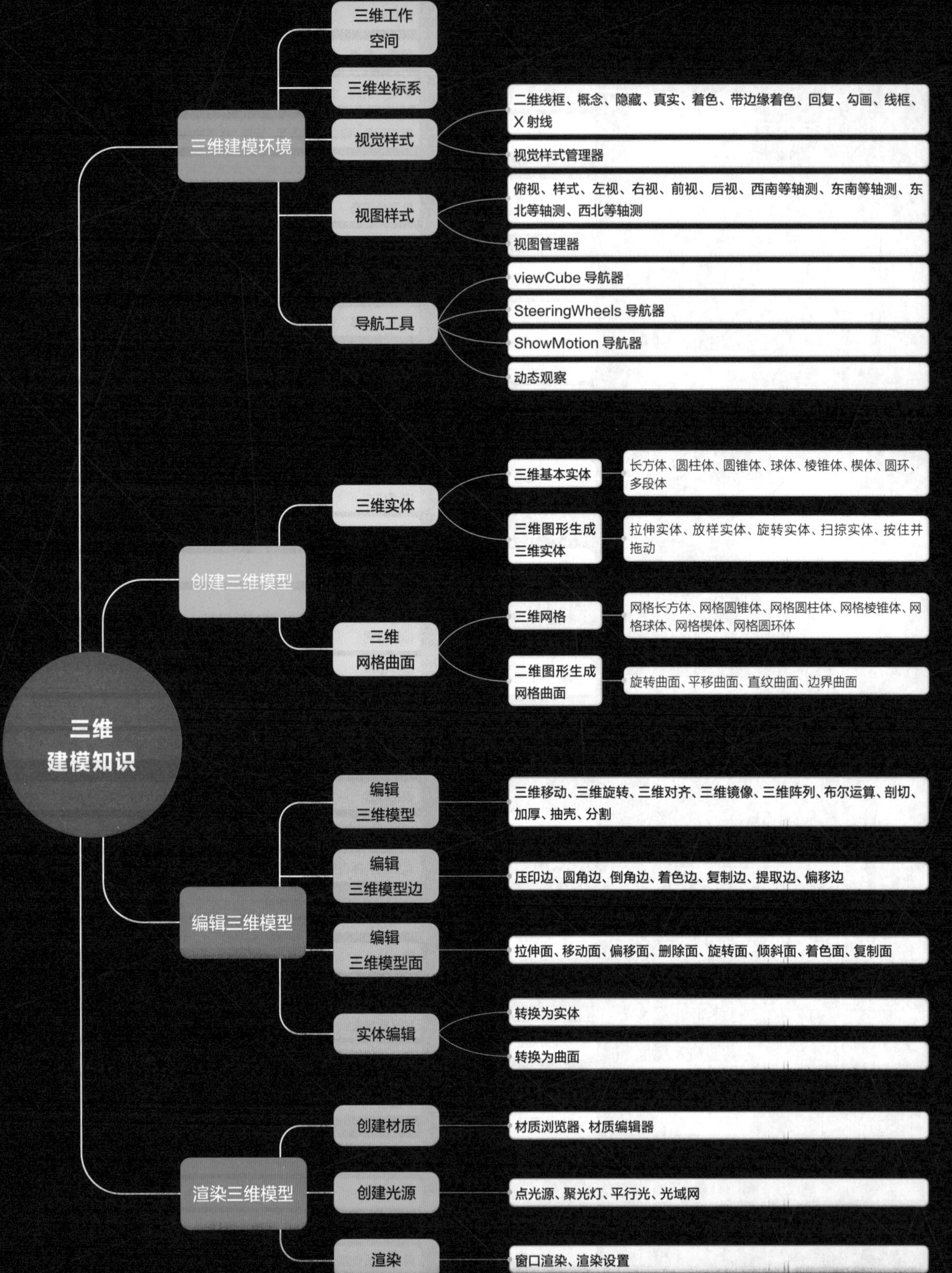

三维
建模知识
三维建模环境
三维工作
空间
三维坐标系
视觉样式
二维线框、概念、隐藏、真实、着色、带边缘着色、回复、勾画、线框、X射线
视觉样式管理器
视图样式
俯视、样式、左视、右视、前视、后视、西南等轴测、东南等轴测、东北等轴测、西北等轴测
视图管理器
导航工具
viewCube 导航器
SteeringWheels 导航器
ShowMotion 导航器
动态观察
创建三维模型
三维实体
三维基本实体
长方体、圆柱体、圆锥体、球体、棱锥体、楔体、圆环、多段体
三维图形生成
三维实体
拉伸实体、放样实体、旋转实体、扫掠实体、按住并拖动
三维
网格曲面
三维网格
网格长方体、网格圆锥体、网格圆柱体、网格棱锥体、网格球体、网格楔体、网格圆环体
二维图形生成
网格曲面
旋转曲面、平移曲面、直纹曲面、边界曲面
编辑三维模型
编辑
三维模型
三维移动、三维旋转、三维对齐、三维镜像、三维阵列、布尔运算、剖切、加厚、抽壳、分割
编辑
三维模型边
压印边、圆角边、倒角边、着色边、复制边、提取边、偏移边
编辑
三维模型面
拉伸面、移动面、偏移面、删除面、旋转面、倾斜面、着色面、复制面
实体编辑
转换为实体
转换为曲面
渲染三维模型
创建材质
材质浏览器、材质编辑器
创建光源
点光源、聚光灯、平行光、光域网
渲染
窗口渲染、渲染设置

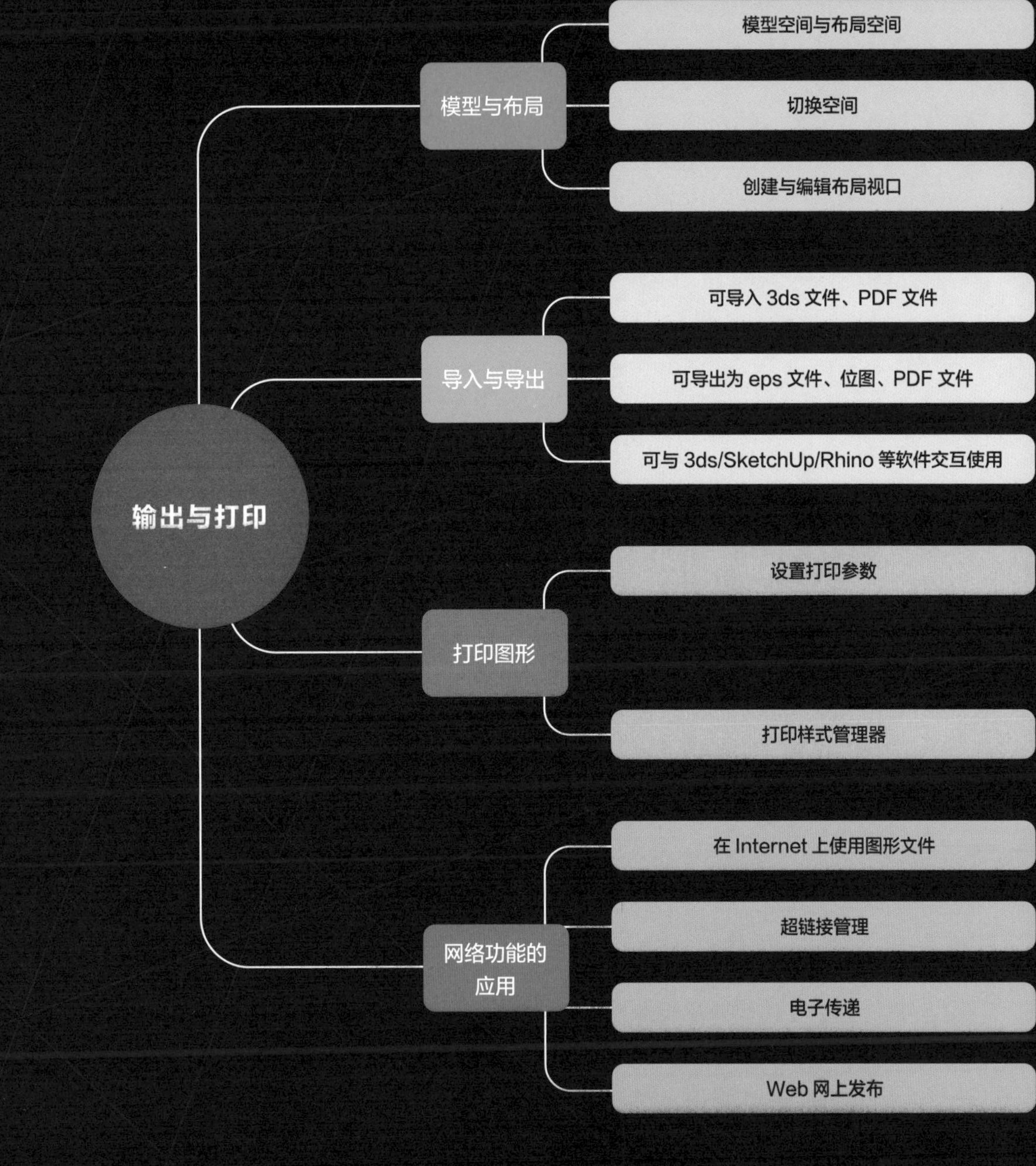
输出与打印
模型与布局
模型空间与布局空间
切换空间
创建与编辑布局视口
导入与导出
可导入 3ds 文件、PDF 文件
可导出为 eps 文件、位图、PDF 文件
可与 3ds/SketchUp/Rhino 等软件交互使用
打印图形
设置打印参数
打印样式管理器
网络功能的应用
在 Internet 上使用图形文件
超链接管理
电子传递
Web 网上发布

基础讲座篇

Article 001

AutoCAD的日常应用

AutoCAD是Autodesk公司开发的自动计算机辅助设计软件，具有绘制二维图形、制作三维模型、标注图形、协同设计、图纸管理等功能，被广泛应用于机械、建筑室内外、园林、服装、电子、航天、石油、化工、地质等多个领域，是目前世界上使用最为广泛的计算机绘图软件之一。下面介绍最为常见的三个应用领域。

机械制图

AutoCAD是现代机械设计中的重要软件，它能够独立完成二维、三维等机械零件的设计，并且向开放化、智能化以及标准化方向不断发展。

AutoCAD在机械设计中的应用主要集中在零件与装配图的实体生成等方面，它彻底更新了设计手段和设计方法，摆脱了传统设计模式的束缚，引进了现代设计观念，促进了机械制造业的高速发展，图❶为利用AutoCAD绘制的机械图纸。

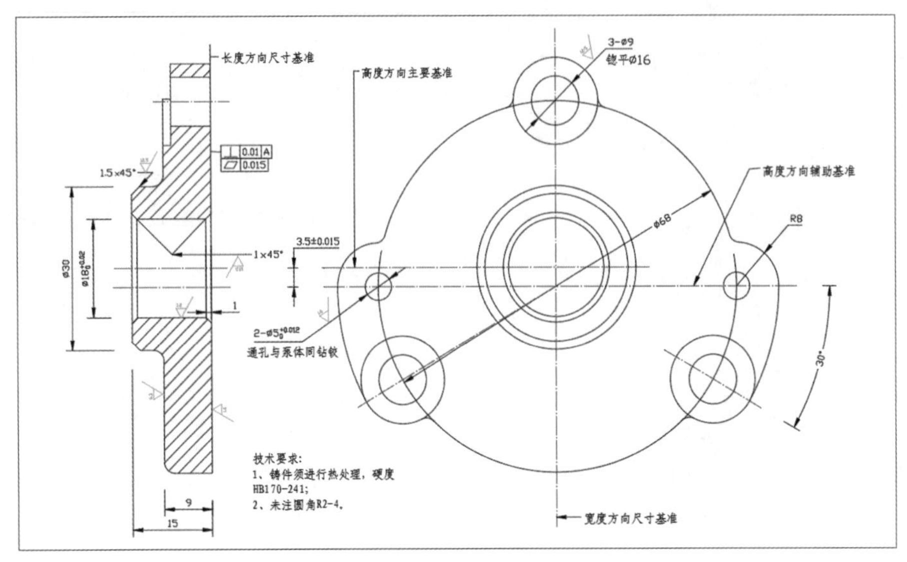

❶机械图纸

Technique 02

建筑设计

建筑设计是一项创造性很强的工作，它的最终成果是以图纸的形式将建筑直观地表达出来。AutoCAD作为专业的设计绘图软件，以其强大的图形功能和日趋标准化发展的进程，逐步影响着建筑设计人员的工作方法和设计理念，是建筑设计的首选制图软件。

AutoCAD技术与建筑设计的结合是计算机应用技术特别是计算机图形图像技术发展的必然结果，图❷为利用AutoCAD绘制的建筑平面图。使用该软件不仅能将设计方案用规范、美观的图纸表达出来，还能有效地帮助设计人员提高设计水平及工作效率，这是手工绘图无法企及的。

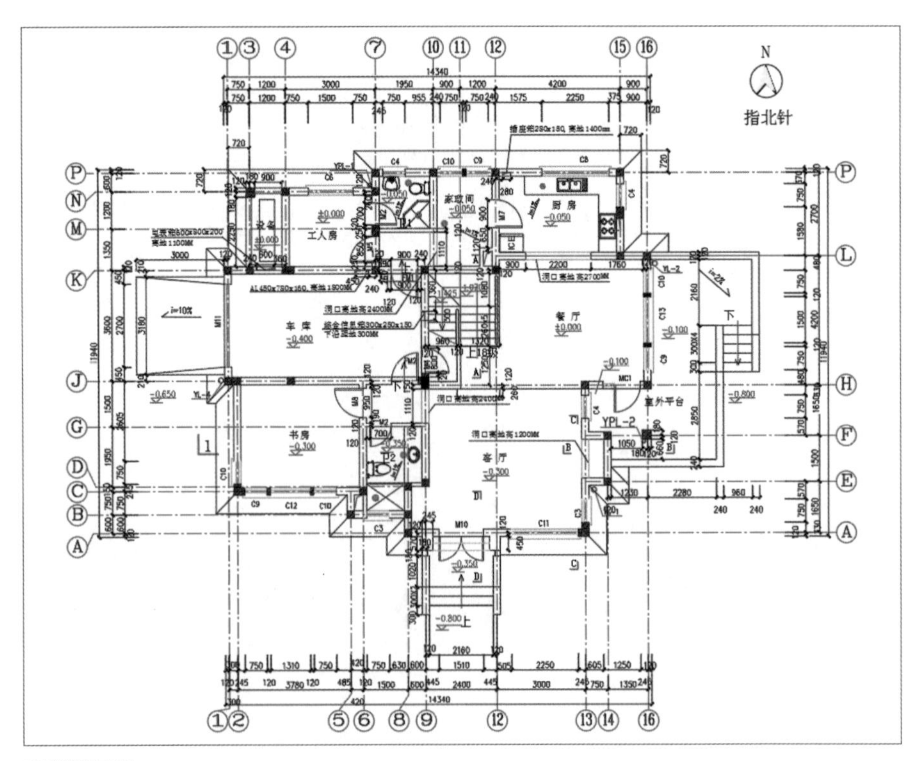

❷建筑平面图

Technique 03

园林设计

园林设计是一门研究如何应用艺术和技术手段处理自然、建筑和人类活动之间的复杂关系，构建和谐完美、生态良好、景色如画般的环境的学科。

园林设计中的景观功能区地形复杂多变，花草树木多为曲线，而园林建筑和建筑小品面积小、体型复杂、变化丰富，利用AutoCAD进行绘制可以很好地节约成本和工作时间，为园林设计者提供了很多方便，图③为利用AutoCAD绘制的园林图纸。

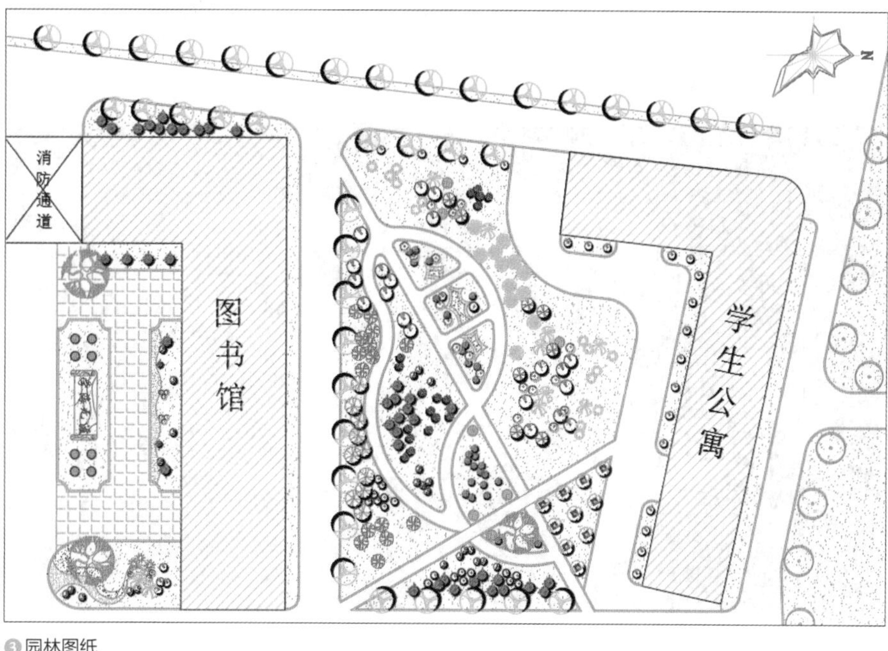

序号	图例	树种	数量	规格
1		雪松	3	H8.5m以上
2		云杉	42	D=6-8cm
3		杜松	28	H4.5m以上
4		国槐	19	D=5-8cm
5		铺地柏	3	枝长0.6-1.0m
6		白桦	37	D=5-8cm
7		旱柳	10	D=8-11cm
8		梨树	10	D=3-5cm
9		色木	12	D=3-5cm
10		天目琼花	13	冠幅1.5m以上
11		偃伏莱木球	8	球径0.8-1.0m
12		梓树	10	D=5-8cm
13		暴马丁香	15	H2.8m以上
14		紫丁香	46	冠幅1.5m以上
15		连翘	14	冠幅1.5m以上
16		榆叶梅	19	冠幅1.5m以上
17		水蜡球	24	冠幅0.8-1.0m
18		宿根花卉		25株/m²
19		云杉篱		H:0.5m
20		草坪碱茅		

③园林图纸

Article 002 AutoCAD坐标系一览

任何物体在空间中的位置都是通过坐标系进行定位的。在AutoCAD的绘图过程中，用户也是通过坐标系来确定相应图形对象的位置的。坐标系是确定对象位置的基本手段。

世界坐标系

世界坐标系（简称WCS）由三个垂直并相交的坐标轴（X轴、Y轴和Z轴）构成，一般显示在绘图区域的左下角①。在世界坐标系中，X轴和Y轴的交点就是坐标原点O（0,0），X轴正方向为水平向右，Y轴正方向为垂直向上，Z轴正方向为垂直于XOY平面，指向操作者。在二维绘图状态下，Z轴是不可见的。

Technique 02

用户坐标系

相对于WCS，用户可根据需要创建无限多的坐标系，这类坐标系称为用户坐标系。

比如进行复杂绘图操作，尤其是三维造型操作时，固定不变的WCS已经无法满足用户需求，故而AutoCAD定义一个可以移动的用户坐标系，用户可以在需要的位置上设置原点和坐标轴的方向，更加便于绘图。

在默认情况下，用户坐标系和WCS完全重合，但是用户坐标系的图标少了原点处的小方格②。

在二维工作空间中，坐标系仅显示X轴和Y轴，在三维工作空间中才会显示出Z轴。另外，在切换视图的视觉样式后，坐标系的样式也会由黑白单线变成彩色三维效果③④。

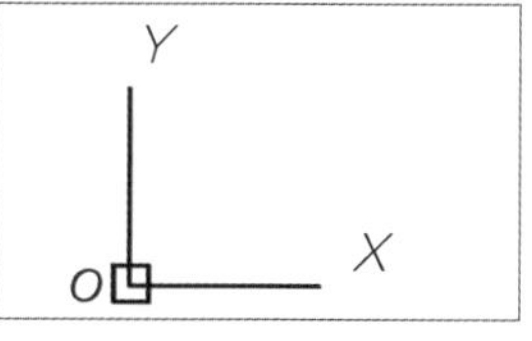

①世界坐标系

②用户坐标系

③默认三维坐标系

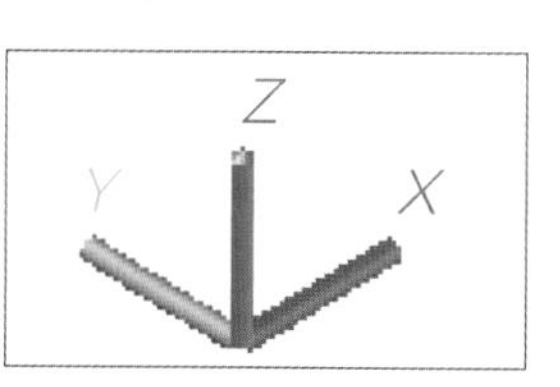

④三维彩色坐标系

Article 003 高版本AutoCAD的神秘之旅

AutoCAD是美国Autodesk公司开发的自动计算机辅助设计软件，自1982年问世以来，经历了三十余次升级，每一次升级，在功能上都得到了逐步增强且日趋完善。因其强大的辅助绘图功能，AutoCAD现已成为设计领域中应用最为广泛的计算机辅助绘图与设计软件之一，被广泛运用于各行各业，如建筑设计、室内外设计、工业设计、服装设计、机械设计以及电子电气设计等。

中文版AutoCAD的工作界面❶主要由“菜单浏览器”按钮、菜单栏、功能区、绘图区、命令行、状态栏等组成。

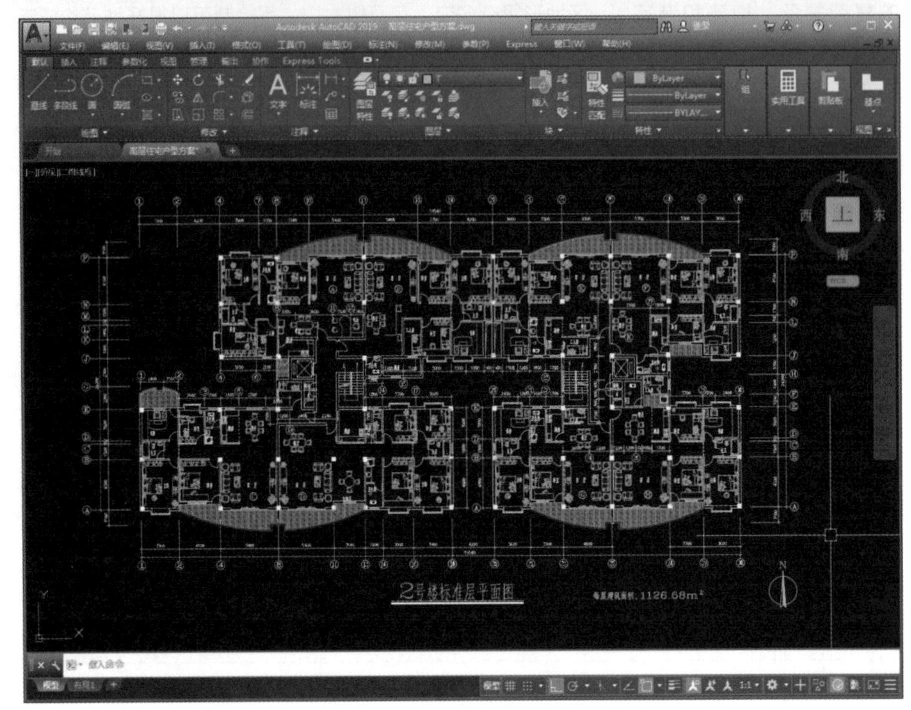

❶AutoCAD初始工作界面

Technique 01

“菜单浏览器”按钮

“菜单浏览器”按钮位于AutoCAD界面的左上角，单击该按钮可以展开菜单浏览器，通过菜单浏览器可以进行创建、打开、保存、打印和发布AutoCAD文件、将当前图形作为电子邮件附件发送、制作电子传送集等操作。

Technique 02

菜单栏

菜单栏包括文件、编辑、视图、插入、格式、工具、绘图、标注、修改、参数、Express、窗口、帮助13个主菜单，只需在菜单栏中单击任意菜单，即可在其下方打开相对应的功能列表。

Technique 03

功能区

功能区位于菜单栏下方，该区域以面板的形式将各工具按钮按类别放在不同的选项卡内。用户只需在功能区中展开相应选项卡，单击要使用的工具按钮即可调用命令。

Technique 04

绘图区

绘图区位于用户界面正中央，是用户的工作区域，图形的设计与修改工作就是在此区域内进行操作的。默认状态下绘图区是一个无限大的电子屏幕，无论尺寸多大或多小的图形，都可以在绘图区中绘制和灵活显示。

Technique 05

命令行

命令行位于绘图区的下方，它是用户与AutoCAD软件进行数据交流的平台，主要功能就是用于提示和显示用户当前的操作步骤。

Technique 06

状态栏

状态栏位于操作界面最底端，主要用于显示当前用户的工作状态。在状态栏左侧显示光标所在的坐标点；其次显示一些绘图辅助工具，分别为“推断约束”“捕捉模式”“栅格显示”“正交模式”“极轴追踪”“三维对象捕捉”“允许/禁止动态UCS”“动态输入”“显示/隐藏线宽”“显示/隐藏透明度”“快捷特性”等；最右侧则显示“全屏显示”按钮，单击该按钮，操作界面以全屏显示。

Article 004 界面颜色带来的不一样的体验

AutoCAD是设计者在工作中经常用到的软件之一，有的人可能一天到晚都要面对它。

从Article003中可以看到，AutoCAD默认的工作界面显示为深色，背景显示为黑色，栅格显示为灰色，图形和十字光标则显示为白色。整体色调非常暗，用户可以根据自己的喜好对界面颜色进行设定。

AutoCAD中的“选项”对话框❶是设置界面显示颜色的主要途径，在该对话框的“显示”选项卡中单击“配色方案”右侧的下拉按钮可选择设置界面显示效果，这里有“明”“暗”两种选择；单击“颜色”按钮可打开“图形窗口颜色”对话框❷，从中可对各元素的颜色进行设置。

一般来说，浅色的背景界面和黑白的对比效果❸在视觉上会显得更加舒适清新，便于观察图纸效果。当然，也可将工作界面设置成彩色❹。

❶“选项”对话框

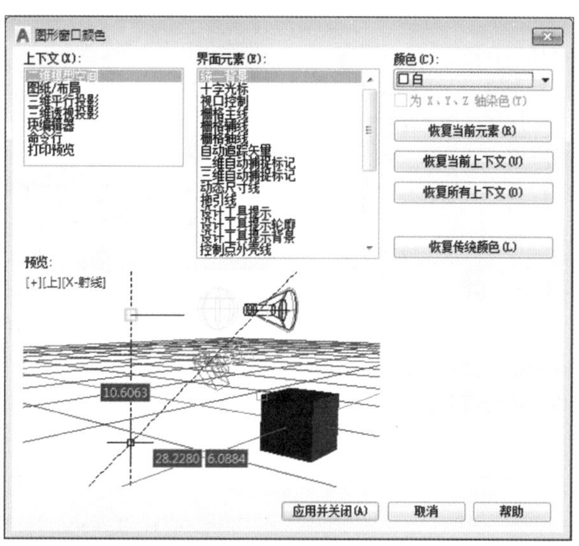

❷“图形窗口颜色”对话框

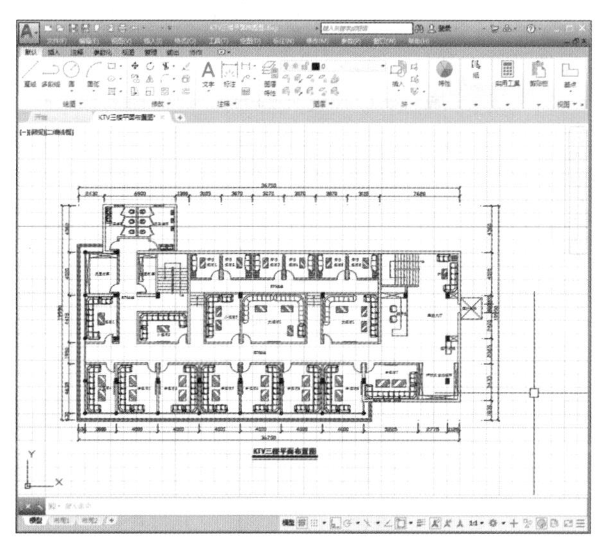
❸舒适的浅色界面

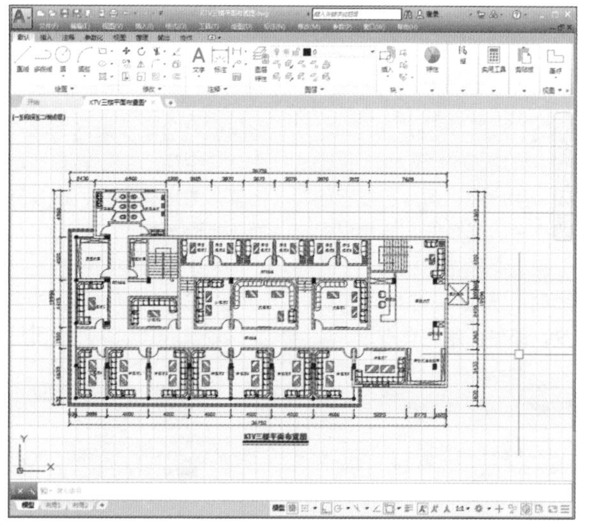
❹彩色的工作界面

Article 005 鼠标在AutoCAD中的应用

用户在AutoCAD系统中工作时，最主要的输入设备是键盘和鼠标。鼠标是最主要也是最重要的输入设备，没有鼠标就无法在AutoCAD中进行操作。

Technique 01 鼠标左键

鼠标左键的功能主要是选择对象和定位，比如单击鼠标左键可以选择菜单中的菜单项、选择工具栏中的图标按钮、选择绘图区中的图形对象、捕捉目标点等。

Technique 02 鼠标右键

鼠标右键的功能主要是弹出快捷菜单，快捷菜单的内容将会根据鼠标光标所处的位置和系统状态的不同而变化。

比如，直接在绘图区单击鼠标右键所弹出的快捷菜单和选中某图形后单击鼠标右键弹出的快捷菜单并不相同❶❷。此外，单击鼠标右键的另一个功能相当于按键盘上的Enter键，也就是说，用户在明确输入命令后单击鼠标右键即可启动该命令。

Technique 03 鼠标滚轮

鼠标滚轮的功能主要是平移视图、缩放视图。向上滚动滚轮可放大视图；向下滚动滚轮可缩小视图；按住滚轮不放并拖动鼠标可平移视图。

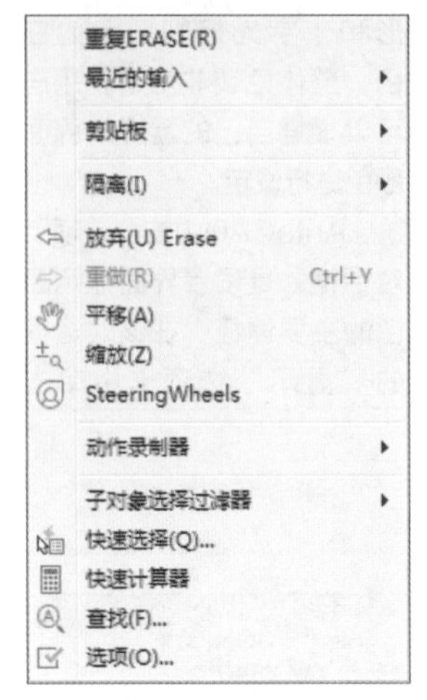

❶ 直接单击鼠标右键

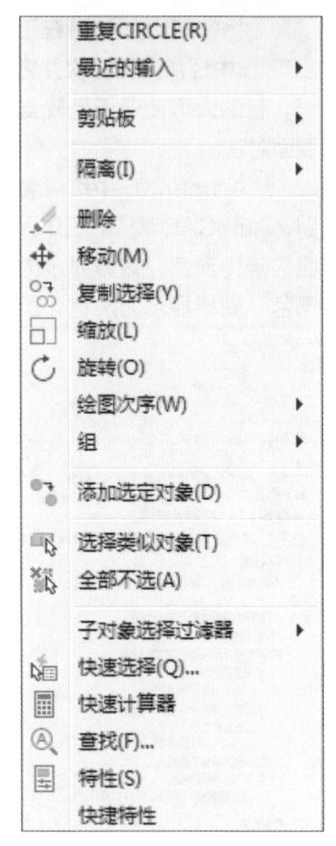

❷ 选择图形后单击鼠标右键

Article 006 设置命令窗口的字体

命令窗口是用户与AutoCAD进行对话的窗口，用户通过命令行发出绘图命令，其功能与菜单栏命令和工具栏按钮相同。在绘图时，无论是选择菜单命令，还是使用工具按钮，或者是在命令窗口输入绘图命令，命令窗口中都会有提示信息，如出错信息、命令选项及提示信息等。

命令窗口中显示的是启动AutoCAD后所执行过的全部命令及AutoCAD提示信息，拖动滚动条可查看历史记录。

命令窗口默认显示的字体为Consolas，当然用户也可以将其设置为自己喜欢的字体。在“选项”对话框的“显示”选项卡（见Article004的图❶）中单击“字体”按钮，即可打开“命令行窗口字体”对话框❶，用户在这里可设置字体、字形及字号，设置后即可看到效果。对比效果见图❷和图❸。

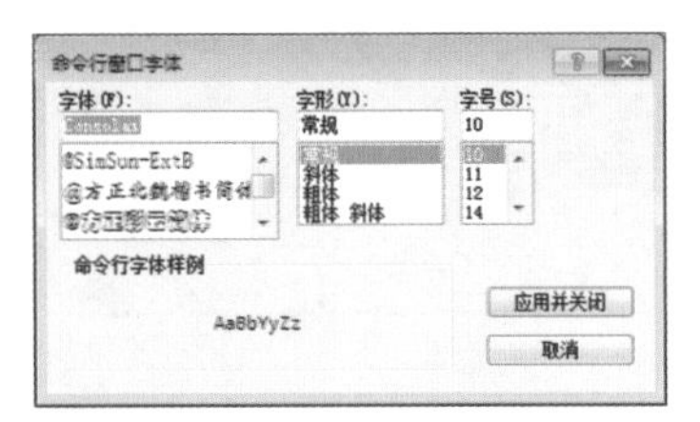

❶“命令行窗口字体”对话框

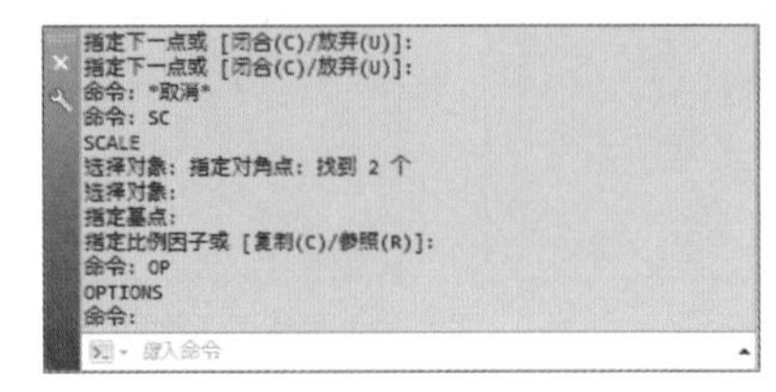

❷ 默认命令窗口

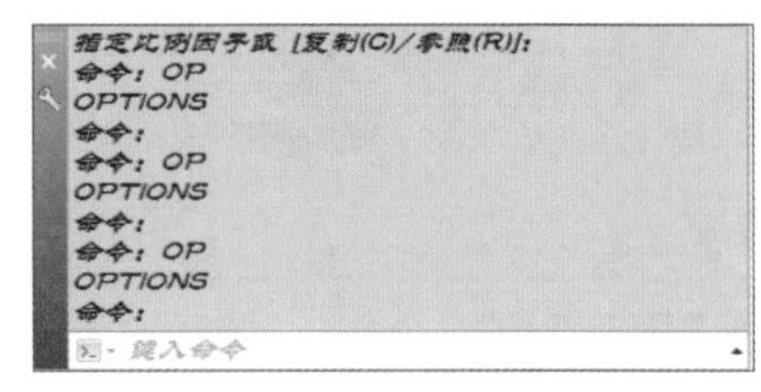

❸ 设置字体后的命令窗口

Article 007 高效的快捷键命令

AutoCAD是目前世界各国工程设计人员的首选设计软件，简单易学、精确无误。软件中提供的命令有很多，而绘图时最常用的命令只有其中的20%左右，为了便于使用者快速、高效地制图，可用快捷键代替鼠标进行操作。设计者可利用键盘快捷键发出命令，完成绘图、修改、保存等操作，这些命令键就是快捷键。

用户可以使用键盘在命令行中输入命令，并按Enter键或空格键确认，提交给系统去执行，这与过去在DOS系统中进行操作的情况很相似。例如，在命令行中输入命令help后按Enter键，系统就会执行该命令。此外，用户还可以使用Esc键来取消操作，用向上或向下的方向键使命令行显示上一条内容或下一条内容。

AutoCAD系统中还有一部分命令可以在使用其他命令的过程中嵌套执行，称为透明命令。在使用其他命令时，如果要调用透明命令，则可以在命令行中输入该透明命令，并在它之前加一个单引号（'）即可。执行完透明命令后，AutoCAD自动恢复原来正在执行的命令。此外，AutoCAD系统中有部分命令是利用对话框的形式来完成的，这一类命令一般具有另一种与其相对应的形式，即命令行形式。通常某个命令的命令行形式是在该命令前加上连字符（-），如layer的命令行形式为-layer。

注意，在命令行中输入命令时，不能在命令中间输入空格，因为AutoCAD系统将命令行中空格的功能等同于按Enter键。如果需要多次执行同一个命令，那么在第一次执行该命令后，可以直接按Enter键或空格键重复执行，而无须再进行输入。如果打开一个图形文件后还没有执行任何命令时直接按Enter键或空格键，系统将自动执行help命令。

命　令	快捷键	说　明
LINE	L	直线
XLINE	XL	构造线
MLINE	ML	多线
PLINE	PL	多段线
POLYGON	POL	多边形
RECTANG	REC	矩形
ARC	A	圆弧
CIRCLE	C	圆
SPLINE	SPL	样条曲线
ELLIPSE	EL	椭圆
POINT	PO	点
MEASURE	ME	定距等分
DIVIDE	DIV	定数等分
TEXT	DT	单行文字
MTEXT	MT/T	多行文字
HATCH	H	填充
ERASE	E	删除
COPY	CO	复制
MOVE	M	移动
OFFSET	O	偏移
MIRROR	MI	镜像
ROTATE	RO	旋转
ARRAY	AR	阵列
SCALE	SC	缩放
STRETCH	S	拉伸
TRIM	TR	修剪
EXTEND	EX	延伸

（续表）

命　令	快捷键	说　明
CHAMFER	CHA	倒直角
FILIET	F	倒圆角
BREACK	BR	打断
EXPLODE	X	分解
REGION	REG	面域
BLOCK	B	创建块
DIMLINEAR	DLI	线性标注
DIMALIGEND	DAL	对齐标注
DIMRADIUS	DRA	半径标注
DIMDIAMETER	DDI	直径标注
DIMANGULAR	DAN	角度标注
DIMCONTINUE	DCO	连续标注
DIMBASELINE	DBA	基线标注
DIMCENTER	DCE	圆心标记
QLEADER	LE/QL	快速引线
MATCHPROP	MA	特性匹配
ZOOM	Z	实时缩放
PAN	P	实时平移
PURGE	PU	清理
REDRAWALL	RA	重画
REGEN	RE	重生成
RENAME	REN	重命名
	F3	对象捕捉
	F7	栅格
	F8	正交
	F9	捕捉
	F10	极轴

Article 008

设计制图的要求

作为设计师，熟练掌握制图标准是非常必要的。只有通过规范的制图，才能最大限度地将自己的设计理念表达出来。

Technique 01

图幅与格式

图纸幅面指的是图纸的大小，简称图幅。标准的图纸以A0号图纸841mm×1189mm为幅面基准，通过对折共分为5种规格。A0及A1号图纸的图框允许加长，但必须按基本幅面的长边（*L*）的1/4增加，不可随意加长。其余图幅图纸均不允许加长。每个工程图纸的目录和修改通知单皆采用A4图幅，其余应尽量采用A1图幅。每项工程图幅应统一，如采用一种图幅确有困难，一个子项工程图幅不得超过两种。

Technique 02

线型

施工图纸是以明确的线条描绘建筑物形体轮廓线来表达设计意图的，所以严格的线条绘制是它的重要特征。

在绘图时还需注意以下几点：（1）相互平行的图线，其间隙不宜小于其中的粗线宽度，且不宜小于0.7mm。（2）虚线、单点画线或双点画线的线段长度和间隔宜各自相等。（3）单点画线或双点画线的两端不应是点，应当是线段。点画线与点画线交接或点画线与其他图线交接时，应是线段交接。（4）虚线与虚线交接或虚线与其他图线交接时，应是线段交接。特殊情况，虚线为实线的延长线时，不得与实线连接。（5）较小图形中绘制单点画线或双点画线有困难时，可用实线代替。（6）图线不得与文字、数字或符号重叠、混淆，不可避免时，应首先保证文字等内容的清晰，断开相应图线。

Technique 03

字体

汉字统一选用黑体，字高为3mm，高宽比为1；数字及英文统一选用HZHT，字高为3mm，高宽比为0.8；竖向引注框内各专业如对本图纸有注明，字体统一选用宋体，字高为3mm，高宽比为1。图纸名称字体统一选用黑体，中文字高为6mm，高宽比为0.8，数字字高为5mm，高宽比为0.8；数字与中文图名下粗横线平齐。

Technique 04

图纸图面表达部分

设计说明、材料做法表等以文字为主的图纸中，标题字体统一选用黑体，字高为6mm，高宽比为0.8；建筑及设备专业其他内容选用宋体，字高为3.5~5mm，高宽比为1；结构专业其他内容选用JD.SHX+DING.SHX，字高为3.5~5mm。

Technique 05

标高符号

标高符号为等腰直角三角形；数字以m（米）为单位，小数点后保留三位；零点标高应写成±0.000，正数标高不需标注“+”，负数标高应加标注“-”。

Technique 06

尺寸符号

尺寸标注为统一的尺寸，如需调整尺寸数字，可使用“尺寸编辑”命令进行调整；尺寸界线距标注物体2~3mm，第一道尺寸线距标注物体10~12mm，相邻尺寸线间距为7~10mm；半径、直径标注时箭头样式为实心闭合箭头；标注文字距尺寸线1~1.5mm。

Technique 07

图名

统一在图名下画宽为0.5磅，且与图名文字等宽的线条。数字比例下不画线，其字高为3mm，底部与下画线上部取平。

幅面代号	A0	A1	A2	A3	A4
尺寸/（mm×mm）	841×1189	594×841	420×594	297×420	210×297

线　型	尺寸/mm	主　要　用　途
粗实线	0.3	平面图、剖面图中被剖的主要建筑构造的轮廓线 室内外立面图的轮廓线 建筑装饰构造详图的建筑表面线
中实线	0.15~0.18	平面图、剖面图中被剖的次要建筑构造的轮廓线 室内外平、顶、立、剖面图中建筑构配件的轮廓线 建筑装饰构造详图及剖检详图中一般的轮廓线
细实线	0.1	填充线、尺寸线、尺寸界线、索引符号、标高符号、分割线
虚线	0.1~0.13	室内平、顶面图中未剖到的主要轮廓线 建筑构造及建筑装饰构配件不可见的轮廓线 拟扩建的建筑轮廓线 外开门立面图开门表示方式
点画线	0.1~0.13	中轴线、对称线、定位轴线
折断线	0.1~0.13	不需画全的断开界线

Article 009 正式绘图前的单位设置

不同国家和行业都有属于自己的标准和规范，国内建筑行业通常使用mm（毫米）作为绘图单位。设计者在绘制施工图之前，首先应对绘图单位进行设定，以保证图形的准确性。

从菜单栏中执行“格式”→“单位”命令，打开“图形单位”对话框，用户可对绘图单位进行设置。“图形单位”对话框❶主要包括长度单位、角度单位、缩放单位、光源单位以及方向控制等设置选项。

❶“图形单位”对话框

❷ 单位类别

❸“方向控制”对话框

Technique 01 “长度”选项组

在“类型”下拉列表中可以设置长度单位，在“精度”下拉列表中可以设置长度的精度。

Technique 02 “角度”选项组

在“类型”下拉列表中可以设置角度单位，在“精度”下拉列表中可以设置角度的精度。勾选“顺时针”复选框后，图像以顺时针方向旋转；若不勾选，图像则以逆时针方向旋转。

Technique 03 “插入时的缩放单位”选项组

缩放单位是插入图形后的测量单位，默认情况下是“毫米”，一般不做改变，用户也可以在“用于缩放插入内容的单位”下拉列表中设置缩放单位。

为了便于不同领域的设计人员进行设计创作，AutoCAD提供了22种单位类别选择❷。

Technique 04 “光源”选项组

光源单位是指光源强度的单位，其中包括“国际”“美国”“常规”选项。

Technique 05 “方向”按钮

单击“方向”按钮打开“方向控制”对话框❸。默认的基准角度为“东”，用户也可以设置测量角度的起始位置。

Article 010 自动保存很重要

在运行AutoCAD的过程中，常常会因为各种各样的原因突然终止，如致命错误、突然断电等，如果文件没有及时保存，那么辛苦绘制了很久的图很可能就消失了。AutoCAD的自动保存设置是一个十分重要的辅助设置，可以帮助我们在固定的时间间隔内自动保存文档，从而有效避免因意外导致数据的丢失。

执行“工具”→“选项”命令，打开“选项”对话框，切换到“打开和保存”选项卡❶，在“文件安全措施”选项组中勾选“自动保存”复选框，再输入自动保存时间，单击“确定”按钮关闭对话框即可。

要注意的是，自动保存的时间间隔设置并不是越短越好。当文件过大时，自动保存会占用很大内存，且会占用一定时间，如果计算机的配置不高，AutoCAD运行起来会比较卡顿。

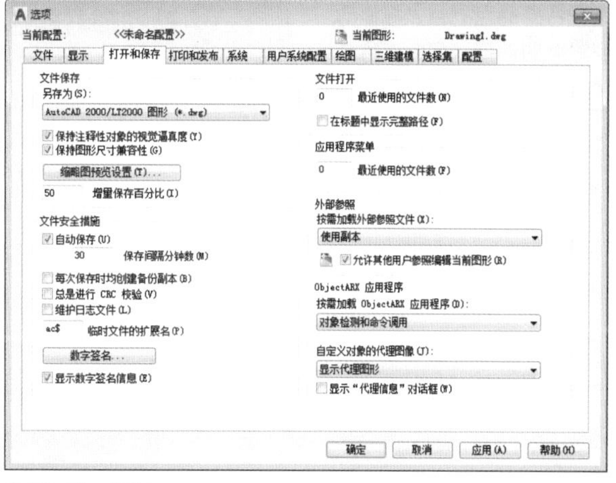

❶“选项”对话框

AutoCAD提供的正交模式可以用来精确定位点，它将定点设备的输入限制为水平或垂直，也就是说，用户可以在任意角度❶和直角❷间进行切换，在约束线段为水平或垂直时可以使用正交模式。

绘图时若同时打开该模式，则只需输入线段的长度值，AutoCAD就会自动绘制出水平或垂直的线段。启动该功能后，光标只能限制在水平或垂直方向移动，通过单击或输入线条长度来绘制水平线或垂直线。用户可通过单击状态栏中的“正交”按钮或按F8键来控制正交模式。

Article 011 正交功能F8

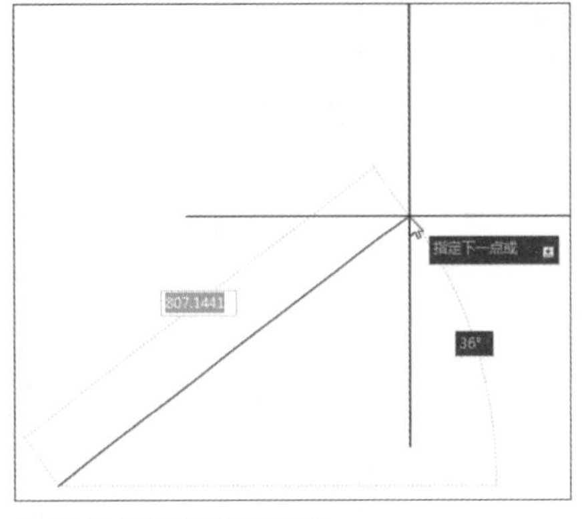

❶未开启正交功能的任意角度

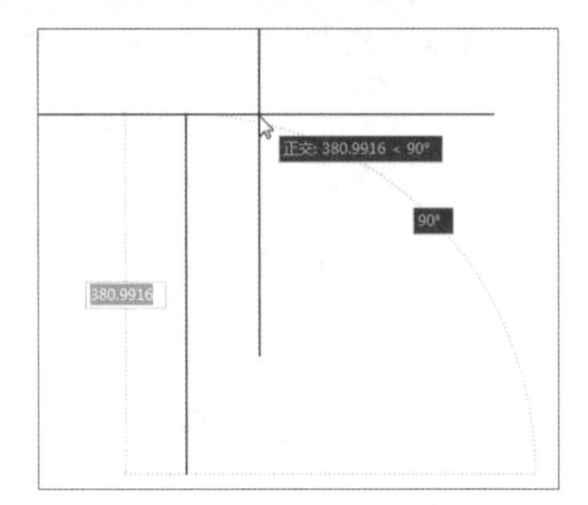

❷开启正交功能的直角

在进行对象捕捉操作前，要先设置好需要的对象捕捉点，当光标移动到捕捉点位置时，系统就会自动捕捉。用户可以通过“草图设置”对话框❶或者状态栏的“对象捕捉设置”列表❷进行捕捉点的设置。

在绘图过程中有时需要确定一些具体的点，如图形的交点❸、圆心❹、端点❺、中点、垂足等，我们仅凭肉眼无法确定其准确的位置，而AutoCAD的对象捕捉功能可以使鼠标指针自动捕捉到这些特殊的点。当光标移动到对象的捕捉位置时，将会显示标记和工具提示，使用户可以快速准确地捕捉到这些点，从而达到准确绘图的效果。

Article 012 对象捕捉功能F3

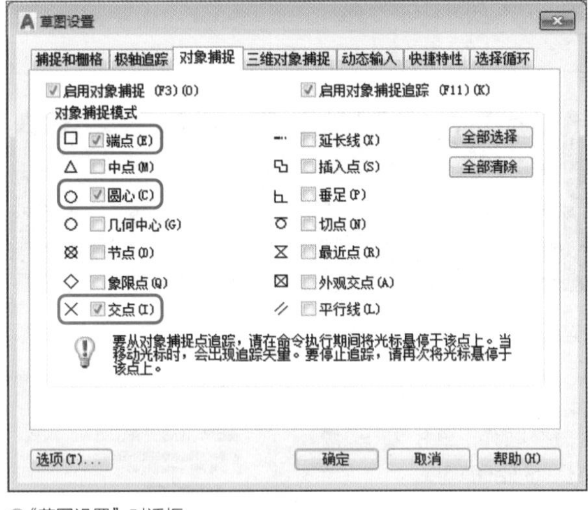

❶“草图设置”对话框

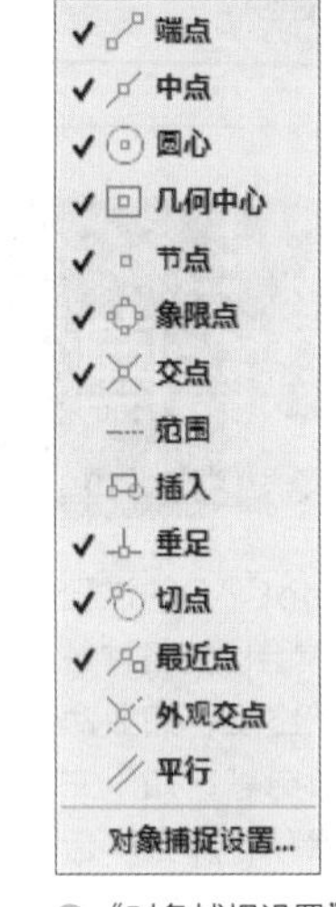

❷“对象捕捉设置”列表

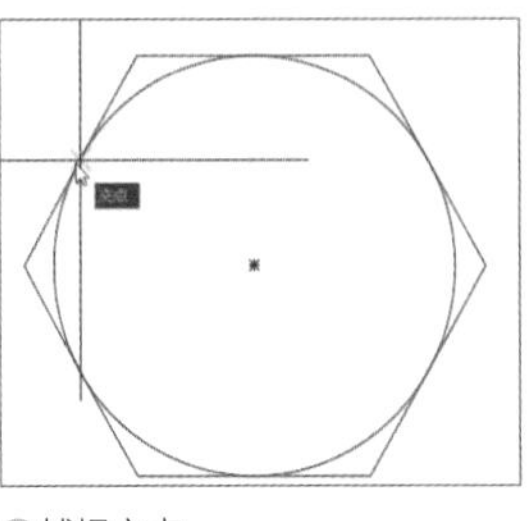
❸捕捉交点

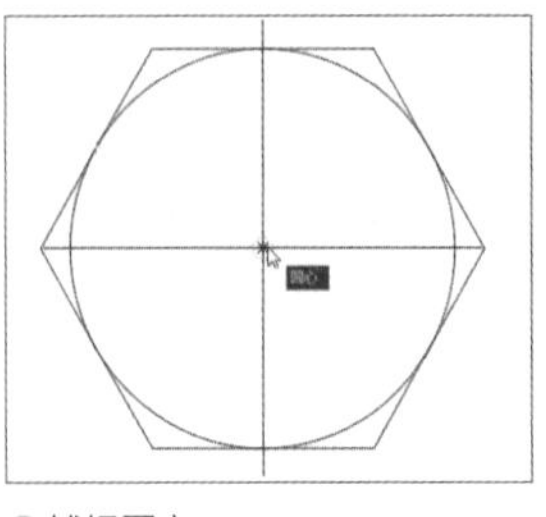
❹捕捉圆心

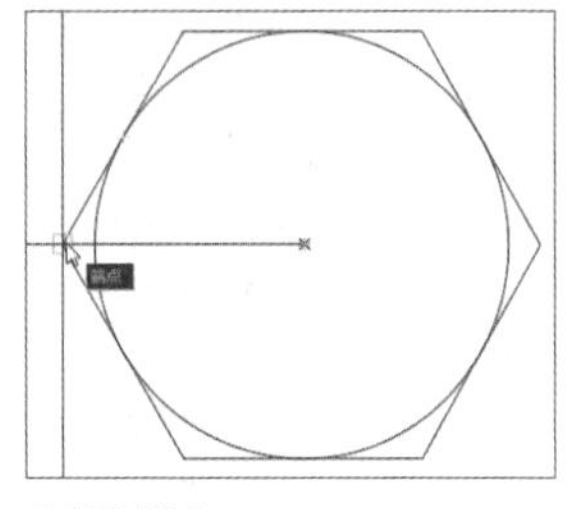
❺捕捉端点

Article 013

极轴追踪功能F10

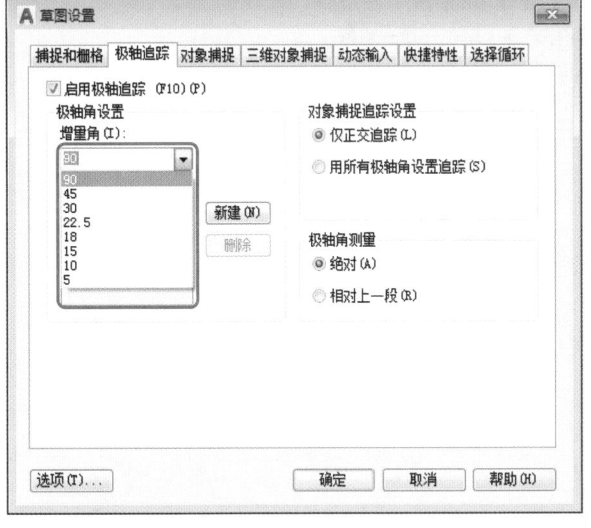

❶"草图设置"对话框

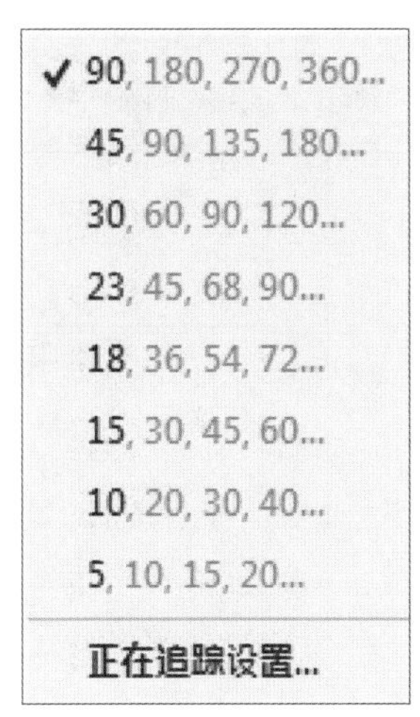

❷"正在追踪设置"列表

极轴追踪功能是对象捕捉与追踪功能的结合体，它是AutoCAD的一个非常便捷的绘图功能，可用于精确绘图。

当需要指定一个点时，AutoCAD会按预先设置的角度增量显示一条无限长的辅助线，沿这条辅助线即可追踪到所需要的特征点。

用户在极轴追踪模式下确定目标点时，系统会在光标接近指定的角度方向上显示临时对齐路径，并自动在对齐路径上捕捉距离光标最近的点，同时给出该点的信息提示，便于用户准确定位目标点。

极轴追踪与正交的作用类似，都是为要绘制的直线临时对齐路径，只是极轴追踪的角度选择更加多样。用户可以通过"草图设置"对话框❶或者状态栏的"正在追踪设置"列表❷进行捕捉点的设置。

Article 014

旋转 ROTATE

旋转图形就是将选定的图形围绕一个指定的基点改变其方向，正的角度按逆时针方向旋转，负的角度按顺时针方向旋转。使用此命令时，只需指定旋转基点并输入旋转角度就可以转动图形实体。此外，用户也可以将某个方位作为参照位置，然后选择一个新的对象或输入一个新的角度值来指明要旋转到的位置。

执行"修改"→"复制"命令，根据命令行提示选择要旋转的图形对象，按Enter键指定旋转基点❶，移动光标指定旋转角度❷，单击或直接输入旋转角度，按Enter键即可完成旋转操作❸。

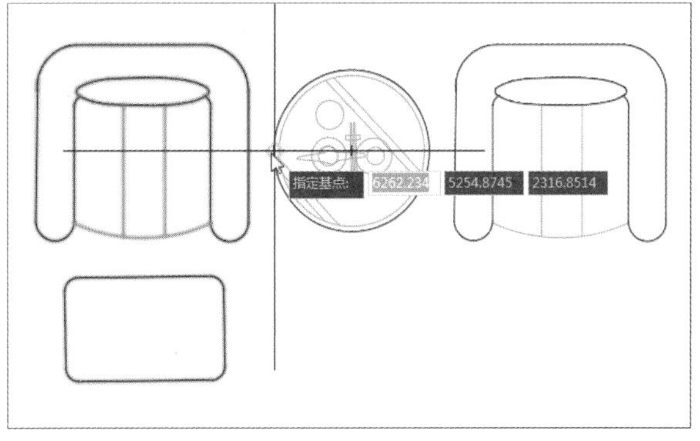
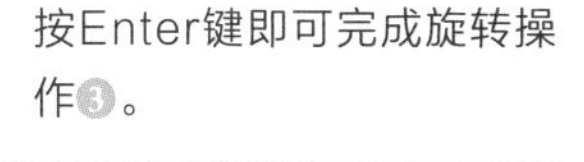

❶指定旋转基点

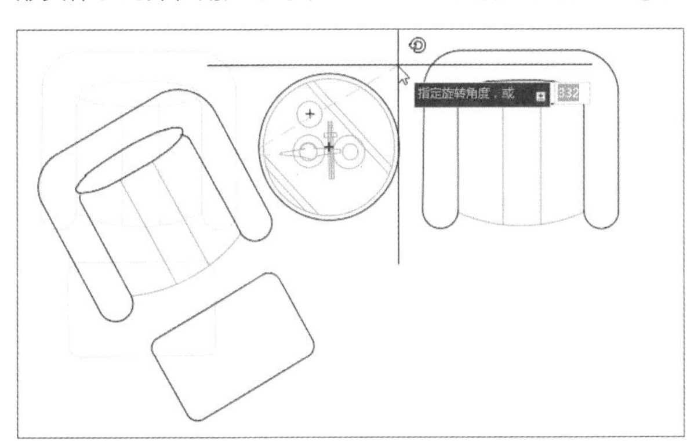

❷指定旋转角度

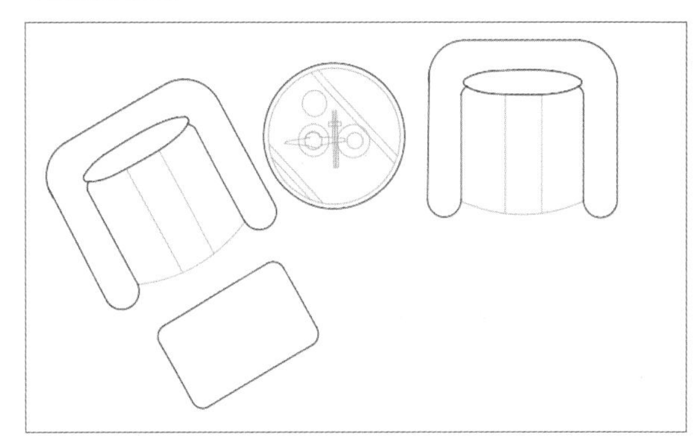

❸旋转效果

Article 015 偏移 OFFSET

偏移是一种特殊的复制对象的方法，可根据指定的距离或指定的特殊点，创建一个与选定对象类似的新对象，并将偏移的对象放置在与原对象有一定距离的位置上，同时保留源对象。偏移对象可以为直线、圆弧、圆、椭圆、椭圆弧、二维多段线、构造线、射线和样条曲线组成的对象。

执行“修改”→“偏移”命令，根据提示输入偏移距离❶，按Enter键，选择需要偏移的图形，在所需偏移方向上单击任意一点❷，即可完成偏移操作❸。

使用“偏移”命令时，如果偏移的对象是直线，则偏移后的直线长度不变；如果偏移的对象是圆、圆弧和矩形，其偏移后的对象将被缩小或放大。

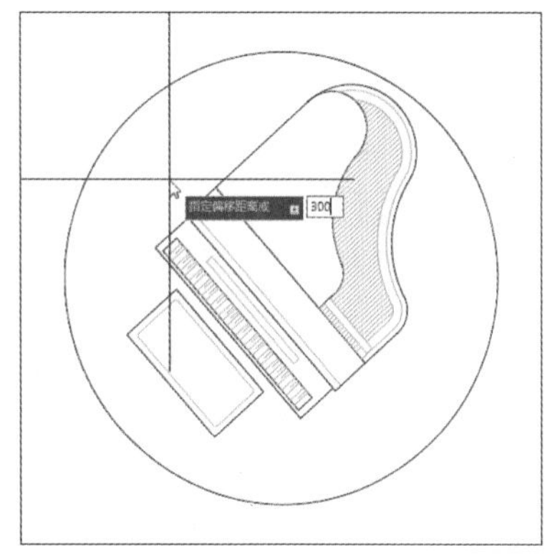

❶ 输入偏移距离

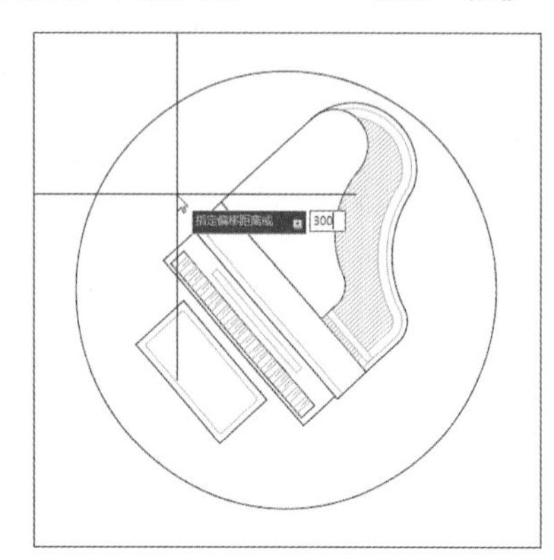

❷ 指定偏移点

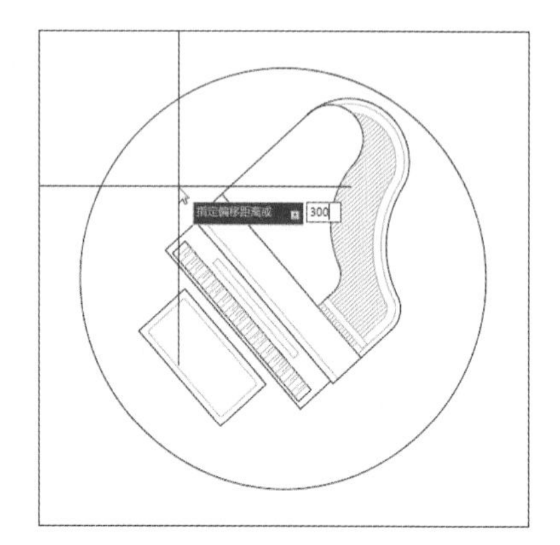

❸ 偏移效果

Article 016 复制COPY

AutoCAD中提供了丰富的复制图形对象的命令，可以让用户轻松地对图形对象进行不同的复制操作。如果只是简单地复制图形对象，可利用“复制”命令实现；如果还有一些特殊的位置或大小要求，可利用“偏移”“镜像”“阵列”命令实现复制，参见Article 015、Article 017、Article 018。

在绘图过程中，经常需要绘制相同的图形，如果重复绘制，工作效率会非常低。AutoCAD提供的“复制”命令，可以将任意复杂的图形在当前工作文件或其他文件中进行复制操作。

执行“修改”→“复制”命令，根据命令行提示选择要复制的图形对象❶，按Enter键确认后指定基点位置，再移动光标指定第二个点为目标点❷，或者直接输入目标点的距离，按Enter键即可完成复制操作❸。

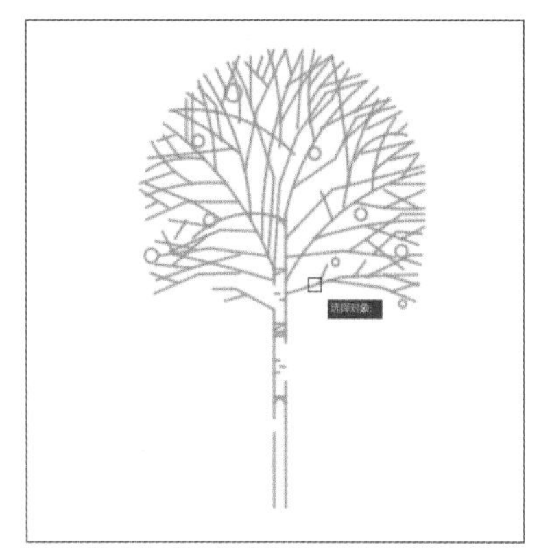

❶ 选择复制对象

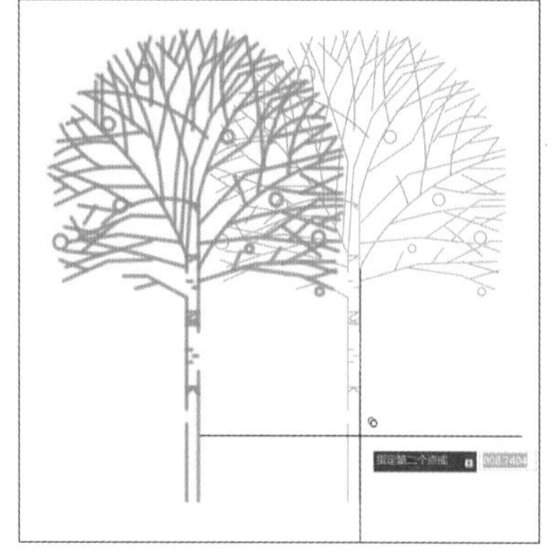

❷ 指定基点和目标点

❸ 复制效果

Article 017 镜像MIRROR

使用“镜像”命令可以将选定的图形对象以某一对称轴镜像到该对称轴的另一边，还可以使用镜像复制功能将图形以某一对称轴进行镜像复制，多用于绘制相同且对称的图形。在进行镜像操作时，用户需指定好镜像轴线，并根据需要选择是否删除或保留源对象。灵活运用“镜像”命令，可在很大程度上避免重复操作的麻烦。

执行“修改”→“镜像”命令，根据命令行提示选择需要镜像复制的图形❶，指定镜像线的第一点和第二点❷，再选择是否删除源对象，即可完成图形的镜像操作❸。

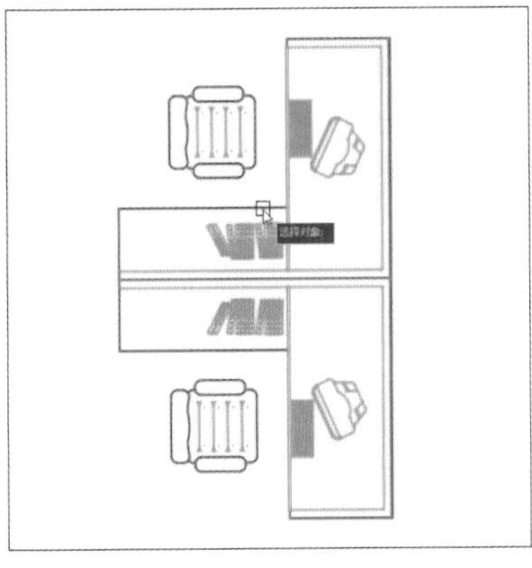

❶ 选择对象

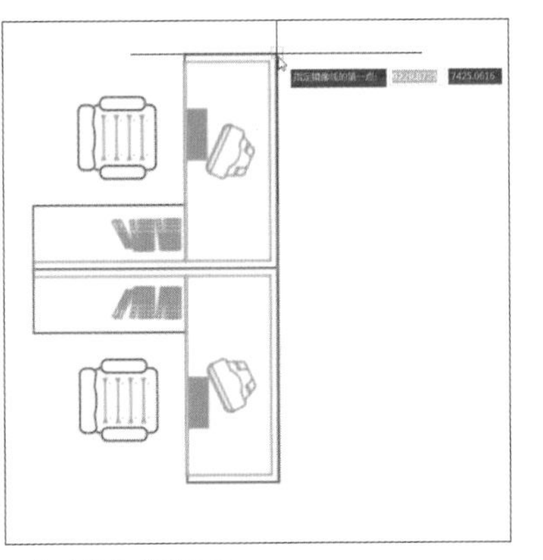

❷ 指定镜像线的两点

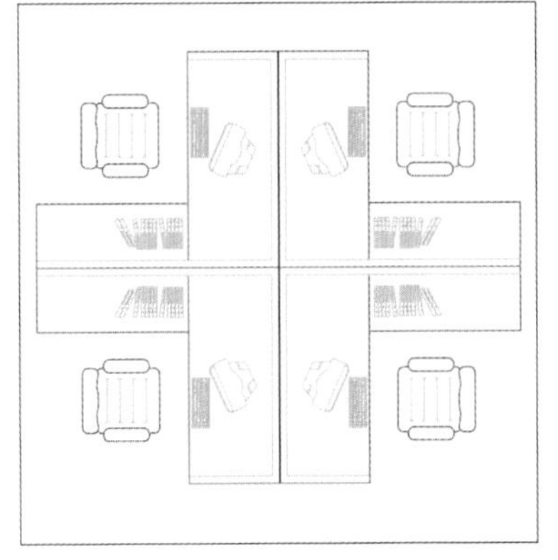

❸ 镜像效果

Article 018 阵列ARRAY

由于“阵列”命令是一种有规则的复制命令，它可以创建按指定方式排列的多个图形副本。如果用户需要绘制一些有规则分布的图形时，就可以使用该命令来解决。AutoCAD软件提供了三种阵列选项，分别为矩形阵列、环形阵列以及路径阵列。

矩形阵列是通过设置行数、列数、行偏移和列偏移来对选择的对象进行复制❶；环形阵列是指阵列后的图形呈环形❷；路径阵列是根据所指定的路径进行阵列❸，例如曲线、弧线、折线等所有开放型线段。

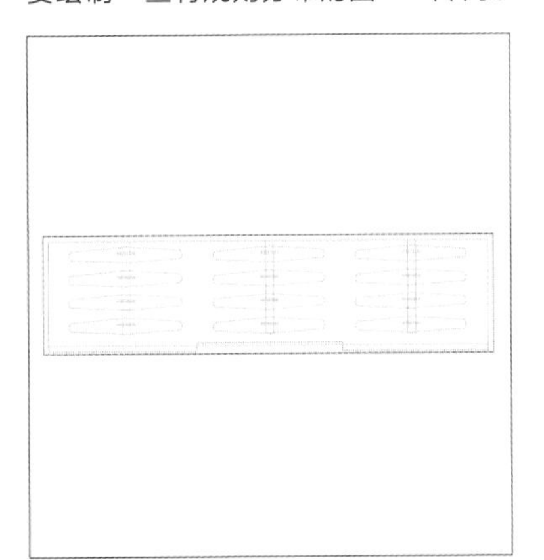

❶ 矩形阵列效果

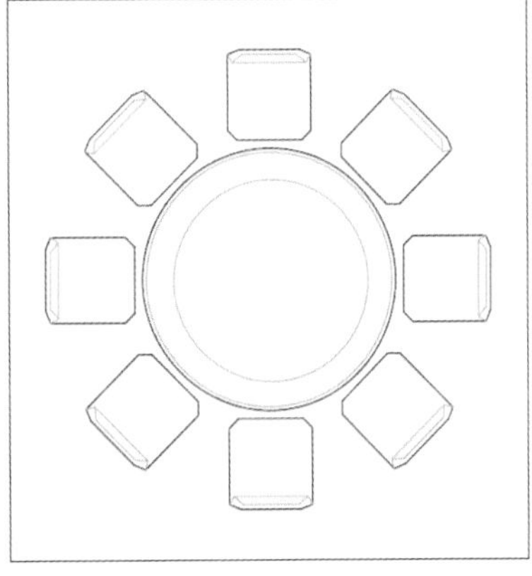

❷ 环形阵列效果

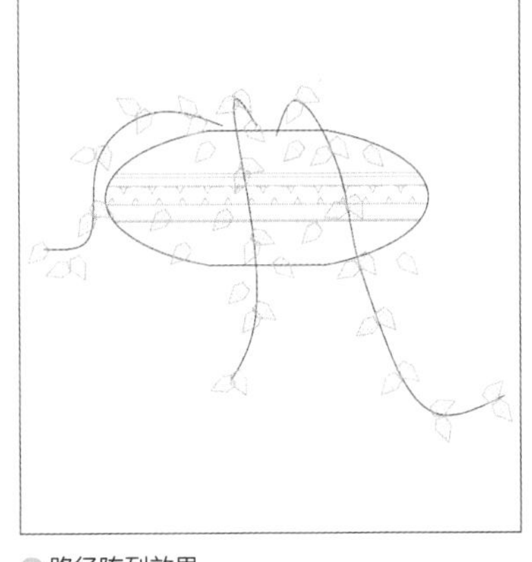

❸ 路径阵列效果

Article 019 缩放SCALE

使用“缩放”命令可以将对象按指定的比例改变实体的尺寸大小，从而改变对象的尺寸，但不改变其状态。在缩放图形时，可以将整个对象或对象的一部分沿X、Y、Z轴方向以相同的比例进行放大或缩小，由于在三个方向上的缩放率相同，因此保证了对象的形状不会发生变化。

执行“修改”→“缩放”命令，根据命令行提示选中需要缩放的图形❶，指定基点并输入缩放比例值，按Enter键即可完成图形的缩放❷。当确定了缩放的比例值后，系统将会相对于基点缩放对象，其默认比例值为1。若输入比例值大于1，则该图形放大；若比例值大于0，小于1，则该图形缩小。需要注意的是，输入的比例值必须为自然数。

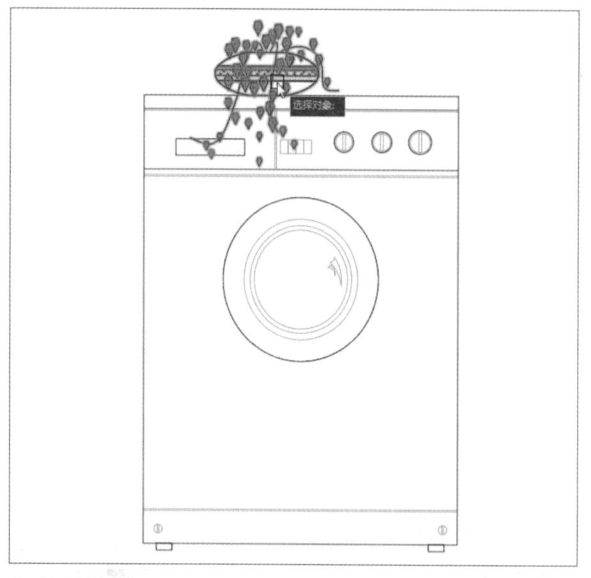

❶ 选择缩放对象

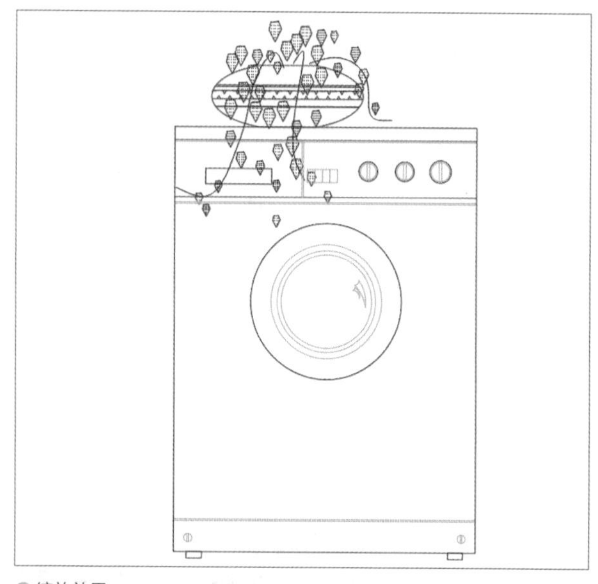
❷ 缩放效果

Article 020 拉伸STRETCH

使用“拉伸”命令可以通过拉伸被选中的图形部分，使整个图形发生形状上的变化。在拉伸图形的时候，完全选中的图形部分会被移动，被选中一部分的图形会保持与未选中图形部分相连。需要注意的是，在AutoCAD中，圆、椭圆和块等规则图形则无法进行拉伸操作。

执行“修改”→“拉伸”命令，根据命令行提示，选择需要拉伸的对象区域❶，按Enter键后指定基点及目标点，或输入拉伸距离❷，按Enter键即可完成拉伸操作❸，再复制椅子图形，即可制作出四人餐桌❹。

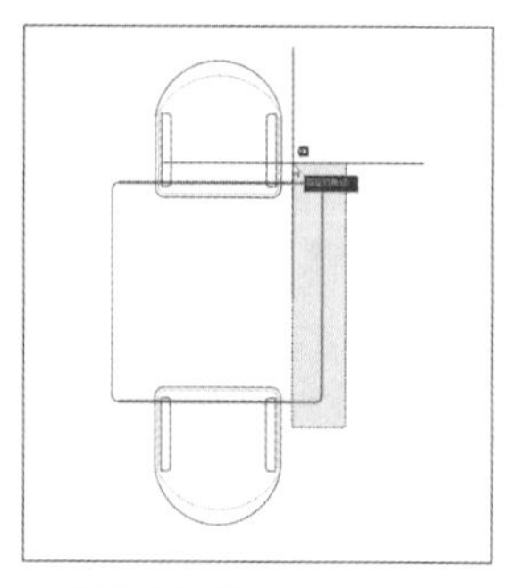
❶ 选择拉伸部分

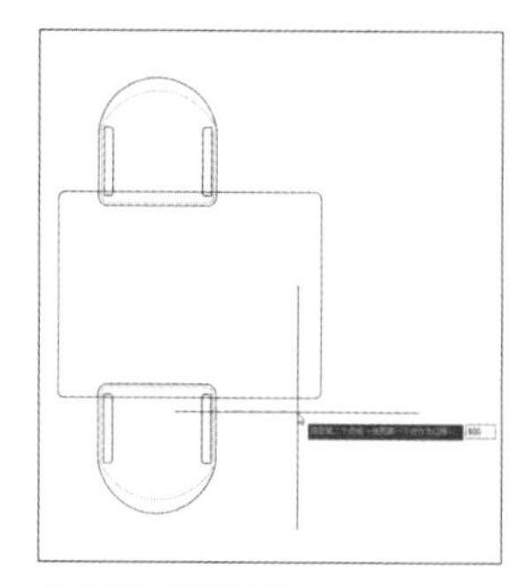
❷ 指定拉伸目标点

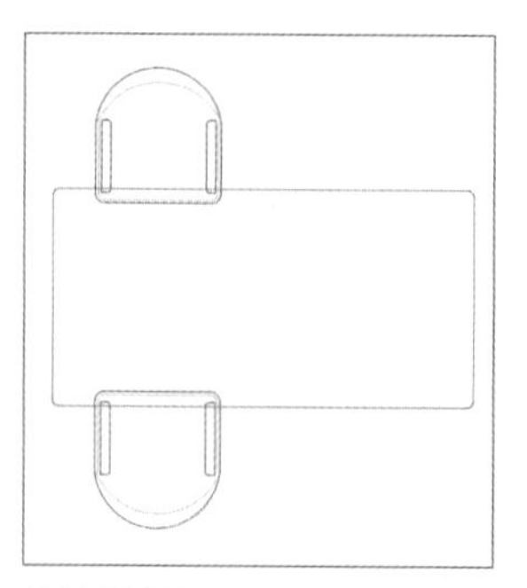
❸ 拉伸效果

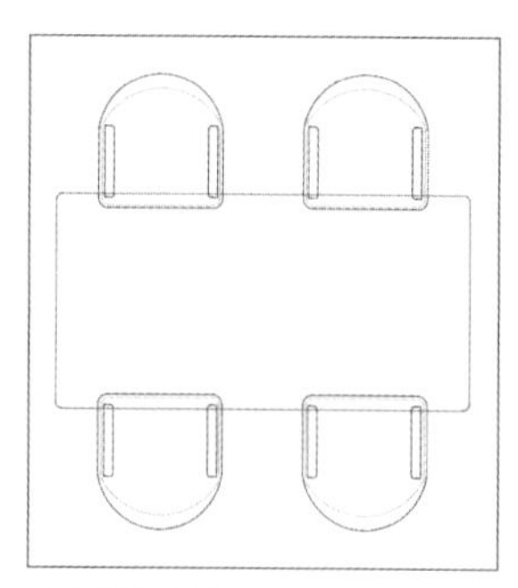
❹ 复制椅子图形

Article 021 修剪TRIM

修剪命令在AutoCAD命令中使用的频率非常高，通过删除图形中的多余部分，使图形与其他图形的边相接，从而达到美观的效果，其修剪对象可以是线段、圆弧、曲线、填充图案等。因此，在绘制图形时不需要精确地控制线段长度，甚至可以用构造线、射线来代替直线，然后通过“修剪”命令对图形进行修改。

执行“修改”→“修剪”命令，根据提示先选择参照对象❶，按Enter键后选择要修剪的对象❷，修剪完毕按Enter键即可完成操作❸。

❶ 选择参照对象

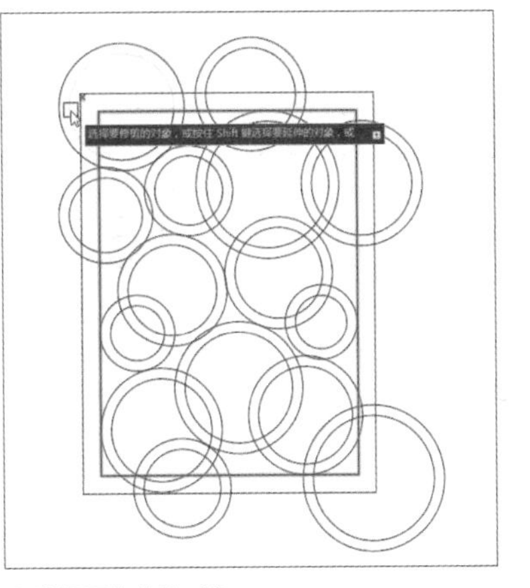
❷ 选择要修剪的对象

❸ 修剪效果

Article 022 百变之图案填充

图案填充是使用指定的线条、图案、颜色等来填满指定区域的操作，常常用于表现剖切面效果和不同类型物体对象的外观纹理等❶，并且填充内容既不会超出指定边界，也不会在指定边界内绘制不全，所绘阴影线不会过疏、过密。

Technique 01

图形图案填充

用线条及花纹等图案进行填充的操作称为“画阴影线”，常用于表现剖切面、材质表面纹理以及拼花图案等❷。

Technique 02

渐变色填充

渐变色填充同样是图案填充的一种，利用一种或多种颜色对封闭区域进行适当的过渡填充，可以形成较好的颜色修饰效果❸。

Technique 03

自定义填充图案

AutoCAD自带的填充图案库虽然很丰富，但有时仍然满足不了设计师的需求，这时就可以使用自定义图案进行填充。用户可以创建自定义图案并保存为*.pat文件，也可以从网络平台下载填充图案集合，并放置到AutoCAD安装目录/Auto CAD/Support文件夹下。

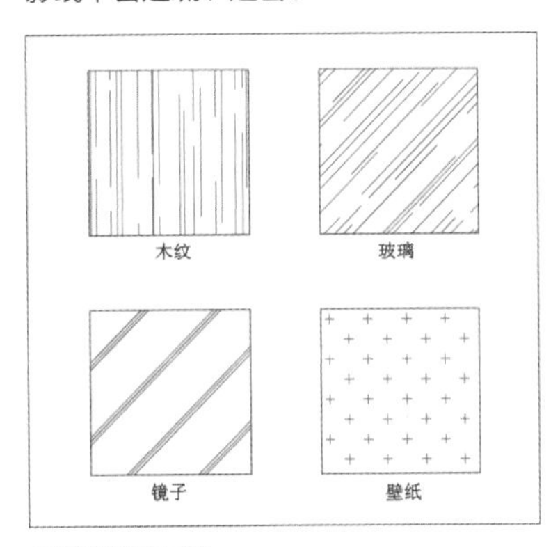

❶ 图案填充示例

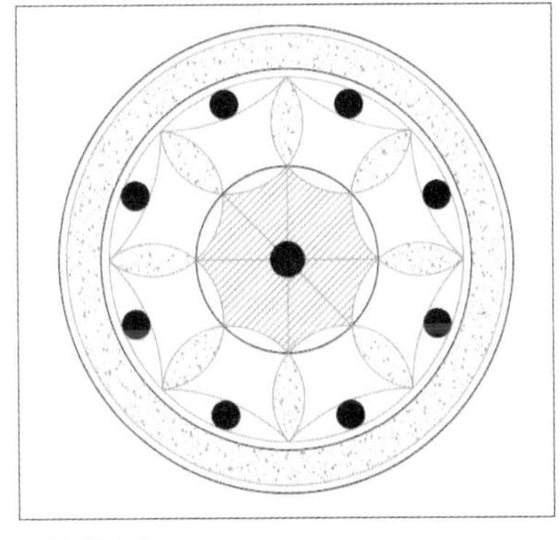
❷ 拼花填充

❸ 镜面渐变色填充

Article 023 不可忽略的图层功能

在AutoCAD中，图层相当于绘图中使用的图纸，完整的图纸通常由一个或多个图层组成。AutoCAD把线型、线宽、颜色等作为图形对象的基本特征，图层就通过这些特征来管理图形，并显示在“图层特性管理器”选项板中❶。

AutoCAD中的图层具有以下特性：用户可以在一幅图中使用任意数量的图层，系统对图层以及每一图层上的实体数量没有任何限制；一个图层只能设置一种线型、一种颜色以及一个状态，但图层下的不同图形又可以使用不同的线型及颜色；各图层具有相同的坐标系、绘图界限、缩放系数，用户可以对不同图层上的图形进行操作；用户可以对各图层进行打开/关闭、冻结/解冻、锁定/解锁等操作，决定各图层对象的可见性及可操作性。

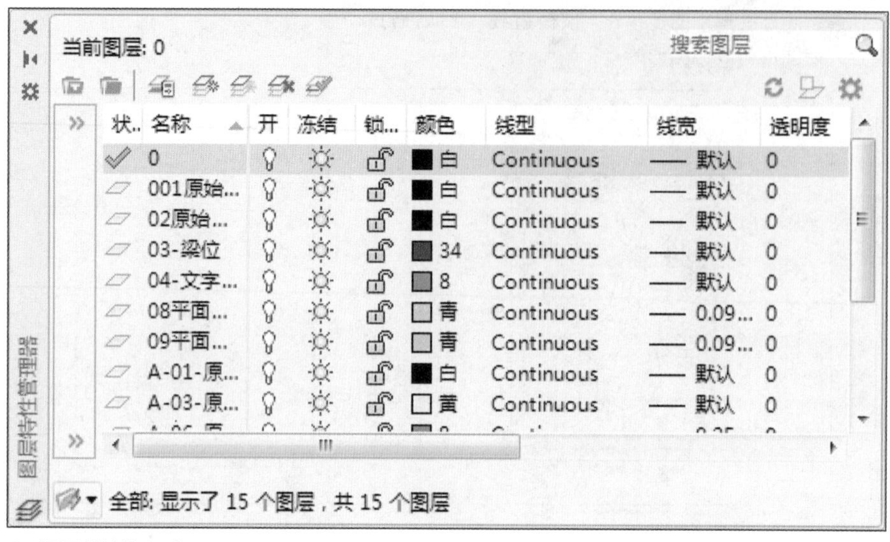

❶“图层特性管理器”选项板

Article 024 图形对象的特性表现

在传统工程图纸中，有很多不同类型的图线，每一类图线都有线型和线宽等参数，不同的特性代表了不同的含义。在AutoCAD中，用户创建的图形对象也可以具有不同的特性。有些特性属于基本特性，适用于多数对象，如颜色、线型、线宽等❶❷，通过相应的对话框就可以对这些属性进行设置；有些特性则是专用于某一类对象，如圆的特性包括半径和面积，直线的特性则包括长度和角度。

选择图形后，执行“修改”→“特性”命令，打开“特性”选项板❸，用户也可通过该选项板设置图形的颜色、图层、线型、宽度等参数。

❶材质示例填充

❷颜色及线宽特性

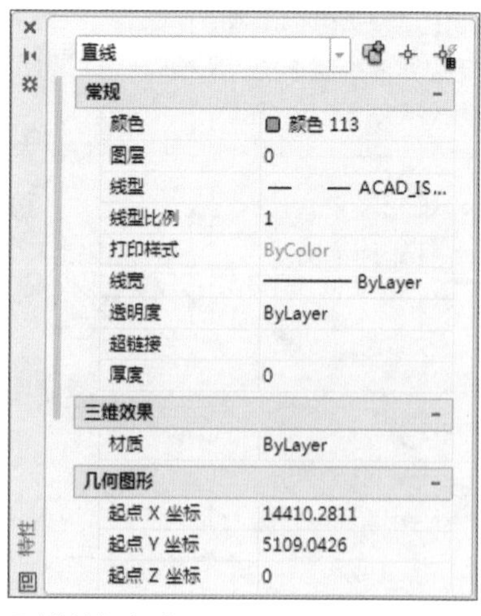

❸“特性”选项板

Article 025 会动与不会动的块

将一个或多个单一的实体对象整合为一个对象，这个对象就叫作图块。图块中的各实体可以具有各自的图层、线型、颜色等特征。

通过建立块，用户可以将多个对象作为一个整体进行操作，可以随时将块作为单个对象插入当前图形中的指定位置，而且在插入时可以指定不同的缩放系数和旋转角度。用户还可以给块定义属性，在插入时附加不同的信息。

Technique 01 图块

在绘制图形时，用户可以将经常使用到的图形定义为图块，并为图块创建属性，指定块的名称、用途及设计者等信息。根据绘图需要，将图块插入任意指定位置，同时可在插入过程中对其进行缩放和旋转操作。利用图块可以避免重复绘制图形，节省绘图时间，提高工作效率。

输入命令B后按Enter键，打开“块定义”对话框❶，从中可设置块名称、选择图形对象❷、指定图块拾取点等，设置完毕关闭对话框即可创建图块❸。

Technique 02 动态块

通俗地说，动态块就是会动的块，指可以根据需要对块的整体或局部进行动态调整。动态块不但像块一样有整体操作的功能，还拥有块所没有的局部调整功能。

参数和动作是实现动态块动态功能的两个主要因素，通过参数和动作的配合，可以轻松实现移动、旋转、拉伸、缩放、翻转等各种动态功能❹。

在图形绘制过程中使用图块时，常常会遇到图块某个外观有些区别而大部分结构形状相同的情况，这时就体现出动态块的强大功能。动态块可以利用其参数和动作进行移动、缩放、拉伸、翻转等变化，转变为各种具有相同特性但又不尽相同的块，具有一定的灵活性和智能性。如果需要修改动态块内容，可以进入块编辑器进行编辑操作❺。

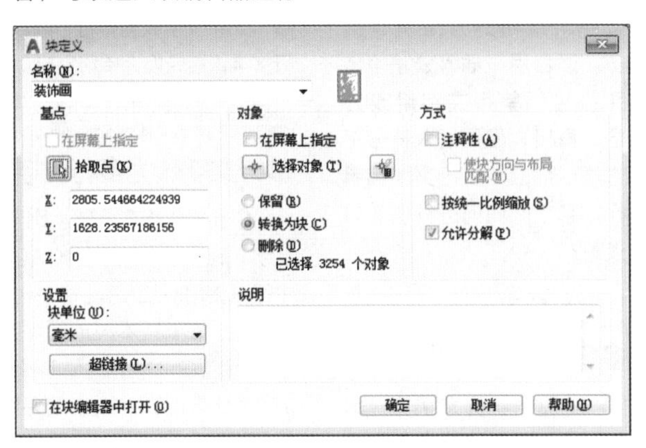

❶“块定义”对话框

❷未成块的图形

❸创建成块

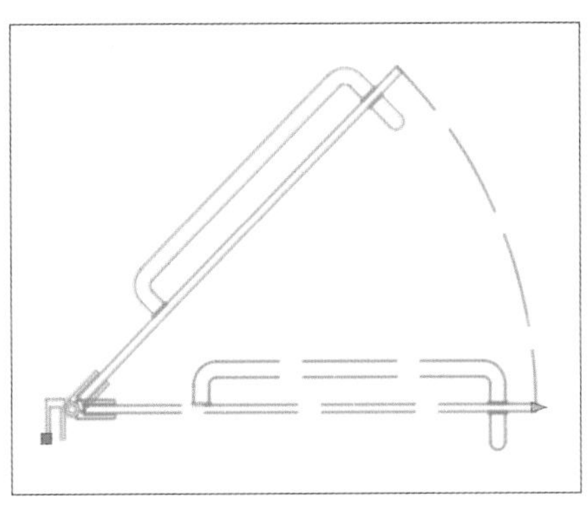
❹动态块中添加的参数和动作

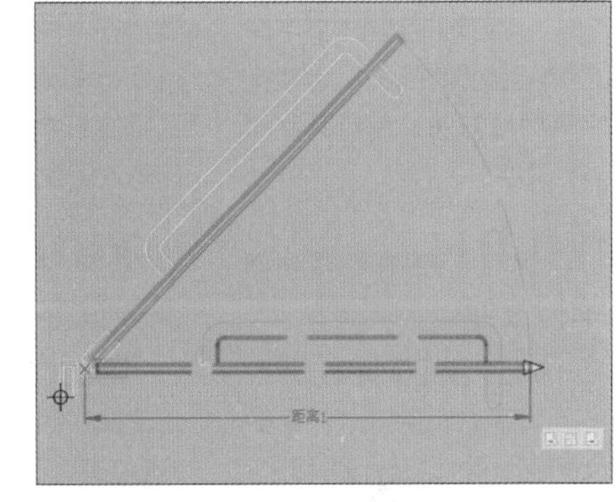
❺编辑动态块

Article 026 文字转换的方法

AutoCAD中有单行文字和多行文字两种。多行文字可编辑的方法及样式多，适合用于插入公差等特殊符号；单行文字修改方便、直接，但是插入符号不方便。那么，多行文字和单行文字之间如何进行快速转换呢？

Technique 01 多行文字转为单行文字

想要将多行文字转为单行文字，只需要选择多行文字❶，在命令行中输入命令X将其炸开即可。如果文字有多行，则炸开后每一行文字都成为一个独立的单行文字❷；如果文字只有一行，则该行文字直接转换为单行文字。

Technique 02 单行文字转为多行文字

想要将单行文字转为多行文字，在老版本的AutoCAD中可以使用txt2mtxt命令进行转换；在新版本AutoCAD中则可以在“插入”选项卡的“输入”面板中单击“合并文字”按钮，即可将多个单行文字❸转换为多行文字，且文字内容会自动对齐❹。

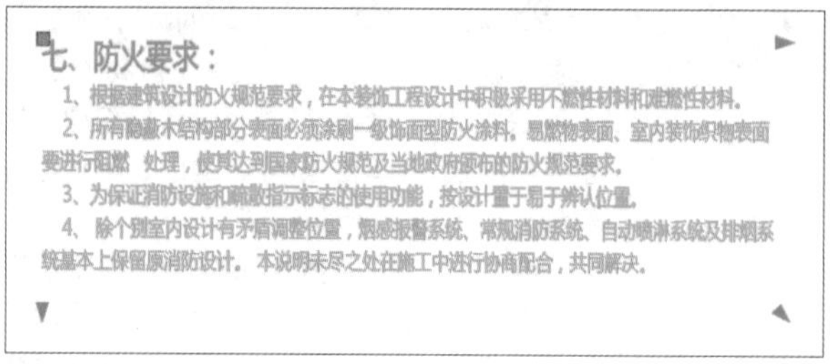

七、防火要求：
1、根据建筑设计防火规范要求，在本装饰工程设计中积极采用不燃性材料和难燃性材料。
2、所有隐蔽木结构部分表面必须涂刷一级饰面型防火涂料。悬挑物表面、室内装饰织物表面要进行阻燃处理，使其达到国家防火规范及当地政府颁布的防火规范要求。
3、为保证消防设施和疏散指示标志的使用功能，按设计置于易于辨认位置。
4、除个别室内设计有矛盾调整位置，烟感报警系统、常规消防系统、自动喷淋系统及排烟系统基本上保留原消防设计。本说明未尽之处在施工中进行协商配合，共同解决。

❶ 选择多行文字

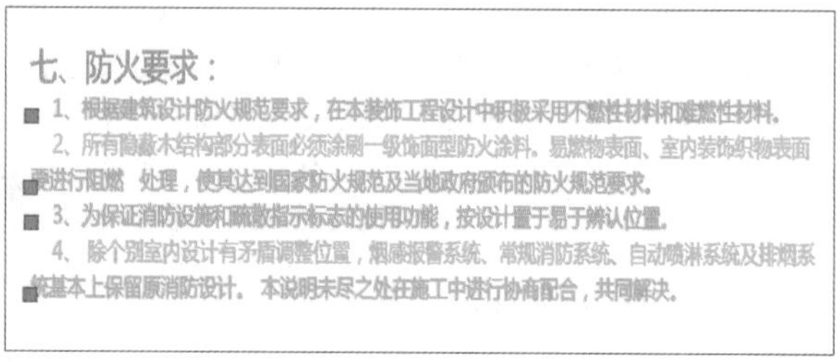

七、防火要求：
1、根据建筑设计防火规范要求，在本装饰工程设计中积极采用不燃性材料和难燃性材料。
2、所有隐蔽木结构部分表面必须涂刷一级饰面型防火涂料。悬挑物表面、室内装饰织物表面要进行阻燃处理，使其达到国家防火规范及当地政府颁布的防火规范要求。
3、为保证消防设施和疏散指示标志的使用功能，按设计置于易于辨认位置。
4、除个别室内设计有矛盾调整位置，烟感报警系统、常规消防系统、自动喷淋系统及排烟系统基本上保留原消防设计。本说明未尽之处在施工中进行协商配合，共同解决。

❷ 炸开为单行文字

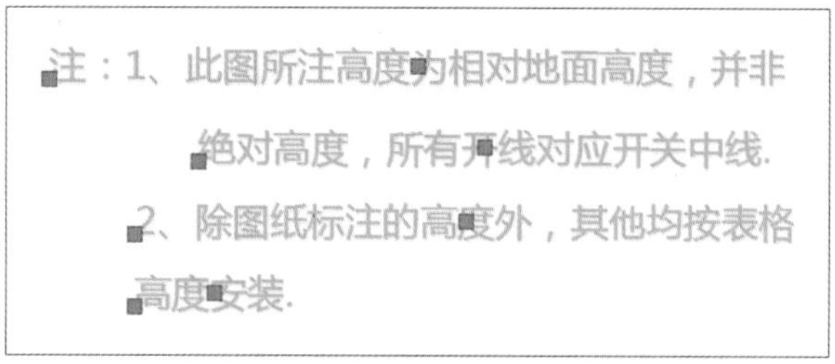

注：1、此图所注高度为相对地面高度，并非
绝对高度，所有开线对应开关中线.
2、除图纸标注的高度外，其他均按表格
高度安装.

❸ 选择多个单行文字

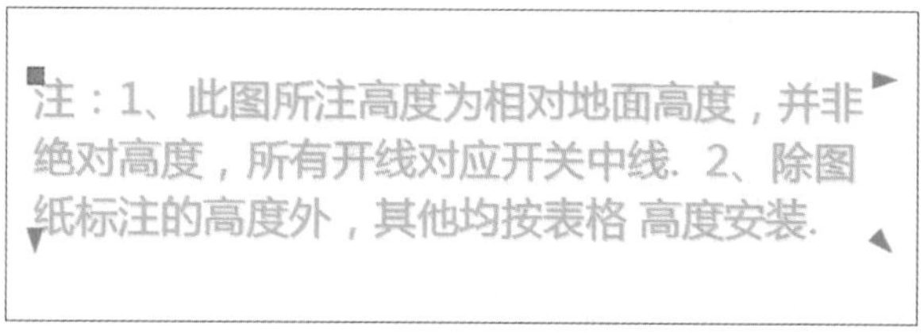

注：1、此图所注高度为相对地面高度，并非绝对高度，所有开线对应开关中线. 2、除图纸标注的高度外，其他均按表格 高度安装.

❹ 转换为多行文字

Article 027 合理应用单行/多行文字

AutoCAD绘图中文字是很重要的部分，创建文字有两种方法：单行文字和多行文字。

Technique 01 单行文字

单行文字用于创建一行或多行文字，如果输入较多的文字按Enter键进行换行时，每一行文字都是独立的，主要用于一些不需要多种文字或多行的简短输入，特别是工程图纸中的标题栏和标签的输入等❶。

Technique 02 多行文字

多行文字一般是由两行以上的文字组成的单一对象，各行文字作为一个整体进行处理，适用于复杂的、多段落的文字内容，同时可进行字体、字号、对齐方式等设置，多用于创建说明文字，如施工工艺要求等❷。

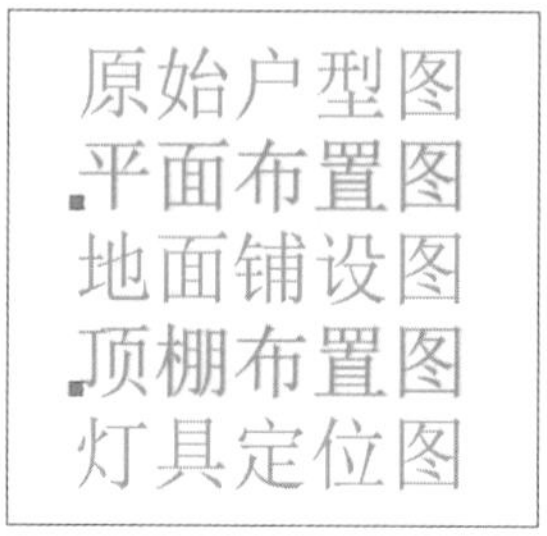

原始户型图
平面布置图
地面铺设图
顶棚布置图
灯具定位图

❶ 单行文字

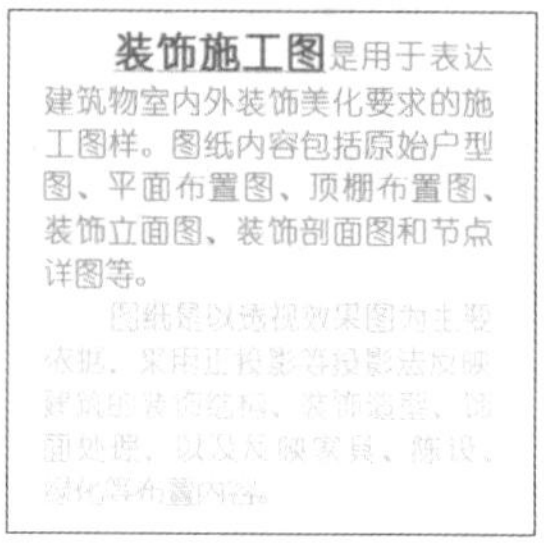

装饰施工图是用于表达建筑物室内外装饰美化要求的施工图样。图纸内容包括原始户型图、平面布置图、顶棚布置图、装饰立面图、装饰剖面图和节点详图等。

❷ 多行文字

Article 028 文字的气质表现

文字对象是AutoCAD中很重要的元素，是图纸中不可缺少的一部分。在一套完整的图纸中，通常需要文字注释来说明一些非图形信息，如填充材质的性质、图形中的技术要求以及材料说明、施工要求等❶❷。

在创建文字前，应先对文字样式（如样式名、字体、字体的高度、效果等）进行设置，从而方便、快捷地对图形对象进行标注，得到统一、标准、美观的标注文字。对于相同的文字对象，如果使用不同的字体、字号、倾斜角度、旋转角度以及一些特殊效果进行表达，那么所显示的文字外观效果也不相同，而所有这些决定文字外观效果的因素都可以通过“文字样式”对话框❸进行设置与控制。

SCALE 1:100
SCALE 1:100
SCALE 1:100
SCALE 1:100

❶ 不同字体的字母

一层平面布置图
一层平面布置图
一层平面布置图
一层平面布置图

❷ 不同字体的汉字

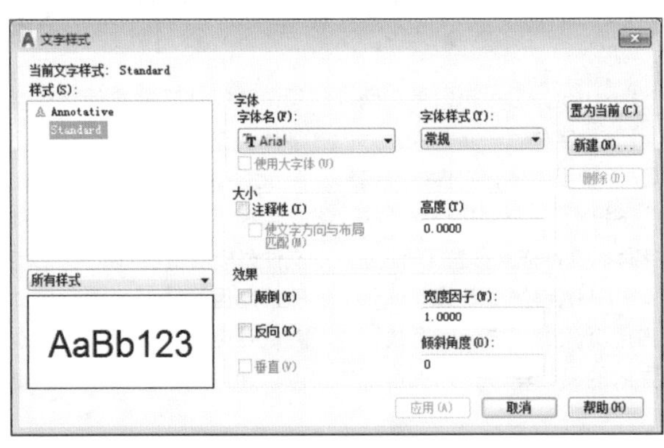

❸“文字样式”对话框

Article 029 跨界超链接

超链接是AutoCAD图形中的指针，该指针指向本地、网络驱动器或Internet上相关的文件，并且提供图形对象到该文件的跳转，它可以将AutoCAD图形链接到相关的文件上。例如，用户可以在AutoCAD图形和Word文档之间建立超链接，或者把特定的HTML文件链接到图形上，也可以把AutoCAD的一个视图与图形对象链接起来。AutoCAD图形中所有图形对象都可以建立起超链接，使用户共享的资源更加丰富，协作交流的范围更加广阔。

执行“插入”→“超链接”命令，根据提示选择图形对象，按Enter键后打开“插入超链接”对话框❶，从中选择需要链接的对象即可。完成超链接的创建后，将鼠标移动到该图形上可以看到超链接的相关提示❷。按住Ctrl键的同时单击图形对象即可开启文件的跳转，打开超链接目标文件。

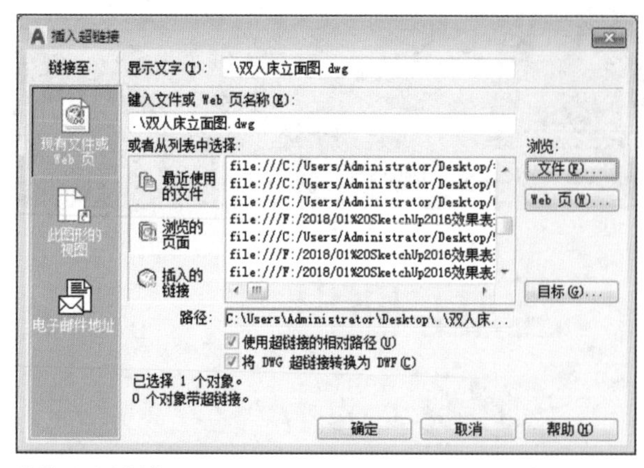

❶ “插入超链接”对话框

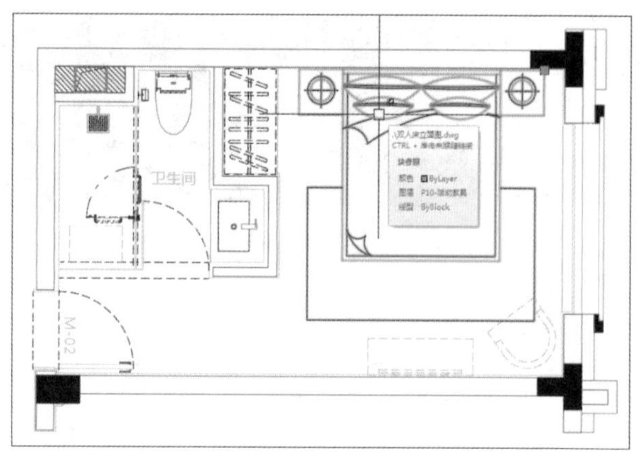

❷ 查看超链接对象

Article 030 安装AutoCAD字体库

AutoCAD中可以使用两类字体，一类是AutoCAD专用字体，文件扩展名为.SHX；一类是操作系统的字体，文件扩展名为.TTF。

SHX字体是单线字体，占用资源少，显示速度快。国内的设计单位，尤其是工程设计行业通常会使用这类字体。这类字体通常保存在AutoCAD安装目录的Fonts子目录下，将准备好的字体文件直接复制到AutoCAD的Fonts目录❶下，重新启动AutoCAD软件即可。当然也可以通过在“选项”对话框的“文件”选项卡内添加字体的路径。

TTF字体又叫TRUE-TYPE字体，文字由外轮廓线和填充构成，看上去比较圆润美观，但占用资源比较多。推荐在图中文字较少时使用，否则，容易造成计算机卡顿，影响工作效率。如果图中使用了特殊的TTF字体，而操作系统中没有时，可以从网上寻找并下载到操作系统的Fonts目录❷下，便可以使用，无须重新启动系统。

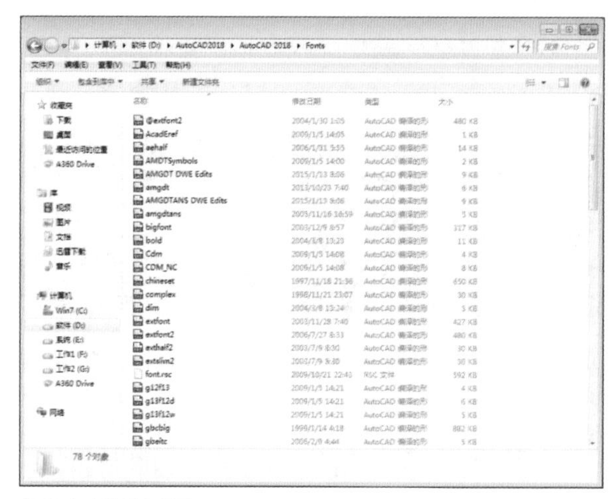

❶ SHX字体所在目录

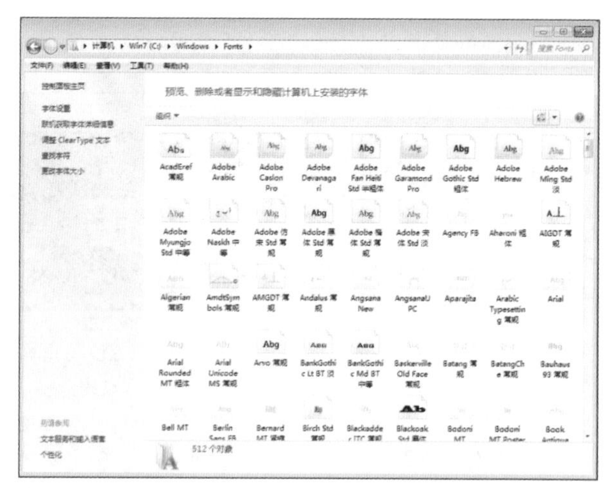

❷ TTF字体所在目录

Article 031

标注的设置与应用

AutoCAD系统提供了多种尺寸标注类型，常见的标注类型包括线性标注、对齐标注、连续标注、半径标注、直径标注、弧长标注、角度标注、圆心标注及引线标注等，可对各类图形对象进行标注。

尺寸标注是绘图工作中的一个重要内容。在绘制图形时，图形中各对象的真实大小和相互位置只有经过尺寸标注后才能确定。

AutoCAD为用户提供了完整的尺寸标注命令和实用程序，并提供了设置标注样式的方法，可以为各个方向和形态的对象创建标注。

在AutoCAD中，标注对象具有特殊的格式，各个行业对于标注的要求不同，所以在进行标注之前，必须修改标注的形式以适应本行业的标准，这里可以通过“标注样式管理器”对话框❶来创建标注形式，再通过“修改标注样式：ISO-25”对话框❷来设置标注样式。每种标注样式针对不同的标注对象可以设置不同的样式，如在标准标注形式下又可以针对线性标注、半径标注、直径标注、角度标注、引线标注等分别设置不同的样式，使其在同一标注形式下可以满足不同对象的标注要求。

在绘制立面图❸和平面图❹的过程中，只有数值标注是远远不够的。为了清晰地表示出图形的材料和尺寸，用户需要利用引线标注结合尺寸标注来表达。引线标注主要用于注释对象信息，是从指定的位置绘制一条引线来对图形进行标注，常用于对某些特定的对象进行注释说明。

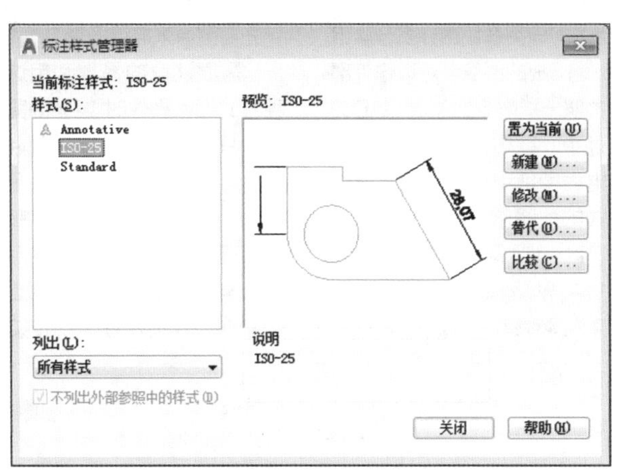

❶ “标注样式管理器”对话框

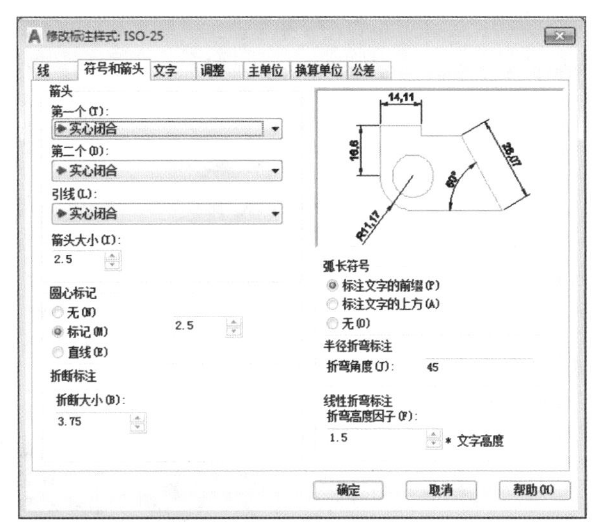

❷ “修改标注样式：ISO-25”对话框

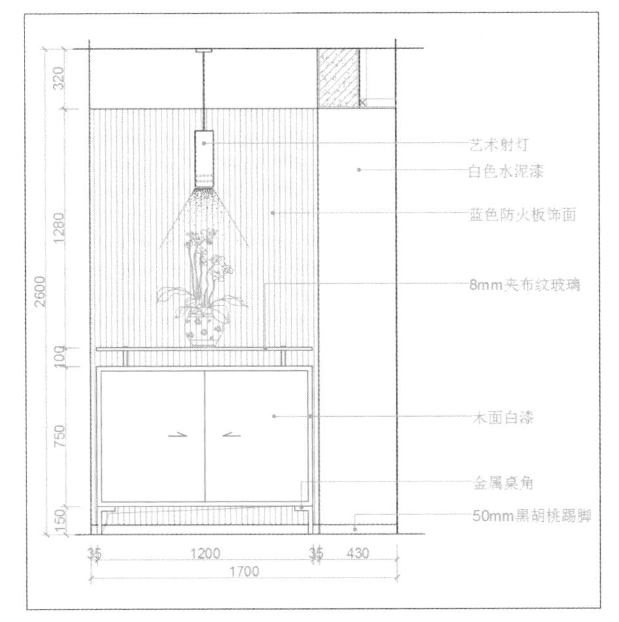

❸ 玄关立面图标注

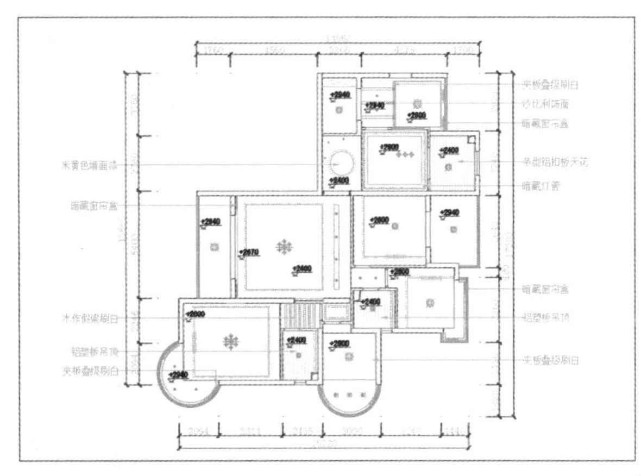

❹ 顶棚平面图标注

Article

032 光栅图像的应用

光栅图像是由许多像素组成的图像，可以像外部参照一样附着到AutoCAD文件中。在市政规划、水利、电力图纸中有时会将光栅格式的地图作为底图；有时为了进一步说明设计方案，也会插入光栅图像❶，以便于更加直观地观察设计效果；还有利用光栅图像来描绘图形。

需要注意的是，利用这种方式插入图像时，CAD图纸中只是保留了图像的路径信息，并在适当的位置显示图像，而不是将图像保存在CAD图纸中。换言之，CAD图纸与图像依然是两个独立的文件，只是存在某种连接关系而已。我们可以使用图像编辑软件对图像进行修改，当再次打开AutoCAD时，可以看到图纸中的图像会自动发生变化。如果删除计算机上的图像文件，则CAD图纸中仅显示图纸路径❷。

此外，室内家具、门窗等图形也可以利用光栅图像进行1:1绘制。插入光栅图像后，根据物体的实际尺寸对图像进行缩放，再根据图像利用“直线”“矩形”“圆”等绘图命令以及“偏移”“修剪”等编辑命令进行绘制，即可绘制出等大的物体图形❸❹。

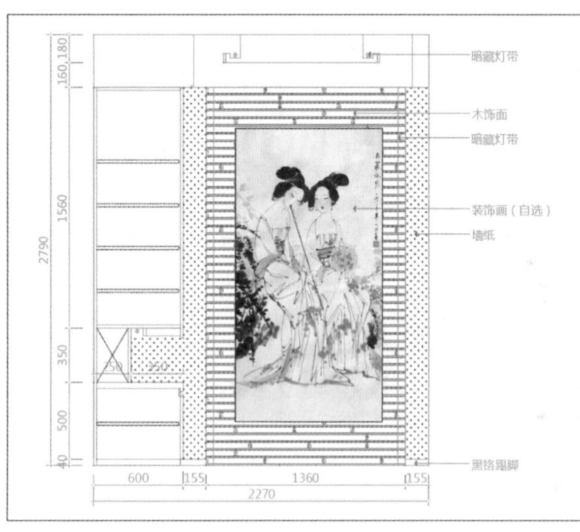

❶ 插入光栅图像

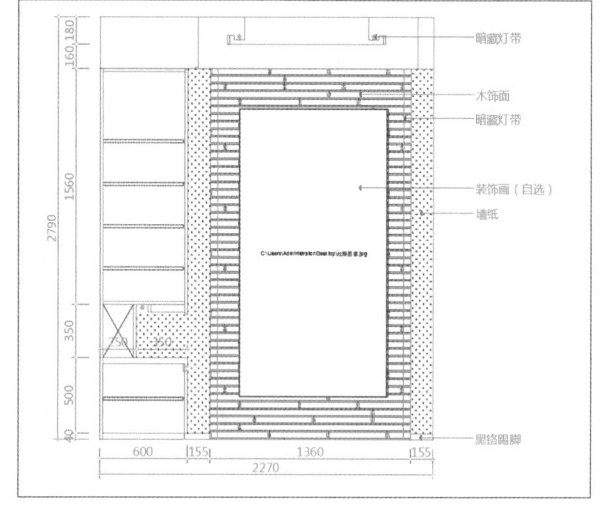

❷ 丢失路径

❸ 门图像

❹ 根据图像绘制的图形

Article 033 点样式的设置与效果

在AutoCAD中，所有的图形都是由无数点组成的。点是构成图形的基础，也可以作为捕捉和移动对象的节点或参照点。

在默认情况下，点在Auto-CAD中是以圆点的形式显示的，用户也可以设置点的显示类型。执行“格式”→“点样式”命令，打开“点样式”对话框❶，即可从中选择相应的点样式。同时，点的大小也可以自由设置，若选择“相对于屏幕设置大小”单选按钮，则点大小是以百分数的形式实现❷。若选择“按绝对单位设置大小”单选按钮，则点大小是以实际单位的形式实现❸。

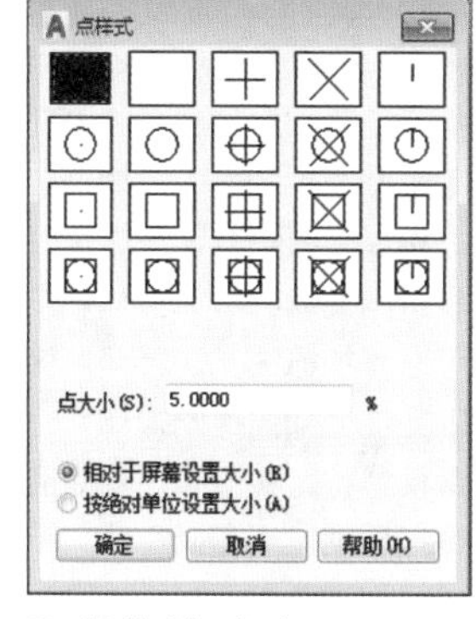

❶ “点样式”对话框

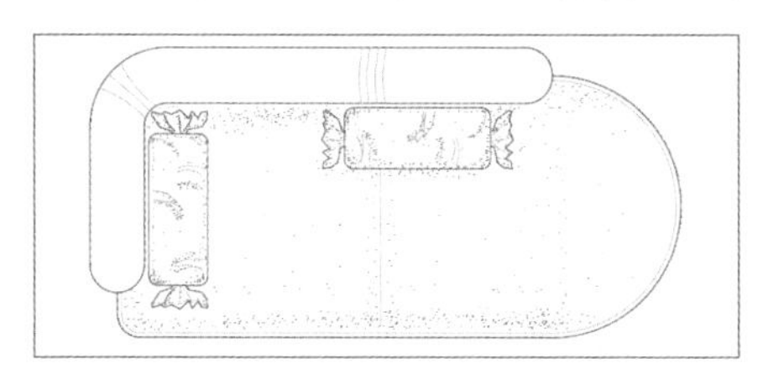
❷ 相对于屏幕大小的点

❸ 按绝对单位设置的点

Article 034 根据对象颜色打印线宽

设置打印对象的线宽会直接影响到图纸打印的效果，最常用的是根据图形颜色进行打印线宽的设置。也就是说，在绘图的时候，不同类型的图形要根据需要绘制成不同的颜色，以便在打印时可以根据颜色设置图形线宽。

按快捷键Ctrl+P打开“打印·模型”对话框❶，在对话框右侧的“打印样式表（画笔指定）”下拉列表中可选择或新建打印样式。

在“打印样式表编辑器”对话框❷中可以设置打印线宽，其中列出了255种颜色，全选后可以统一进行特性设置，再选择需要单独设置效果的颜色进行特性设置。最常用的特性是线宽和淡显，线宽设置可以更好地区分图形，淡显则会使图纸打印出来更加具有层次感。

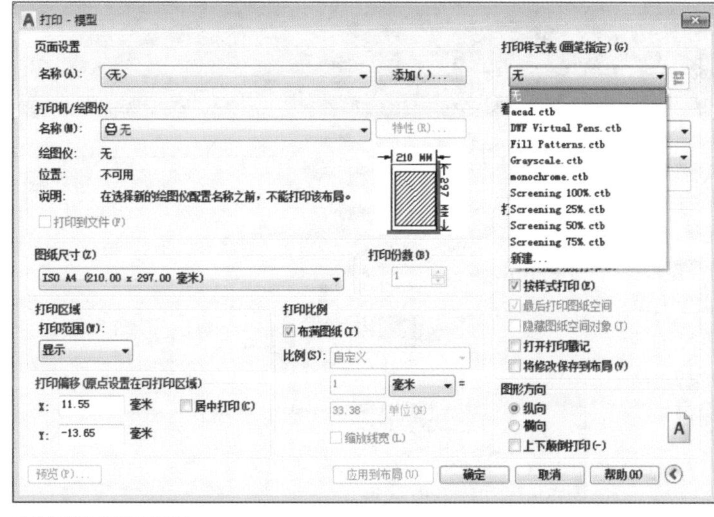

❶ “打印”设置对话框

❷ “打印样式表编辑器”对话框

Article 035 模型空间与布局空间

模型空间和布局空间是AutoCAD的两个工作空间。模型空间是用于设计和绘制图形的空间，用户可以根据需要绘制多个图形以表达出物体的具体结构，还可以添加标注、注释等内容以完成全部的绘图操作；包含模型特定视图和注释的最终布局则位于布局空间，布局空间主要用于打印输出图样时对图形的排列和编辑。

Technique 01 模型空间

模型空间❶主要用于绘图及建模，用户可以按照1:1的实际尺寸绘制二维图形或者三维模型，并为图形添加标注和注释等内容。模型空间对应的窗口称为模型窗口，在模型窗口中，十字光标在整个绘图区域都处于激活状态，并且可创建多个不重复的平铺视口，用来从不同角度观测图形。

Technique 02 布局空间

布局空间❷又叫作图纸空间，主要用于出图。图纸绘制完毕，就需要将其打印到纸面上形成图样。使用布局空间可以很方便地设置打印设备、纸张、比例尺、图样布局， 以及预览实际出图的效果。布局空间对应的窗口叫作布局窗口，用户可以在同一个视图中创建多个不同的布局图，当需要将多个视图放在同一张图样上输出时，通过布局就可以很方便地控制图形的位置、输出比例等参数。

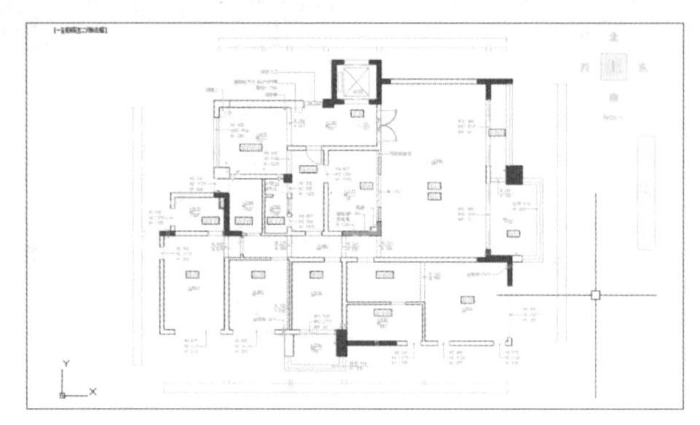

❶ 模型空间

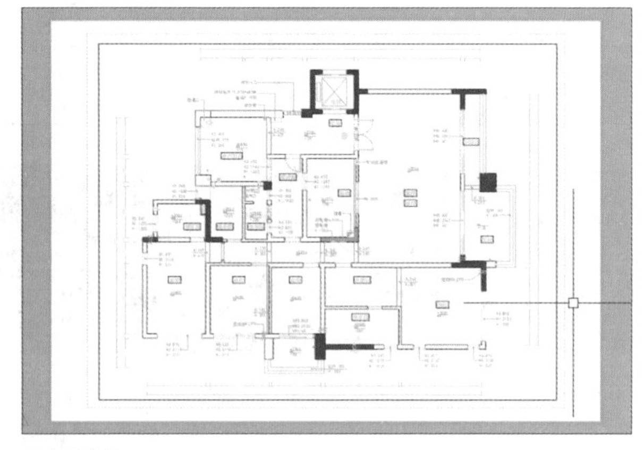

❷ 布局空间

Article 036 OLE对象的嵌入

AutoCAD中的OLE是指对象的链接和嵌入，它提供了一种用不同应用程序的信息创建复合文档的方法，对象几乎可以是所有信息类型，如文字、位图、矢量图形、声音注解和视频剪辑等，通过“插入对象”对话框❶进行操作。OLE包含三个概念，即对象、链接和嵌入。对象是应用程序之间共享的数据，如图形、文本和动画等；链接是指在程序设计过程中把两个以上汇编过的程序合成单一实体的处理方法；嵌入是指应用程序所创建的对象包含在另一个程序之中。

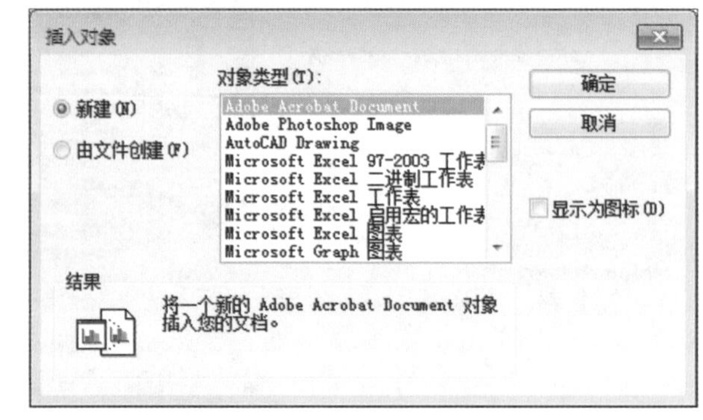

❶ “插入对象”对话框

Article 037 清理文件中的无用元素

在绘图过程中，经常会遇到这种情况：图中内容很少，但文件所占空间很大，图形生成的速度也比较慢，严重影响了绘图效率。

这是因为在绘图过程中产生了大量垃圾。一方面是因为使用了一些应用软件，在打开文件时增加了许多设置，但有很多设置并未用到。另一方面，在使用应用软件的过程中引入过一些过渡性的信息，之后未被清除干净，仍然被保存在文件中，成为图形垃圾。比如我们插入一个图块，如果图块未被打开，有关此图块的记录就是有用信息，当图块被打开以后，有关图元已不再是一个整体，但图块的信息仍保存在文件中，这些信息就成为无用垃圾。如果一个存在垃圾的图形文件又被其他文件引用，那么这些垃圾也就可能被转入新的文件中。为了提高工作效率，在绘图过程中应当经常对图形进行清理。

Technique 01

清理方法一

一般来说，一张CAD图中最常出现的垃圾有以下几种：未引用过的图层设置、线型设置；未被引用的图块（已被打开的图块）、标准字样（STYLE）、外形等，这些信息可以通过PURGE命令进行清除。执行该命令后，会打开“清理”对话框❶，用户可以根据需要选择删除不同内容，而每一项被删除的内容都会提示用户予以确认。

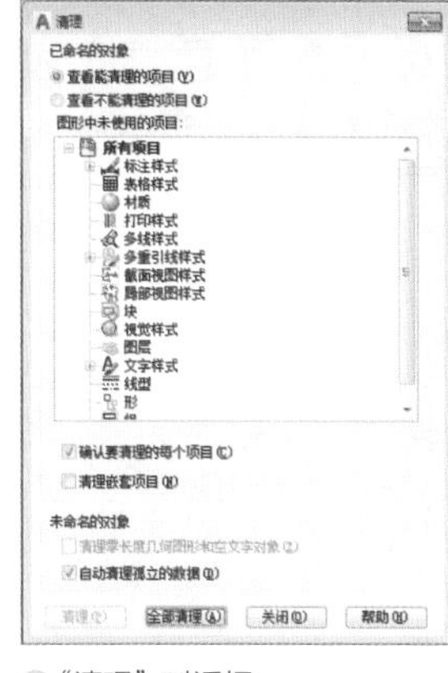

❶“清理”对话框

Technique 02

清理方法二

对于上面提到的几项内容，也可以通过“写块”对话框❷来完成。把需要传送的图形用WBLOCK命令以写块的方式产生新的图形文件，新生成的图形文件用于传送或存档，清理效果非常好，但不能对新生成的图形进行修改存盘。

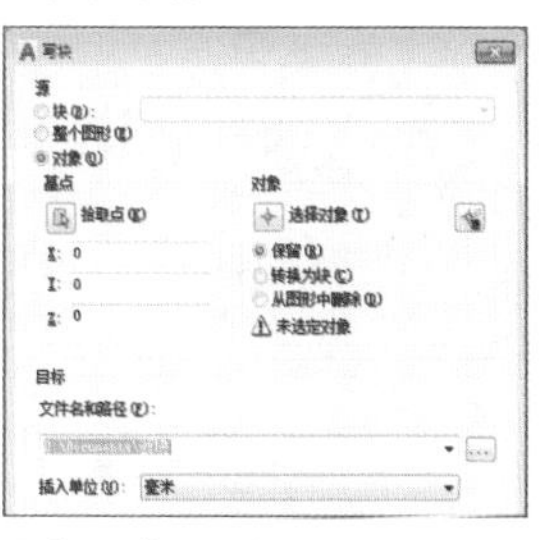

❷“写块”对话框

Article 038 巧妙删除图形中的重复对象

CAD图纸中，对象重叠的现象非常常见，排查、确认图中没有重叠对象非常耗时耗力，因为重叠的对象光凭肉眼是看不出来的，只有去框选或移动它的时候才知道到底有几个实体。

AutoCAD中提供了“删除图形中的重复对象”功能，不仅可以处理重合的直线、圆、多段线等对象，还可以处理完全重叠的图块、文字、标注、面域等其他各类对象。此外，删除也并不是简单的删除，不仅要对图形的图层、颜色、线型等相关属性进行判断，而且要对部分重叠的二维和三维多段线、圆及圆弧、直线重合的部分进行删除或连接。利用此功能可以清除图纸中的冗余图形，并避免由于图形重叠引起的编辑、打印等相关问题。

执行“修改”→“删除图形中的重复对象”命令，选择图形对象，按Enter键即可打开“删除重复对象”对话框❶，用户可在该对话框中选择要忽略的对象特性以及要优化或合并的选项。

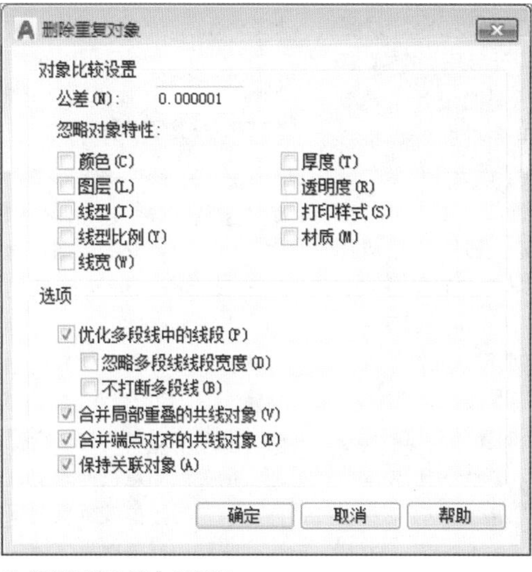

❶“删除重复对象”对话框

Article 039 打开文件时缺失字体

在使用AutoCAD的过程中遇到最多的问题就是缺失字体，也就是在打开CAD图纸时提示缺少字体❶；也存在打开文件时并没有提示但图纸中的文字却有很多问题，如乱码无法显示等。

其实造成这种情况的根本原因就是缺失该字体。之所以打开文件时没有提示，可能是因为随便找了字体安装包并命名为该字体名称，再将其放到字体的安装目录下，当打开文件时CAD可以检索到该字体。由于该字体根本不是原字体，因此会造成文字乱码等问题。

想要解决字体缺失的问题，可以从网上下载所缺失的字体，将其放置到AutoCAD安装文件夹下的Fonts文件夹中，这个文件夹是AutoCAD的字体库文件夹。如果无法联网下载字体，也可以从“大字体”列表中选择gbcbig.shx国标字体❷进行尝试。

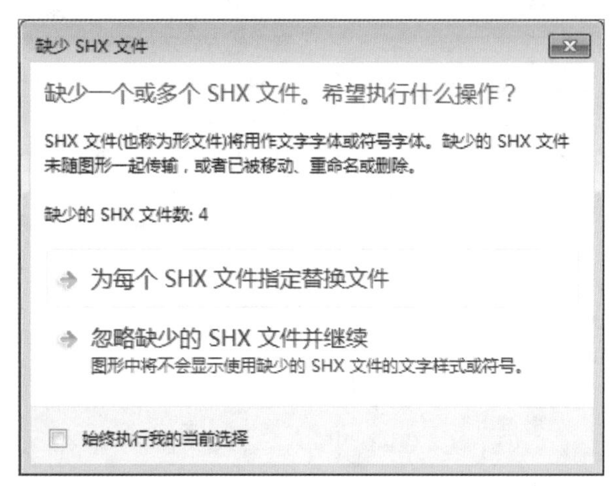

❶ 提示缺少SHX文件

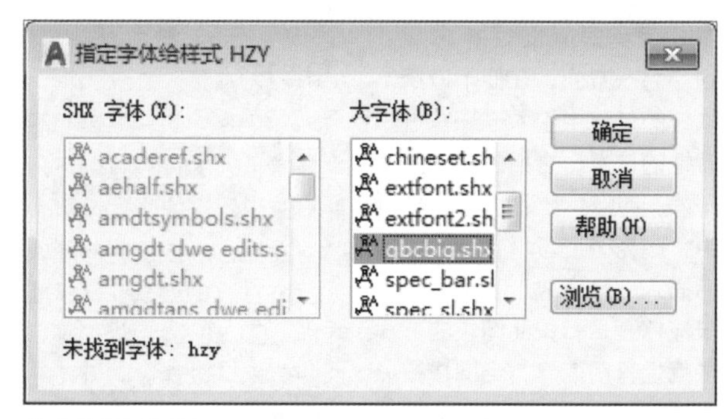

❷ 指定国标字体

Article 040 便捷的建筑制图插件——天正建筑

天正建筑是天正公司为建筑设计者开发的专门用于高效制图的设计工具软件，应用先进的计算机技术，研发了以天正建筑为龙头的包括暖通、给排水、电气、结构、日照、市政道路、节能等专业的建筑CAD系列软件。天正建筑软件符合我国建筑设计人员的操作习惯，贴近建筑图的绘图实际，有很高级的自动化程序，因此在建筑设计行业中使用相当广泛。利用该软件中的各项绘图工具❶，可轻松地绘制出所需的施工图纸。

Technique 01 自定义建筑对象

天正开发了一系列建筑对象的绘图工具，如墙体、门窗、柱子、轴网、屋顶、楼梯等❷❸❹，具有使用方便、通用性强等特点。各种墙体构件具有完整的几何和材质特征，可以像AutoCAD的图通图形对象一样进行操作，用夹点随意拉伸改变几何形状，与门窗按相互关系智能联动，显著提高了编辑

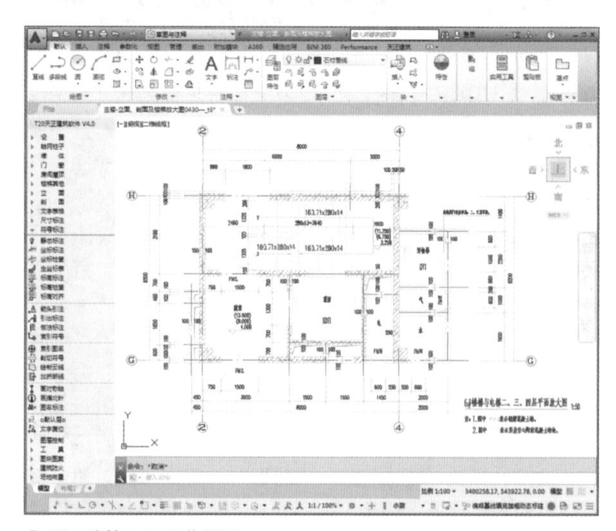

❶ 天正建筑CAD工作界面

❷ “绘制轴网”面板

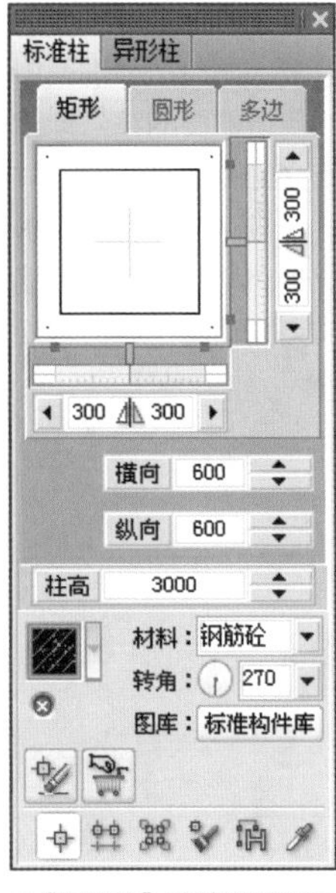

❸ “标准柱”参数设置面板

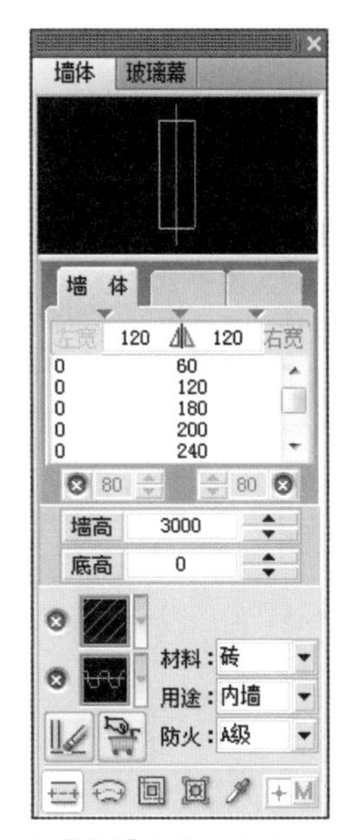

❹ “墙体”参数设置面板

效率。用户只需在工具栏中单击所需的建筑对象名称，在打开的命令扩展列表中选择相应的命令选项，即可进行绘制。

Technique 02

支持多平台的动态输入

AutoCAD从2006版本开始引入了对象动态输入编辑的交互方式，天正建筑将其全面引入，适用于从2004版本起的多个AutoCAD平台，这种在图形上直接输入对象尺寸的编辑方式，有利于提高绘图效率。

在绘制过程中，如需确定图形位置或方向，此时系统将在光标处显示相应的动态输入框，用户直接输入数据即可❺。选中所需图形并右击，在打开的快捷菜单❻中可对该图形进行编辑操作。

Technique 03

全新文字表格设计功能

天正建筑的自定义文字对象❼可方便地书写和修改中英文混排文字、输入和变换文字的上下标、输入特殊字符、输入加圈文字等。文字对象可分别调整中英文字体各自的宽高比例，修正AutoCAD所使用的两类字体（*.shx与表格对象，其交互界面类似Excel的电子表格编辑界面。表格对象具有层次结构，用*.ttf）的中英文实际字高不等的问题，使中英文字混合标注符合国家制图标准的要求。此外天正文字还可以设定对背景进行屏蔽，获得清晰的图面效果。

天正表格使用了先进的表格对象，其交互界面类似于Excel的电子表格编辑界面。表格对象具有层次结构，用户可以完整地把握如何控制表格的外观表现，制作出个性化的表格。更值得一提的是，天正表格还实现了与Excel的数据双向交换，使工程制表同办公制表一样方便高效。

Technique 04

先进的专业化标注系统

天正专门针对建筑行业图纸的尺寸标注开发了专业化的标注系统，轴号、尺寸标注、符号标注、文字等❽❾❿⓫⓬都使用对建筑绘图

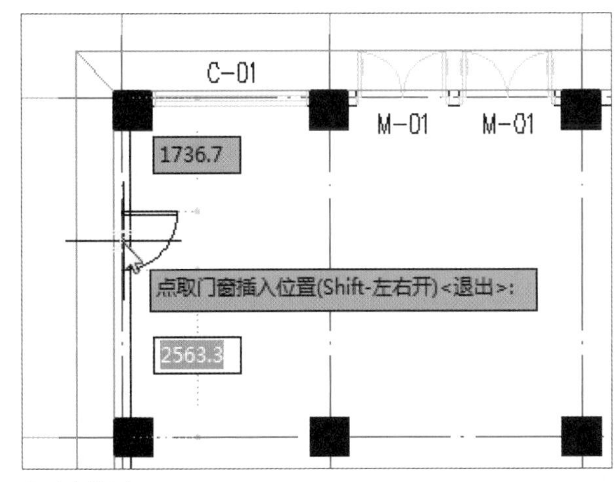

❺ 动态输入框

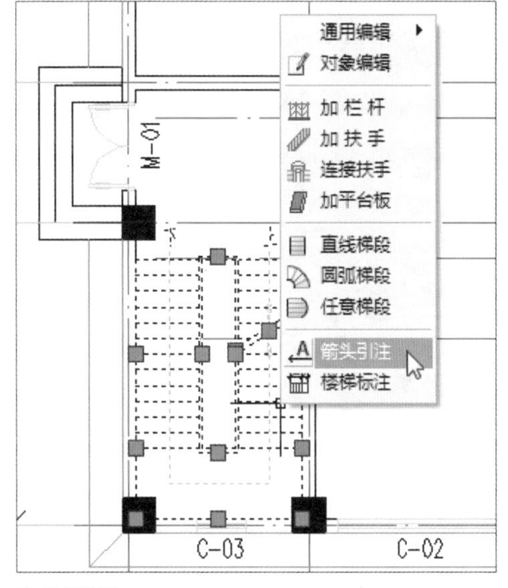

❻ 快捷菜单

基础讲座篇 图形施工篇 风水优化篇 尺寸布局篇 室内配色篇 设计赏析篇

最方便的自定义对象进行操作，取代了传统的尺寸、文字对象。按照建筑制图规范的标注要求，对自定义尺寸标注对象提供了前所未有的灵活修改手段。由于专门为建筑行业设计，在使用方便的同时简化了标注对象的结构，节省了内存，减少了命令的数量。同时按照规范中制图图例所需要的符号创建了自定义的专业符号标注对象，各自带有符合出图要求的专业夹点与比例信息，编辑时夹点拖动的行为符合设计习惯。

⑦“单行文字”设置面板

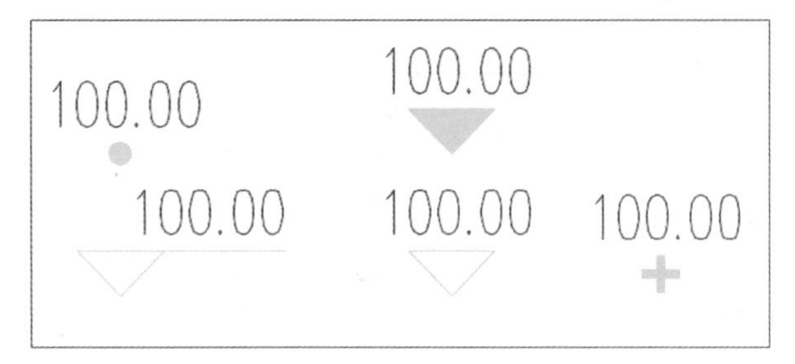

⑧ 标高标注

⑨ 图名标注

⑩ 剖切符号

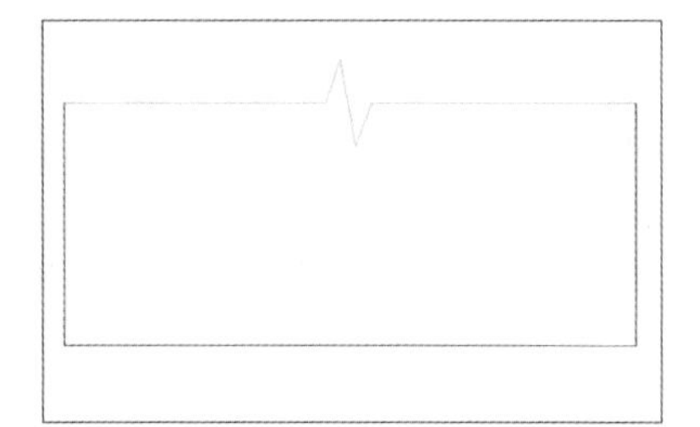

⑪ 折断线

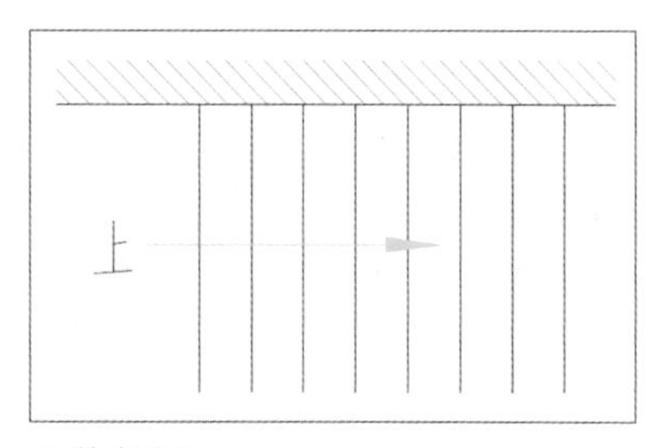

⑫ 箭头引注

Technique 05

强大的图库管理系统和图块功能

天正的图库管理系统⑬采用先进的编程技术，支持贴附材质的多视图图块，支持同时打开多个图库的操作。天正图块提供五个夹点⑭，直接拖动夹点即可进行图块的对角缩放、旋转、移动等变化。天正可对图块附加“图块屏蔽”特性，图块可以遮挡背景对象而无须对背景对象进行裁剪。通过对象编辑可随时改变图块的精确尺寸与转角。

天正的图库系统采用图库组TKW文件格式，同时管理多个图库，通过分类明晰的树状目录使整个图库结构一目了然。类别区、名称区和图块预览区之间可随意调整最佳可视大小及相对位置，图块支持拖动排序、批量改名、新入库自动以“图块长*图块宽”的格式命名等功能，最大限度地方便用户。图库管理界面采用了平面化图标工具栏，新增菜单栏，符合流行软件的外观风格与使用习惯。由于各个图库是独立的，系统图库和用户图库分别由系统和用户维护，便于版本升级。

⑬ 标高标注

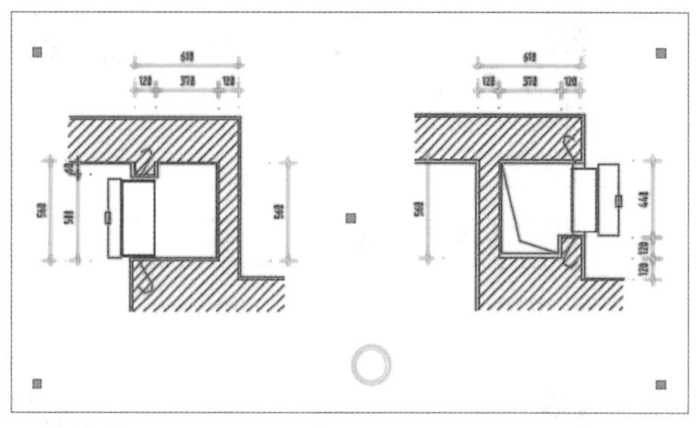

⑭ 夹点操作

Article 041 自带的扩展工具——Express Tools

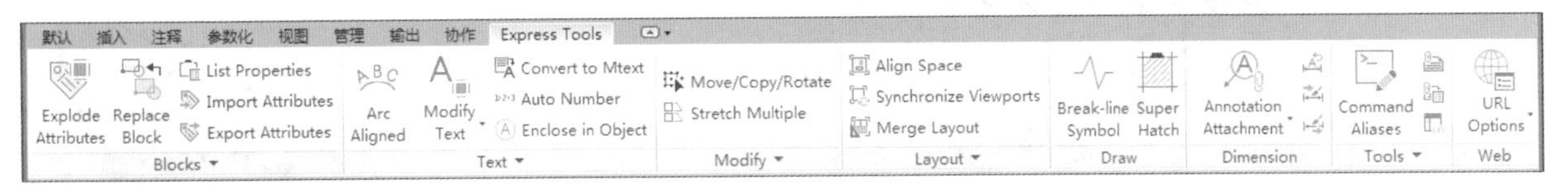

❶ 功能区Express Tools

❷ 菜单栏ET扩展工具

❸ 重新安装Express Tools

利用AutoCAD中自带的命令，可以进行一系列绘图操作。但有的命令在使用时，需要按要求进行多次选择后，才能够开始绘制，时间久了就会觉得很麻烦，影响工作效率。由此，许多CAD的高手就按照自己绘图的要求、环境、习惯等，对CAD进行二次开发，做了很多插件、工具、外挂之类的实用扩展工具。其实，AutoCAD本身就带有实用的扩展工具“ET扩展工具”❶❷，里面有不少非常实用的功能，可协助用户做图层管理、文字书写、绘图辅助、填充图案、尺寸样式等，大大提高了工作效率。在后期的版本中，有些扩展工具的功能逐步变成了常规功能。例如现在在格式菜单中也能调用图层工具，云线、区域覆盖（Wipeout）、快速引线等功能已经成为基本绘图命令，放到常规功能菜单中去了。该扩展工具在AutoCAD 2002版本及以后的中文版里叫作“ET扩展工具”，英文版叫作Express Tools。

在安装AutoCAD时，扩展工具包默认是不安装的，所以在安装时一定要记得勾选Express Tools选项。若已安装了AutoCAD，但没安装扩展工具包，也可通过AutoCAD安装包中的“添加或删除”功能重新勾选Express Tools选项并安装❸。

Article 042 梁志天作品赏析

梁志天，香港十大顶尖设计师之一，也是国际著名建筑及室内设计师。其设计作品以现代风格著称，善于将亚洲文化及艺术的元素融入其建筑和室内产品设计中。

他从竞争激励、机会极少的建筑师转型成为室内设计师；从建筑地产高速发展的香港，转战到改革开放、蓄势待发的中国内地；从纷繁复杂、无比奢华的欧式风格，转向现代简约风格；通过帝琴湾样板房设计获得口碑与商业价值的成功，而后带来一个个标志性项目。

Technique 01

帝琴湾样板房

帝琴湾样板房是梁志天接手的第一个样板房项目，该项目位于相对偏僻的沙田区，背山临湖，自然风光怡人。

梁志天认为帝琴湾的优势在于自然环境，而喜欢这里的人“肯定不是追求非常华丽的生活模式的人，相反，他需要的是比较贴近自然的、比较舒适的环境”。他以音乐和自然两个元素为主导，用现代简约的手法完成了样板房的设计，设计中摒弃了繁复的装饰，采用了单纯素雅的色彩、硬朗的线条、现代的家居陈设，以及由树枝与蝴蝶、玫瑰花、木雕、中提琴等点缀的自然与音乐元素，为业主们呈现出另一种模式的生活空间。最终因其卓尔不群的现代特色与新鲜感，获得了广泛的认可和赞美。

南京九间堂别墅

中国传统建筑带有诗情画意的情感色彩，是历史发展的印记。现代中式建筑与中国传统建筑一脉相承，保持了传统建筑的精髓，将现代元素与传统元素结合起来，以现代人的审美需求打造出一种新的富有中国特色的建筑形式。

南京九间堂溯源东方传统建筑文化，融合十朝都会的金陵古韵、江南自然山水与国际时尚品位。该项目临近都市繁华却又退隐山水雅境，透过现代设计手法，巧妙糅合空间、文化与生活艺术，彰显出奢华内敛的人文气度和府门涵养。

别墅秉承现代中式建筑风格，采用三开三进的室内布局，透过主次有序的空间规划，虚实相间、层层推进。在淡雅怡人的米色调中，极富质感的银灰洞石搭配木格栅及黑钢等优质建材，同时融入地方文化艺术精粹，俯仰间皆能感受到精致优雅的东方韵味。

蝶1903

这家以蝶为主题的餐厅，位于前门23号，在1903年曾是美国驻中国公使馆，蝶1903就是由此而得名。步入餐厅，可以看到无数蝴蝶的身影，墙壁上、地面上、灯具上、珠帘上……，翩翩蝶影展现出别样的意境。

图形施工篇

Article

043 沙发布局类型

客厅作为整间屋子的中心，我们在这里休息、接待客人、娱乐等，是凸显主人个性与品位的关键区域，因此被列为重中之重，营造令人赏心悦目即视感的同时还需符合居住需求。客厅布局一定要做到利用空间最大化，那么作为重要家具之一，沙发的搭配摆放，也是有技巧可循的，先从沙发布局形式讲起，常见形式有：一字形布局、L形布局、U形布局、平行布局、围合布局、弧形布局等。

Technique 01

一字形布局

首先来了解一下沙发的一字形布局❶。一字形布局非常常见，温馨紧凑，可以营造出亲密的氛围。沙发沿墙一字摆开，前面摆放茶几，对于客厅较小的家庭较为实用。这种摆设方式的目的在于节省空间，增加活动范围，比较适用于二人世界或长条形客厅。

Technique 02

L形布局

L形沙发❷适合较为时尚的家居设计。简单明了的设计，可以充分利用空间，营造开阔的视觉感。

L形转角沙发对户型的适用性很强。多个或单个沙发组合的“转角式”，灵活性更高，可根据需要变换布局，实现多重使用功能。三人沙发和双人沙发组成L形，或三人沙发加两个单人沙发的组合可以说是中等户型最为普遍的沙发摆放组合方式。

Technique 03

U形布局

U形沙发❸的布局一般是三人位+二人位+两个单人位，沙发的形态可以稍微改变一些，在色彩上一定要做到搭配协调。这种布局所占用的空间会比较大，适合面积较大以及人口较多的家庭，使用起来的舒适度也相对较高，一家人围坐在一起享受生活的乐趣，交流起来十分方便。

因为U形布局会围合出一定的空间，自身就具有隐形隔断的作用，在无形之中就将客厅的边界划分出来。

Technique 04

平行布局

设计师巧用对称手法营造井然有序的空间❹，这种装饰法特别适合接待客人，平行布局有利于家人朋友保持面对面的交流和沟通，给人比较正式的感觉。简单精致的家居设计，却是人们最佳的选择。

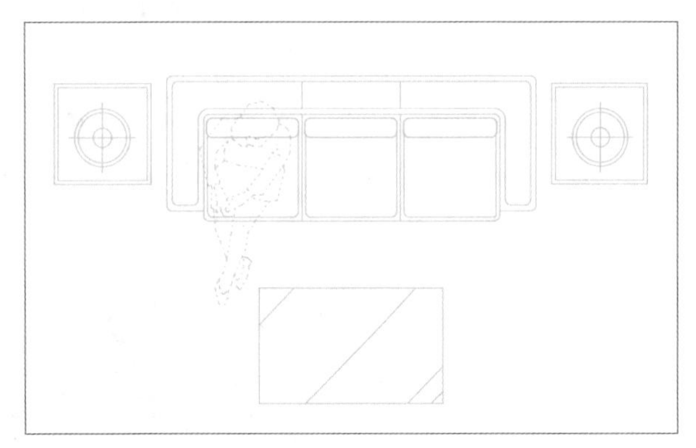

❶ 一字形布局

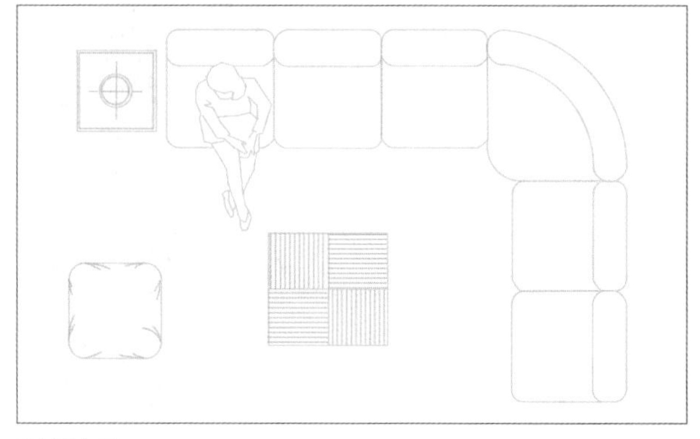

❷ L形布局

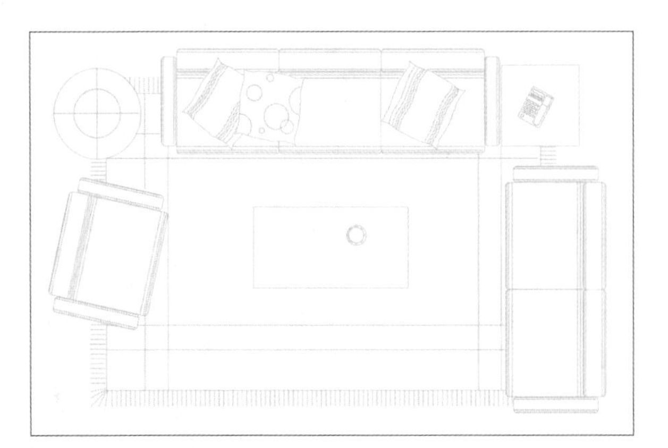

❸ U形布局

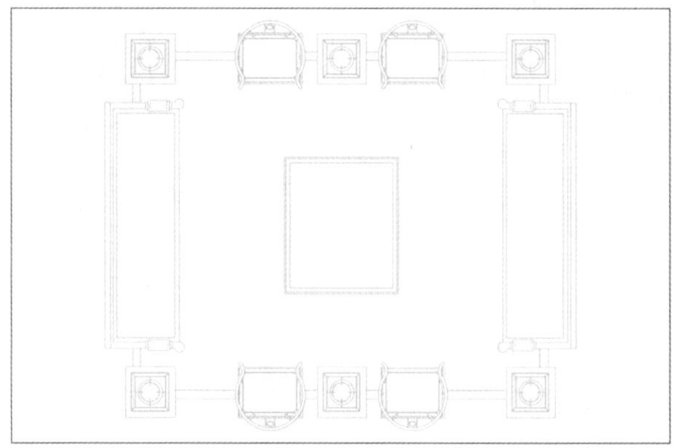

❹ 平行布局

Technique 05

围合布局

围合布局❺具有很好的私密感，自由组合在一起的沙发、扶手椅、躺椅等，可以打造出富有层次的居住环境，营造谈话氛围，这样的搭配设计更考验软装设计师的搭配功力。

弧形布局

弧形布局❻最大的好处就是能够彰显空间的灵动感，会为宽大开放的空间带来围合感，给人温暖的感觉。

❺ 围合布局

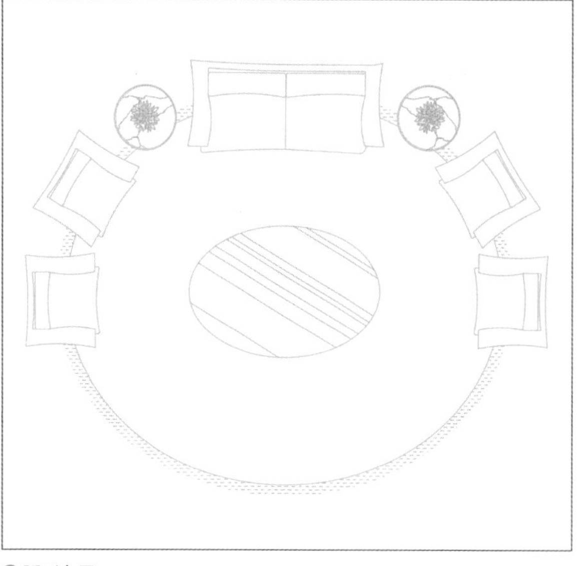

❻ 弧形布局

Article 044 洗衣机类型

洗衣机是现代家居生活中必不可少的电器，给人们的生活带来了很大的便利。目前使用最多的是波轮式洗衣机和滚筒式洗衣机两种，其占地面积及功能效率各有千秋，各自占有一定的市场空间。

Technique 01

波轮洗衣机

波轮洗衣机❶占地面积相对较小，放置在卫生间或阳台都比较节省空间，很适合室内面积有限的家居空间。

Technique 02

滚筒洗衣机

滚筒洗衣机❷的体积较大，采用了侧开门原理，机体美观，适用于一体家居。

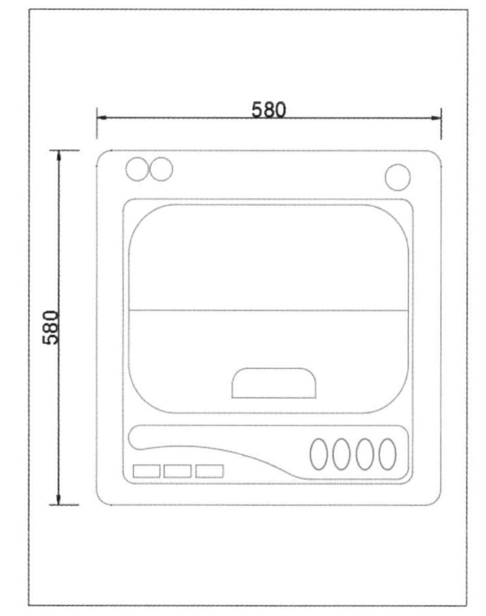

❶ 波轮洗衣机平面

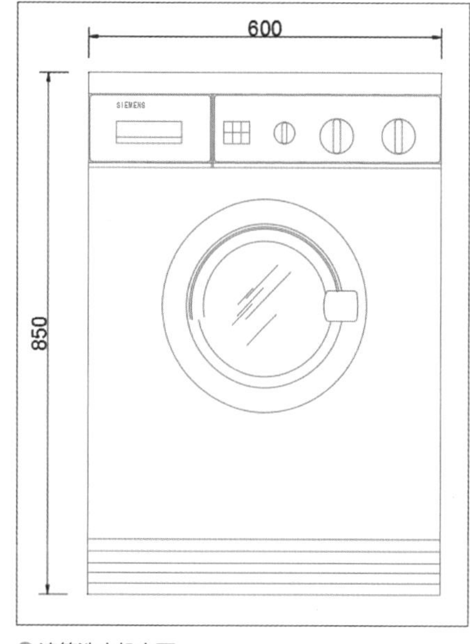

❷ 滚筒洗衣机立面

Article

045 床类型

床分为主体、枕头、被褥及床头柜，也可搭配地毯、抱枕、脚榻等。根据其面积造型可分为标准单人床❶、标准双人床、加长双人床、圆形双人床等。以标准双人床为例，其尺寸有1500mm× 2000mm❷、1800mm× 2000mm，另外有加宽加大的双人床，尺寸有1800mm× 2200mm、2000mm× 2000mm ❸、2000mm× 2200mm不等❹❺。为了满足上下床、穿鞋等动作，家庭用床的高度一般在500~600mm。设计者可根据卧室的面积和布局进行床图形的选择。

除最常见的单人床和双人床外，在小户型家居中比较常见的还有一种双层床，如图❻❼。顾名思义，双层床是指上下双层的床，在面积有限的房间里可以节省相当大的空间，也为朋友留宿提供了方便，有着美观实用、节省空间等优点。

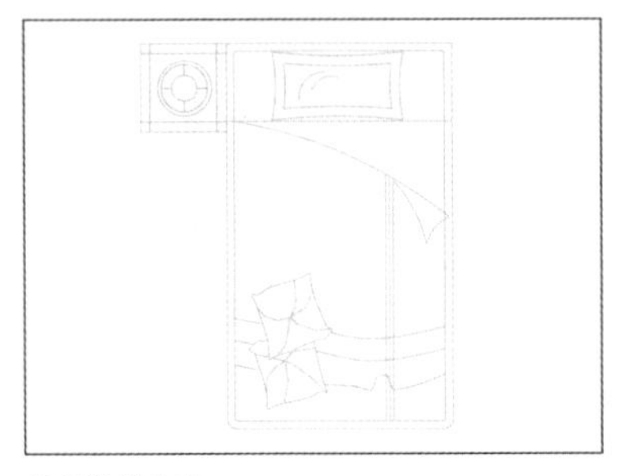

❶ 标准单人床

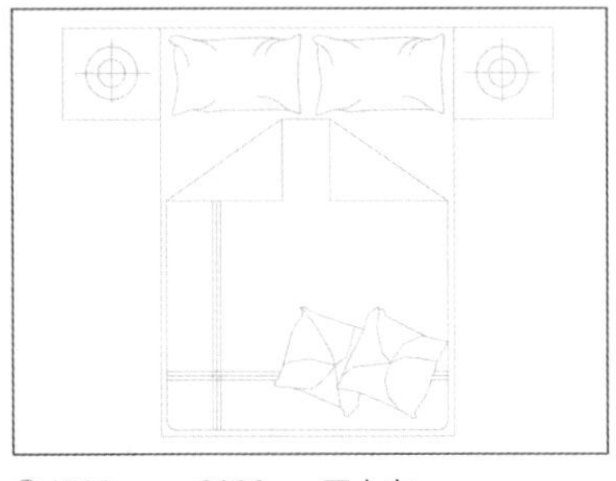

❷ 1500mm×2000mm双人床

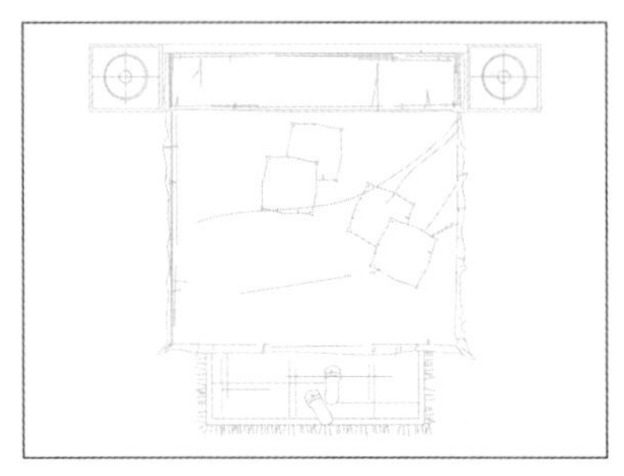

❸ 2000mm×2000mm双人床

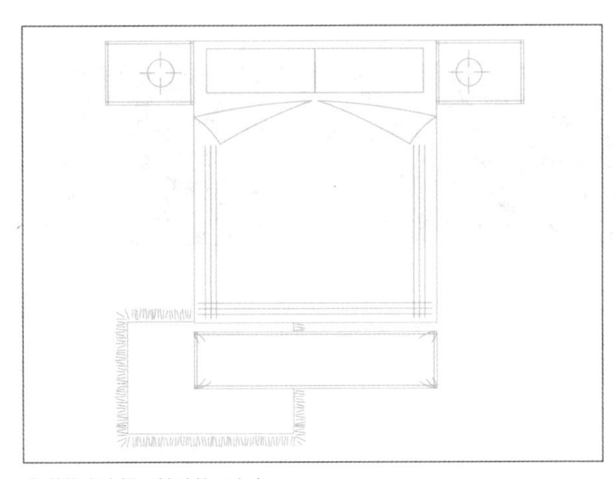

❹ 装饰有脚榻和地毯的双人床

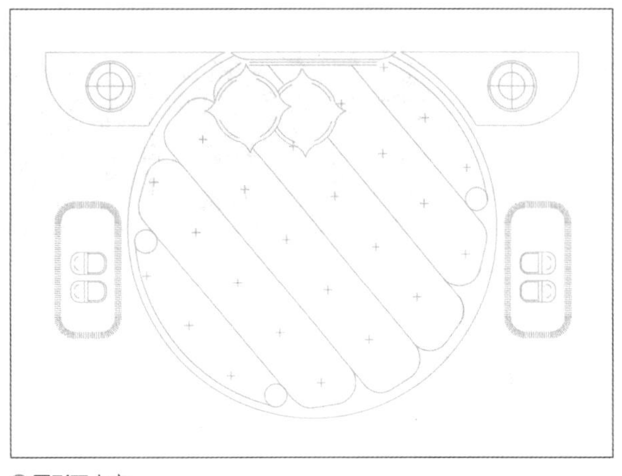

❺ 圆形双人床

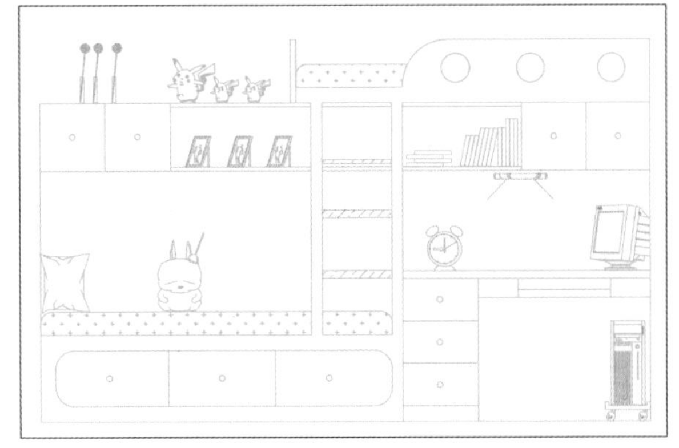

❻ 上下床工作台组合

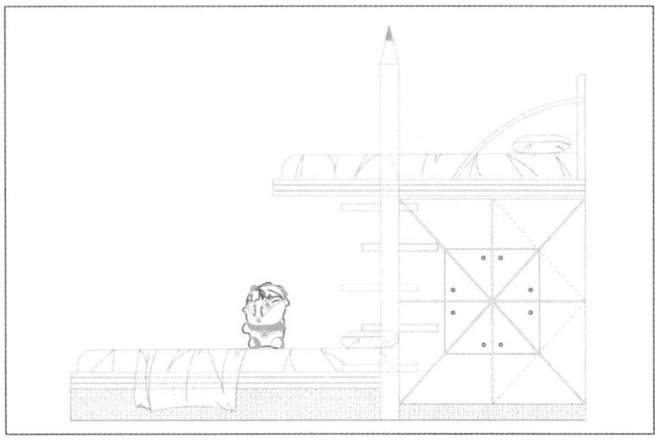

❼ 上下床衣柜组合

Article

046 餐桌椅类型

在室内设计中，设计者会根据餐厅的形状、大小和就餐人数来确定餐桌椅的形状、大小和数量。餐桌的形状一般有方形、圆形等，根据用餐人数又分为四人桌、六人桌、八人桌和十人桌等，具体尺寸要根据餐厅面积以及个人喜好来进行选择，如图❶~❻。

由于风格不同，正方形四人餐桌边长一般为760~800mm，美观且实用。现在的餐厅空间一般是长方形的，所以大方桌及圆桌都较少使用，六人长方形餐桌是最普遍的，最常见的尺寸为1200mm× 800mm。

与方形餐桌相比，圆形餐桌更加能体现出民主、随和、温馨的气氛，并且能够有效利用空间，占地面积小，自诞生以来就受到不少人的喜爱。家庭中比较常用的是四人圆桌及六人圆桌，直径尺寸分别为900mm和1200mm。市面上常见的餐桌高度为750mm左右，座椅高度为450mm左右，最舒适的餐桌椅高差在280~320mm，如果身高较高或较矮，在选择餐桌椅时可以根据实际情况进行调整，如图❼❽。

在考虑餐桌尺寸的同时，还要考虑餐桌外的空间，人不只是坐在椅子上用餐，还会因为某些事情来回走动，在餐桌周围，一定要记得预留一些活动的空间。椅子距离墙面之间若为通道，则餐桌至墙面之间的距离最少为1220mm，不需要走人时最少为760mm。

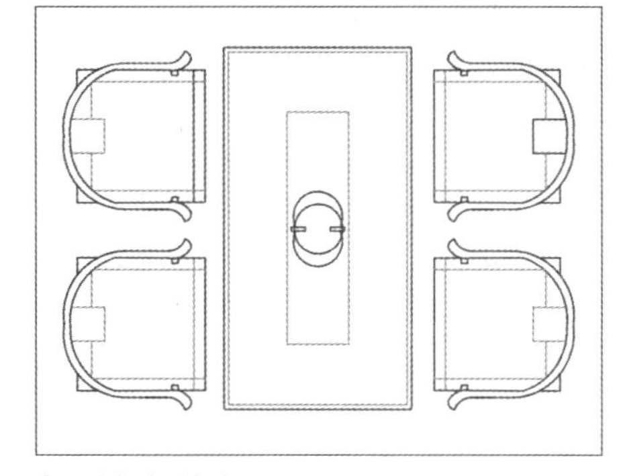

❶ 四人长方形餐桌

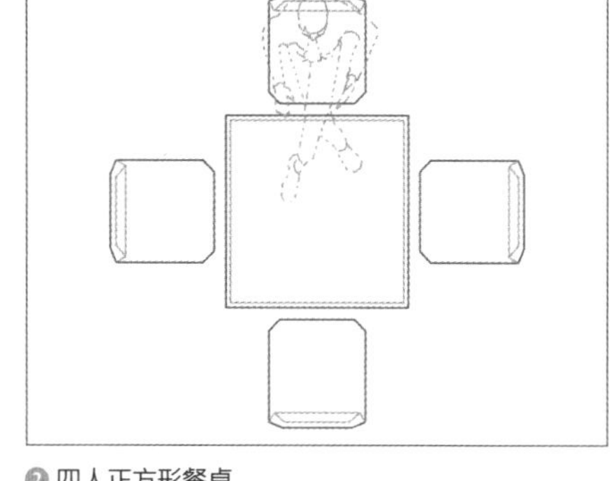

❷ 四人正方形餐桌

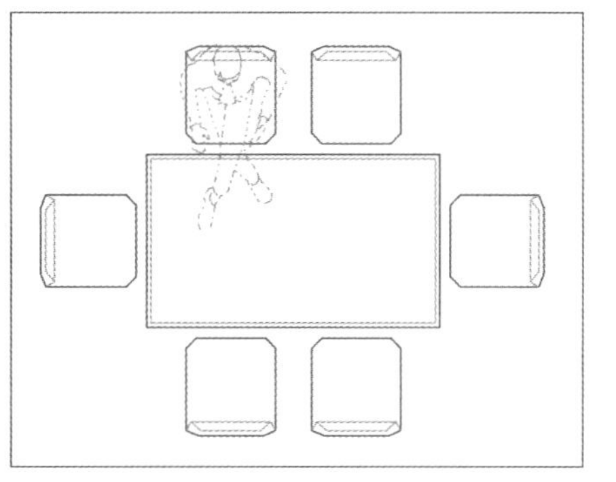

❸ 六人长方形餐桌

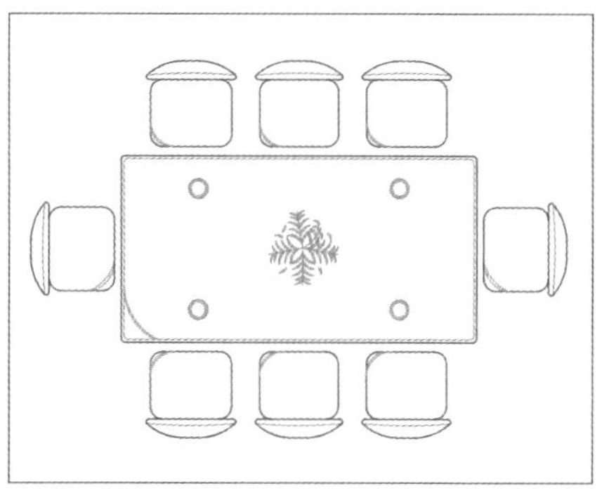

❹ 八人方形餐桌

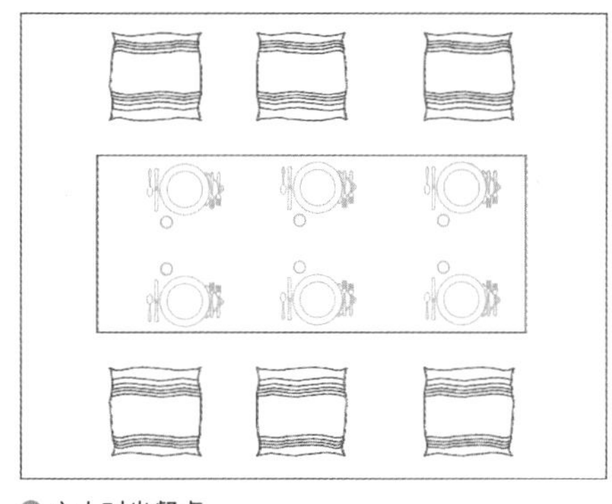

❺ 六人对坐餐桌

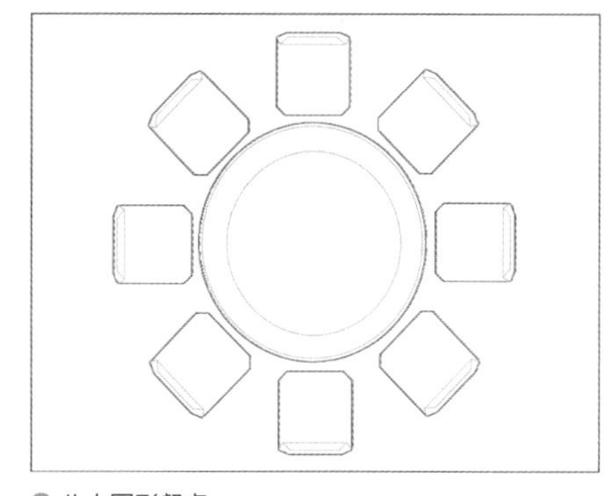

❻ 八人圆形餐桌

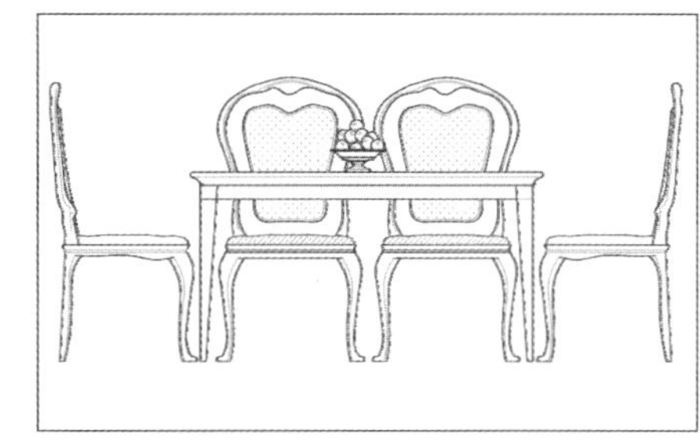

❼ 长方形餐桌椅立面图

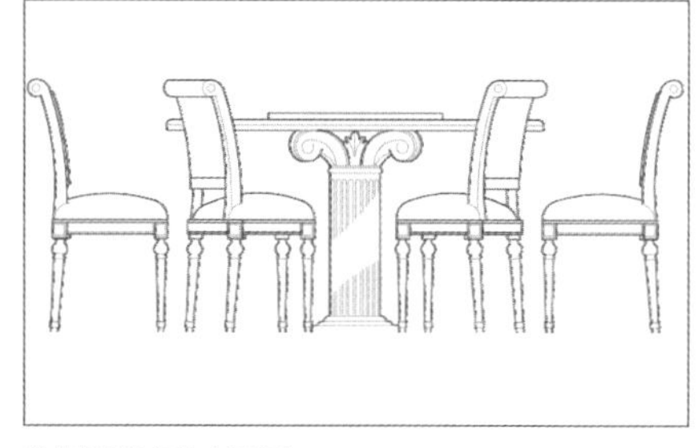

❽ 圆形餐桌椅立面图

Article 047 酒柜类型

对于不少家庭来说，酒柜不仅是储藏美酒的家具，也是餐厅或客厅中的一道不可或缺的风景线。

在设计酒柜时，除了材质及款式，还应注意尺寸的大小，以免日后使用不便。

在房子宽敞的情况下，可选择房子一角或某一空间，设计出宽敞的酒柜和配套的小吧台。

如果房子不够宽敞，设计酒柜时可考虑一柜两用，既是酒柜又是隔断；也可以只做成壁挂类型，不占空间又起到装饰作用，如图❶❷。

由于居室面积、需求等因素，酒柜的尺寸并不固定，常用高度为1200~2000mm，厚度和间隔为300~400mm，具体尺寸应根据存酒量以及主人身高适当地进行调整。

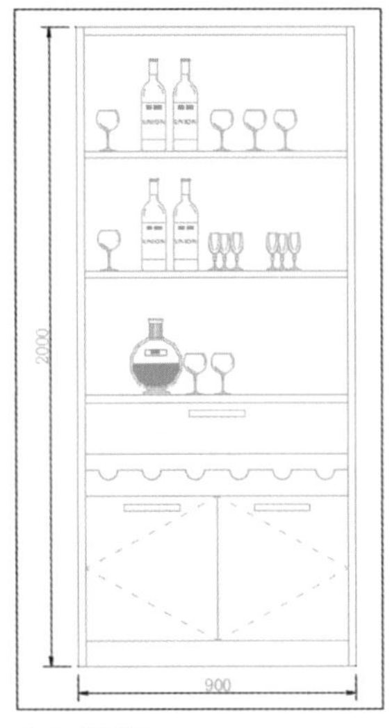

❶立式酒柜

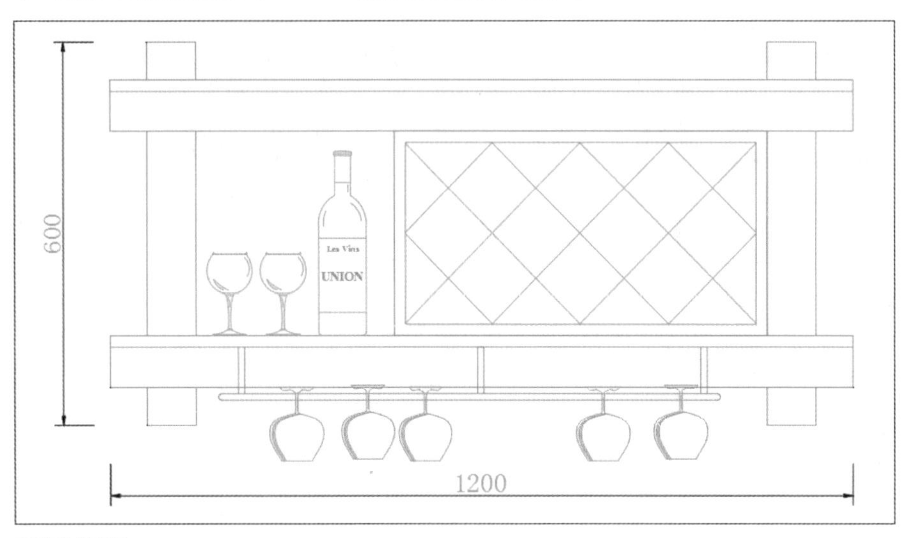

❷壁挂式酒柜

Article 048 衣柜类型

衣柜是家居生活中的必需品，合理设计衣柜内部的功能分区，使每样衣物都在它应在的位置，对于现代生活忙碌的人们显得十分有必要。

衣柜中基本包括挂放、搁板、抽屉、格子架、裤架、拉篮等功能分区。挂放区用于挂放熨烫后和易皱的衣物，如西装、外套、礼服等，使衣物保持最佳外形状态，不产生折痕；搁板用于摆放折叠好的衣物、换季被褥、储物盒等，可自由调节高度；抽屉可放置私人物品、证件相册及折叠衣物等；格子架用于放置皮带、领带、首饰、袜子等；裤架主要用于收纳需要挂起来的西裤；拉篮用于叠放较薄的床上用品，如被单、枕巾、小枕头或毯子等，一目了然的设计，非常方便。

衣柜内部结构一般分为三层：上层空间因高度不方便平时拿取，主要放置被褥或过季的衣物；中间空间拿取最为方便，主要放置日常及当季使用的衣物，好取好放；下层空间主要放置抽屉、裤架或拉篮等。

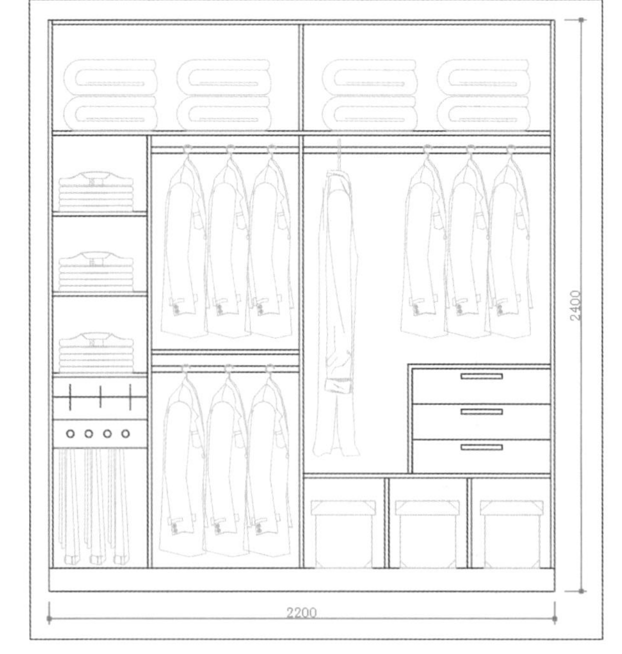

❶成人衣柜结构

Technique 01

成人衣柜特点

成人的衣物数量较多且样式复杂，男女之间的衣物也有很大不同，因此成人衣柜❶的内部结构功能非常齐全。衣柜高度一般为2000~2400mm，以保证充足的储存空间。

Technique 02

儿童衣柜特点

儿童衣柜❷的内部设计不仅要满足基本的储物要求及安全性，还要满足其身体成长、学习益智和玩耍等各方面的需求。

Technique 03

老年人衣柜特点

随着身体机能的下降，老年人对衣柜❸的设计需求更趋向人体工程学，衣柜的高度、进深等尺寸设计都受到限制，衣柜门也最好设计为推拉门。

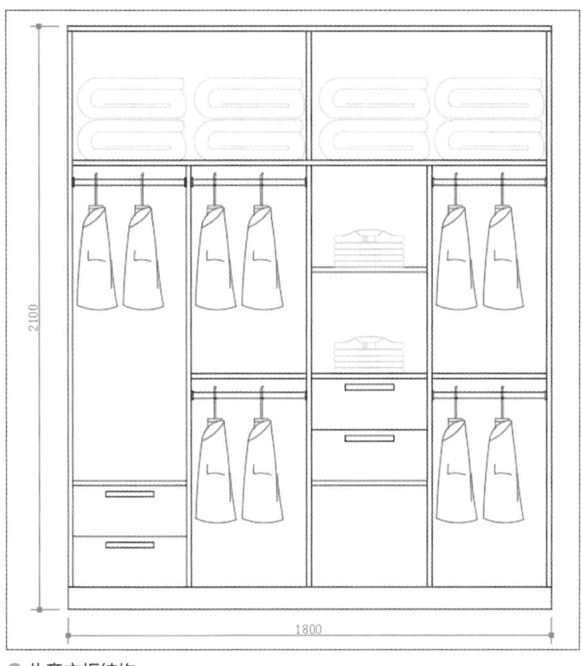

❷ 儿童衣柜结构

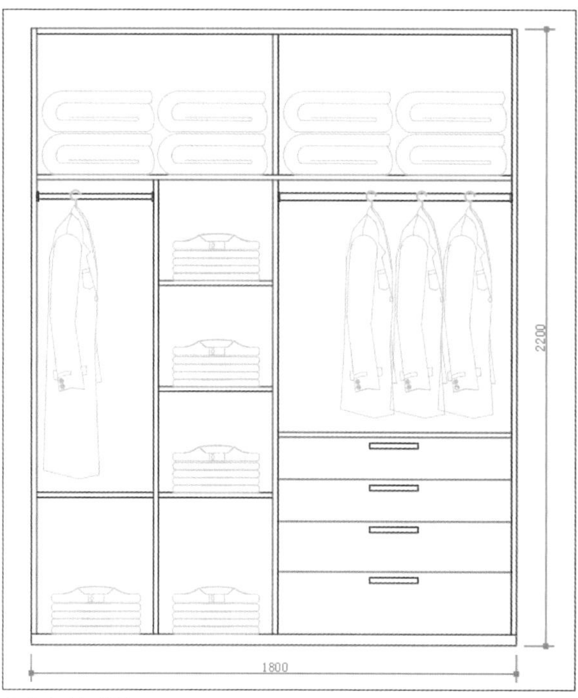

❸ 老人衣柜结构

Technique 04

衣柜布局结构常用尺寸

（1）衣柜的进深一般为550~600mm（特殊可增加深度），如果空间比较宽敞，建议使用600mm的深度较好。

（2）长衣悬挂区高度为1400mm足够使用，如图❹。实践证明，最长的睡袍悬挂高度不到1400mm，长款羽绒服的高度1300mm，西服收纳袋的高度也就1200mm。与储物空间不同，悬挂空间多了也是浪费，恰到好处最好。

（3）上衣悬挂区高度为850~1200mm。高度为900mm，空间利用率比较充足，如果希望空间宽松些，可以加到1200mm的高度。

（4）裤架区的高度为800~900mm。将裤子折起来悬挂可选择裤架抽，最简单实用的方法是使用挂衣杆，再用衣架悬挂裤子。

（5）被褥区的高度比较灵活，高度为400~500mm，主要用来存放换季不用的被褥。

（6）存放鞋盒的区域可以按照两个鞋盒的高度进行设计，控制在250~300mm最佳。

（7）挂衣杆的高度应按照女主人的身高再加200mm为最佳。

（8）衣物叠放区高度为350~500mm，可以用于放置一些容易拉伸变形的衣物。该区域可以设计为可调节的活动层板，用户可以根据使用情况进行随意调节。

❹ 衣柜内部结构尺寸

Article 049

鞋柜类型

鞋柜一般摆放在居室的入户位置，用于存放鞋子和小型杂物，方便主人进出门换鞋并取放物品。鞋柜从来都不是客厅的主角，它的任务就是演绎好一个出彩的配角。

好的鞋柜功能强大，有的在顶部安装了几个抽屉，有的兼带换鞋凳，有的设有放伞的隔间，还有的直接一层一层地固定在墙上，集各种功能于一体。鞋柜❶❷通常是多层设计，以五层居多，也可根据户型结构灵活设计。

Technique 01

成品鞋柜

成品鞋柜的尺寸可根据实际情况及个人需求进行选择，高度一般为700~1200mm；宽度可以根据所在空间宽度合理设计；深度可以根据家里最大码的鞋子长进行设计，平放式鞋柜的深度通常为300~400mm，翻板式鞋柜的深度多为170~240mm。

成品小鞋柜比较精致小巧，不占用过多空间，一般尺寸为602mm×318mm×456mm，当然还有比它更小的尺寸，如598mm×516mm× 457mm标准。

双人家居空间多使用双门或多门鞋柜，一般尺寸大小是1200mm×330mm×1000mm，还有稍微宽一些的尺寸为1240mm×330mm×1070mm左右。

多门鞋柜适用于更多人口的家庭，这种鞋柜的大小也比较合适，一般尺寸为1500mm×350mm×1070mm左右，当然还有其他一些常见的双门鞋柜尺寸，如907mm×318mm×1021mm。

Technique 02

定制鞋柜

鞋柜尺寸有很多种，每个家居空间大小不一，成品鞋柜尺寸也未必能满足居室主人的需求，定制鞋柜就逐渐占有了部分市场。根据户型来定制合适的鞋柜尺寸，长宽尺寸可以根据需求来设计，但深度必须在350mm以上才方便使用，如图❸❹。

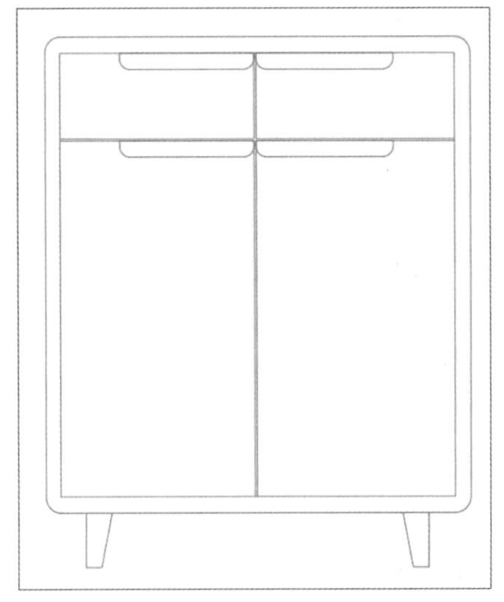

❶成品鞋柜外立面

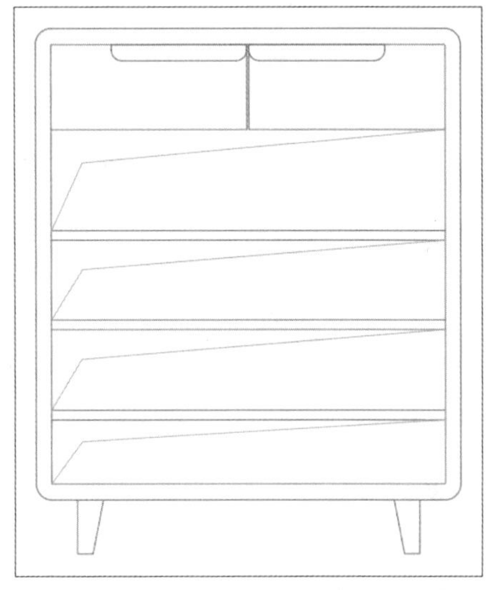

❷成品鞋柜内部结构

❸定制到顶鞋柜外立面

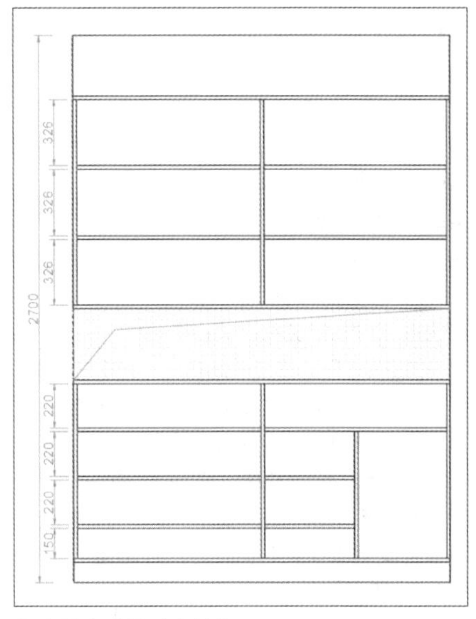

❹定制到顶鞋柜内部结构

Article 050

窗帘类型

窗帘是家中必备的软装产品之一，能够起到遮挡阳光、隔音的作用。根据其外形不同可分为垂直帘、罗马帘、百叶帘和卷帘。

Technique 01 垂直帘

垂直帘包括单层和双层两种，是日常见到最多的窗帘种类，窗帘垂直悬挂于上轨，简洁飘逸，可以左右调节达到遮光的目的❶❷。

Technique 02 罗马帘

罗马帘按形状可分为波浪式、扇形、折叠式等❸❹❺，能够营造温馨的效果，常用于家居和酒店等高档娱乐场所，深受大众喜爱。

Technique 03 百叶帘

百叶帘会给人一种舒服的感觉，不论是用于办公室或家居生活中，都比较实用❻。一般来说，铝百叶适合办公室装修时使用，木百叶更适合家装使用。

Technique 04 卷帘

卷帘最大的特点是简洁，没有复杂的装饰，窗户边上有一个卷盒，使用时往下一拉即可，适合安装在书房等面积较小的居室❼。

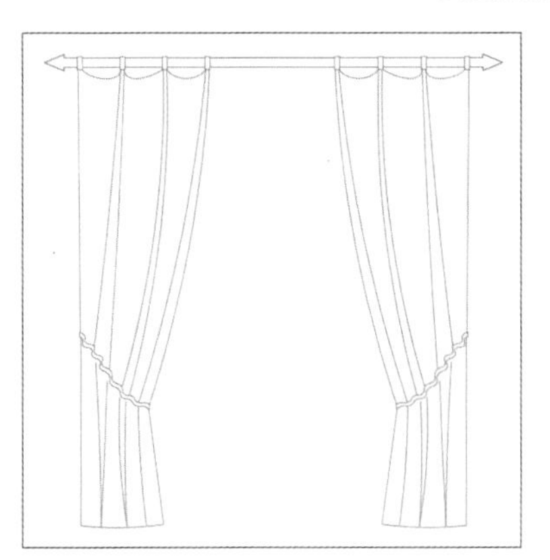

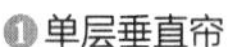

❶单层垂直帘

❷双层垂直帘

❸波浪式罗马帘

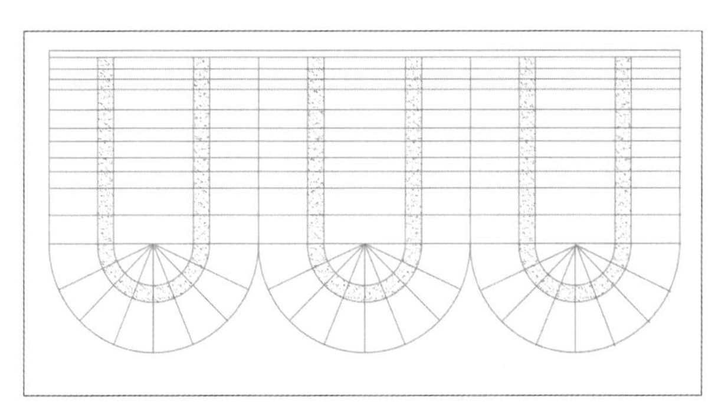

❹扇形罗马帘

❺折叠式罗马帘

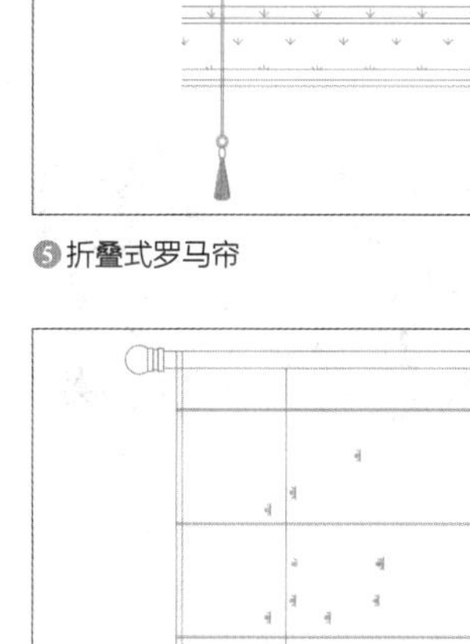

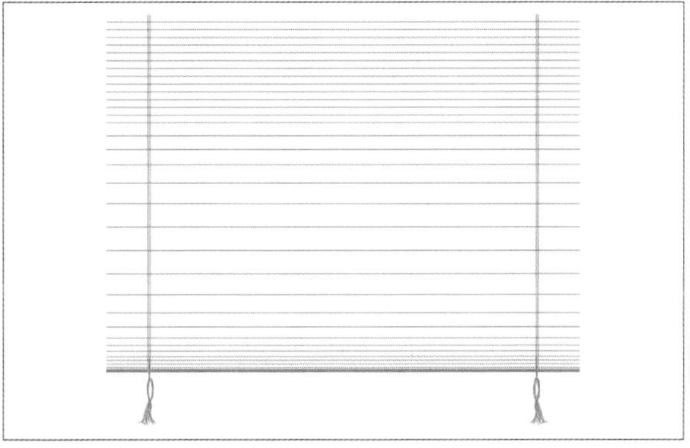

❻百叶帘

❼卷帘

Article 051 冰箱类型

冰箱为人们的生活带来了极大的便利，用于保鲜食物，冰镇雪糕、啤酒等。为了适应人们更为精细化的生活需求，冰箱的外观形态和容量也在不断增加，从两门到三门，再到对开门、多门、门中门等，其样式越来越丰富❶❷❸❹。

在室内设计中，家庭人口、居室面积、户型以及冰箱的机身尺寸要作为首要的考虑条件，其中冰箱机身尺寸要放在第一位，纵然性能高、外观美，也要考虑是否适用。一般家庭中，为了使用方便，冰箱多放在厨房，但有些时候也会出现在餐厅式客厅中。在进行居室布局设计时，要考虑居室主人的需求以及居室面积的大小来安排冰箱的位置。

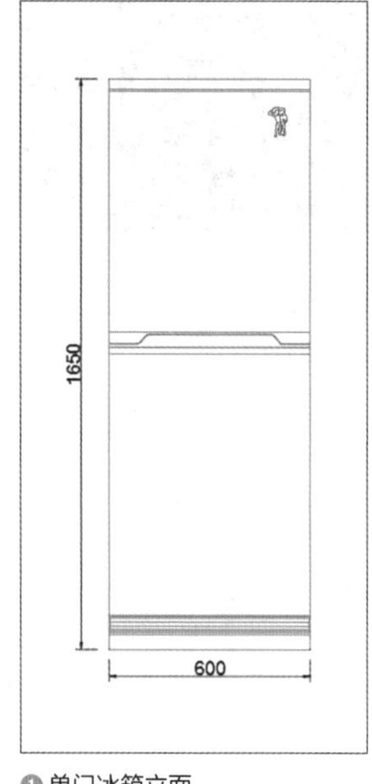

❶ 单门冰箱立面

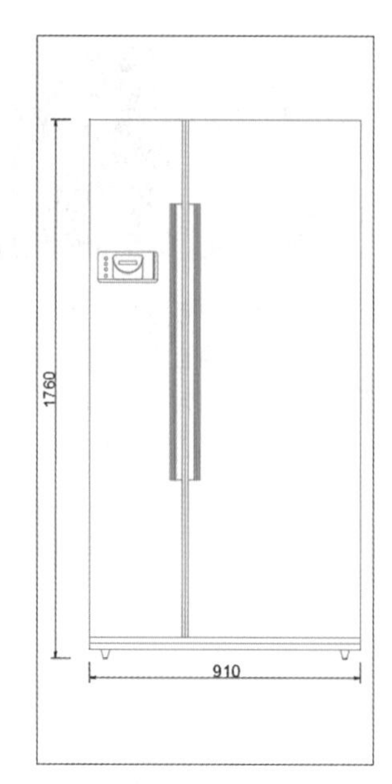

❷ 双门冰箱立面

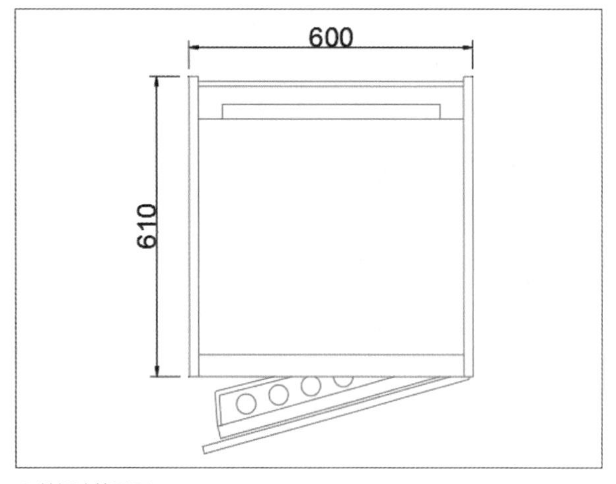

❸ 单门冰箱平面

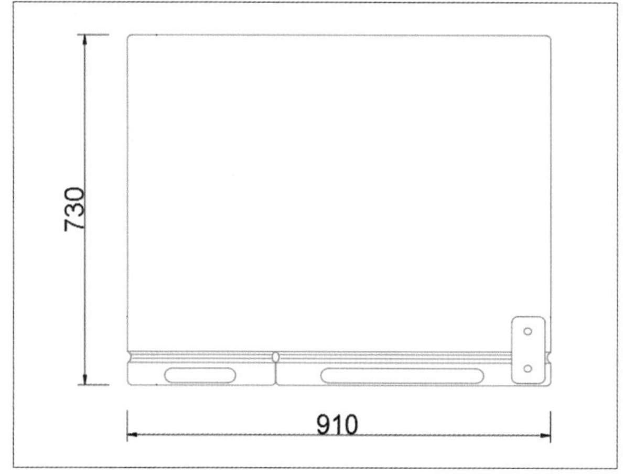

❹ 双门冰箱平面

Article 052 餐边柜类型

餐边柜是放在餐厅空处或餐桌一边具有收纳功能的储物柜，可供放置碗碟筷、酒水、饮料等，也可以临时放汤品菜肴等，还可以放置包等小物件，如图❶。

餐边柜最初用于餐饮商铺，如今在现代家居生活中也比较常见，功能性和装饰性较强。在餐边柜上可摆放装饰画、摄影作品等，是比较常用的装饰手法，可以美化餐厅。

新家装修时，餐边柜总会成为被忽略的小透明，其实将餐边柜的功能与装饰性利用得当，不仅可以让餐厅颜值爆表，而且可以让收纳能力暴增。

餐边柜的尺寸要根据餐厅的大小以及个人的需求来决定，深度为400~600mm，普遍高度为800mm，也可以根据需要做成2000mm的高柜或者直接到顶。

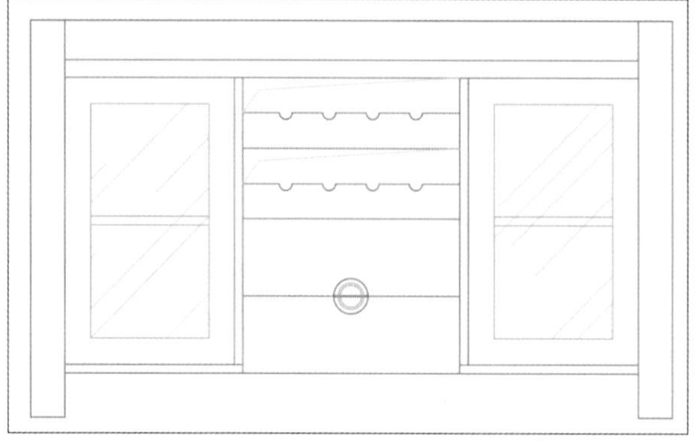
❶ 餐边柜立面图

Article 053 门窗类型

门窗是建筑的重要组成部分，不仅具有绝对的功能，而且具有高度的艺术价值。门窗的统筹安排是决定着建筑造型、风格、人情味、庄严性、活力以及感染力等多方面效果的主要因素，在建筑中肩负着室外装饰和室内装饰的双重功能，是室内和室外的桥梁。

门窗不仅能为建筑物带来外立面装饰作用，而且能起到保温、隔音、防水及防盗等作用，更能满足人们的日常生活需求，如门的主要功能是通行，兼做通风、采光之用；窗的主要功能是采光、通风及眺望等。室内门窗的颜色、材质、造型等应与整个家居装修风格协调统一，这样才能保证居室更具协调感。

Technique 01 风格统一

家居的装修风格主要分为中式、欧式、简约、混搭、古典等，其中比较经典的是中式和欧式。如果房间的装修是欧式风格，门窗也最好选择欧式的，门窗雕花应与墙面装饰或家具造型彼此呼应。

Technique 02 风格特点

中式门窗一般是用棂子做成方格或其他中式的传统图案，用实木雕刻成各种造型，非常富有立体感。常见的纹理图案有回纹、工字纹、井字纹、云纹、龟背锦、亚字纹、花结、一码三箭、盘长、三交六椀等❶❷❸。

欧式门窗讲究对称，以拱形居多，其特点主要体现在其造型及包边上，造型起伏变化，线条感极强。门窗顶部造型可分为简单平面、弧形、外凸、斜顶等；门窗两侧有时也会采用古典罗马柱作为装饰❹❺❻。

❶ 中式单开门

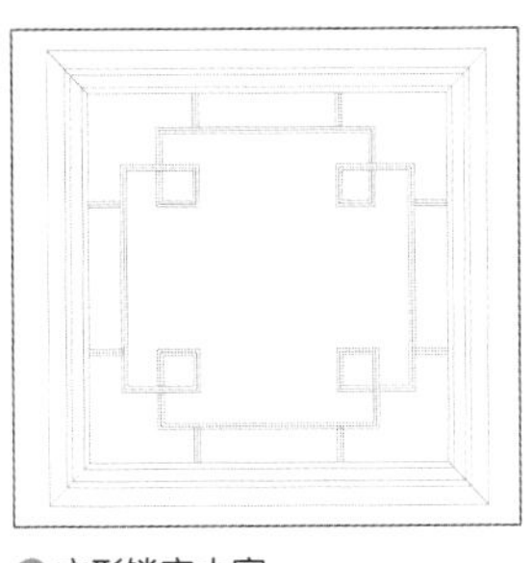

❸ 方形镂空木窗

❷ 中式双开门

❹ 欧式单开门

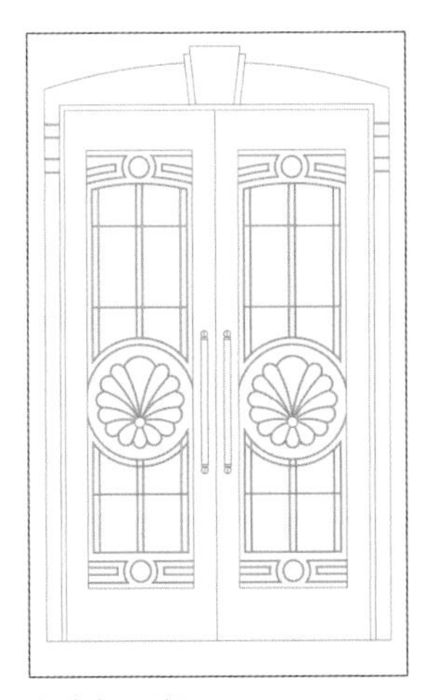

❺ 欧式双开门

❻ 欧式窗

Article 054 灯具类型

灯具按安装方式及位置可分为吊灯、吸顶灯、壁灯、台灯、落地灯、射灯、筒灯等。不同的设计风格及空间，对于灯饰的搭配要求也不同。在进行施工图的绘制时，灯具图形的选择也可使图纸更加美观、贴近实际。

Technique 01 吊灯

吊灯适合在家庭中的客厅或公共场所的大厅内使用，其款式和风格多种多样，常用的有古典欧式吊灯、中式吊灯、水晶吊灯、时尚吊灯、锥形罩花灯、尖扁罩花灯、束腰罩花灯、五花圆球吊灯、玉兰罩花灯、橄榄吊灯等。吊灯的最低点距离地面应不小于2.2m。

欧式古典风格的吊灯，灵感来自古时人们的烛台照明方式，在悬挂的铁艺上放置很多蜡烛。如今很多吊灯设计成这种款式，将蜡烛改为灯泡，造型还是蜡烛和烛台的样子❶。

水晶吊灯，顾名思义，是由人工水晶制作成的吊灯，具有华丽、高贵的特点，造型独特、时尚，有很高的审美价值❷。

外形古典的中式风格吊灯，具有浓郁、高雅的传统味道，古色古香，令人回味深长。以现代人的审美需求来打造富有传统韵味的空间，让传统艺术在当今社会得以体现❸。

简约、另类、追求时尚是现代时尚灯具的最大特点，外观和造型上以另类的表现手法为主，色调以白色、金属色居多，更适合于现代简约风格搭配❹。

Technique 02 壁灯

壁灯适合于卧室、卫生间照明。常用的有双头玉兰壁灯、双头橄榄壁灯、双头鼓形壁灯、双头花边杯壁灯、玉柱壁灯、镜前壁灯等❺❻。壁灯安装时灯泡距离地面应不小于1.8m。

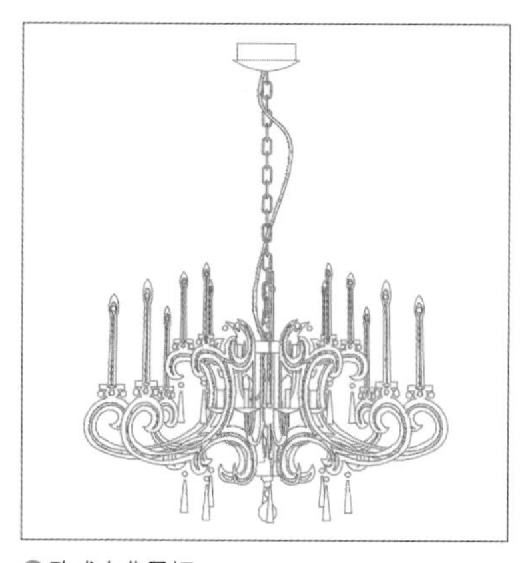
❶欧式古典吊灯

❷水晶吊灯

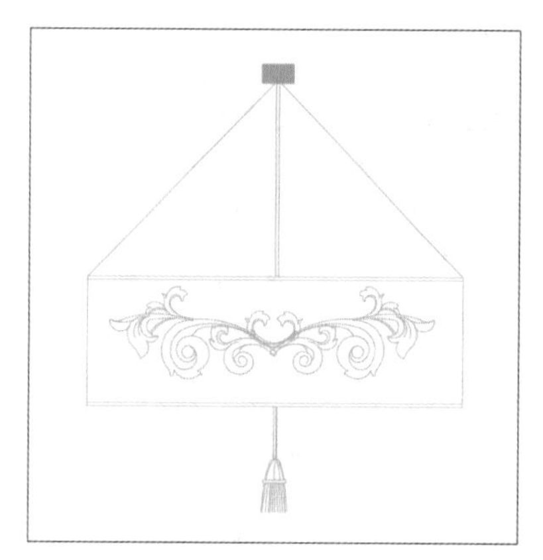
❸中式吊灯

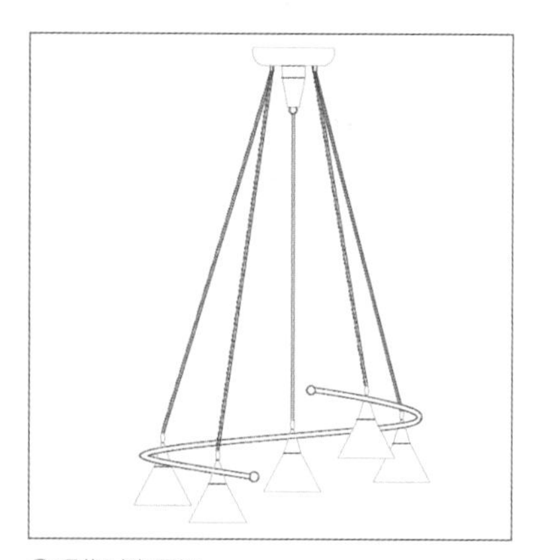
❹现代时尚吊灯

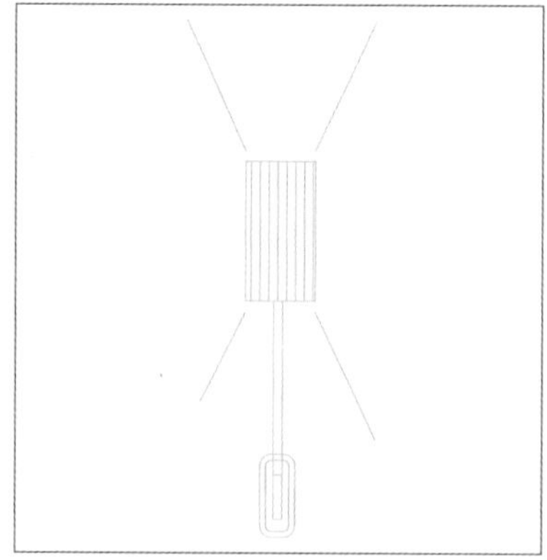
❺现代风格壁灯

❻欧式双头壁灯

Technique 03

台灯

台灯的光亮照射范围相对较小且集中，一般用于客厅、卧室及书房区域。客厅、卧室等常用的是装饰台灯，书房中则用节能护眼台灯，不会影响整个房间的光线，作用仅局限在台灯周围⑦⑧。

台灯的灯罩颜色和样式繁多，对室内氛围的营造起到了很大的作用，现已成为不可多得的艺术品。

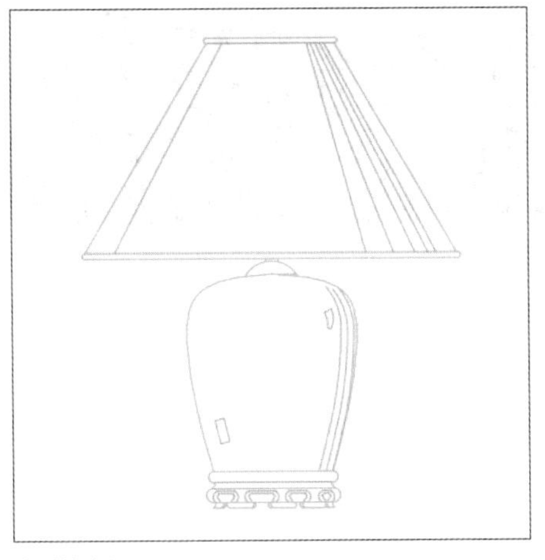

⑦装饰台灯

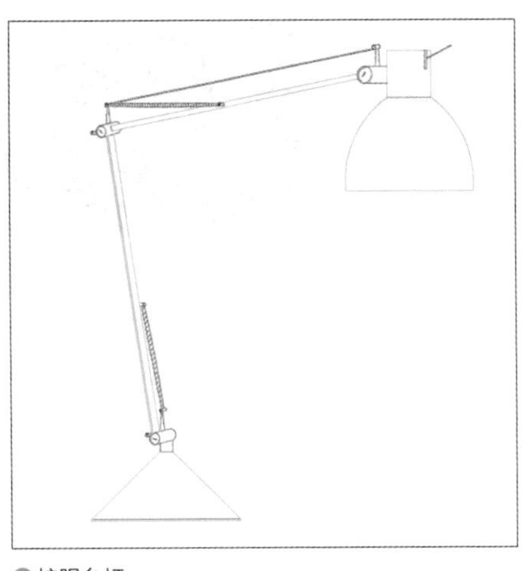

⑧护眼台灯

Technique 04

落地灯

落地灯常用作局部照明，强调移动的便利，对于角落气氛的营造十分实用，一般布置在客厅和休息区域，与沙发、茶几配合使用，以满足房间局部照明和点缀装饰家庭环境的需求。现在流行的一些简约主义家居设计中，落地灯的使用相当普遍。

落地灯通常分为上照式和直照式两种⑨⑩。

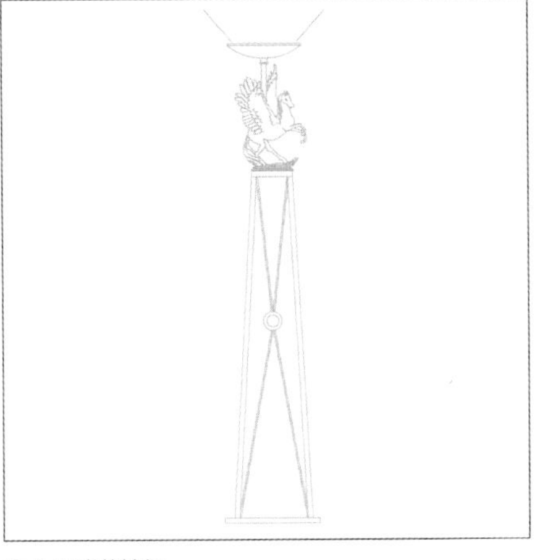

⑨上照式落地灯

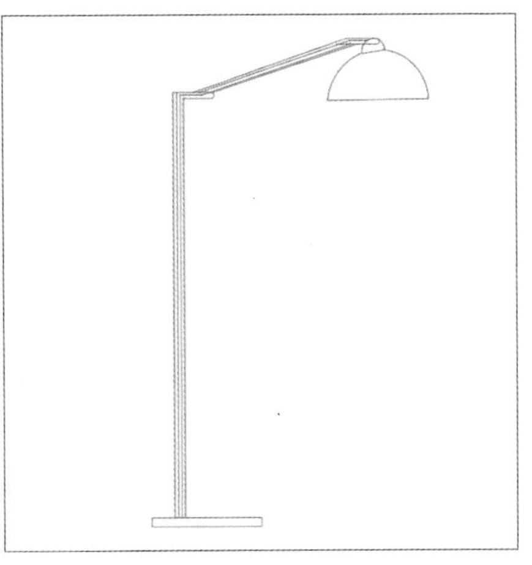

⑩直照式落地灯

Technique 05

射灯

射灯是典型的无主灯，分为下照射灯、冷光灯、轨道射灯三种⑪⑫。射灯能营造室内照明氛围，若将一排小射灯组合起来，光线能变幻奇妙的图案。

射灯可安置在吊顶四周或家具上部、墙内、墙裙或踢脚线里，光线直接照射在需要强调的家什器物上，达到重点突出、层次丰富、缤纷多彩的艺术效果。

⑪下照射灯

⑫轨道射灯

Article

055 装饰图块赏析

利用各种装饰图块，在不影响立面造型的情况下进行合理布置，可以更加生动、真实地反映出设计思想，同时能体现出设计者的专业水平。目前最为流行装饰品大致分为3种：日用工艺品、纯工艺品及绿植。

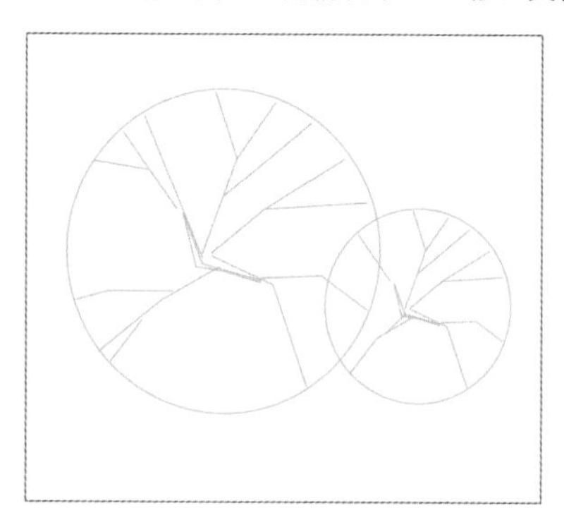
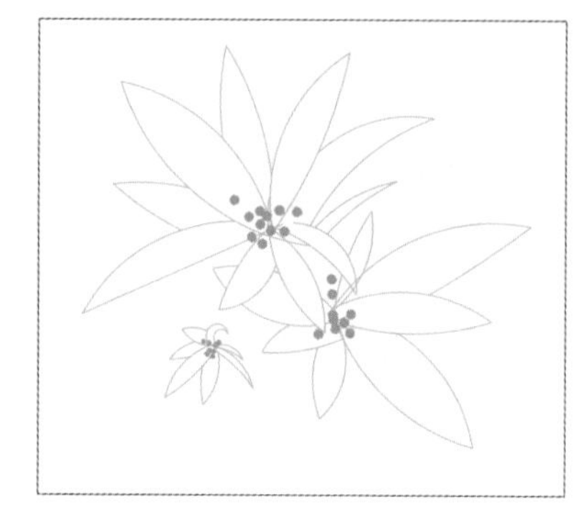
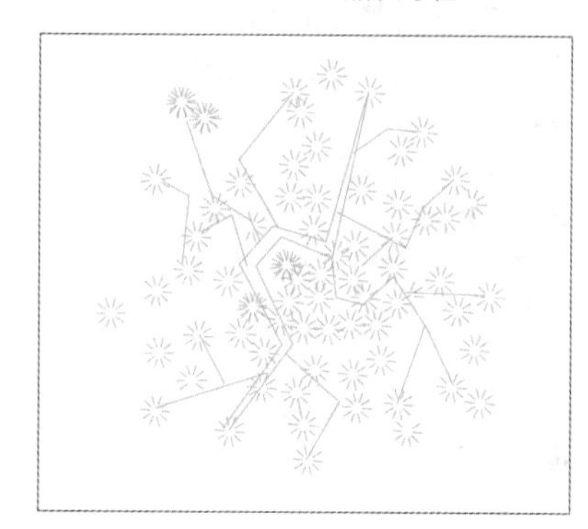

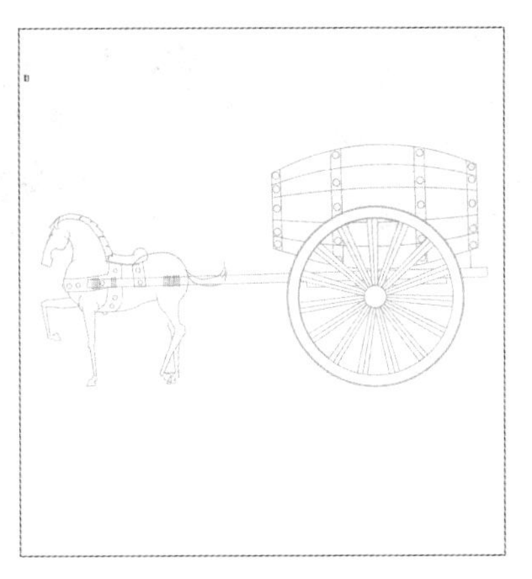
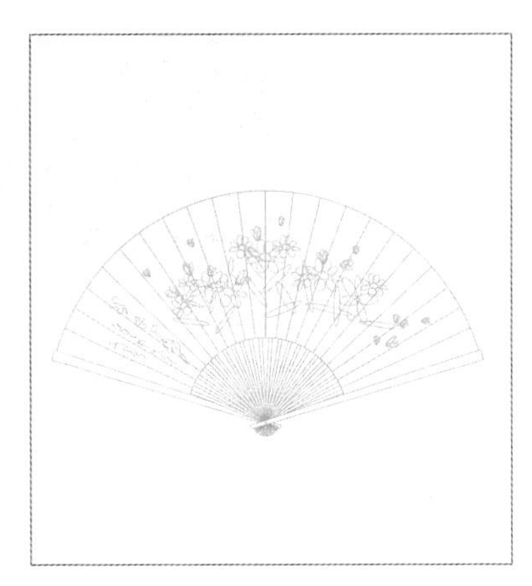

12
1
2
3
4
5
6
7
8
9
10
11

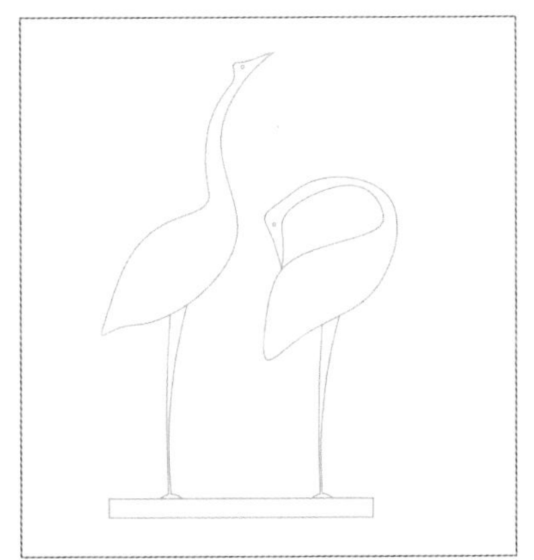

Article

056 厨卫用品图块赏析

厨房和卫生间在家居生活中使用频率都非常高，其设计是否合理，对家居生活质量有着重要影响。洁具是指在卫生间、厨房中应用的陶瓷及五金家居设备。厨具则是厨房用具的统称，包括储藏用品、洗涤用具、调理用具、烹饪用具、餐具五大类。在室内设计过程中，合理安排厨卫用品的位置，可以为家居生活提供极大的便利。

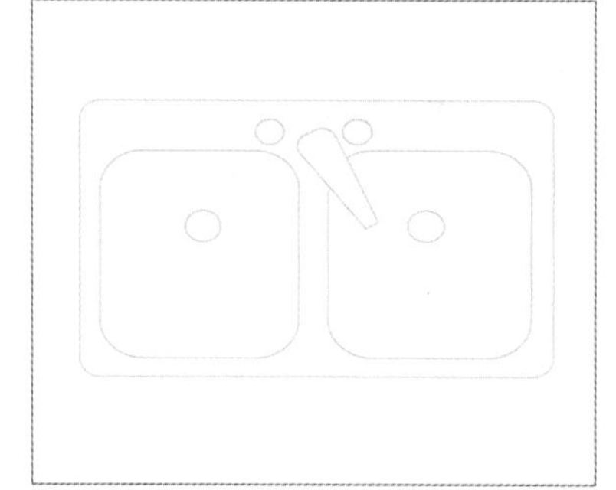
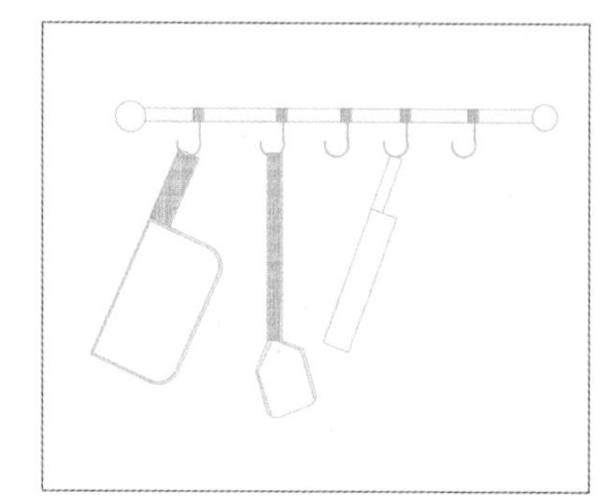
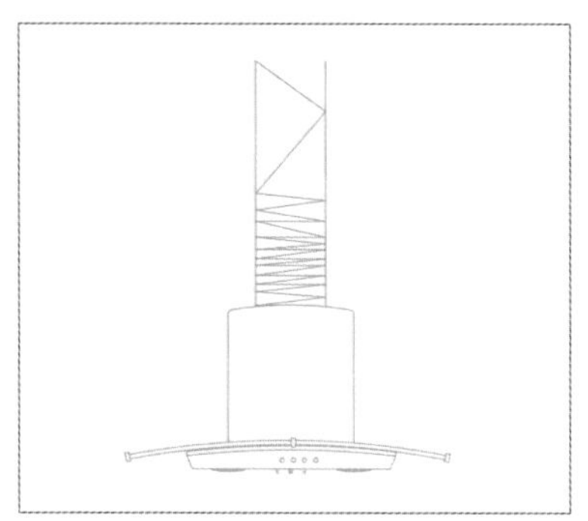
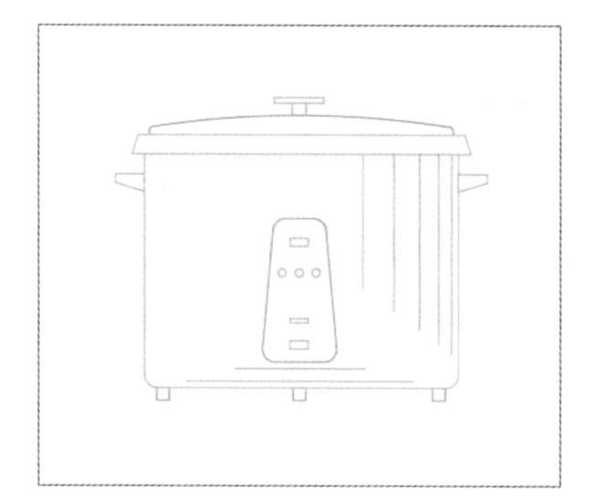
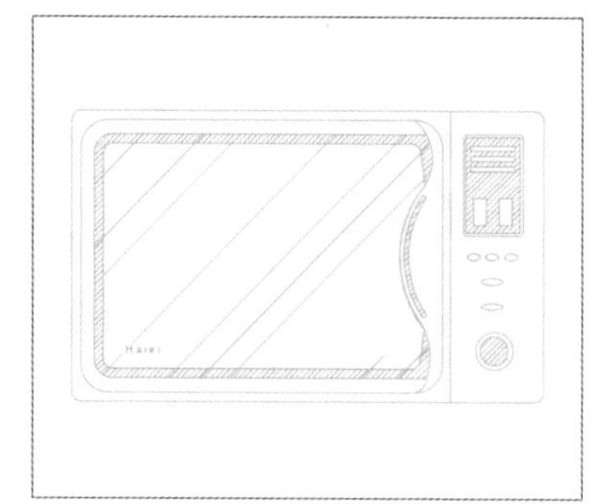
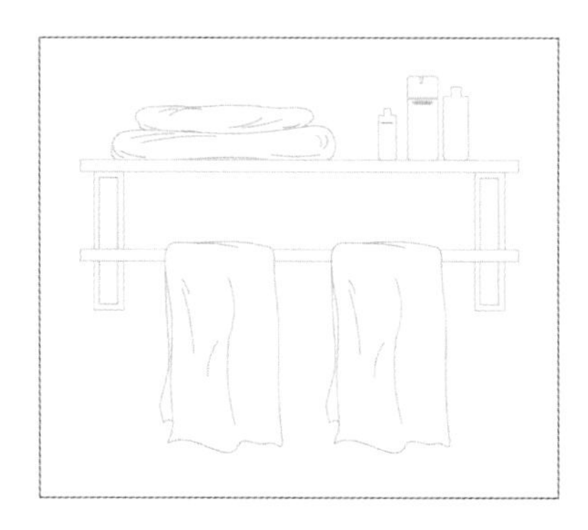
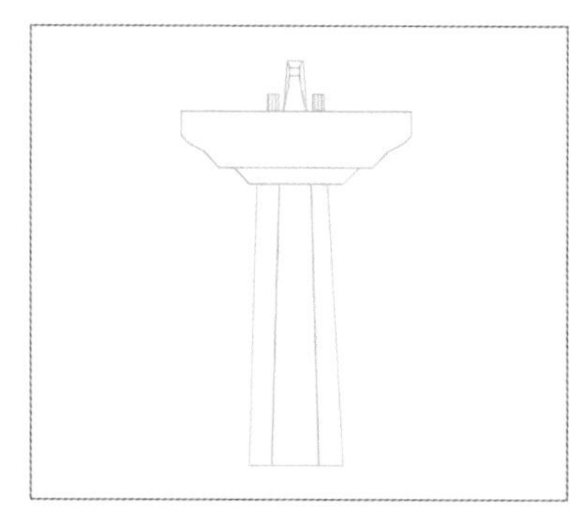
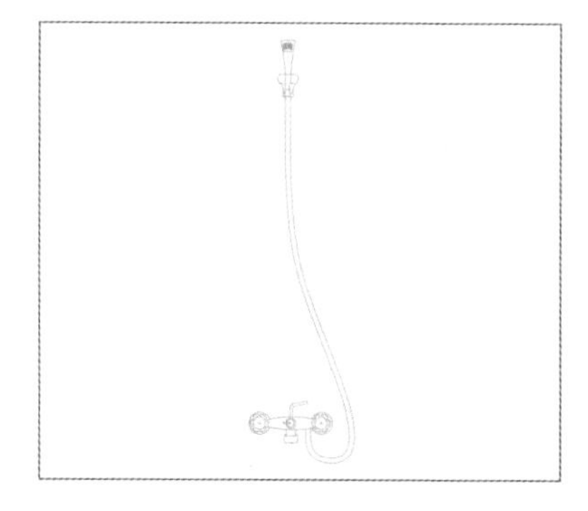
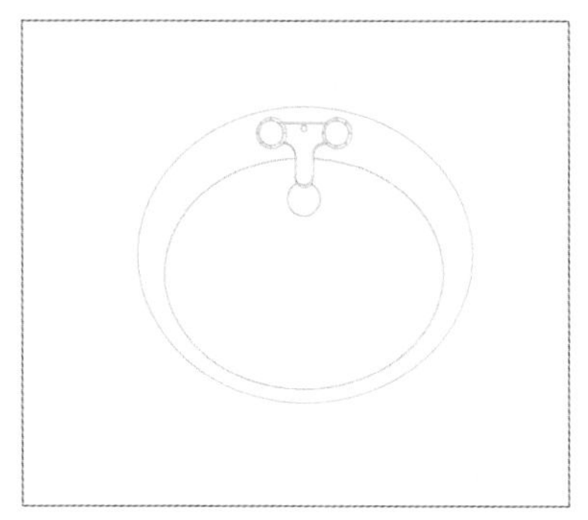
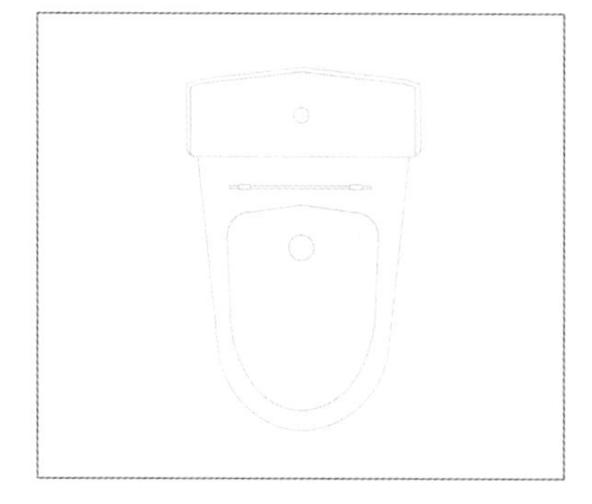
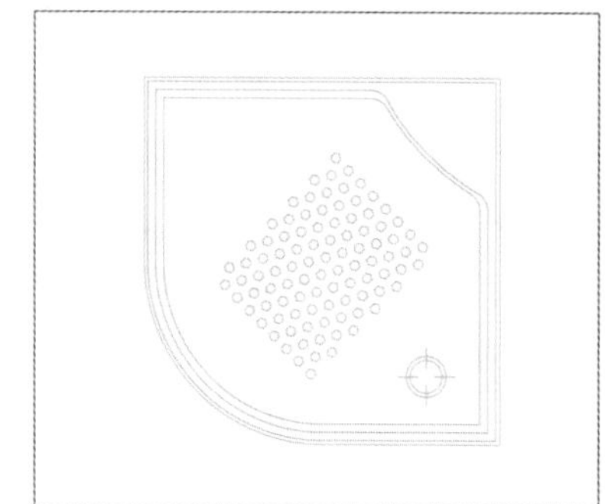

Article 057

中式家具图块赏析

中式家具秉承了以宫廷建筑为代表的中国古典建筑装饰设计艺术风格，气势恢弘、壮丽华贵，高空间、大进深，造型讲究对称，装饰材料以木材为主，图案多为龙、凤、龟、狮等，具有精雕细琢、瑰丽奇巧的特点。中式家具表达的是对清雅含蓄、端庄丰华的东方式精神境界的追求，雕花上只保留传统家具最显著的特征——“万字纹”“回形纹”，在家具柱脚的处理上也多采用“马蹄形”。

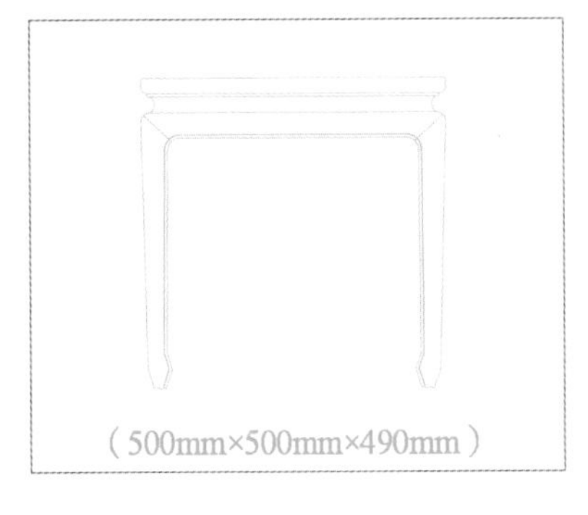

（500mm×500mm×490mm）

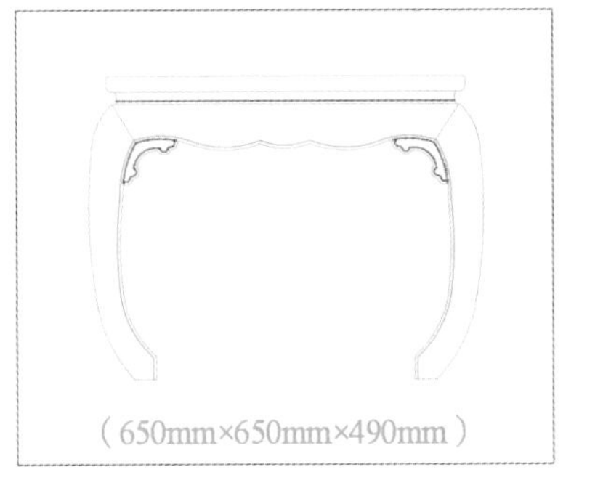

（650mm×650mm×490mm）

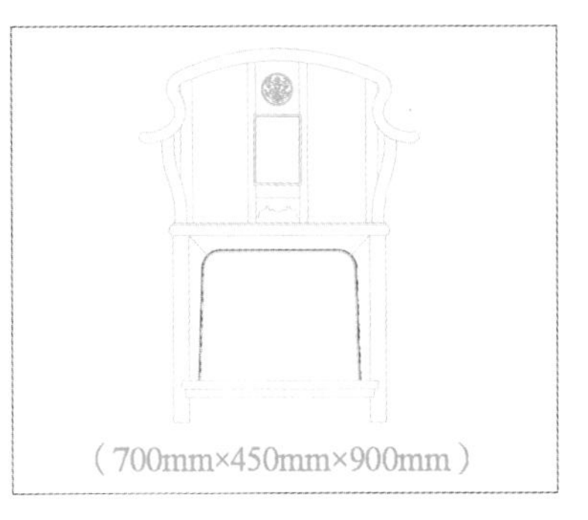

（700mm×450mm×900mm）

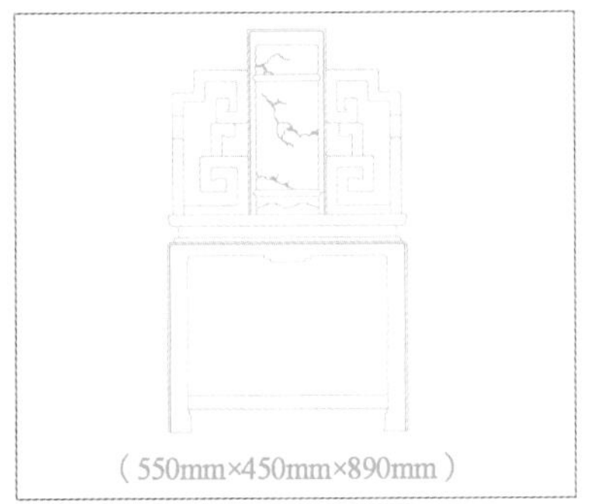

（550mm×450mm×890mm）

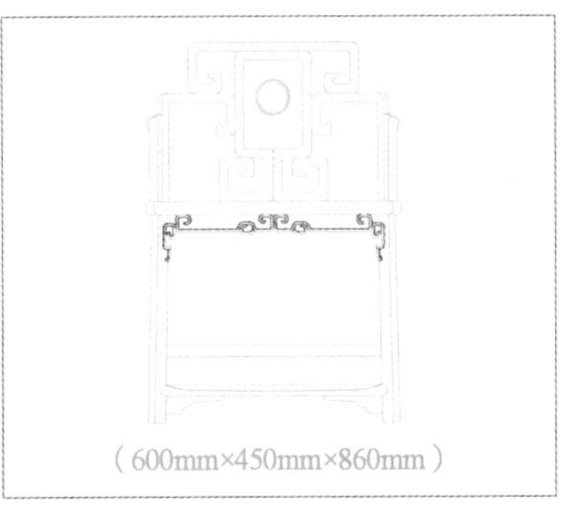

（600mm×450mm×860mm）

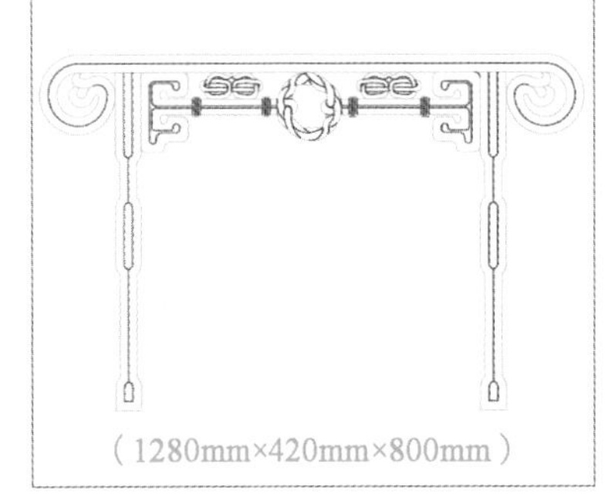

（1280mm×420mm×800mm）

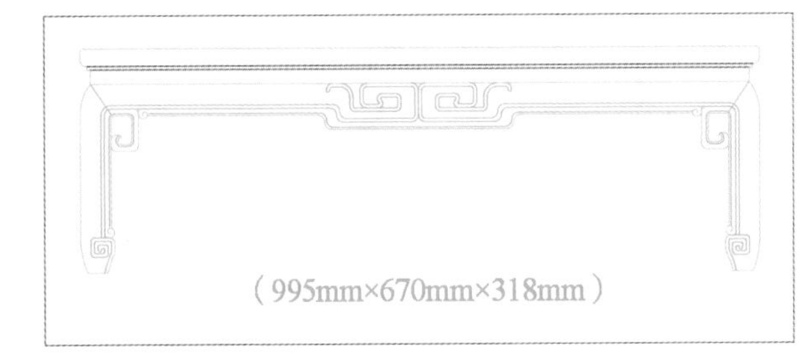

（995mm×670mm×318mm）

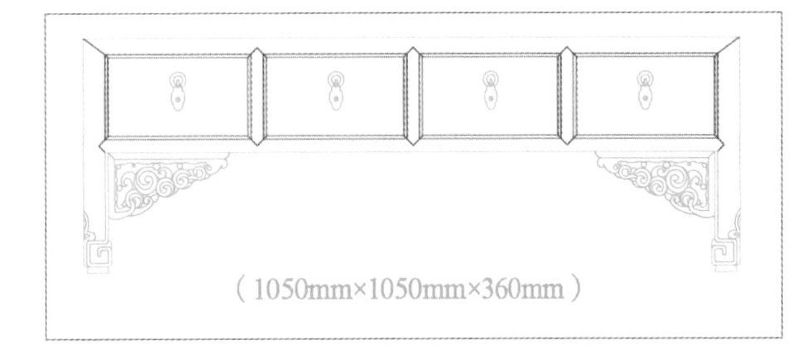

（1050mm×1050mm×360mm）

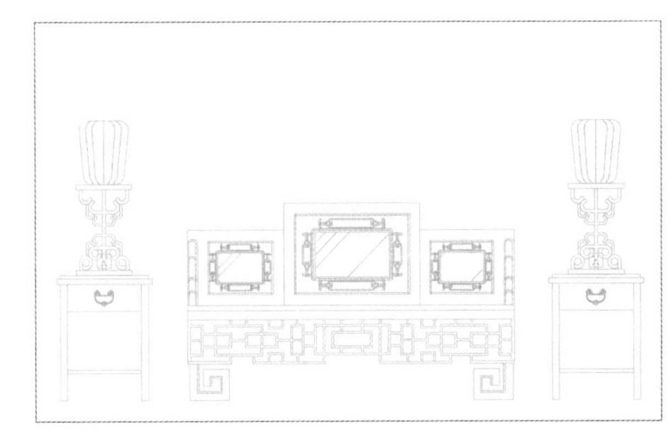

Article 058 欧式家具图块赏析

欧式家具以意大利、法国、英国和西班牙风格的家具为主要代表，讲究手工精细的裁切雕刻。法国和意大利是世界范围内家具的鼻祖，以镶嵌细工见长，多以手工作坊的形式经营，轮廓和转折部分由对称而富有节奏感的曲线或曲面构成，并装饰镀金铜饰、仿皮等，结构简练，线条流畅，色彩富丽，艺术感强，给人以华贵优雅、十分庄重的感觉。

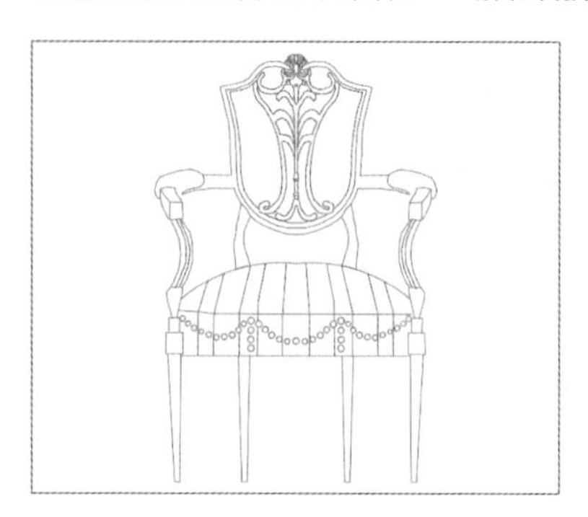

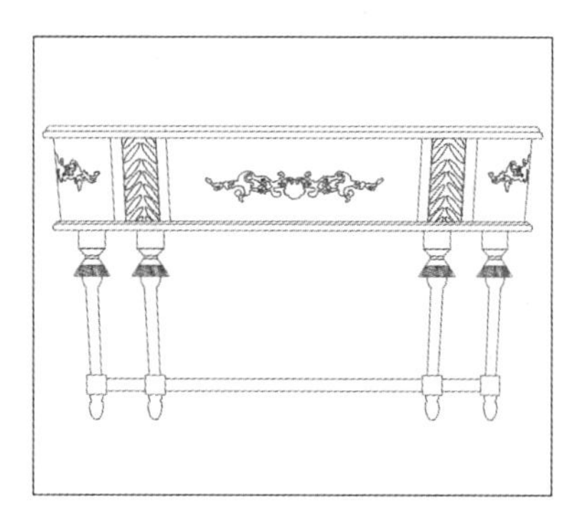

Article 059 园林建筑小品图形赏析

园林中常会设置一些具有观赏或文物价值的建筑小品等，可以起到点缀环境、活跃景色、烘托气氛、加深意境的作用。

看似不经意的设置，却有着画龙点睛的妙用，既可以为游人提供休息和活动的方便，也能使人从中获得美的感受和良好的教益。

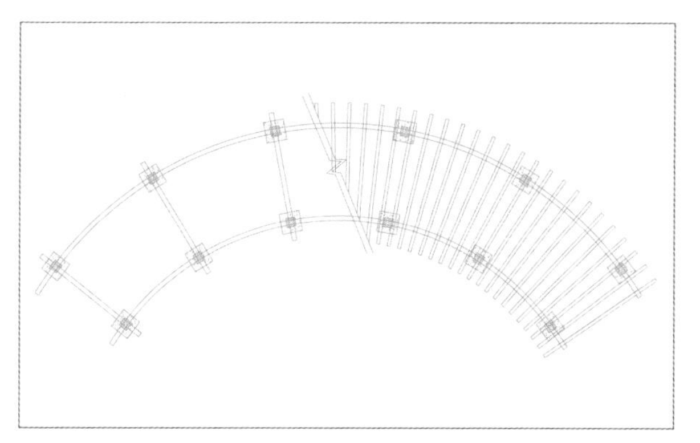

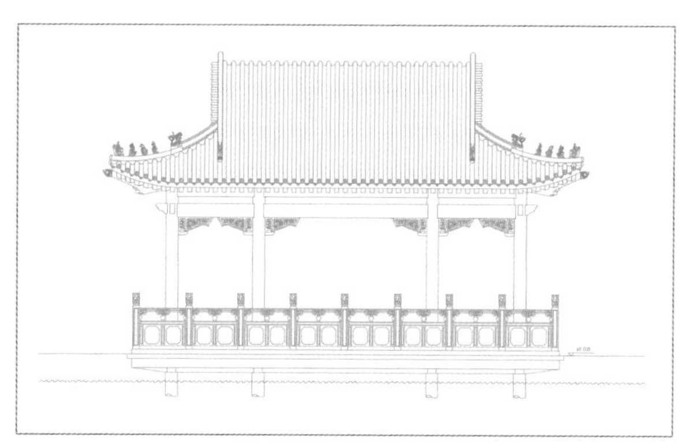

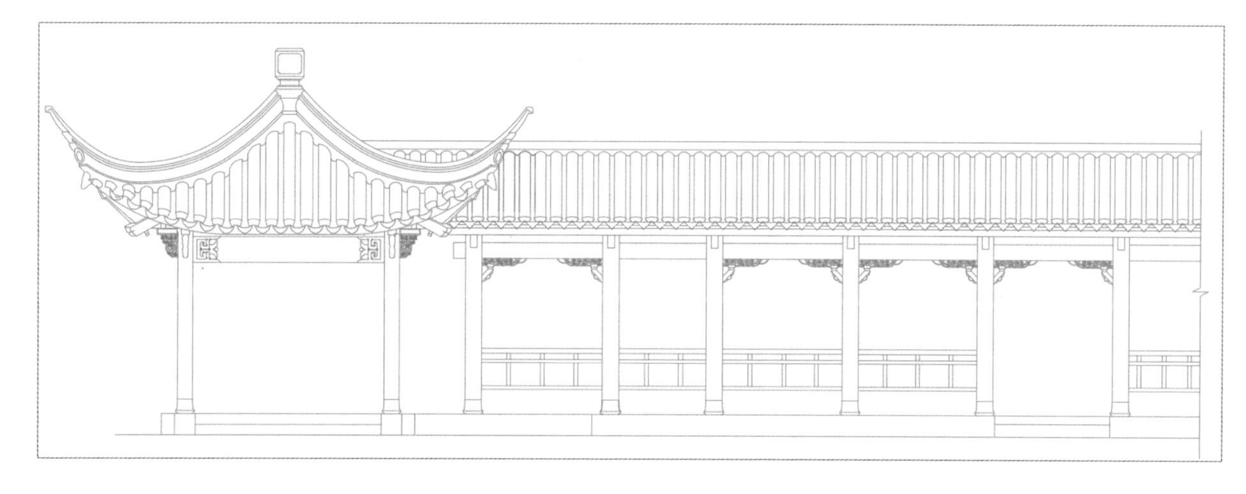

Article 060 建筑图形赏析

建筑物主要由基础、墙或柱、楼地面、楼梯、屋顶和门窗6个部分组成，此外还有一些生活必需的设施，如雨棚、台阶、阳台等，这些是建筑的附属组成部分。建筑施工图主要用来表达建筑物的规划位置、外部造型、内部各房间的布置、内外装修构造和施工要求，主要包括建筑总平面图、建筑平面图、建筑立面图、建筑剖面图和建筑详图❶❷❸❹❺❻。

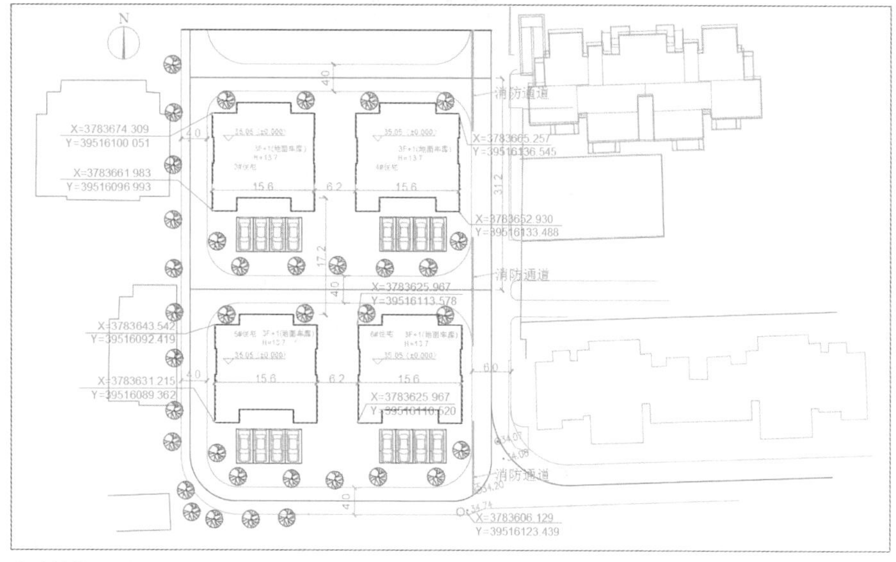

❶ 建筑总平面图

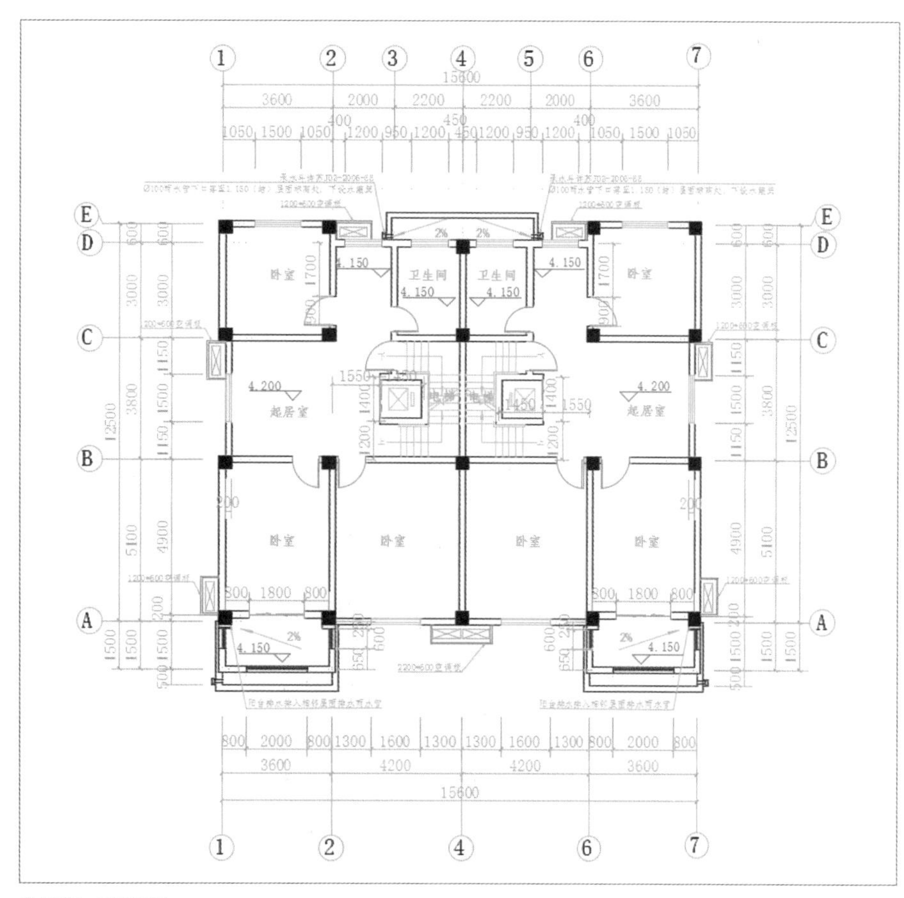

❷ 建筑一层平面图

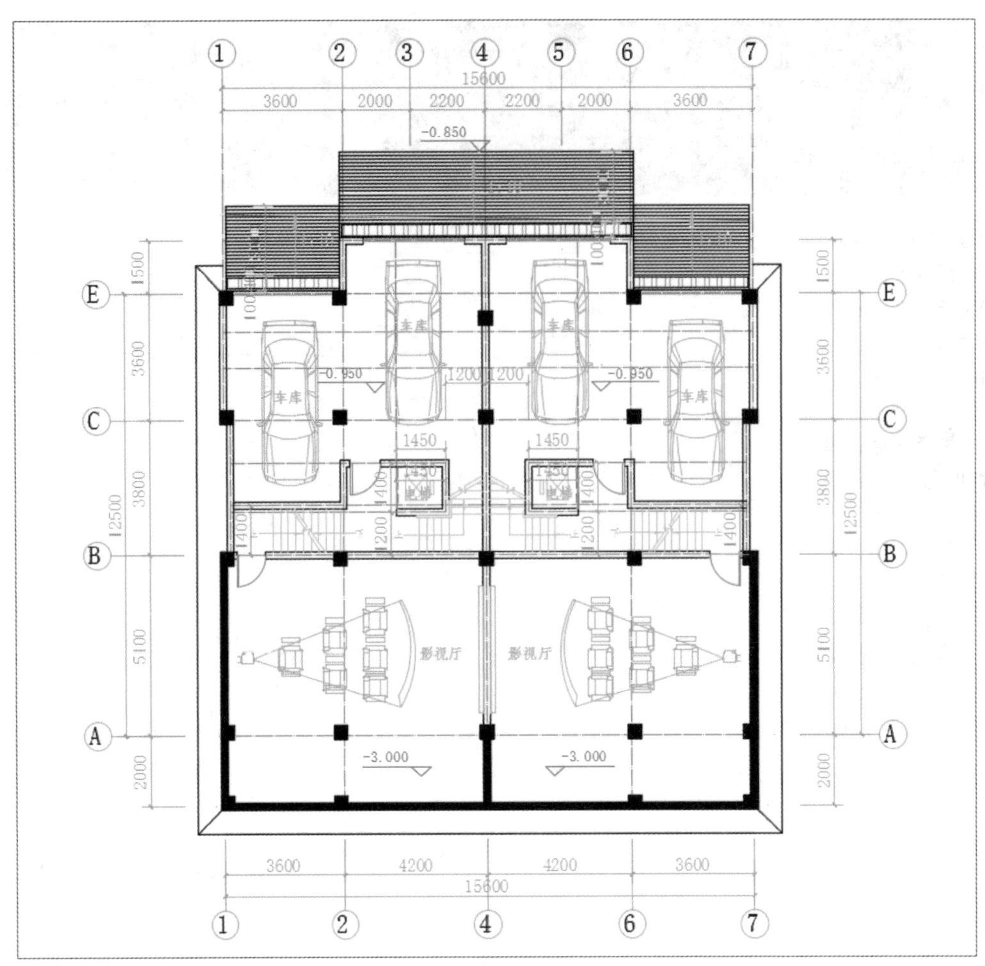

❸ 建筑地下室平面图

❹ 建筑外立面图

❺ 建筑剖面图

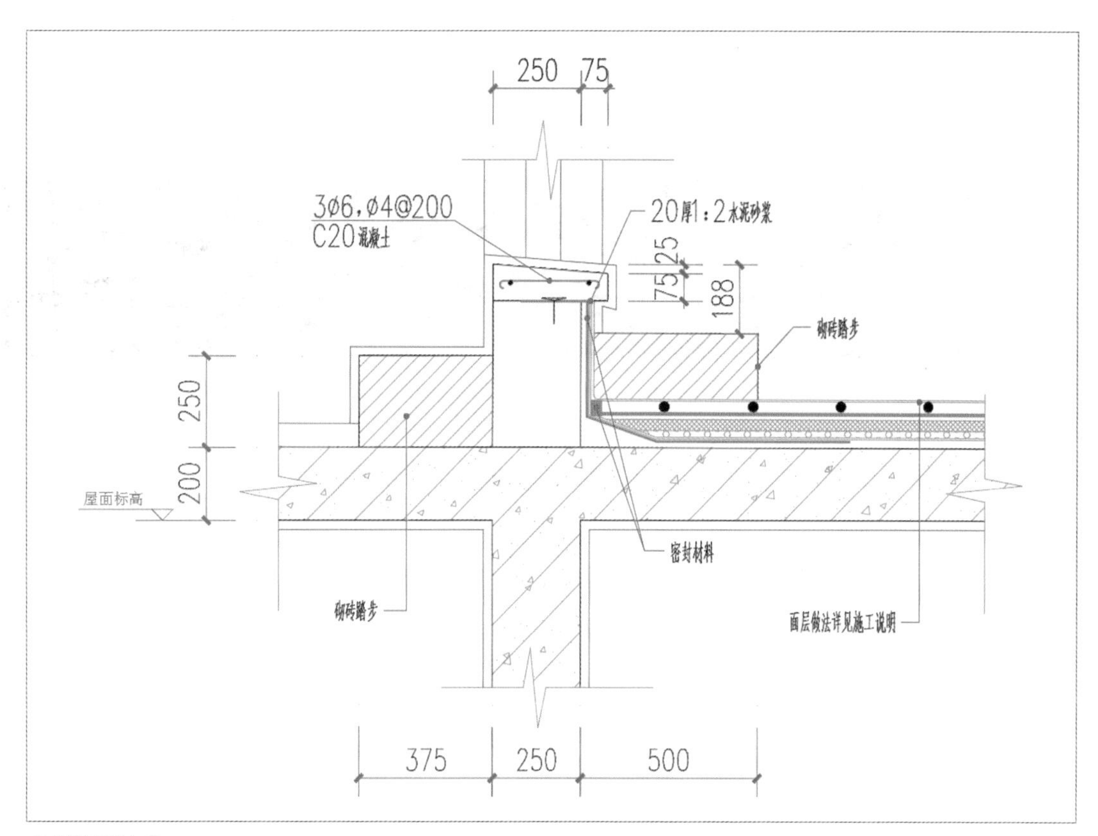

❻ 门槛台阶大样

Article 061 玄关立面表现

玄关泛指厅堂的外门处的一定区域，是居室入口的区域，也有人把它叫作斗室、过厅、门厅。在住宅中玄关虽面积不大，但使用频率较高，是室外进入室内的必经之地，关系到家庭生活的舒适度、品位和使用效率。玄关除了接待客人、更衣和换鞋等过渡功能外，还具有防煞、防泄、遮掩的风水作用和装饰上的美化作用，堪称住宅的“咽喉”。

推开门，第一眼看到的就是玄关，人们通常会在玄关设置鞋柜、挂衣架或衣橱、储物柜等，面积允许时也可放置一些陈设物、绿植景观等。要注意的是，玄关设计不可单纯为了玄关设计而设计，还是要以整体家居风格为前提，不同的设计风格对玄关设计的要求是不同的，设计者必须依据户型、风格等综合平衡各种功能之间的关系，合理地协调空间尺度，设计出实用且美观的玄关空间。玄关立面图所表现的是该区域的高度、宽度以及墙面装饰的造型尺寸、用料等❶❷。

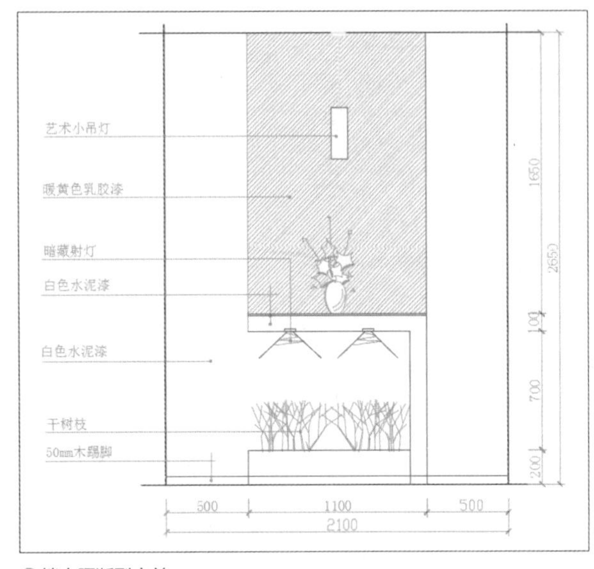

❶镂空隔断型玄关

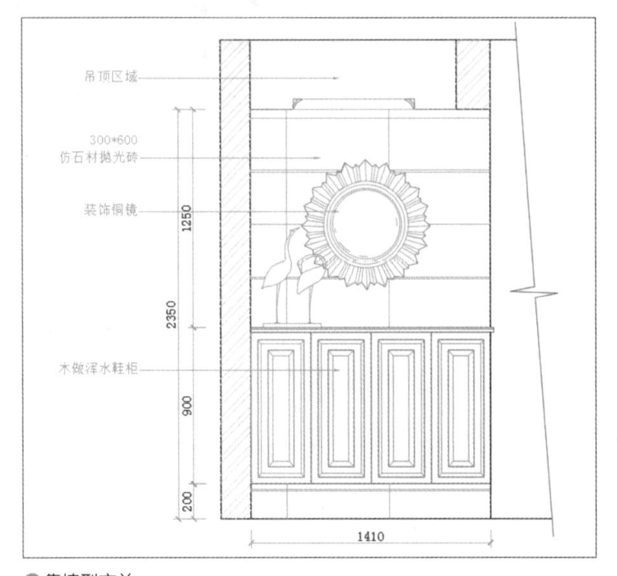

❷靠墙型玄关

Article 062 卫生间立面表现

卫生间立面图主要表现墙体布局、功能分区、卫浴用品以及墙面材质等❶。设计者可根据需要表现立面涵盖的物品，具体的尺寸可以根据家庭成员的平均身高进行调整。一般浴缸高度为600mm左右，淋浴开关中心高度为1100mm，洗手盆分为台上盆和台下盆两种，台上盆的台面高度一般为750mm，台下盆的台面高度一般为850mm❷。

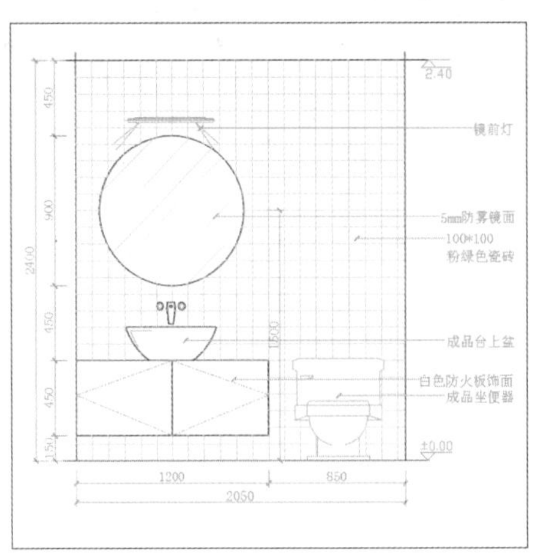

❶卫生间立面

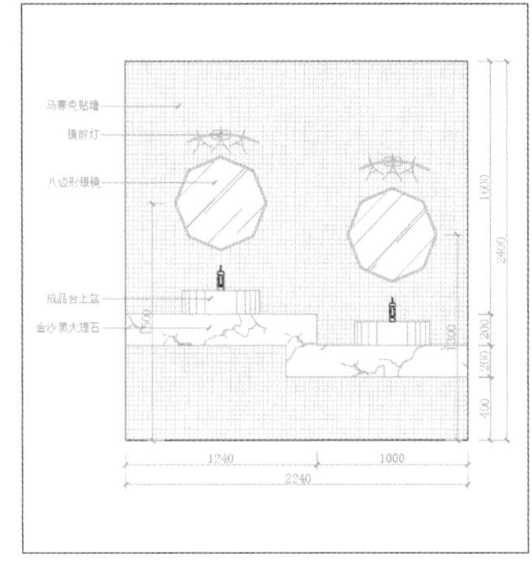

❷公共洗手台立面

Article 063 背景墙立面表现

一个完美的室内设计是由很多细节组成的，如吊顶、地面、背景墙、软装饰。背景墙是一种用于客厅电视、沙发、玄关、卧室墙等的墙面装饰艺术，主要功能是弥补墙面的空旷，同时起到一定的修饰作用，以其新颖的构思、先进的工艺满足人们的精神需求与功能需求。

客厅背景墙装饰是客厅最重要的装饰之一，风格、色彩、材料的选择多种多样，如石材、木饰面、壁纸、乳胶漆等，多使用对称造型进行装饰。卧室背景墙一般是指床头依靠的那面墙，造型尺寸根据床品尺寸确定，多采用壁纸、软包、木饰面灯材质进行装饰。

背景墙立面图主要表现的是室内背景墙装饰及墙面布置的图样，除了要绘制出固定的墙面装饰外，还可以绘制出背景墙面上可灵活移动的装饰品及地面上的陈设家具等❶❷❸。

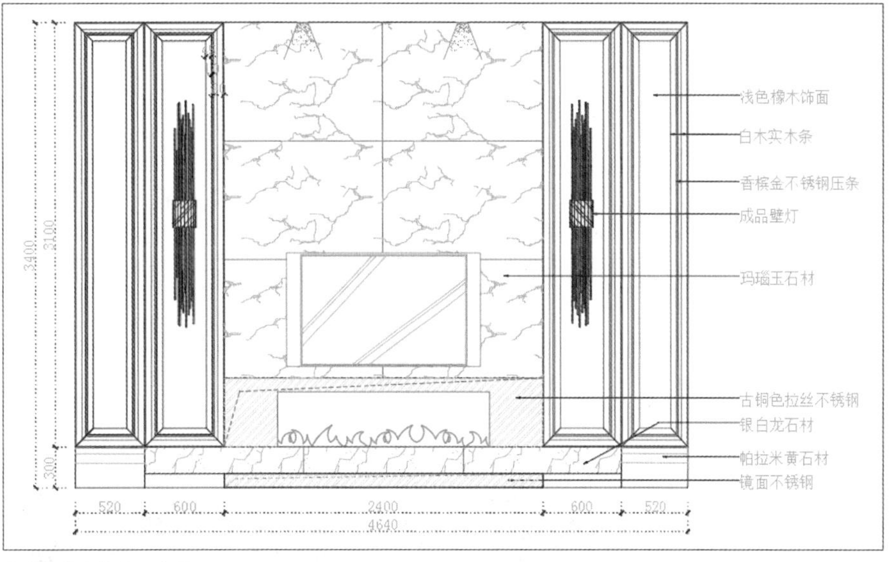

❶ 电视背景墙立面表现

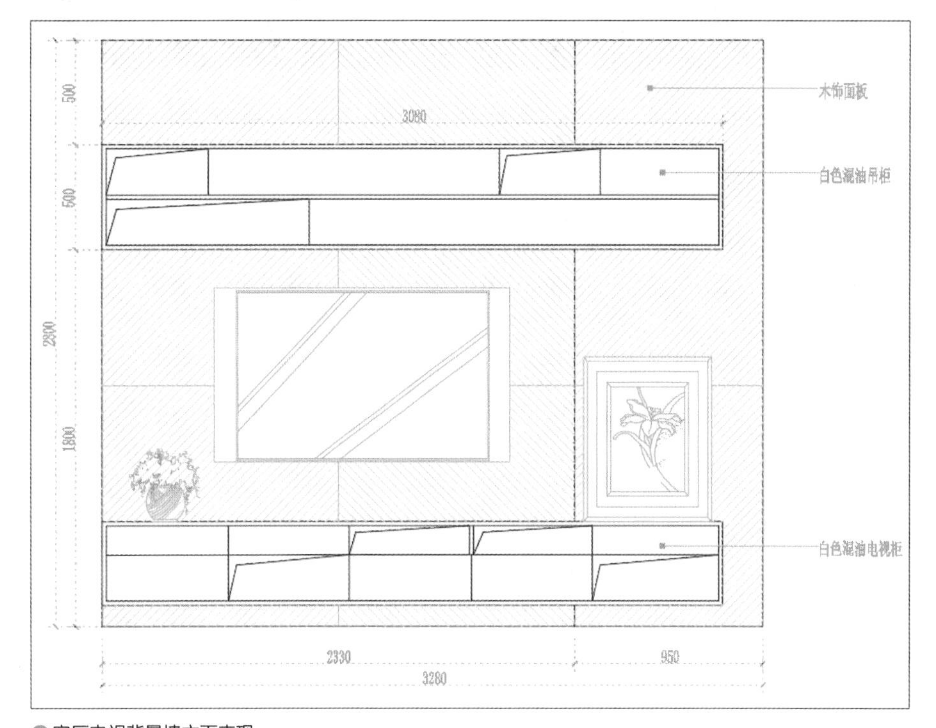

❷ 客厅电视背景墙立面表现

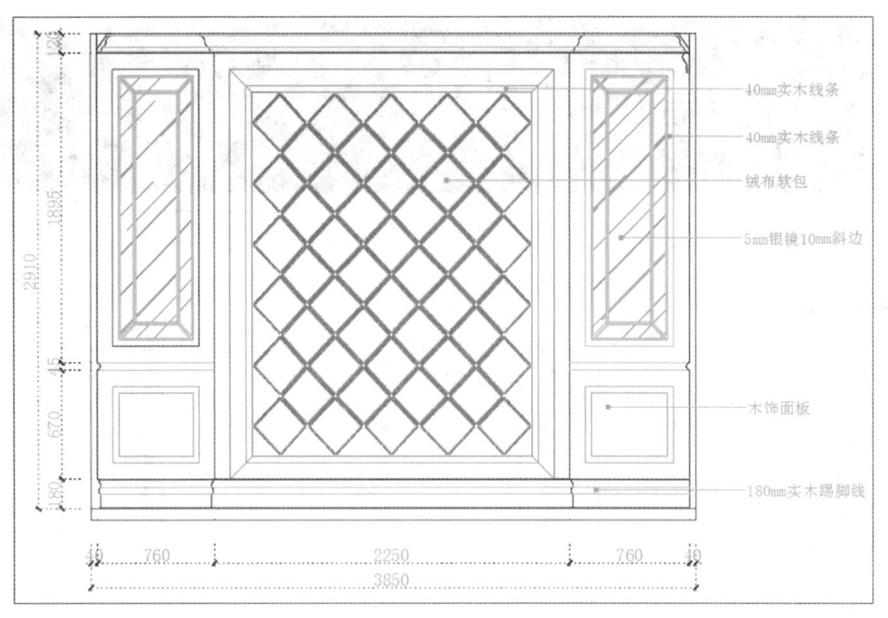

❸ 卧室背景墙立面表现

Article 064 阳台立面表现

阳台是建筑物室内的延伸，一般有悬挑式、嵌入式、转角式三类，是居住者呼吸新鲜空气、晾晒衣物、摆放盆栽的场所。作为家居装修的死角位置，其设计需要兼顾实用与美观的原则，如果布置得好，还可以变成宜人的小花园，使人足不出户也能欣赏到大自然中最可爱的色彩，呼吸到清新且带着花香的空气。

随着居住品质的提高，人们对居室的细部设计理念更加追求舒适、安全、实用，以晾晒、洗衣为主的传统意义上的阳台，如今已变成了观景台、阳光室、健身房、储藏室、阳光书房等功能多样、空间变化丰富灵活的新一代阳台❶❷。

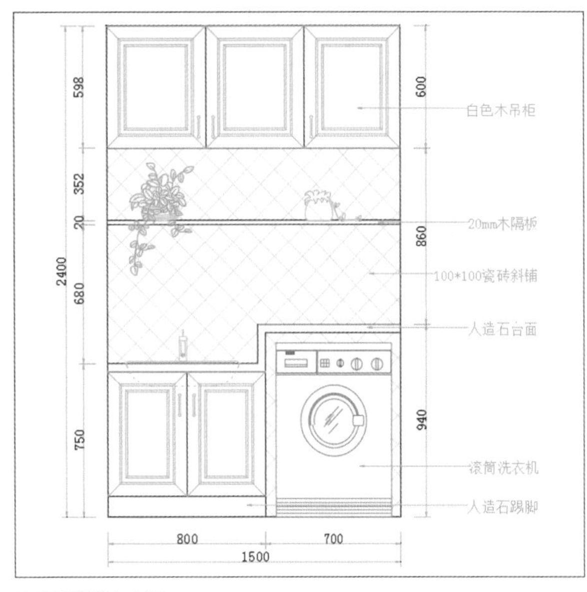

❶ 功能型阳台立面

❷ 装饰型阳台立面

Article 065 洗衣房立面表现

随着生活水平的提高，人们对于家庭空间的划分也越来越细节化。如果家中需要清洗的衣物较多，就需要一个单独的空间进行衣物的分类整理和清洁，且清洁后还需要空间进行整理。由此来看，洗衣房的设计也是非常重要的❶❷。

户型面积较大的房子，开发商往往会考虑到专业洗衣的需求，留有专门的洗衣房供业主使用，一般挨着厨房、卫生间或阳台，离卧室和客厅较远。因为靠近厨房和卫生间，做排水口比较方便，同时能有效地降低噪声的干扰，提升居住体验。户型面积较小的房子就只能考虑将洗衣机放置在阳台或者卫生间了。

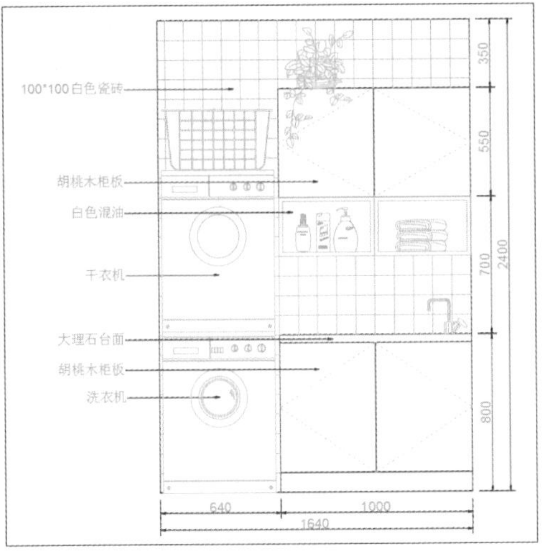

❶ 小空间洗衣房立面

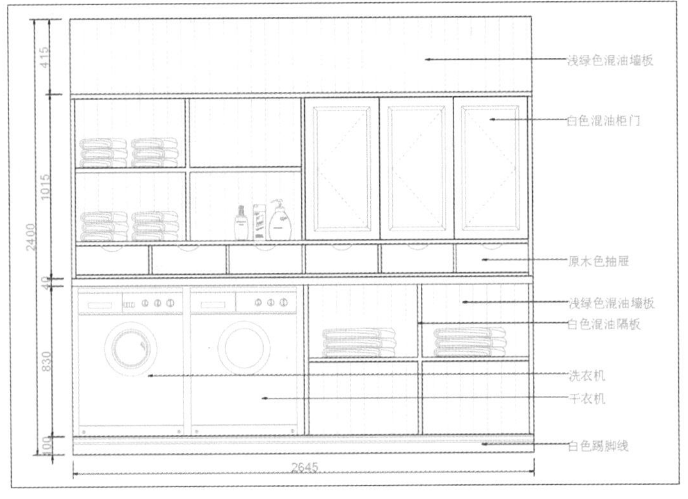

❷ 大空间洗衣房立面

Article 066 台下盆剖面表现

洗手盆是现代卫浴装修中的重要设施之一，它的产品质量、安装效果和生活息息相关，若安装不合理，对日常生活会产生很大的影响。洗手盆主要分为台上盆和台下盆两种，其主要区别在于台盆的安装位置与施工工艺。

Technique 01

台上盆

台上盆安装在台面以上，且面盆可以随意更换，安装简单，但容易藏污渍；台中盆又称为半嵌盆或嵌入盆，盆体中间位置有突起，可以直接卡放在台面上，但龙头的选择较为困难。

Technique 02

台下盆

台下盆分为一体陶瓷结构和石材分离结构两种，前一种类型安装方便、便于清洁；后一种类型安装较为复杂，台盆通过云石胶黏结在石材下方，四周石材挡水通过玻璃胶黏贴在墙面上❶❷。

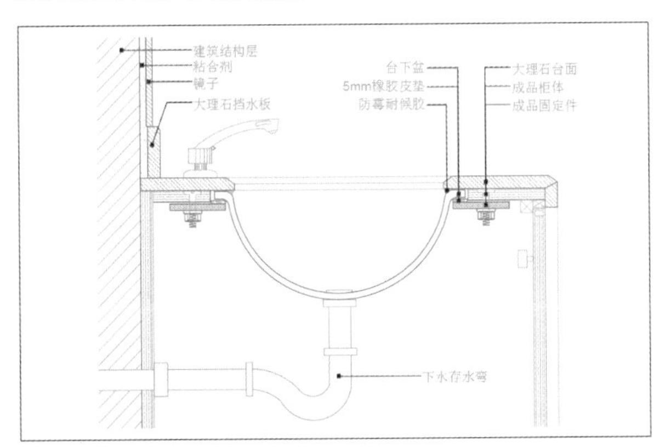

❶ 柜体台盆剖面

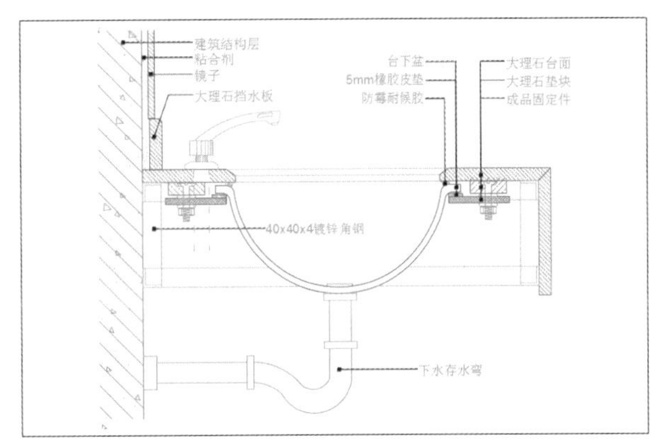

❷ 悬空台盆剖面

Article 067

窗帘盒剖面表现

窗帘盒是家庭装修中的重要部位，是隐蔽窗帘帘头的重要设施。在进行吊顶和包窗套设计时，就应进行配套的窗帘盒设计，才能起到提高整体装饰效果的作用。

根据顶部的处理方式不同，窗帘盒可分为单体窗帘盒和暗装窗帘盒两种。

Technique 01

单体窗帘盒

单体窗帘盒多为木制，也有塑料制成品，但效果不佳。单体窗帘盒一般用木楔配螺钉或膨胀螺栓固定于墙面上。

Technique 02

暗装窗帘盒

暗装窗帘盒的主要特点是与吊顶部分结合在一起，根据顶部的不同其处理方式也不同，常见的有内藏式和外接式。内藏式窗帘盒需要在吊顶施工时就一并做好，其主要形式是在窗顶部位的吊顶处做出一条凹槽，以便在此处安装窗帘导轨。外接式是在平面吊顶上做出一条通贯墙面长度的遮挡板，窗帘导轨就装在吊顶平面上。

窗帘盒的净空尺寸包括净宽度和净高度，在安装前根据施工图中对窗帘层次的要求来检查这两个净空尺寸。如果宽度不足，会造成窗帘布过紧不好拉动；反之，宽度过大，窗帘与窗帘盒间因空隙过大破坏美观。如果净高度不足，不能起到遮挡窗帘上部结构的作用；反之，高度过大，会造成窗帘盒的下坠感。

在施工图中，要求单层窗帘盒净宽度为100~120mm，双层窗帘的窗帘盒净宽度为140~160mm。窗帘盒的净高度要根据不同类型的窗帘来定，布料窗帘的窗帘盒净高度为120mm左右，百叶帘的窗帘盒净高度为150mm左右❶❷❸❹。

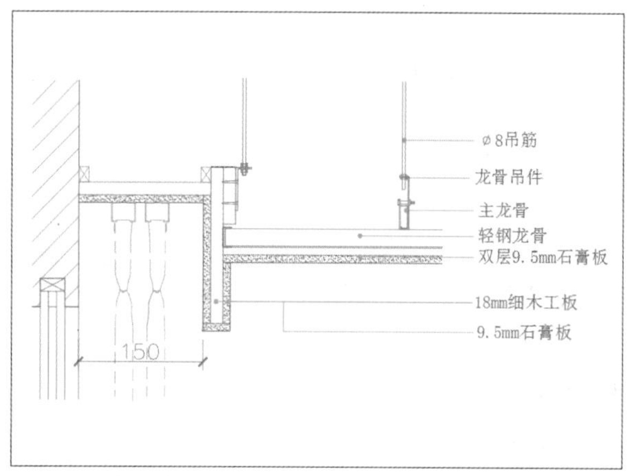

❶ 暗装窗帘盒结构

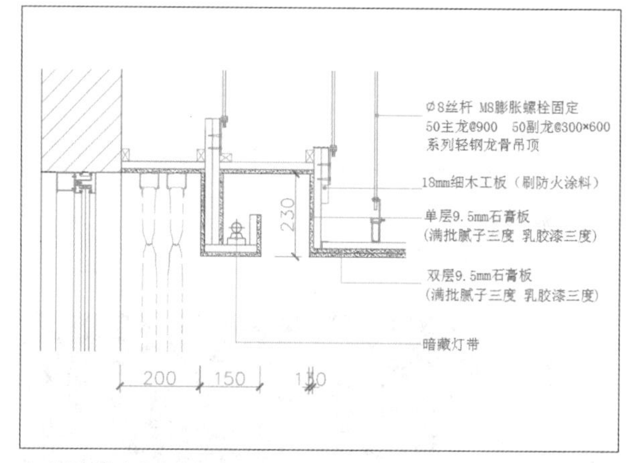

❷ 暗装灯带窗帘盒结构

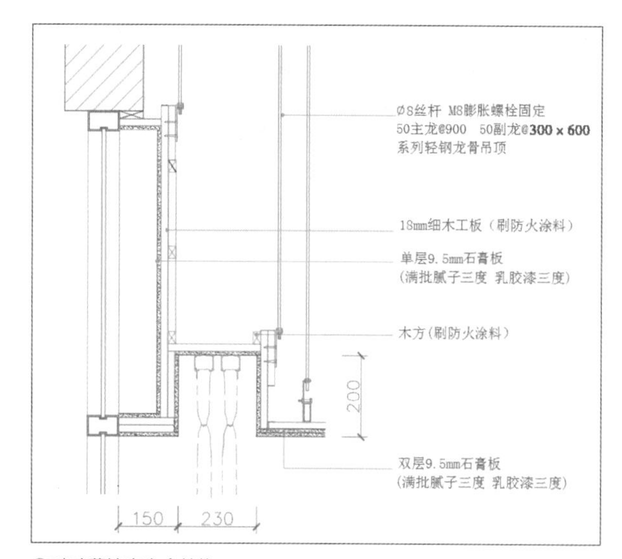

❸ 玻璃幕墙窗帘盒结构

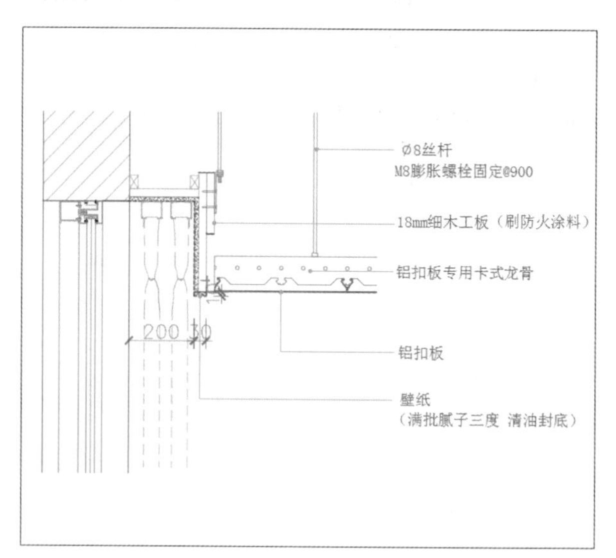

❹ 铝扣板吊顶窗帘盒结构

Article 068 空调风口剖面表现

中央空调风口是中央空调系统中用于送风和回风的末端设备，是一种空气分配设备。送风口将制冷或加热后的空气送到室内，而回风口则将室内污浊的空气吸回去，形成空气循环，在保证室内制冷及采暖效果的同时，也保证了室内空气的舒适度。

Technique 01 送风方式

空调的送风口有侧送风和下送风两种，其中侧送风用得更多一些。中央空调送风口历来讲究“以藏为美”，无论是侧送风还是下送风，都能顺其自然地隐藏在局部吊顶中，看上去就像一件艺术品，非常符合现代人的欣赏品位。

Technique 02 回风方式

空调送回风方式主要有侧送下回、下送下回、侧送侧回三种。由于回风口的风速一般大于送风口，所以风量一定时，回风口的面积要比送风口的大。另外，送风口处最好不要设置灯槽，否则容易阻挡热气流到达人员活动区域，影响制热效果❶❷。

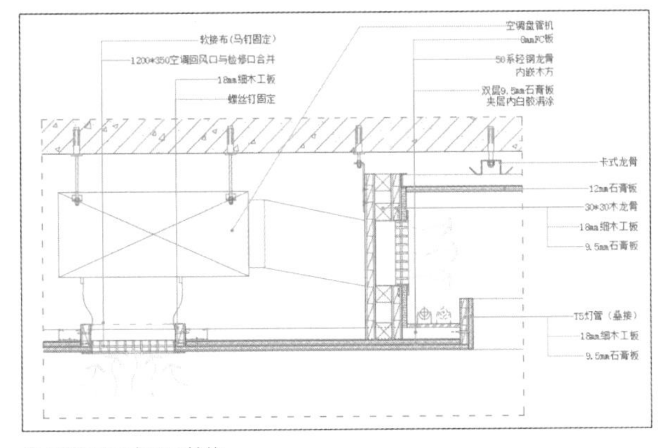

❶ 侧送下回式风口结构

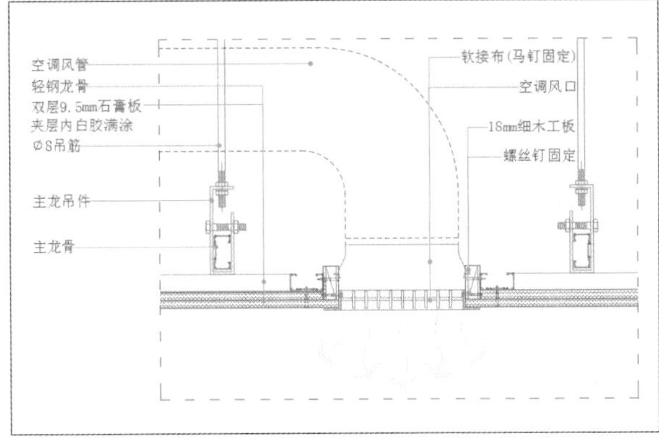

❷ 下送风式风口结构

Article 069 石材踏步做法

踏步是人在楼梯上行走时主要的承载部分，是将人体及其他载荷传递给结构的重要部分，在设计时必须从人体工程学的角度来考虑。首先要考虑安全性，其次要考虑舒适性及美观性。作为竖向交通和人员紧急疏散的主要交通设施，人流量大，坡度陡，在使用中较易发生危险，因此楼梯踏步应采取防滑措施。

踏步的尺寸一般应与人脚尺寸步幅相适应，同时与不同类型建筑中的使用功能有关。踏步高度与宽度之比就是楼梯的坡度。踏步在同一坡度之下可以有不同的数值，给出一个恰当的范围，以人行走时感到舒适为标准。

实践证明，行走时感到舒适的踏步，一般是高度较小而宽度较大的，因此，对同一坡度的两种尺寸以高度较小者为宜，但要注意宽度也不能过小，以不小于240mm为宜，这样可保证脚的着力点落在脚心附近，并使脚后跟着力点有90%在踏步上。就成人而言，楼梯踏步的最小宽度应为240mm，舒适的宽度应为280~300mm❶❷❸。

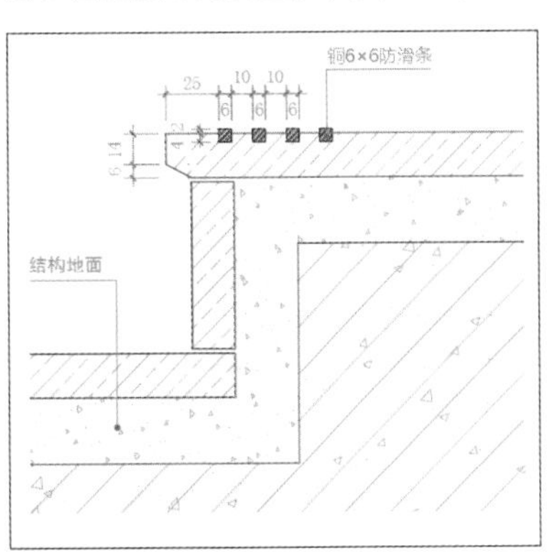

❶ 铜防滑条石材踏步节点结构

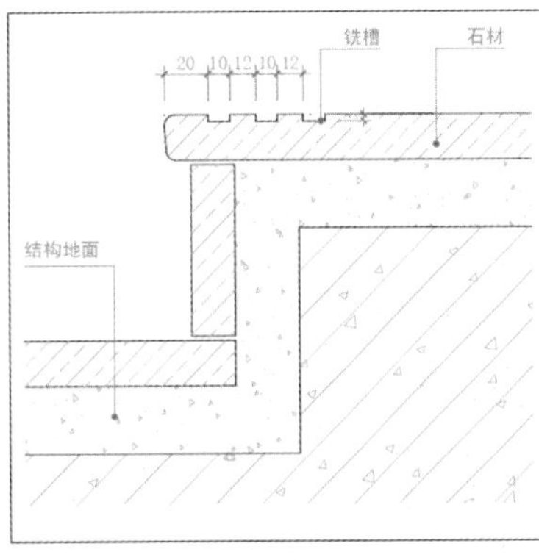

❷ 铣槽防滑石材踏步节点结构

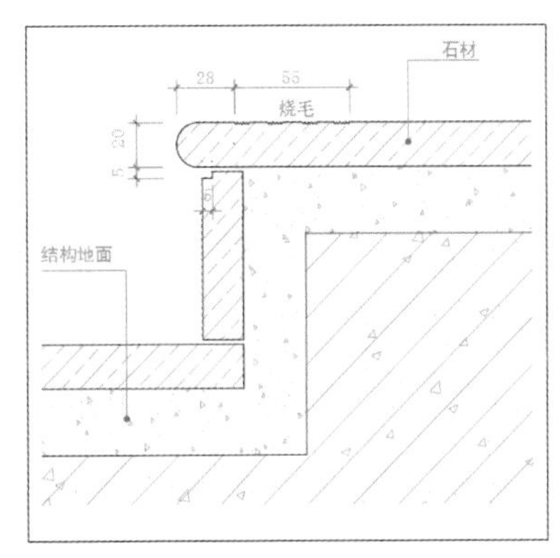

❸ 烧毛防滑石材踏步节点结构

Article 070 导水槽做法

卫生间施工中，积水或流水不畅是一个难题。传统的排水采用地面砖中直接镶嵌地漏的方式，地面按1%~2%的坡度向地漏直接泄水。如果地漏没有设置在“十字缝”区域，就会造成地面小面积积水。这种方式施工方法简单，造价也比较低，但是在防滑、排水、美观等方面并不十分理想。

导水槽的出现很好地解决了排水问题。在地面靠墙位置，采取宽为100mm的下沉沟槽，使地面流水经沟槽流入地漏，通过二次排水缓解排水及积水问题❶❷❸。

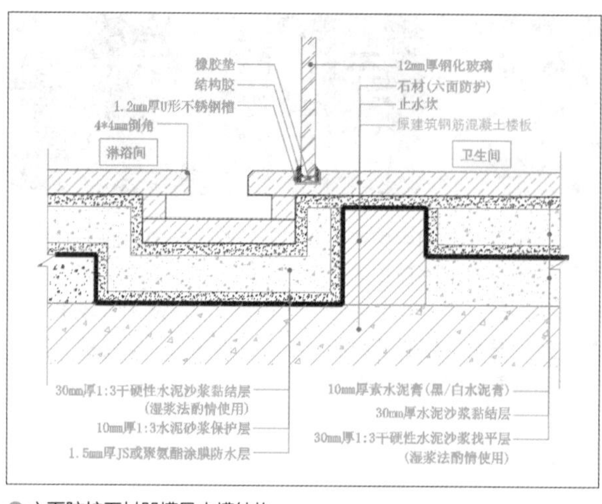

❶ 六面防护石材凹槽导水槽结构

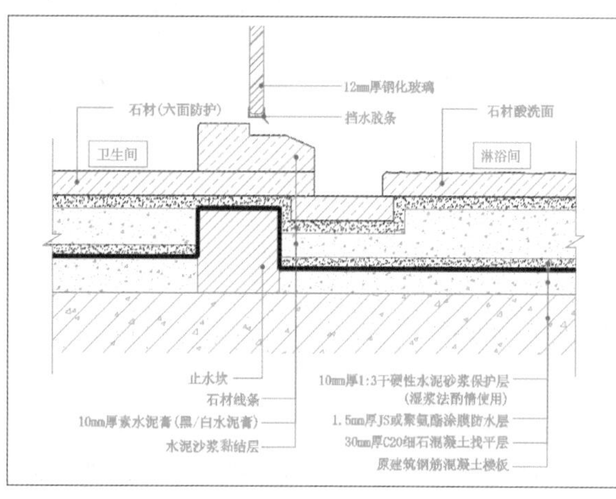

❷ 石材酸洗面导水槽结构

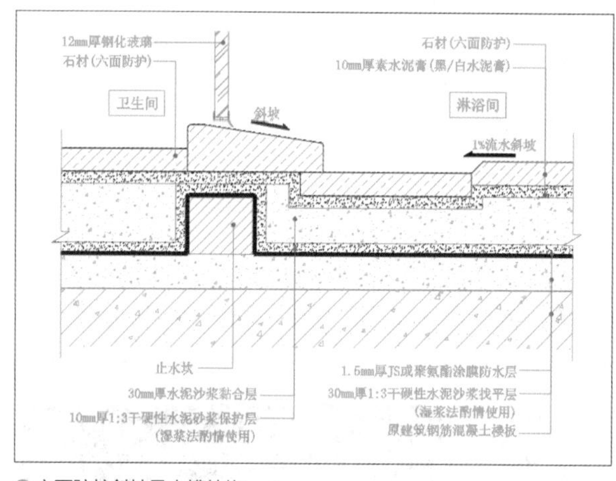

❸ 六面防护斜坡导水槽结构

Article 071 淋浴间挡水做法

传统的浴室设备，洗澡之后到处都充满水汽，潮湿的空气长期在浴室中滞留，会造成空气的污浊和清理难度大。为了提高人们的生活品质，干湿分离的设计理念逐渐流行起来，将淋浴区与其他功能区域进行划分后，既可保持卫浴场地的干燥卫生，又能维持整体环境的整洁美观。

实现干湿分离的关键环节就是在干区和湿区之间制作挡水❶❷，防止湿区的水溢到干区。制作挡水的材质多种多样，为了实现更好的防水效果，通常会采用石材制作，如花岗岩、人造石、大理石等，其施工工艺也有多种。挡水的造型也随着淋浴区门的类型而有所不同。

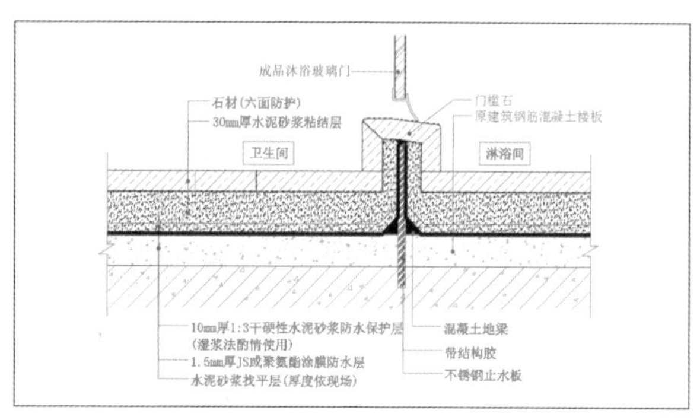

❶ 玻璃门斜面石材挡水结构

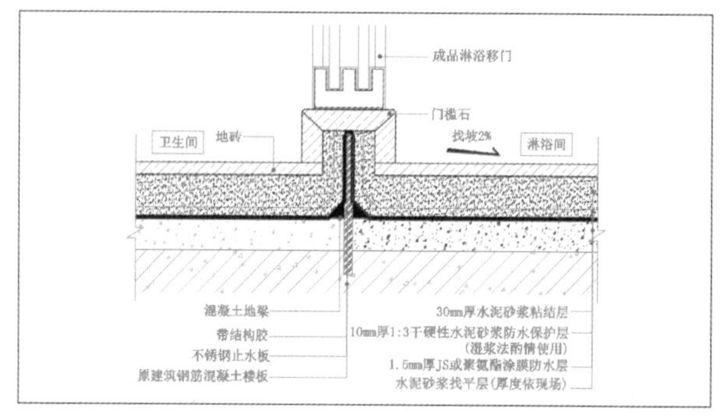

❷ 移门平面石材挡水结构

Article 072

地毯收口做法

现在，地毯在家居装修中被使用地越来越普遍，它可以为人们打造一个高贵典雅且舒适的家居环境。地毯根据材质可分为纯毛地毯、混纺地毯、化纤地毯和塑料地毯等；按成品的形态可分为整幅成卷地毯和块状地毯；按制作方法可分为簇绒地毯、机织威尔顿地毯、机织阿克明地毯及手工编织地毯等。地毯的拼接方式多种多样，会与各种地面材质或墙面材质相遇，其收口方式也各不相同。

Technique 01

成卷地毯、块毯施工工艺

这两种地毯的安装施工工艺标准应保证基层表面应平整、洁净，含水率不得大于8%；地面高差达到保证完成面效果，地面应进行水泥砂浆找平，采用1:2:5干硬性水泥砂浆进行找平，厚度为20~40mm；所有弹性垫层的两边和尽端应用50mm布带加上胶黏剂接合；铺弹性衬垫将粒或波形面朝下，四周与木卡条相接，相距10~12mm❶❷。

Technique 02

地毯与墙面收口

该地毯收口方式的施工工艺标准应保证地毯沿墙边和柱边的固定距离一般是在离踢脚线8mm处用钢钉或射钉将倒刺板钉在地面上，常用倒刺板长1200mm，宽20~25mm，厚5~6mm，板上钉双排斜铁钉，钉距300mm左右；将地毯毛边掩入木卡条与踢脚线的缝隙内；踢脚线安装离地面8mm左右，将地毯边缘掖到踢脚线下端，避免毛边外露❸。

Technique 03

地毯与木地板不锈钢收边条收口

该地毯收口方式的施工工艺标准应保证地毯下料时，按房间长度加长20mm，宽度应扣去地毯边缘后计算；地毯完成面高度较地板高出5~8mm；木地板未找平的情况下，地毯基层水泥砂浆找平层厚度在20~30cm；地毯拉伸时伸长率要控制适宜，一般纵向不大于2%，横向不大于1.5%；采用专用的活动金属收边条，并用沉头自攻螺丝固定，可调节实木地板的胀缩，起到衔接和收口的作用❹❺。

Technique 04

地毯与木地板折叠收口

该地毯收口方式的施工工艺标准应保证采用木龙骨垫层的实木地板和普通实木复合地板对地毯地面的找平要求不同，需按照现场情况确定找平与否和找平厚度；木地板采用木龙骨进行实木地板的找平，采用防潮垫进行防潮防霉处理；地毯面层距离地板面层20~40mm要设置倒刺条，将地毯折弯后塞入收口处；地毯面层高出地板面层5~8mm，在找平时需根据地毯厚度进行预控❻。

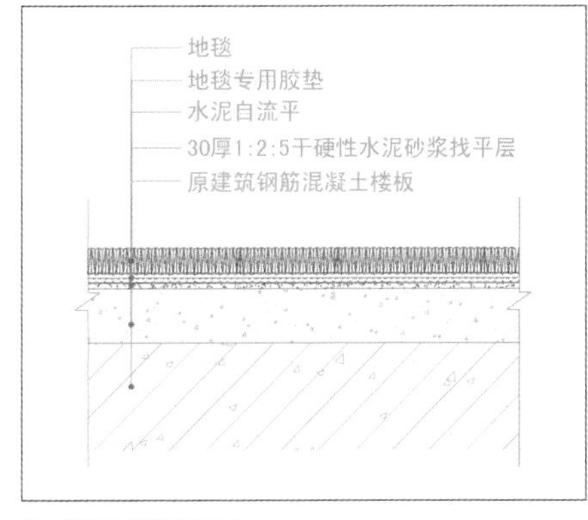

❶ 成卷地毯施工工艺

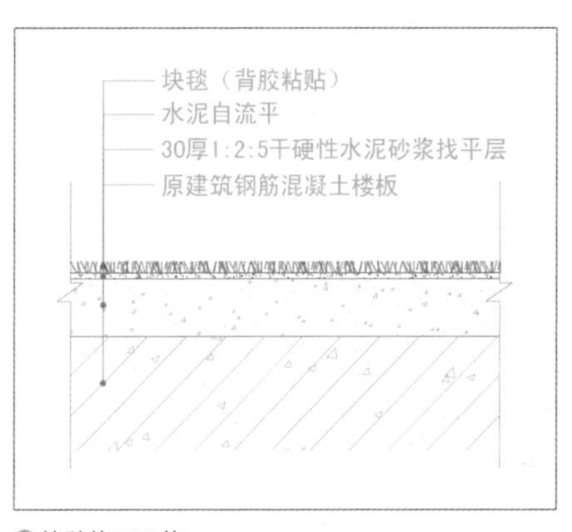

❷ 块毯施工工艺

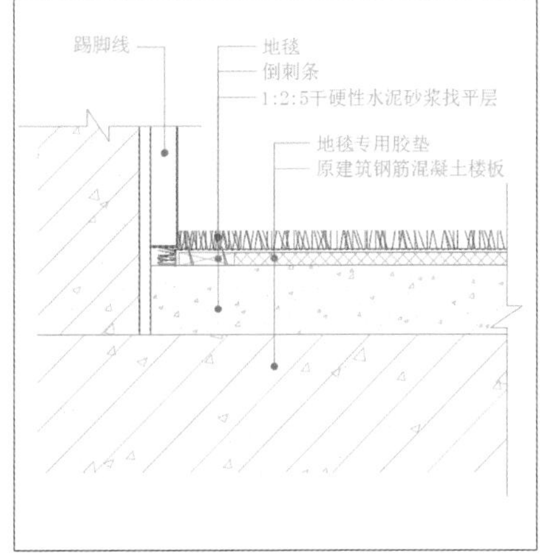

❸ 地毯与踢脚线倒刺条收口

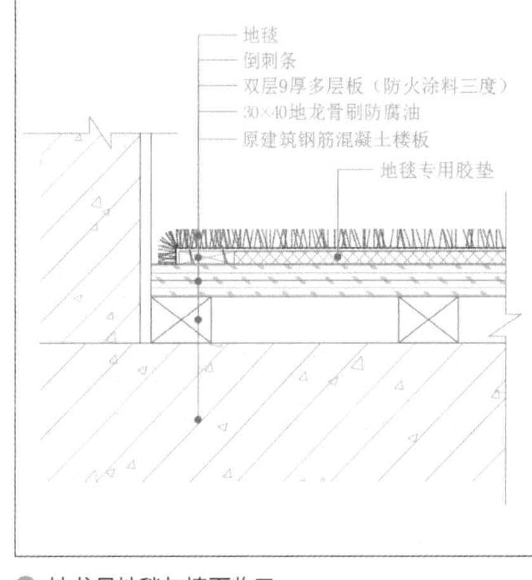

❹ 地龙骨地毯与墙面收口

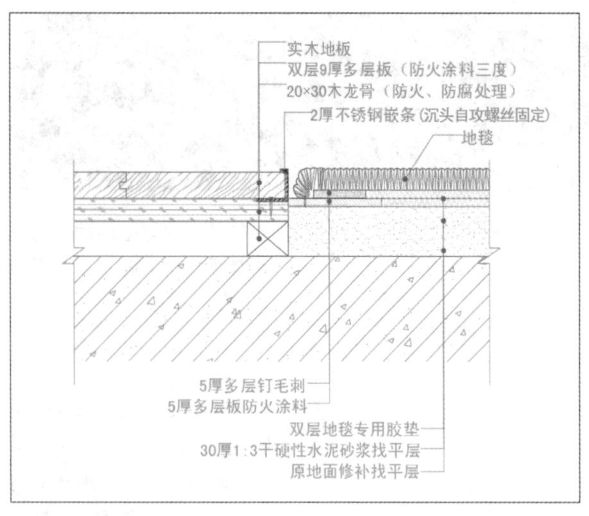

❺ 不锈钢条收口

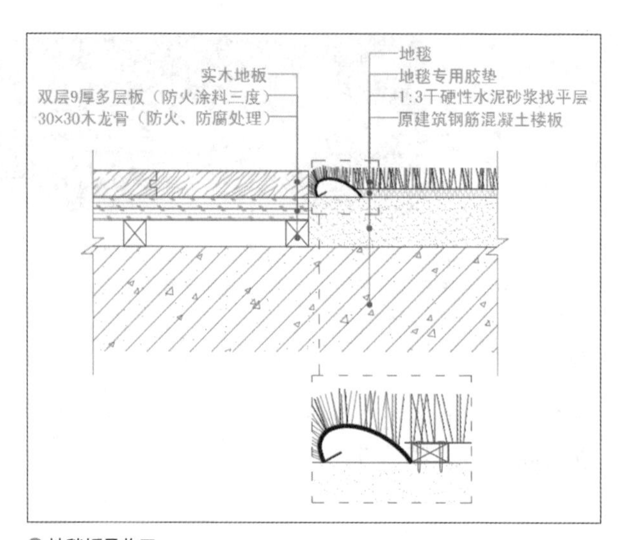

❻ 地毯折叠收口

Technique 05

地毯与石材收口（倒刺龙骨收口）

该地毯收口方式的施工工艺标准应保证石材安装完成后，地毯找平厚度根据石材完成面厚度确定，常用18mm石材，找平层完成面高出石材底面2~5mm，保证地毯铺贴后完成面高出石材完成面5~8mm；石材与地毯收口先将倒刺龙骨固定在距地面10mm左右位置，再将地毯固定在倒刺龙骨上方，毯边塞入倒刺龙骨与石材间隙处，接缝处采用胶黏剂固定。地毯与大理石交接处采用Z形或L形不锈钢收口处理，地毯面层找平前预埋，采用AB胶与石材进行固定黏合处理❼。

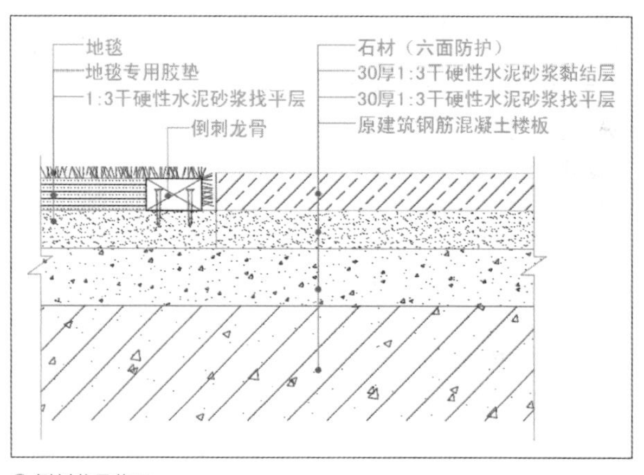

❼ 倒刺龙骨收口

Technique 06

地毯与石材收口（收边条收口）

该地毯收口方式的施工工艺标准应保证石材安装完成后，根据地毯厚度进行地毯面层的找平，保证地毯铺贴后的完成面高出石材完成面5~8mm；为了使接缝处的地面收口美观，地毯与大理石交接处采用Z形或L形不锈钢条收口处理，地毯面层找平前预埋，采用AB胶与石材进行固定黏合处理❽❾。

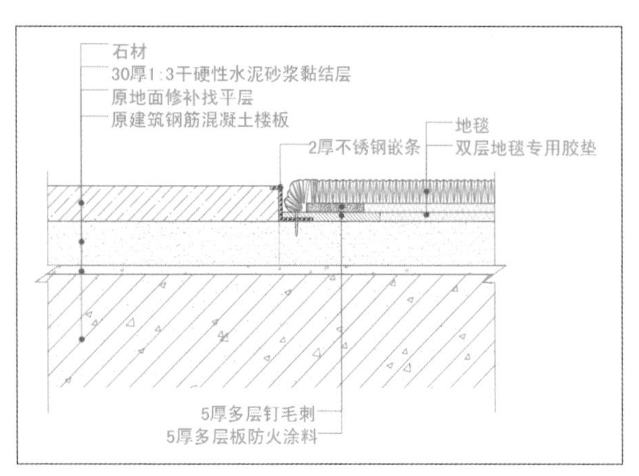

❽ Z形不锈钢条收口

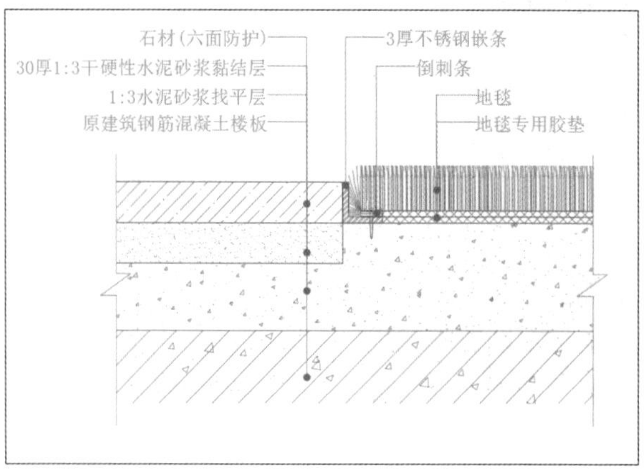

❾ L形不锈钢条收口

Article 073 石膏板吊顶做法

吊顶是针对空间顶部的一种装饰，具有保温、隔热、隔声、吸气等作用，可以给空间带来层次感，营造出丰富多彩的室内空间艺术形象，是室内装饰施工中较为常见的一种装饰方法。根据装饰板的材料不同，吊顶的分类也有很多种，如石膏板吊顶、矿棉板吊顶、夹板吊顶、铝扣板吊顶、吸音板吊顶等，石膏板吊顶是使用最多的一种。

按照吊顶的截面造型主要可以分为四类：悬挂式平顶、跌级造型、顶面石膏线、灯槽造型❶❷❸❹。

悬挂式平顶是室内空间中最常见的顶部装饰方法，主要作用是顶面找平、降低层高以及装饰空间，一般在楼顶水平差较大、层高较高、空间较小时使用。顶面找平主要用于顶面不太平整的空间，如阁楼、坡屋顶等，可通过吊顶找平；降低层高主要针对层高较高的空间，可以通过吊顶降低屋顶的高度，使空间看起来更加舒适；对于顶部安装有中央空调、新风系统或者布置管线的空间，为了隐藏设备，吊平顶也是一个很好的选择。

跌级吊顶就是二级、三级或多级的降标高吊顶，类似阶梯的形式。多用于装有中央空调的户型，不仅能够隐藏设备，还可以很好地增加层次感，给人一种复杂又艺术的感受。在外观上看，跌级吊顶的设计比较复杂多变，也更加精美，能够很好地丰富室内环境。因为需要层层递进，该吊顶类型对室内高度也有要求，一般要2.7m以上。

石膏线是非常流行的室内装饰材料，款式多样、图案精致，能够随意搭配各种装饰风格，在各种吊顶类型中很有优势。吊顶对空间高度的影响很大，对于层高较低的室内空间，不论是平顶或跌级，都会给人压抑的感觉，使用石膏线反而会起到空间上升的效果；对于层高较高的空间，石膏线则可以附加于平顶或跌级吊顶上，更添一份饱满。

灯槽吊顶的主要作用是隐藏光源，同时使光源均匀地散发光线。灯槽可以在原顶面的基础上制作，也可以设在平顶或跌级吊顶中。

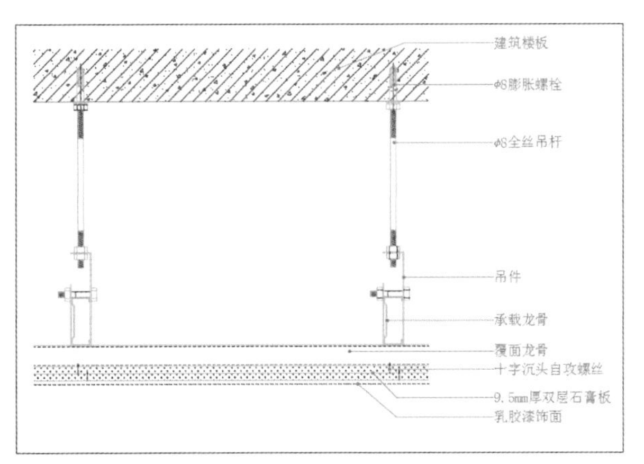

❶ 悬挂式平顶做法

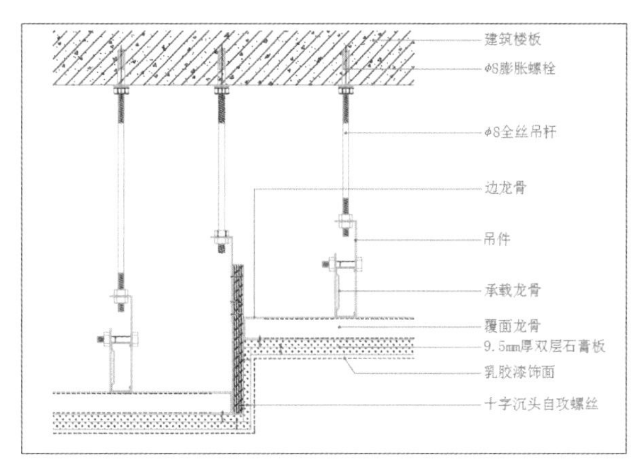

❷ 跌级造型做法

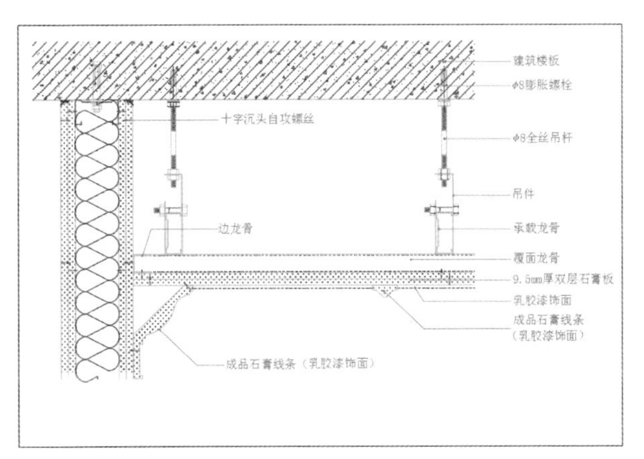

❸ 顶面石膏线条做法

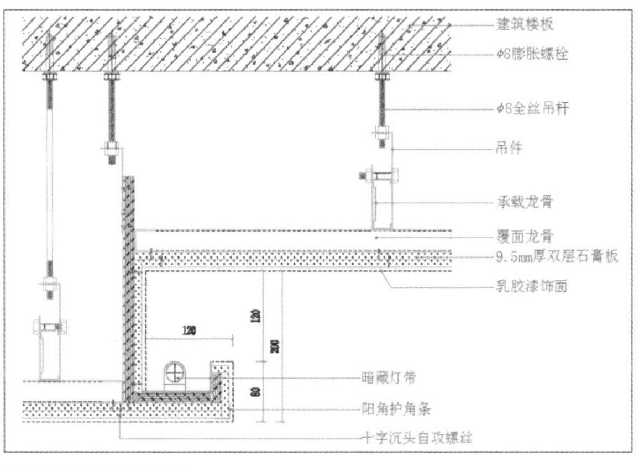

❹ 常规灯槽造型做法

Article 074 墙体阳角收口做法

阳角在装饰施工过程中非常常见，应用于墙面转角区域。收口是通过对装饰面的边、角以及衔接部分的工艺处理，以弥补饰面装修的不足之处，并且可以增加装饰效果。在装饰施工中，石材阳角的收口方式主要有圆角收口、大斜边收口、凹槽收口、小斜边凹槽收口、法国边收口、海棠角收口、金属压条收口、假阴角收口、金属包边收口等❶❷❸❹❺❻❼❽❾。

除了利用石材自身造型进行阳角收口的方法，还可以利用收边条进行瓷砖等材质的阳角收口，效果同样大气美观。

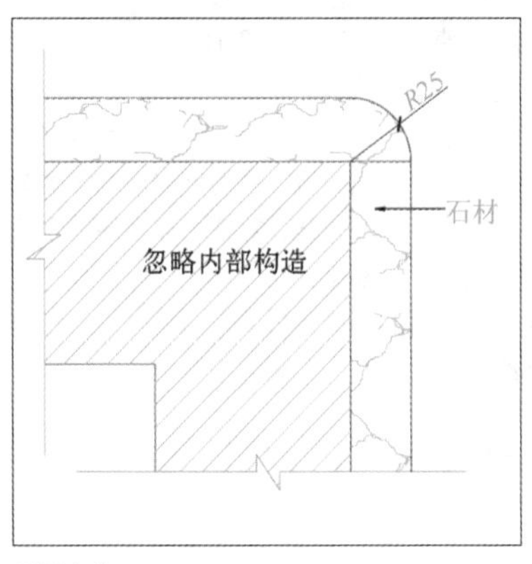

❶ 圆角收口

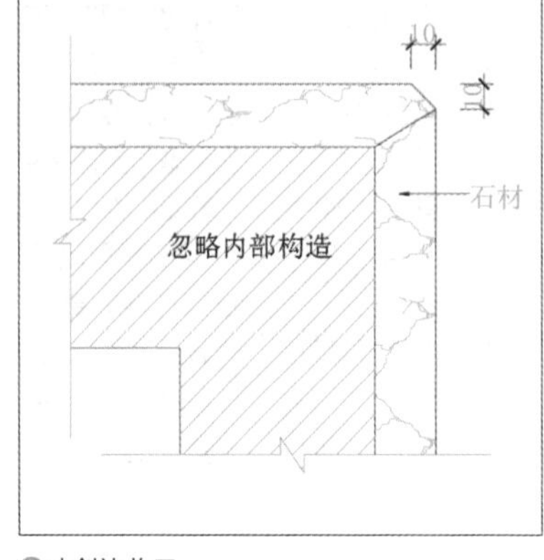

❷ 大斜边收口

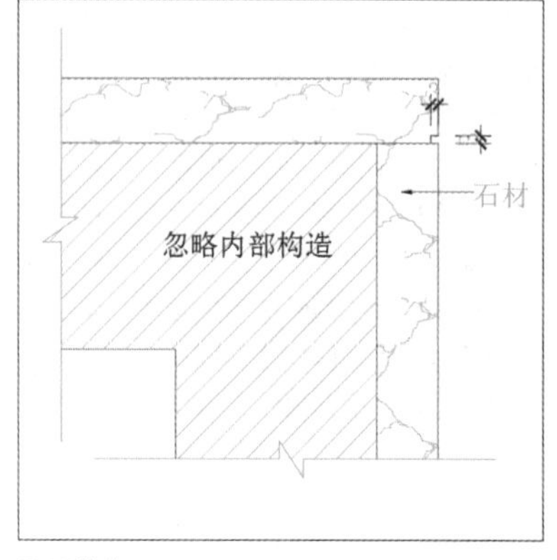

❸ 凹槽收口

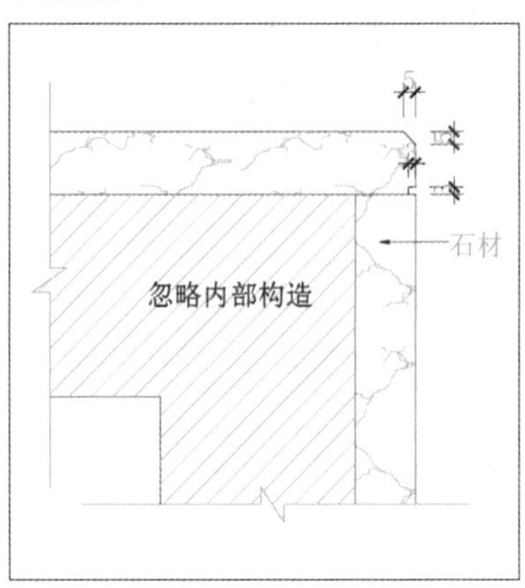

❹ 小斜边凹槽收口

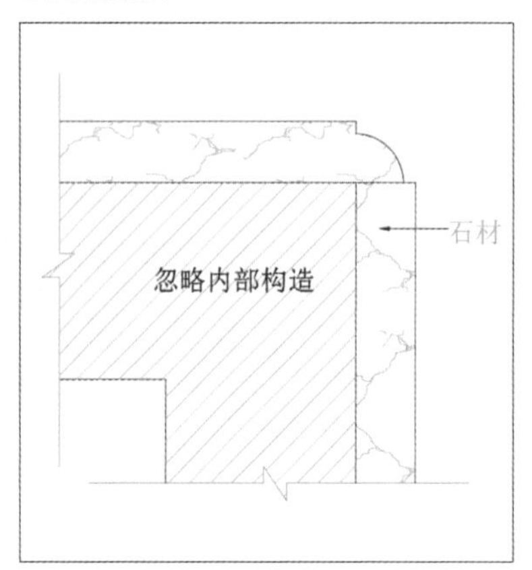

❺ 法国边收口

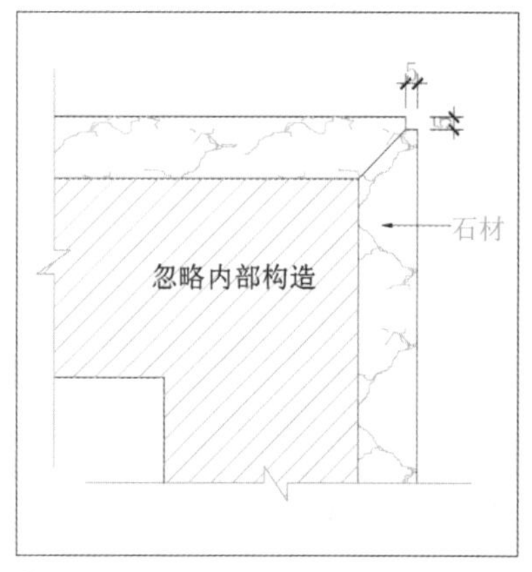

❻ 海棠角收口

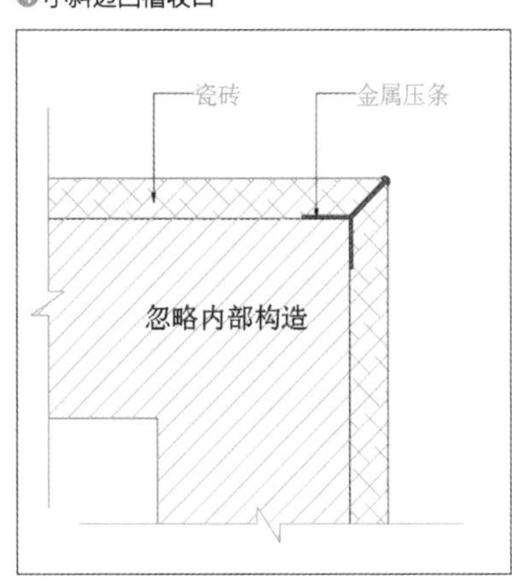

❼ 金属压条收口

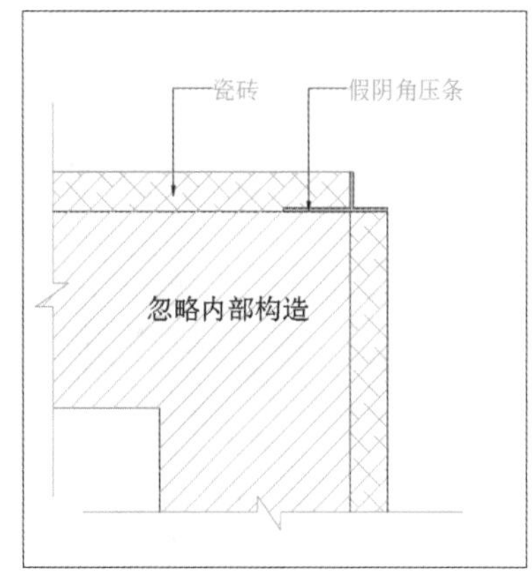

❽ 假阴角收口

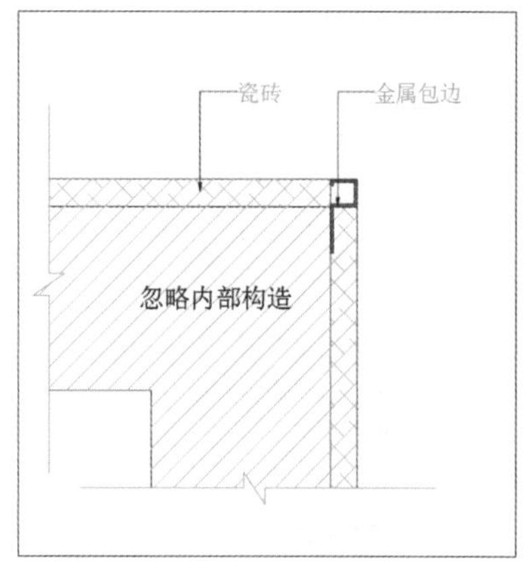

❾ 金属包边收口

Article 075 墙体阴角收口做法

简单来说，墙体构件拐弯处凹进去的部分称为阴角，如顶面与墙壁的夹角、地面与墙壁的夹角以及墙体与墙体凹进去的夹角。阴角收口是指材质之间对接的转换，作用是让两个区间材质的转折更为流畅。因为阴角的关系，不容易受到外物碰撞，使用上也较为良好❶❷。

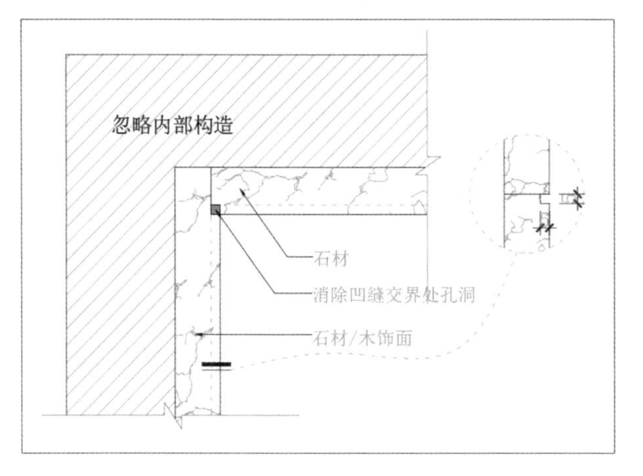

❶ 墙体石材阴角收口

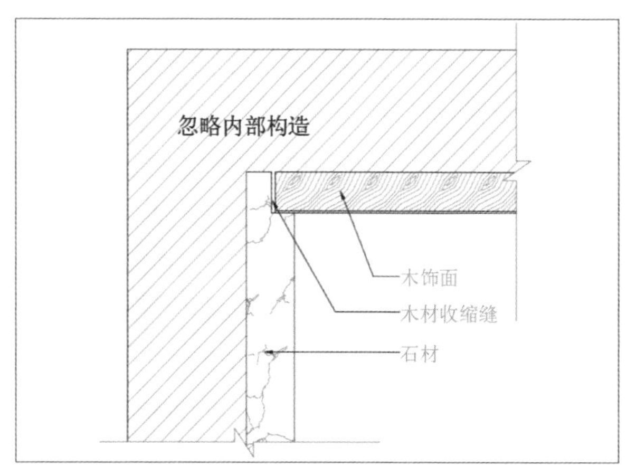

❷ 墙体石材与木饰面阴角收口

Article 076 石材地面做法

天然大理石组织细密、坚实，色泽鲜明光亮，可制作成高级装饰工程的饰面板，用于宾馆、展览馆、影剧院、商场、图书馆、机场、车站等公共建筑工程的室内墙面、地面等，是理想的高级室内装饰材料。

天然花岗岩质地坚硬、耐磨，不易风化变质，色泽自然庄重，多用于墙基础和外墙饰面。由于花岗岩硬度高、耐磨，所以也常用于高级建筑装修工程，如大堂地面、室外阳台、影院地面等❶❷❸。

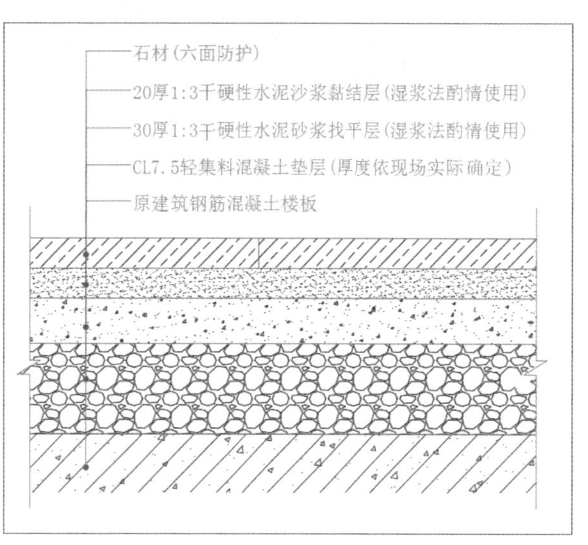

❶ 石材地面有垫层做法

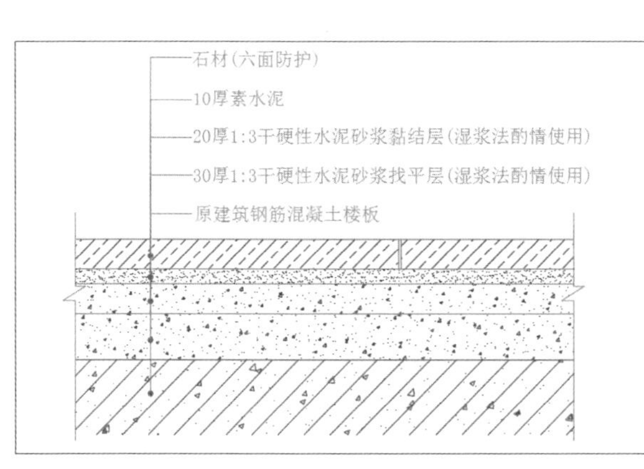

❷ 石材地面无垫层做法

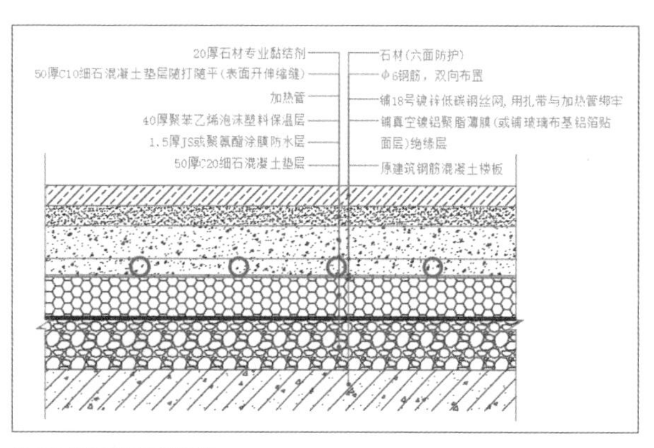

❸ 石材地面有地暖做法

Article 077 石材墙面与地面收口做法

在卫生间墙地砖的铺贴上，通常采取“墙压地”的做法，墙面距离地面预留出一块墙砖的高度，然后沿着墙面向上铺贴，待地砖铺贴完后再将一块墙砖压在地砖上铺贴。这种铺贴方式效果美观，缝隙小，同时防水效果也好。而使用收边条不仅兼备这些优点，也让空间品质感瞬间得以提升❶❷❸。

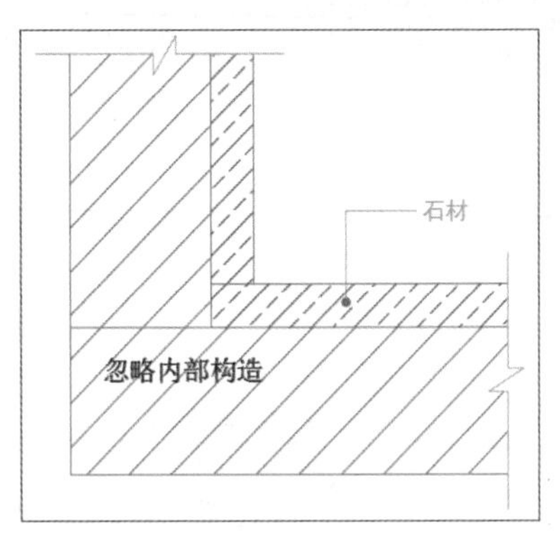

❶金属压条收口

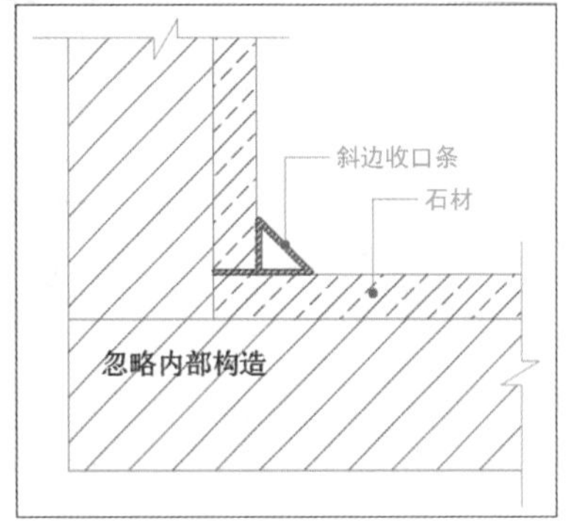

❷假阴角收口

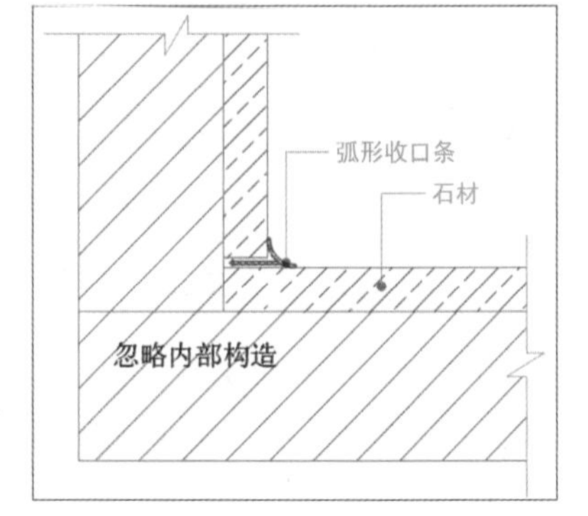

❸金属包边收口

Article 078 墙体干挂石材做法

石材干挂法又名为空挂法，用金属挂件将饰面石材直接吊挂于墙面或空挂于钢架之上，不需再灌浆粘贴。其原理是在主体结构上设主要受力点，通过金属挂件将石材固定在建筑物上，形成石材装饰幕墙。该方法可以有效提高建筑物的安全性和耐久性；保持表面的清洁美观。

板材的固定方式主要包括两种：插销式和背栓式❶❷❸❹。

Technique 01 插销式

板材边加工圆孔，植入销针，通过连接件固定，主要靠销针受力。采用这种方法容易崩边，施工工艺复杂，现已被淘汰，基本不采用。

Technique 02 背栓式

背栓式，即在石材背部打孔，用螺栓与龙骨连接。由后切式锚栓及后支持系统组成的幕墙干挂体系，固定位置有石材顶部、石材中部以及石材底部等处。以铝合金干挂件为代表，其施工方法快捷简便，大大降低了综合成本，现已被国内外的很多大型工程所采用。

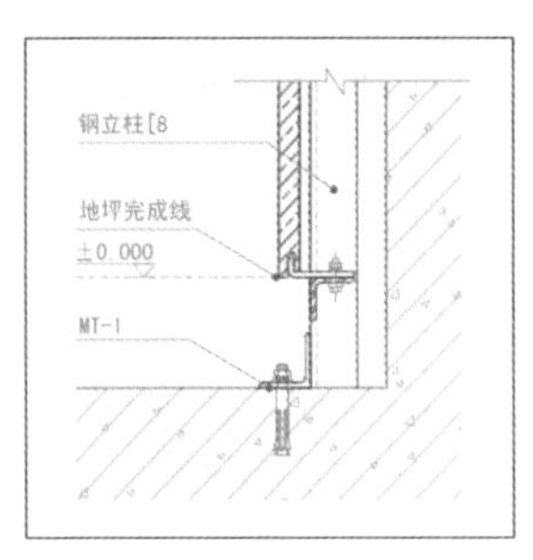

❷墙体干挂石材底部做法

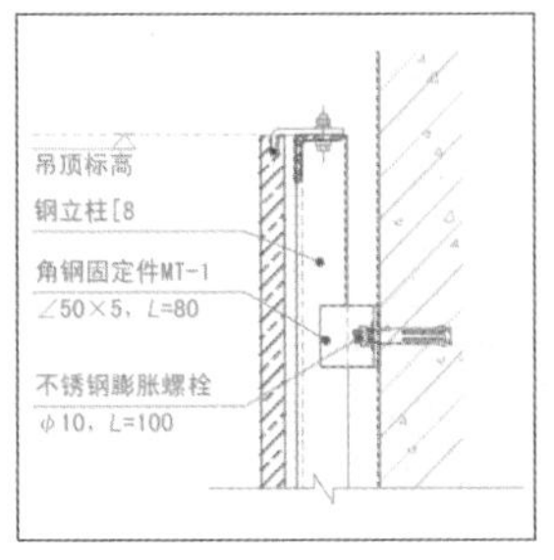

❶墙体干挂石材顶部做法

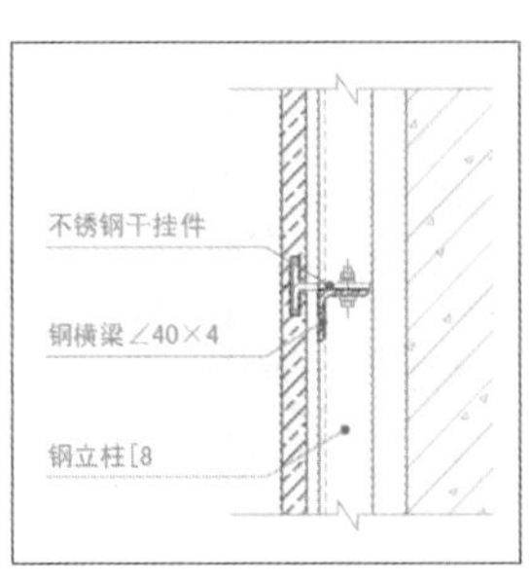

❸墙体干挂石材中部做法（一）

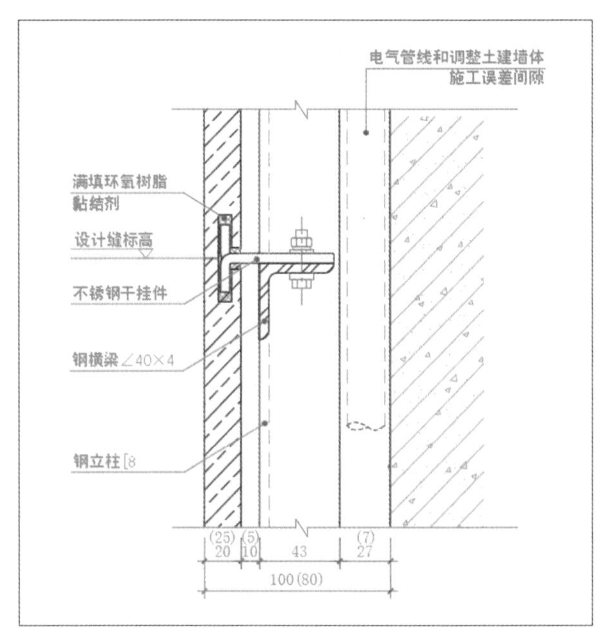

❹墙体干挂石材中部做法（二）

Article 079 石材与木地板接口做法

石材的装饰方法多种多样，我们平时看到的地面铺装多由石材满铺装饰而成，力求颜色统一。石材还可以跟木地板搭配装饰，木地板的纹理往往能够构成一幅美丽画面，给人一种自然清晰、返璞归真的感觉，两者搭配，效果独特且美观。

传统的施工工艺中，在木地板与石材接口处一般会使用收口条打玻璃胶收口，但这种做法不美观，且收口条容易松动。在新型的施工过程中采用无缝拼接的方式，显得时尚且独特。

市场上木地板种类非常多，使用率最高的是实木地板和复合地板，因其材质特性不同，与石材拼接的做法也各有不同❶❷❸❹❺❻❼。

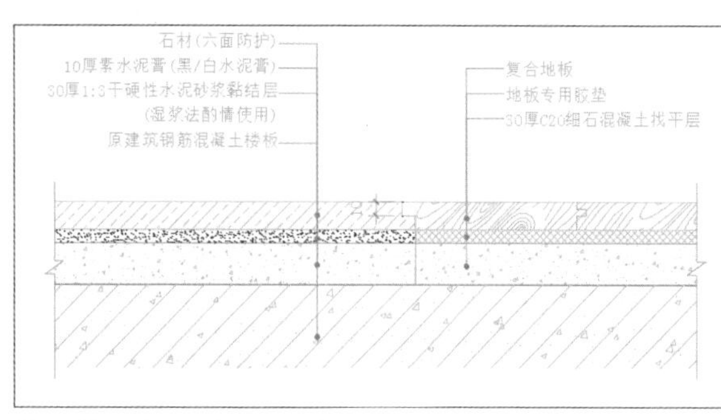

❶ 石材与复合地板（直接拼接）

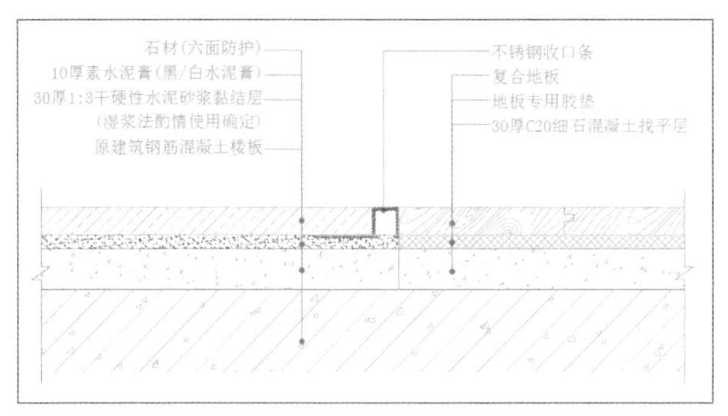

❷ 石材与复合地板（不锈钢收口条）

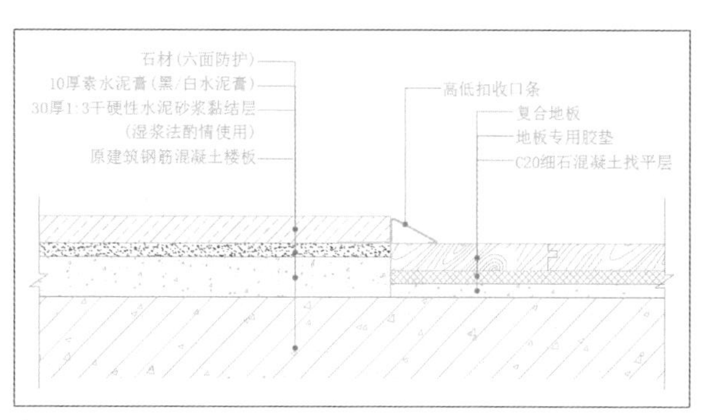

❸ 石材与复合地板（高低扣收口条）

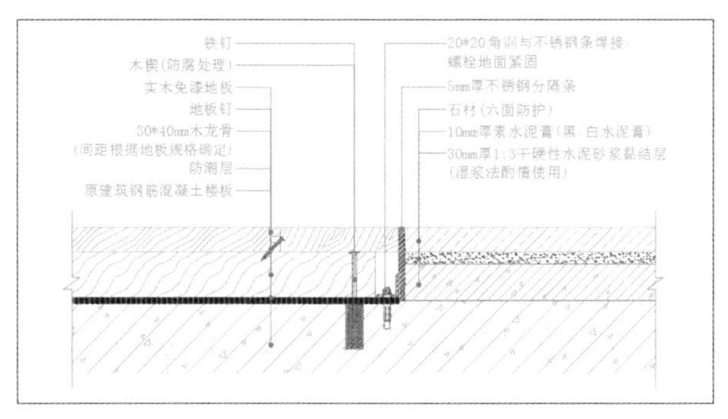

❹ 石材与实木地板（L形不锈钢收口）

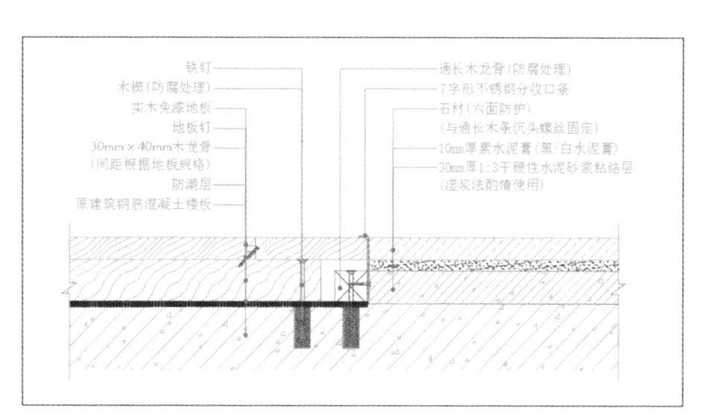

❺ 石材与实木地板（7字形不锈钢）

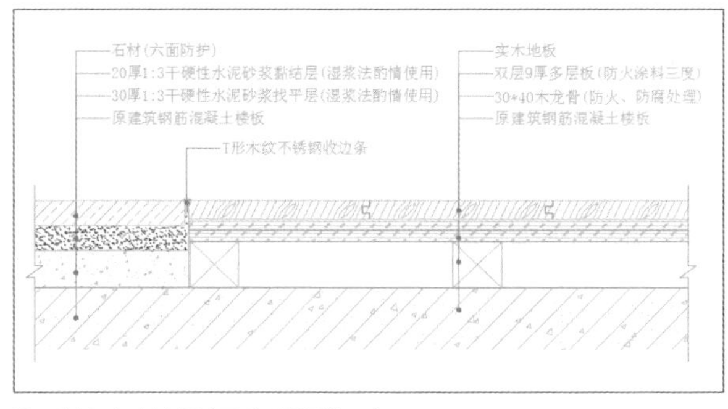

❻ 石材与实木地板（T形不锈钢接口）

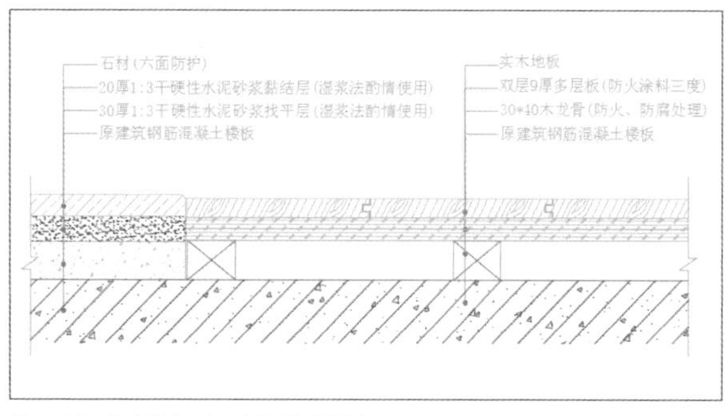

❼ 石材与实木地板（石材倒角拼接）

Article 080

地板铺设做法

地板种类繁多，主要包括实木地板、强化木地板、实木复合地板、竹地板及软木地板五种类型，其铺设安装方式也不尽相同。常用的安装方法有四种：悬浮式铺设法、直接粘贴铺设法、龙骨铺设法和夹板龙骨铺设法，每种铺设方法各有优劣，在施工时应因人、因地、因功能需要进行选择。

Technique 01

悬浮式铺设法

悬浮式铺设法是指在地面上铺一层防潮地垫，然后在地垫上铺装带有卡槽的地板，比较适合强化木地板和实木复合地板的铺设。该方式对于地面的平整度、干燥度要求较高，当要铺设地面低于厨房或卫生间地面时，需要对地面进行找平❶。

Technique 02

直接粘贴铺设法

直接粘贴铺设法是将地板直接粘贴在地面上，施工时要求地面十分干燥、干净、平整。由于地面平整度有限，过长的地板铺设可能会产生起翘现象，因此只适合长度在30mm以下的实木及软木地板的铺设❷。

Technique 03

龙骨铺设、金属龙骨铺设法

龙骨铺设法是地板最传统、最广泛的铺设方法，以长方形木条为材料，按一定距离进行铺设，固定与承载地板上承受的力。该铺设方法适用于实木地板与实木复合地板，凡是企口地板，只要有足够的抗弯强度都可以❸❹。

Technique 04

夹板龙骨铺设法

夹板龙骨也叫毛地板龙骨，先铺好龙骨，上面铺一层夹板，将夹板与龙骨固定，再将地板铺在夹板上，增强了防潮能力，且脚感舒适、柔软。该方式适用于实木地板、实木复合地板、强化地板和软木地板等多种地板❺。

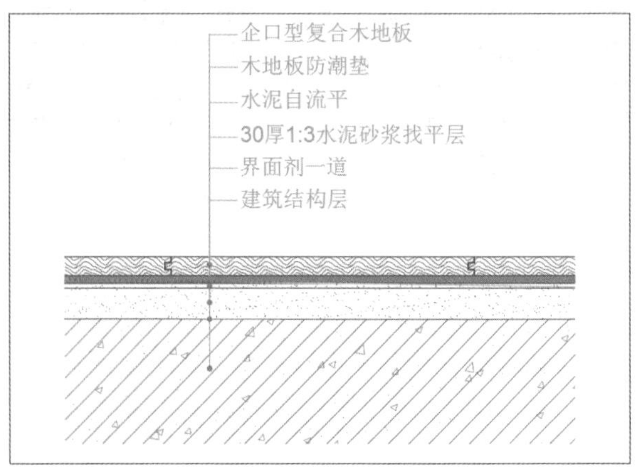

❶悬浮式铺设

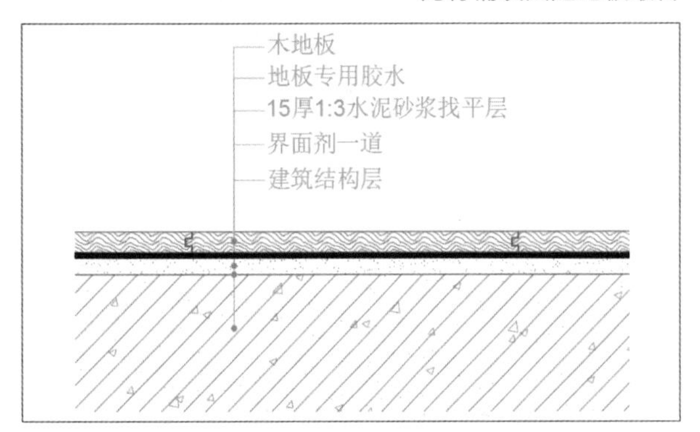

❷直接粘贴铺设

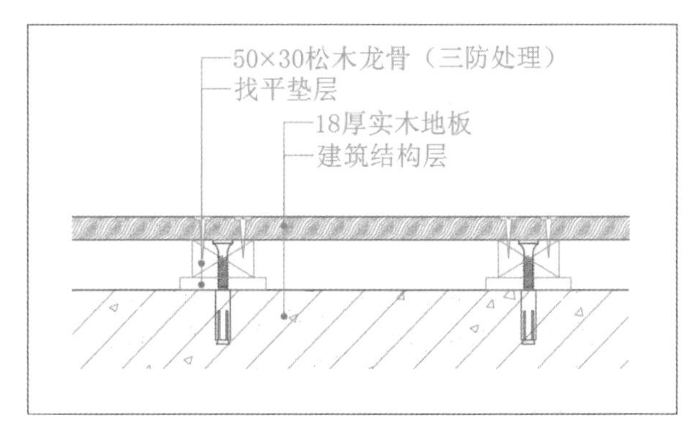

❸龙骨铺设

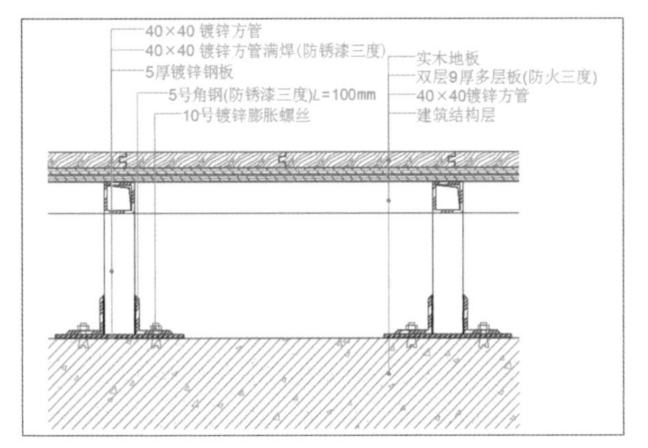

❹金属龙骨铺设

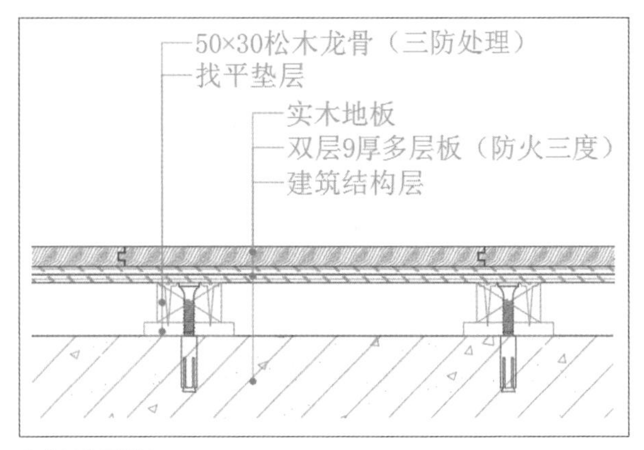

❺夹板龙骨铺设

Article 081 墙面软包硬包做法

墙面硬包和软包是墙面装饰的一种，在室内墙体表面用面料贴在木板上进行包装，在面料和底板之间夹衬海棉的为软包，面料直接贴在底板上的则是硬包。

硬包填充物较少，采用木板垫底，抽斜边制作，一般多用于墙面装饰，具有阻燃防火、超强耐磨、保养简便、表面防水、隔绝噪声等特点。

软包采用海绵等柔软的填充材料垫底，质地柔软，色彩柔和，能够柔化整体空间氛围，其纵深的立体感也能提升家居档次。除了美化空间的作用外，更重要的是，它具有吸音、防潮、防火、防油、防尘、防撞等功能。以前软包大多运用于高档宾馆、会所、KTV等场所，在家居中不多见，现在一些高档小区的商品房、别墅和排屋等也会大面积使用，将其用于床头靠背、床头背景墙等区域❶❷❸❹。

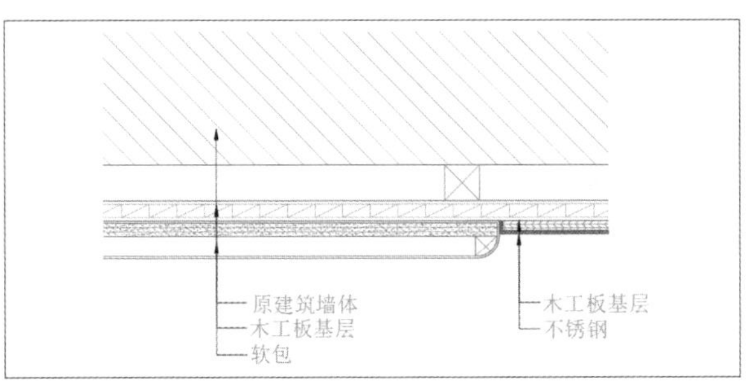

❶ 软包与不锈钢平接

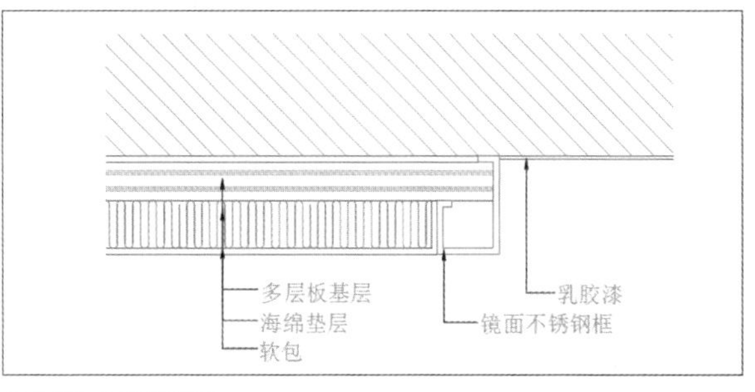

❷ 软包与不锈钢边框

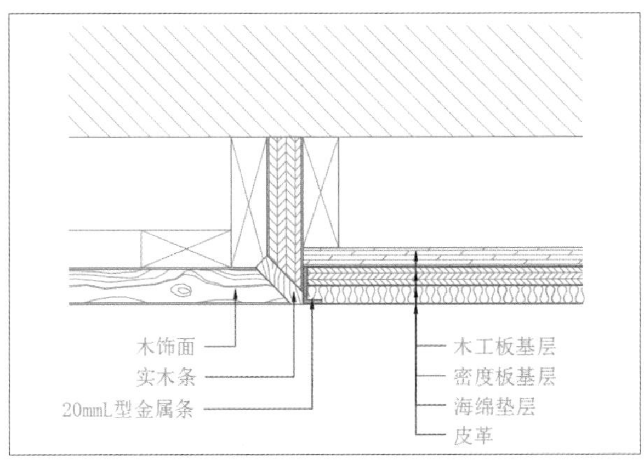

❸ 软包与木饰面平接

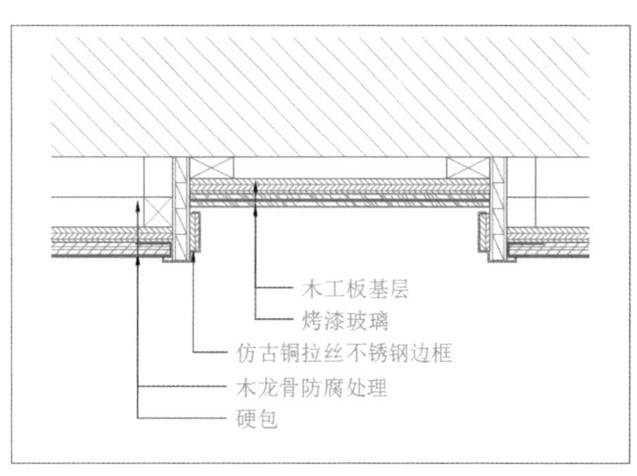

❹ 软包与烤漆玻璃

Article 082 标高符号

标高符号是表示建筑物高度的一种符号，应以直角等腰三角形表示，用细实线绘制，一般以室内一层地坪高度为标高的相对零点位置，低于该点时数值线要标上负号，高于该点时不加任何符号。

需要注意的是，相对标高以m（米）为单位，标注到小数点后三位。零点标高注写成±0.000❶，正数标高不注“+”❷，负数标高应注“-”❸，如标注位置不够，也可使用其他形式的标高❹。

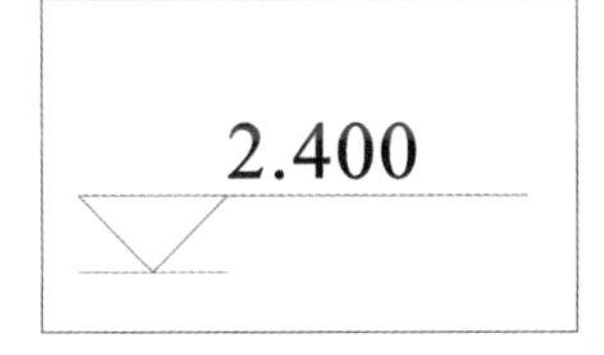

❶ 零点标高符号

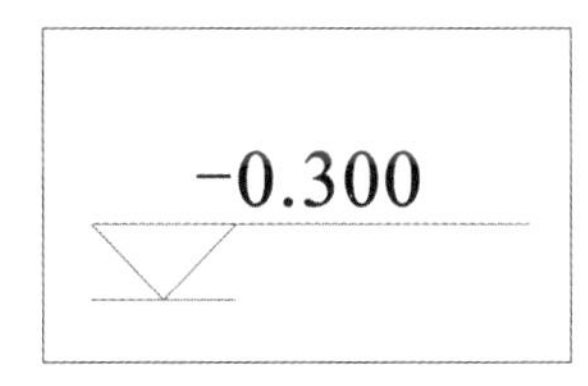

❷ 正数标高符号

❸ 负数标高符号

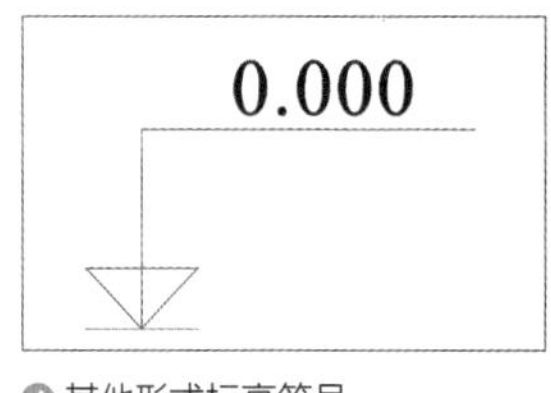

❹ 其他形式标高符号

Article
083 屋面防水做法

屋面是建筑物最上层的外围护构件，用于抵抗自然界的雨、雪、风、霜、太阳辐射、气温变化等不利因素的影响，保证建筑内部有一个良好的使用环境，屋面应满足坚固耐久、防水、保温、隔热、防火和抵御各种不良影响的功能要求。屋面防水做法包括卷材防水屋面、涂膜防水屋面、刚性防水屋面以及瓦屋面，这里主要介绍前三种防水做法。

Technique 01
卷材防水屋面

卷材防水屋面❶是指以不同的施工工艺将不同种类的胶结材料黏结卷材固定在屋面上起到防水作用的屋面，能适应一定程度的结构振动和胀缩变形，该方法是最常见的屋面防水做法。

防水层施工时，应先做好节点、附加层和屋面排水比较集中的部位（屋面与水落口连接处、檐口、天沟、檐沟、屋面转角处、板端缝等）的处理，然后由屋面最低标高处开始向上施工。铺贴天沟、檐沟卷材时，宜顺天沟、檐沟方向，减少搭接。

Technique 02
涂膜防水屋面

涂膜防水屋面❷是指采用可塑性和黏结力较强的高分子防水涂料，直接涂刷在屋顶上，形成一层满铺的不透水薄膜层，以达到屋顶防水的目的。涂膜防水屋面具有防水、抗渗、黏结力强、耐腐蚀、耐老化、延伸率大、弹性好、不延燃、无毒、施工方便等优点，广泛应用于建筑各部位的防水工程中。

Technique 03
刚性防水屋面

刚性防水屋面❸是采用混凝土浇筑而成的屋面防水层。在混凝土中掺入膨胀剂、减水剂、防水剂等外加剂，使浇筑后的混凝土细致密实，水分子难以通过，从而达到防水的目的。

与卷材及涂膜防水屋面相比，刚性防水屋面所用材料易得、价格便宜、耐久性好、维修方便，但刚性防水层材料的表观密度大，抗拉强度低，易受混凝土或砂浆的干湿变形、温度变形和结构变形的影响而产生裂缝❸。

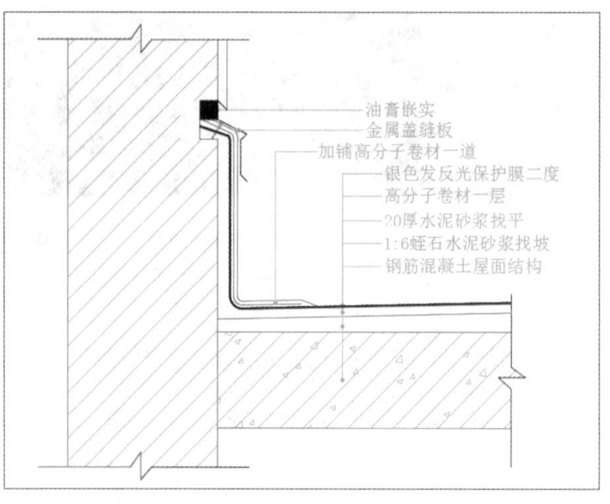

❶ 卷材防水屋面

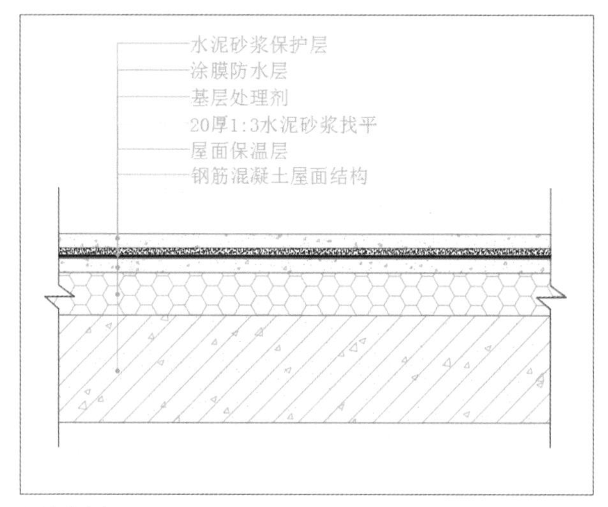

❷ 涂膜防水屋面

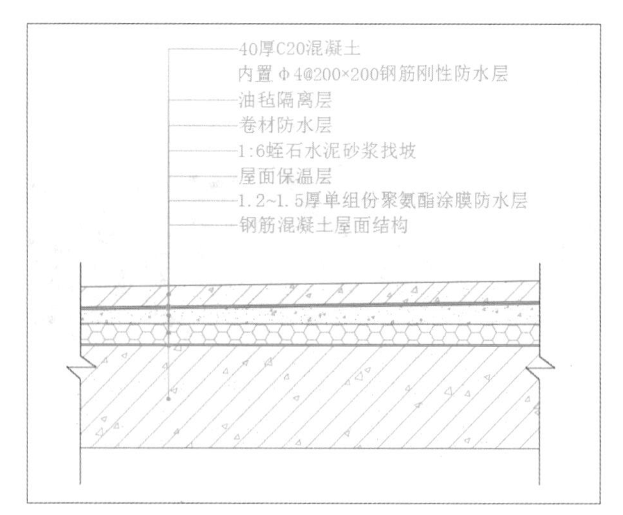

❸ 刚性防水屋面

Article

084 木踢脚线做法

踢脚线是指安装于地面与墙壁连接处一小段位置的装修材料，能掩盖地面与墙面的伸缩缝，防止外力撞击损伤墙壁，起到保护墙面的作用。

木踢脚线是家庭装修中最常用的，木质纹路和色泽都比较优美，给人一种贴近自然的感觉，能够有效提高室内装修的档次和品位❶❷❸。

不锈钢踢脚线是一种不锈钢复合装饰型材，可以更好地使墙体和地面之间结合牢固，减少墙体变形，避免外力碰撞造成破坏。另外，不锈钢踢脚线也比较容易擦洗，如果拖地溅上脏水，擦洗非常方便。除了本身保护墙面的功能，其在家居美观的比重上也占有相当比例，它能使地面材料和墙面有一个和谐的过渡，起到视觉平衡的作用❹❺。

橡胶踢脚线属于软质踢脚线，使用胶水粘贴，可以配合各种地板与墙角间的收边，包住内引脚或外角，以达到墙角收边美观的目的❻。

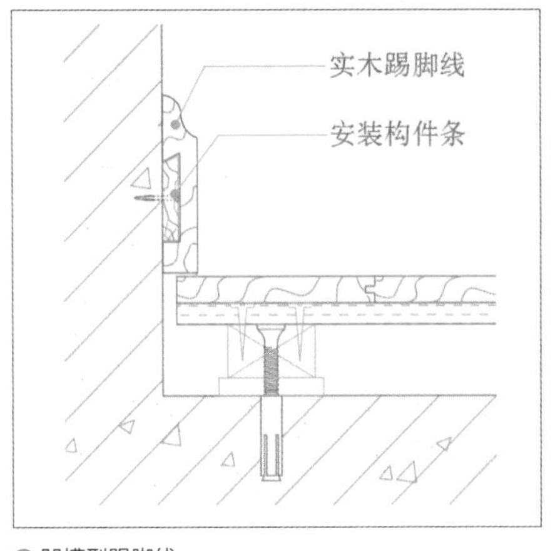

❶ 凹槽型踢脚线

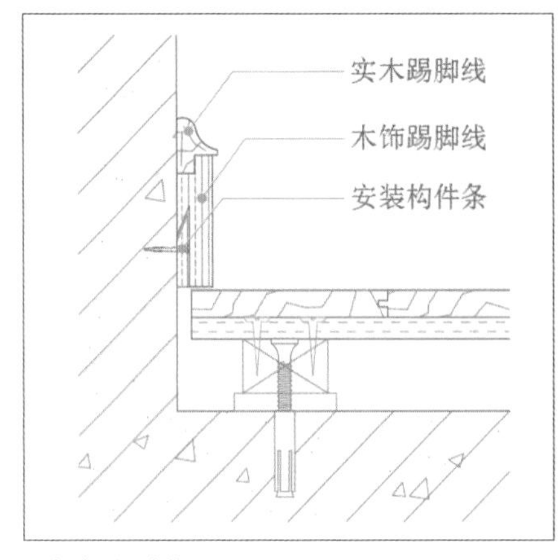

❷ 组合型踢脚线

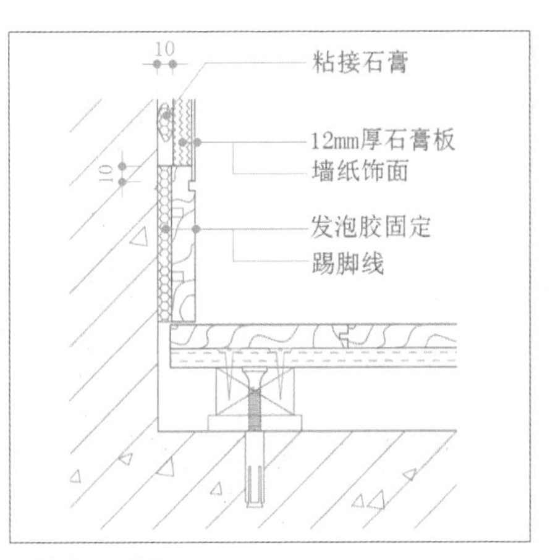

❸ 粘贴型踢脚线

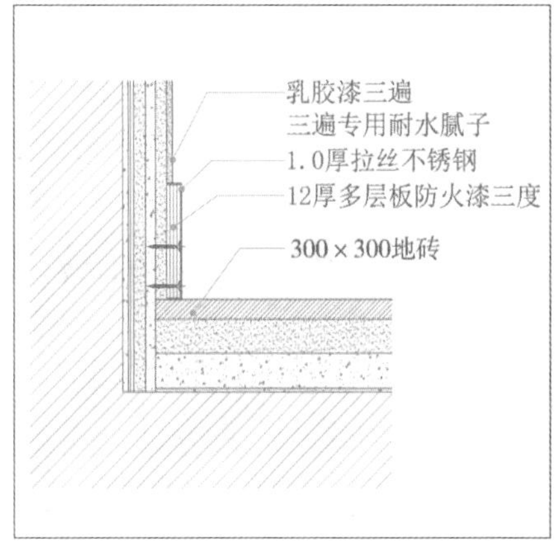

❹ 凸型不锈钢踢脚线

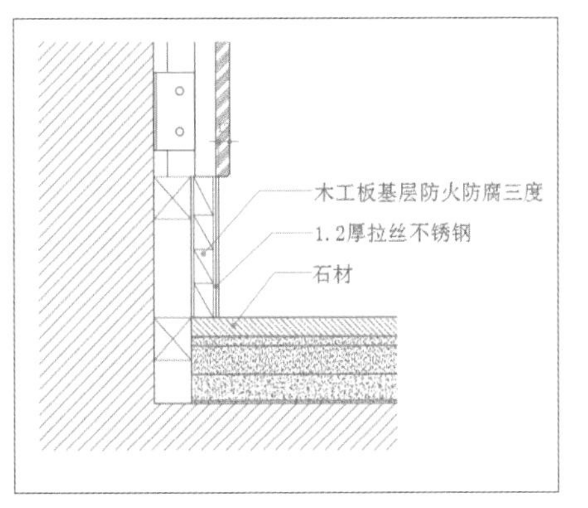

❺ 凹型不锈钢踢脚线

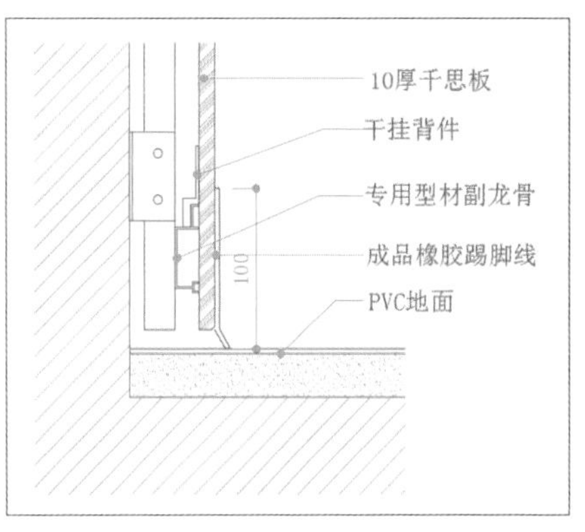

❻ 橡胶踢脚线

Article 085 灯具照明图例

在室内布局中，各个空间都有灯具的存在。灯具的种类非常多，有吊灯、吸顶灯、筒灯、射灯、壁灯、灯带等，各种类型的灯又有不同造型和风格，我们不能将其一一绘制表现。为了规范图纸，就有了灯光照明图例，使用统一的图形图例来代表所有同类灯具，能很好地提高工作效率。

名 称	图 例	名 称	图 例	名 称	图 例
艺术吊灯		吸顶灯		吊灯	
壁灯		筒灯		射灯	
台灯		冷光灯		防雾灯	
灯带		格栅灯		浴霸	
日光灯		镜前灯		轨道射灯	

Article 086 开关插座图例

开关插座是家装中必不可少，这两者种类繁多，用法也各不同。开关类型根据连接方式可分为单联双控、双联双控、三联双控等；根据使用功能又分为单联开关、双联开关、三联开关等。插座类型根据外观可分为扁插、圆插；根据功能可分为二极插、三极插、二三插和带开关插座等。

名 称	图 例	名 称	图 例	名 称	图 例
二级插座		无线插座		双联单控	
三极插座		网络插座		三联单控	
二三极插座		单联开关		双联双控	
方孔插座		双联开关		单联双控	
圆孔插座		三联开关		三联双控	
带开关插座		单联单控			

Article 087 常用材料图例

室内设计中经常用材料图例来表示材料，在无法用图例表示的地方采用文字说明。

图例应根据图样大小而定，并注意下列事项：需画出的材料图例面积过大时，可在断面轮廓线内，沿轮廓线做局部表示❶；两个相同的图例相接时，图例线宜错开或倾斜方向相反❷❸；两个相邻的涂黑图例（如混凝土构件、金属件）间，应留有空隙，其间距不得小于0.7mm❹❺；图例线应间隔均匀，疏密适度，做到图例正确，表示清楚；不同品种的同类材料在使用同一图例时，应在图上附加必要的说明（如某些特定部位的石膏板必须注明是防水石膏板时）；图形较小而无法画出材料图例时，应添加文字说明。

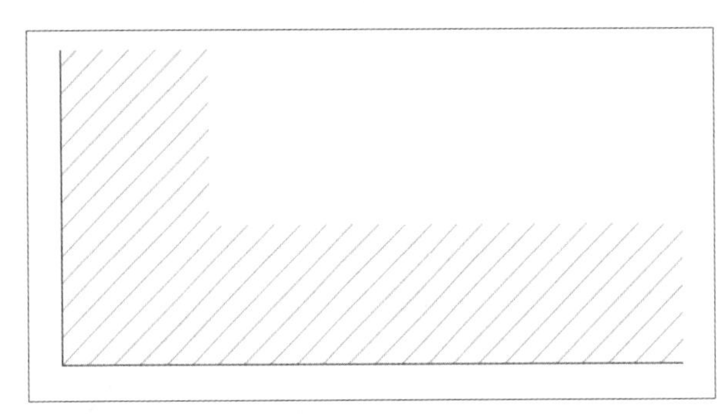
❶ 断面表现

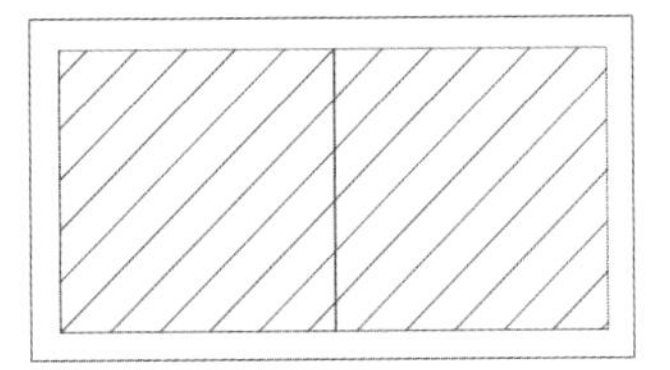
❷ 相同图例连续相接

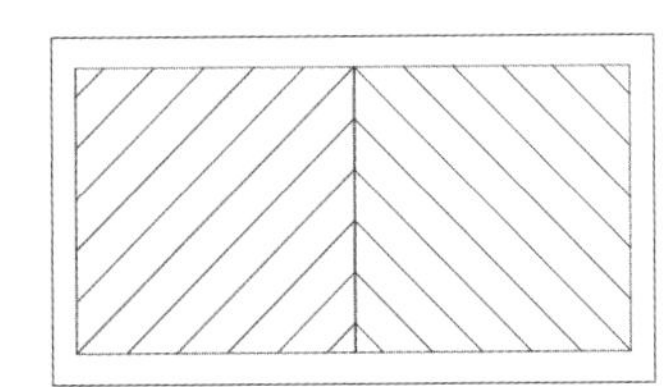
❸ 相同图例对称相接

❹ 相邻全部涂黑

❺ 相邻分段涂黑

名 称	图 例	名 称	图 例	名 称	图 例
砂、灰土		墙身		原木纹	
水泥砂浆		石材		饰面板	
钢筋混凝土		砖墙面		木地板	
文化石		玻璃		不锈钢	
卵石		壁纸		地毯	

Article

088 索引符号图例平面布置图表现

为了表达室内立面在平面图中的位置，应在平面图上用索引符号注明。索引符号包括内视符号、立面索引符号、剖切索引符号。

索引符号使用圆圈加实心箭头和字母表示，箭头和字母所在方向表示立面图的投影方向，同时以相应字母作为对应立面图的编号。箭头指向A方向的立面图称为A立面图，箭头指向B方向的立面图称为B立面图。

Technique 01

内视符号

内视符号用于表示室内立面在平面图上的位置，应在平面图上用内视符号注明视点位置、方向以及立面编号等。内视符号中的圆圈用细实线绘制，根据图面比例，圆圈直径为8~12mm，立面编号宜采用拉丁字母或阿拉伯数字❶❷❸。

Technique 02

立面索引符号

立面索引符号是在平面中对各段立面做出的索引符号，实心箭头的指向为立面图视角方向，实心箭头方向随立面视角方向变动，单圆中的水平直线、数字及字母不能改变方向，圆中上下表述内容不能颠倒❹❺❻。

Technique 03

剖切符号

为了更清楚地表达出平、立、剖面图中某一局部或构件，需另见详图，这就需要以剖切索引符号来表达。如果被索引的详图与被索引部分在同一张图纸上，可在下半圆用一段宽度为1mm（图纸为1:1）的水平粗实线表示❼；如果被剖切的断面较大时，则以两端剖切位置线来明确剖切面的范围❽❾。

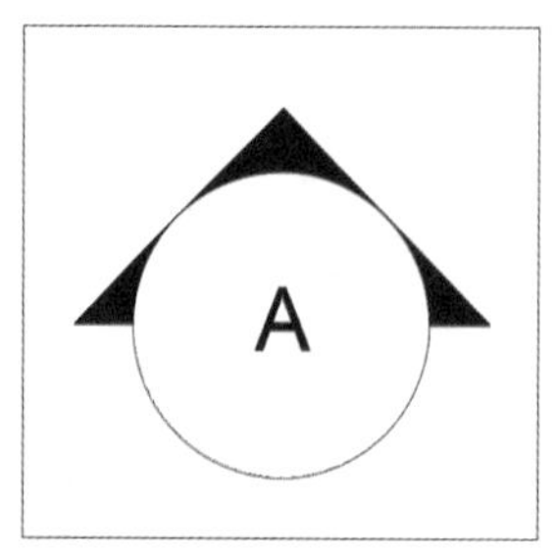

❶ 单面内视符号

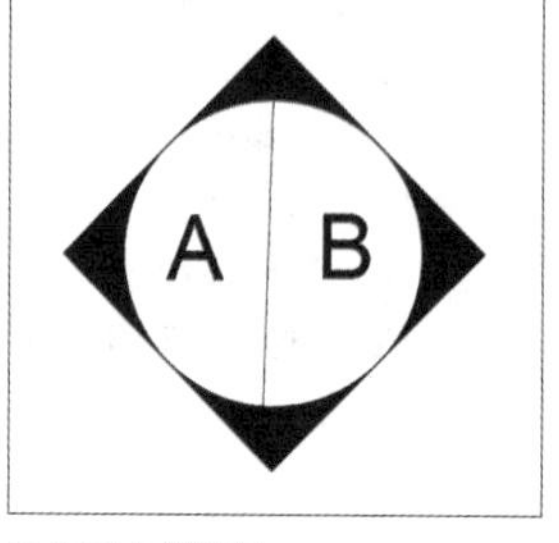

❷ 双面内视符号

❸ 四面内视符号

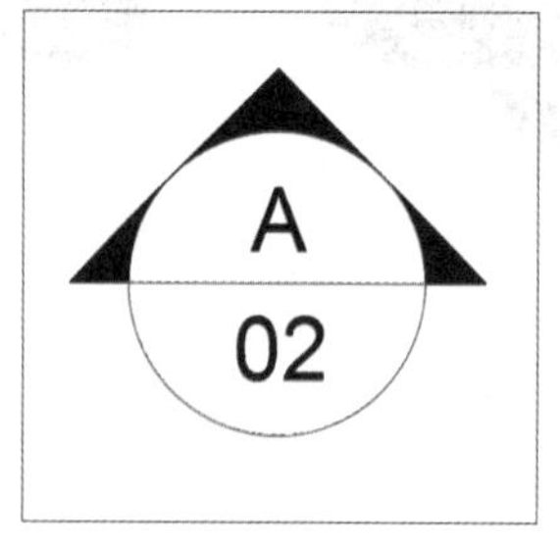

❹ A立面索引符号

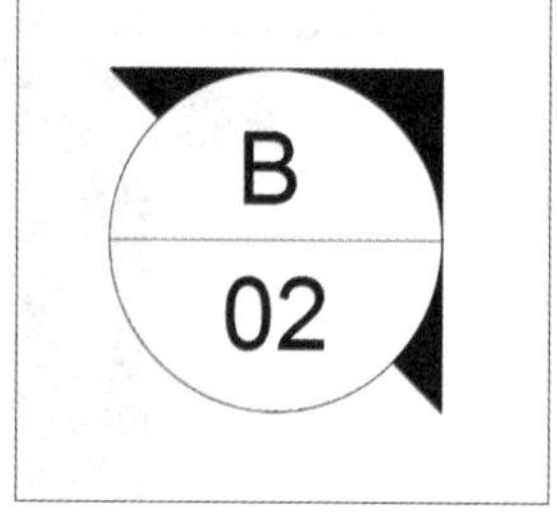

❺ B立面索引符号

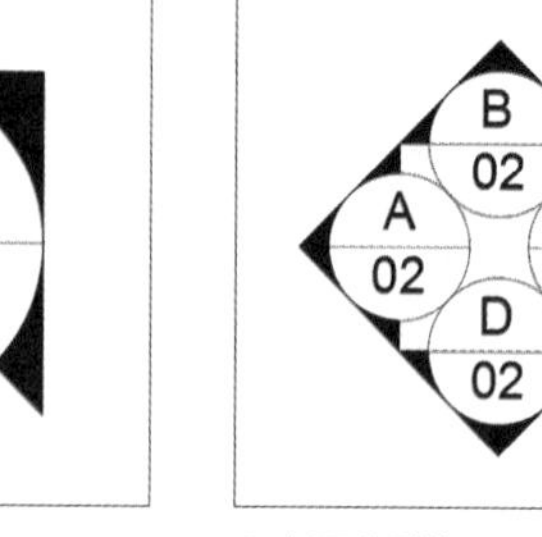

❻ 立面索引符号

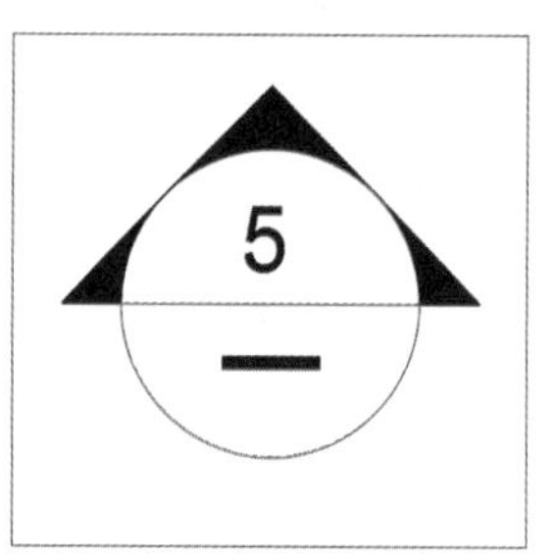

❼ 同一张图纸的剖切符号

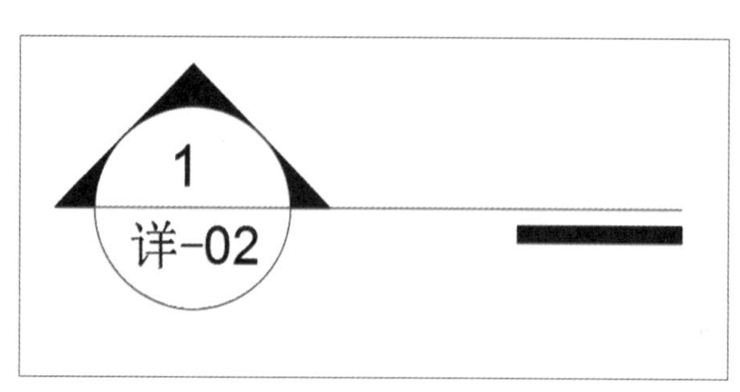

❽ 标准剖切索引符号

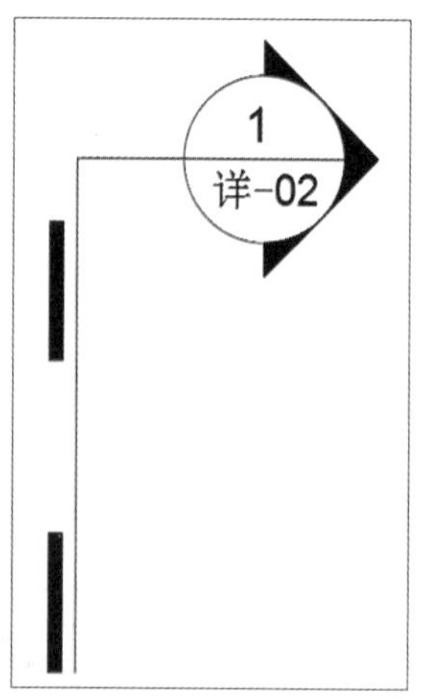

❾ 断面较大的剖切符号

Article 089 定位轴线及其编号平面布置图表现

施工图中的定位轴线是施工定位放线的重要依据。凡承重墙、柱子等主要承重构件都应画上轴线并编号来确定其位置，非承重的分隔墙、次要的承重构件，可绘制附加轴线，有时也可直接注明其与附近的定位轴线之间的尺寸。

根据国标规定，定位轴线采用细点画线表示，轴线编号的圆圈采用细实线，轴线编号写在圆圈内❶。在平面图水平方向上的编号采用阿拉伯数字，从左向右依次编写；垂直方向的编号用大写拉丁字母自上而下顺次编写，其中拉丁字母中的I、O及Z三个字母不得作为轴线编号，以免与数字1、0、2混淆。平面图的轴线编号一般标注在图形的下方及左侧，较复杂的不对称的图形的上方和右侧也可标注。

附加轴线的编号应以分数表示，两根轴线之间的附加轴线应以分母表示前一根轴线的编号，以分子表示附加轴线的编号。1号轴线或A号轴线前的附加轴线，应以01、0A分别表示分数的分母。

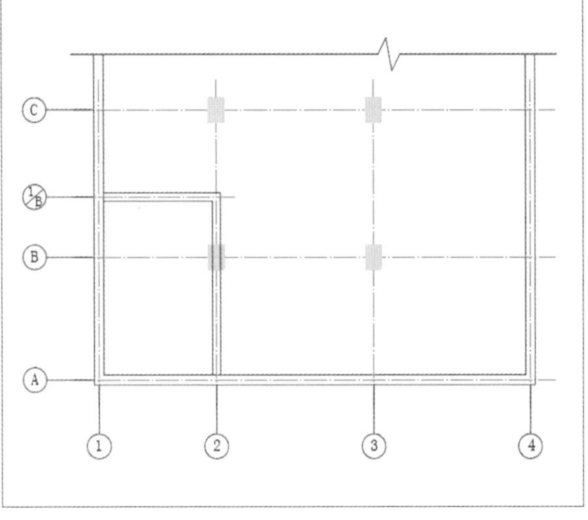

❶ 定位轴线及编号

Article 090 原始结构图表现

原始结构图是室内设计装饰施工图的基础和依据，只有基础牢固，才能绘制出后期一系列的设计图纸，设计者要根据原始结构图的布局和尺寸进行规划设计。

图中主要表现的是建筑毛坯的内部结构，主要由墙体、预留门洞、窗体、柱子、梁、下水管、地漏等建筑元素组合而成，另外还有墙体尺寸、门窗尺寸、梁尺寸以及室内标高等参数❶。

利用“多线”命令绘制墙体及窗户图形；利用多线编辑工具编辑墙体图形；利用“直线”命令绘制梁图形、烟道图形；再利用“圆”命令绘制地漏、排水等图形；最后标注墙体尺寸、门窗及梁等尺寸，即可完成原始结构图的绘制。

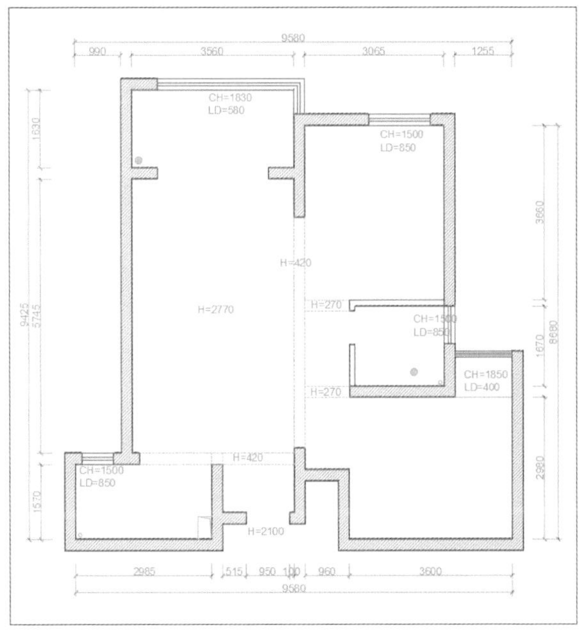

❶ 居室原始结构图

Article 091 平面布置图表现

平面布置图的原理是假想一个水平剖切平面沿门窗洞的位置将房屋剖开，剖切完成后从投影方向从上至下所观察到的图样即为平面图。为了得到理想的投影面效果，剖切高度通常为1200~1500 mm。

平面布置图所表达的是室内设计过程中最基础的内容，主要包括建筑的墙、柱、门、窗洞口的位置和门的开启方式、室内空间的划分、交通流线的组织、各个功能空间的地面处理，拆墙砌墙、功能家具、装饰软装以及绿化等元素的布置，各个区域布置一目了然❶。

绘制平面布置图的基础是原始结构图，在原始结构图的基础上划分各功能区，设定交通流线，再绘制固定家具图形，如橱柜、衣柜、鞋柜、洗手台等，最后布置各类家具电器的图形。

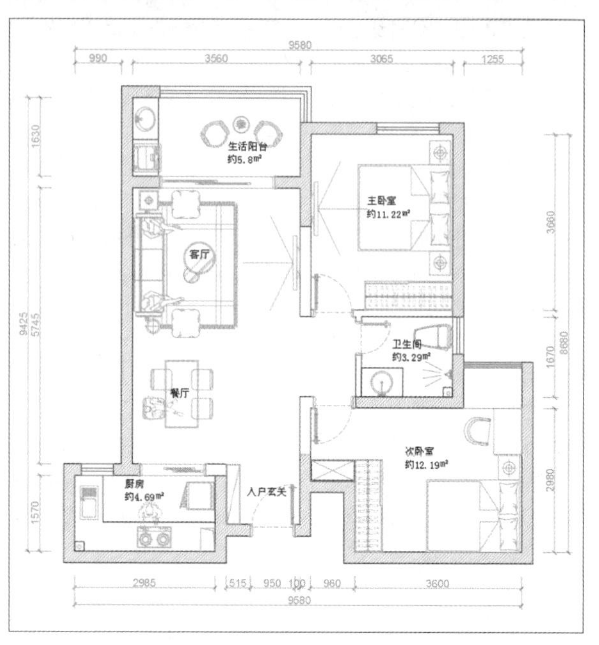

❶ 居室顶棚布置图

Article 092 地面铺装图表现

地面铺装图的主要作用是展示室内地面材质铺设，包括地面铺设材料的图样、用材和形式等。

其绘制方法与平面布置图相似，只需要绘制地面所使用的材料和固定于地面的设备与设施图形。当地面做法非常简单时，可以省略地面铺装图，只在平面布置图中标注地面做法即可；如果地面做法较为复杂，既有多种材料，又有多变的图案和颜色，就需要专门绘制出地面铺装平面图❶。

在进行瓷砖的排砖设计时，应通过合理地设计起铺点，协调各部分尺寸，选择最佳的排砖效果。

条形地面宜以门口正中位置铺设整砖；方形、矩形、大面积地面宜以进门主视线阴角或阳角起铺设整砖；墙、地面瓷砖规格相同时，面砖的缝隙应相互贯通，不应错缝铺贴。

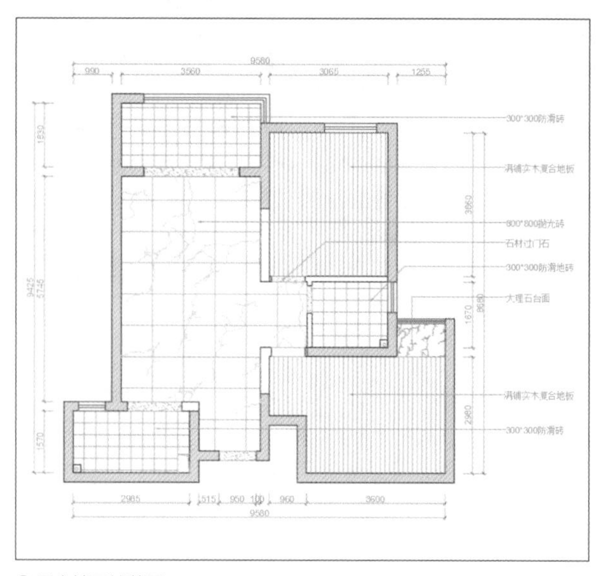

❶ 居室地面铺装图

Article 093 顶棚平面图表现

顶棚平面图（又称为天花图）的绘制方法与房屋建筑平面图基本相同，不同之处在于投射方向正好相反。用假想的水平剖切面从窗台上方把房屋剖开，移去下方部分，向顶棚方向投射，即可得到顶棚平面图。

顶棚平面图主要用于表现天花板的各种装饰平面造型以及藻井、花饰、浮雕和阴角线的处理形式、施工方法，还有各种灯具的类型、安装位置等内容；大型公共场所还要表现出采光、通风、消防等情况。

在对室内造型进行设计时，应根据室内空间环境的使用功能、视觉效果及艺术构思来确定顶棚的布置。不仅顶棚造型、材料的选用是设计方案的重点，照明设施同样是非常重要的。灯光不仅提供室内的照明，还能起到画龙点睛的作用。在进行顶棚平面图的绘制时，设计者还要考虑灯具的定位及灯具类型的使用❶。

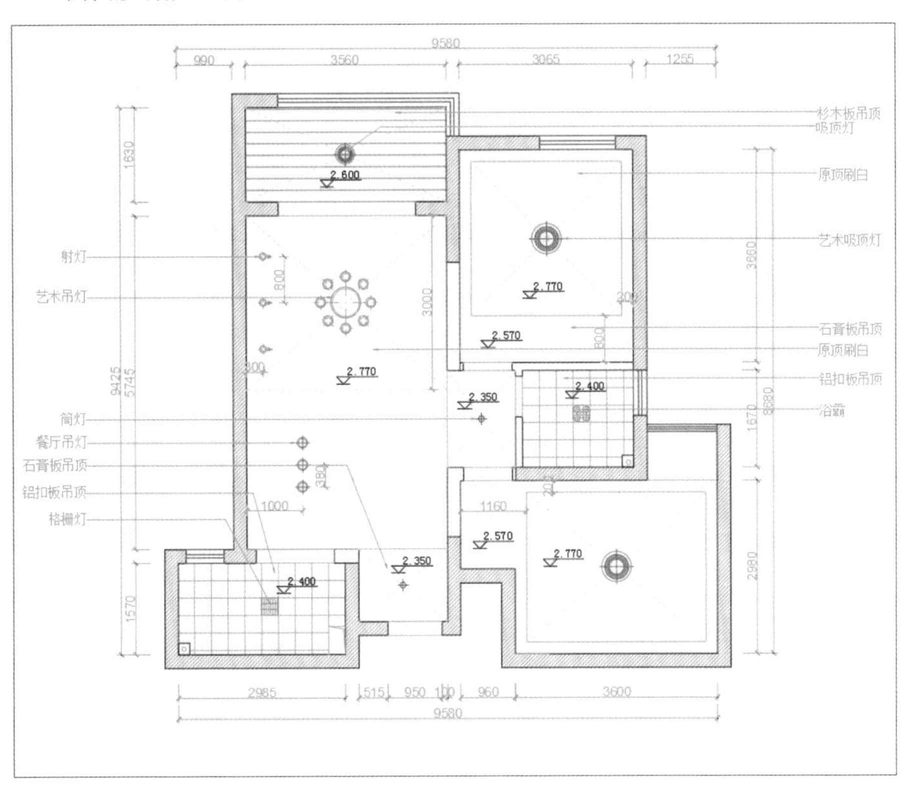

❶居室顶棚布置图

Article 094 彩色室内平面图的制作

使用AutoCAD绘制的黑白色线条平面图，比较适合设计员、建筑装饰公司、监理公司等使用，但并不能很好地反映设计意图。

在面对客户时，客户仅凭平面布置图很难理解设计师的设计理念，三维效果图的制作又较为烦琐。如果使用彩色平面图❶来表现，既能让人一目了然，又具有表现力与感染力。

将CAD图纸另存为PDF格式文件，再用Photoshop打开，户型图会以透明背景显示，在新的图层中创建颜色填充效果，再利用贴图文件创建地面材质，即可创建出彩色平面图效果。

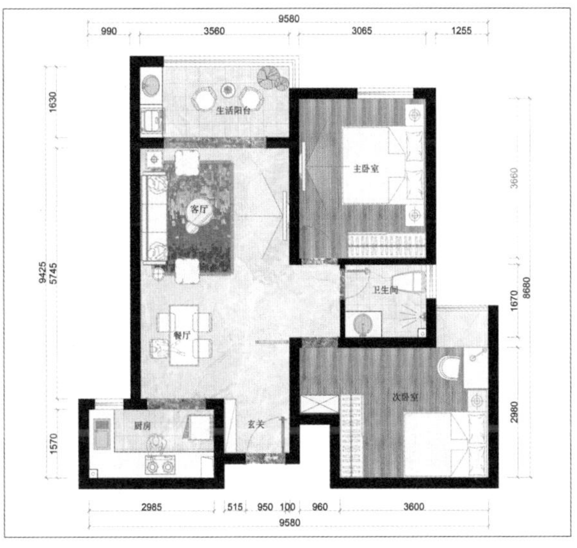

❶彩色室内平面图

Article 095 强弱电插座布置图表现

电源插座的位置与数量确定对方便家用电器的使用及室内装修的美观起着重要的作用，电源插座的布置应根据室内家用电器点和家具的规划位置进行，并应密切注意与建筑装修等相关专业配合，以便确定插座位置的准确性❶。

电源插座应安装在不少于两个对称墙面上，每个墙面两个电源插座之间水平距离不宜超过2.5~3m，距端墙的距离不宜超过0.6m。无特殊要求的普通电源插座距地面0.3m安装，洗衣机专用插座距地面1.6m处安装，并带指示灯和开关。

空调器应采用专用带开关电源插座。分体式空调器电源插座宜根据出线管预留洞位置距地面1.8m处设置；窗式空调器电源插座宜在窗口旁距地面1.4m处设置；柜式空调器电源插座宜在相应位置距地面0.3m处设置，否则按分体式空调器考虑预留16A电源插座，并在靠近外墙或采光窗附近的承重墙上设置。凡是设有有线电视终端盒或计算机插座的房间，在有线电视终端盒或计算机插座旁至少应设置两个五孔组合电源插座，以满足电视机、VCD、音响功率放大器或计算机的需要，也可采用多功能组合式电源插座（面板上至少排有3~5个不同的二孔和三孔插座），电源插座距有线电视终端盒或计算机插座的水平距离不得少于0.3m。

起居室（客厅）是人员集中的主要活动场所，家用电器点多，设计应根据建筑装修布置图布置插座，并应保证每个主要墙面都有电源插座。如果墙面长度超过3.6m，应增加插座数量，墙面长度小于3m，电源插座可在墙面中间位置设置。卧室应保证两个主要对称墙面均设有电源插座，床头靠墙时床的两侧应设置电源插座，并设有空调电源插座。书房除了放置书柜的墙面，应保证两个主要墙面均设有电源插座，并设有空调电源插座和电脑电源插座；厨房应根据建筑装修的布置，在不同的位置、高度设置多处电源插座以满足油烟机、消毒柜、微波炉、电饭煲、电热水器、电冰箱等多种电器设备的需要。严禁在卫生间内的潮湿处（如淋浴区或澡盆附近）设置电源插座，其他区域设置的电源插座应采用防溅式。阳台区域应设置单相组合插座，距地面0.3m，若安排有洗衣机，则插座距地面1.4m。

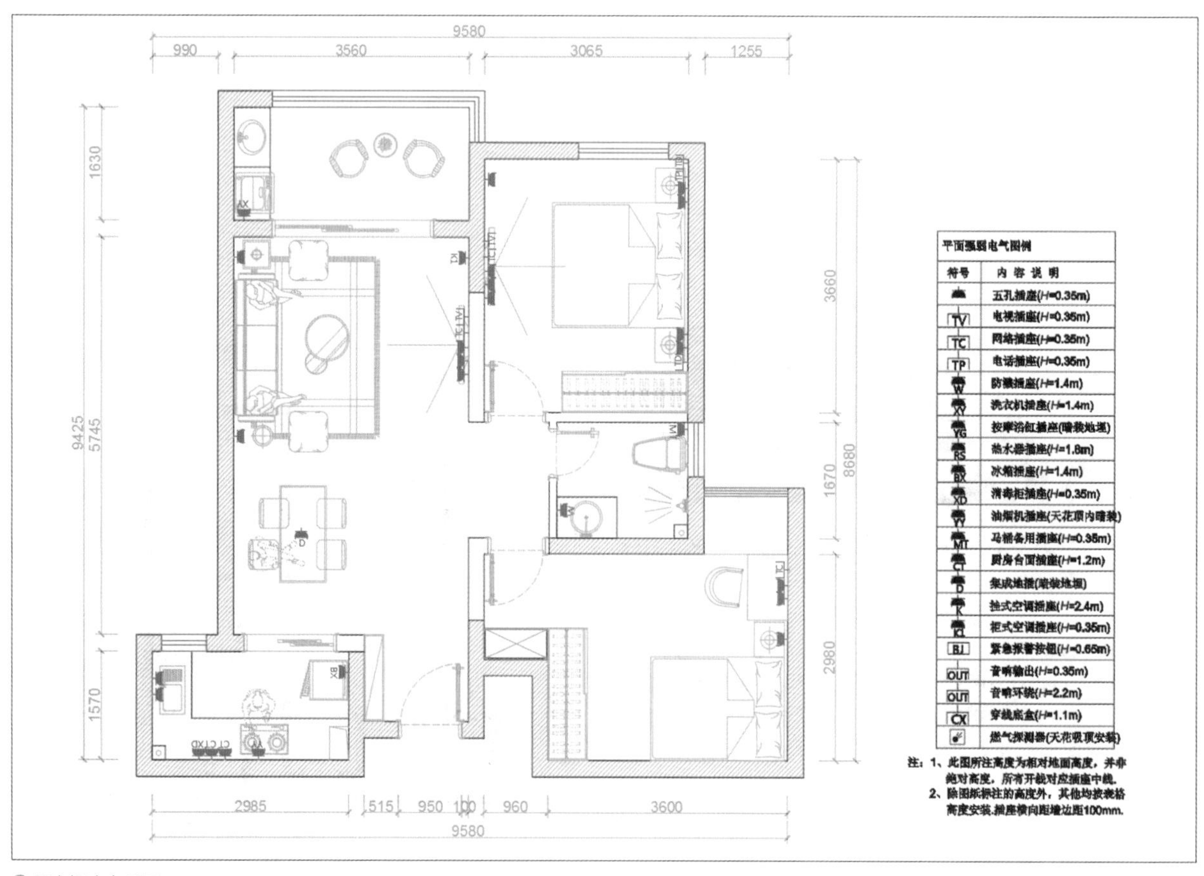

❶ 居室插座布置图

Article 096 AutoCAD与SketchUp的协同应用

AutoCAD具有强大的二维绘图功能及编辑功能，SketchUp则具有很直观的三维表现能力，两者适用范围广，可以应用在建筑、园林、景观、室内以及工业设计等领域。AutoCAD❶与SketchUp❷结合使用可以实现方案构思，是施工图与模型创建的完美结合❸。

SketchUp具有所见即所得的特点，其软件本身并没有内置渲染插件，VRay for SketchUp恰恰解决了这个问题，VRay渲染器最大特点是较好地平衡了渲染品质与渲染速度，还提供了多种GI方式，使设计者可以快速高效地渲染方案❹。

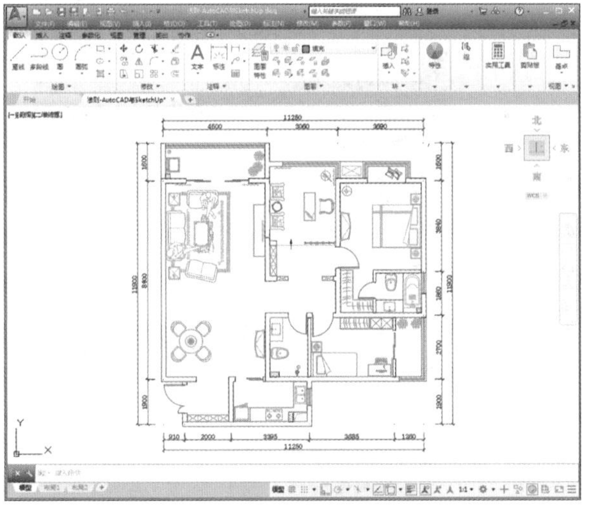

❶ CAD平面图

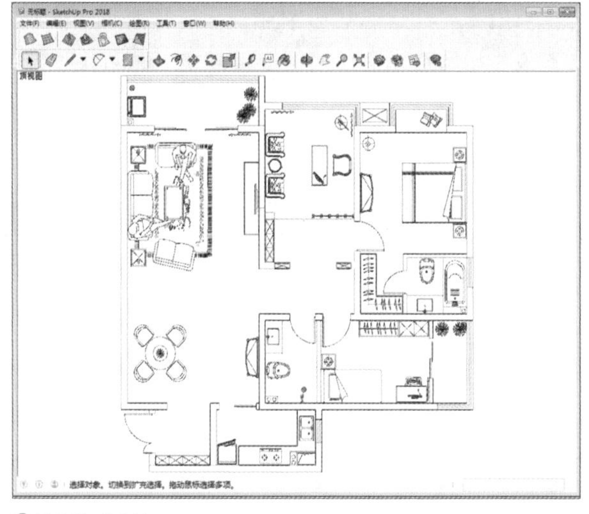

❷ 导入SketchUp

❸ SketchUp书房场景建模

❹ SketchUp书房场景效果图

SketchUp常用快捷键

类别	命令名称	快捷键	类别	命令名称	快捷键
绘图	矩形	R	编辑	群组	G
	圆弧	A		显示辅助线	Shift+Q
	直线	L		隐藏辅助线	Q
	圆形	C		解除群组	Shift+G
	多边形	P	相机	顶视图	F2
	徒手画	F		底视图	F3
工具	偏移	O		前视图	F4
	推拉	U		后视图	F5
	移动	M		左视图	F6
	旋转	Alt+R		右视图	F7
	缩放	S		等角透视	F8
	路径跟随	Alt+F		透视显示	V
	删除	E		窗口缩放	Z
	选择	空格键		漫游	W
	材质	X		配置相机	Alt+C
	尺寸标注	D		绕轴旋转	Alt+X
	量角器	Alt+P		实时缩放	Alt+Z
	坐标轴	Y		充满视图	Shift+Z
编辑	撤销	Ctrl+Z	渲染	线框	Alt+1
	剪切	Ctrl+X		消隐	Alt+2
	全选	Ctrl+A		着色	Alt+3
	复制	Ctrl+C		材质贴图	Alt+4
	粘贴	Ctrl+V		单色	Alt+5
	全部显示	Shift+A		透明材质	K
	组件	Alt+G		X光模式	T
	隐藏	H			

Article 097 AutoCAD与3ds Max的亲密关系

AutoCAD是通用的计算机辅助绘图软件，其优点是具有强大的二维图形绘制功能及编辑功能，是当今二维图形绘制软件的主流工具，但在三维建模及渲染处理方面功能较弱，不适用于复杂的三维模型的创建和动画的制作❶。3ds Max是一款功能强大的建模和渲染处理设计软件，具有各种三维建模功能，但在二维图形的绘制方面没有AutoCAD方便快捷❷❸。

在室内设计过程中这两种软件结合使用，弥补各自在功能上的不足，发挥各自的优点，为这两种软件更加广泛地应用起到一定的促进作用❹。

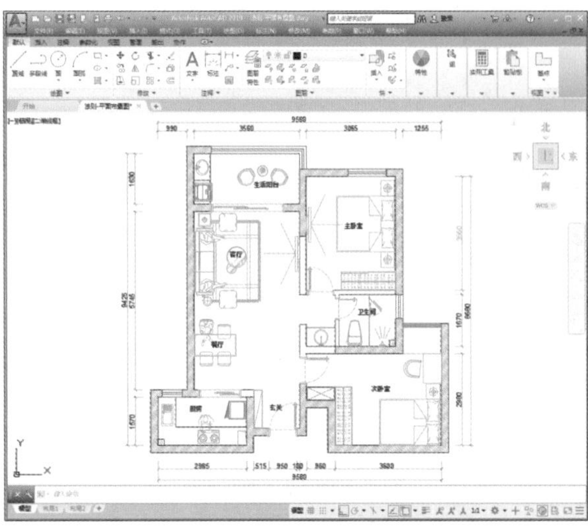

❶CAD平面图

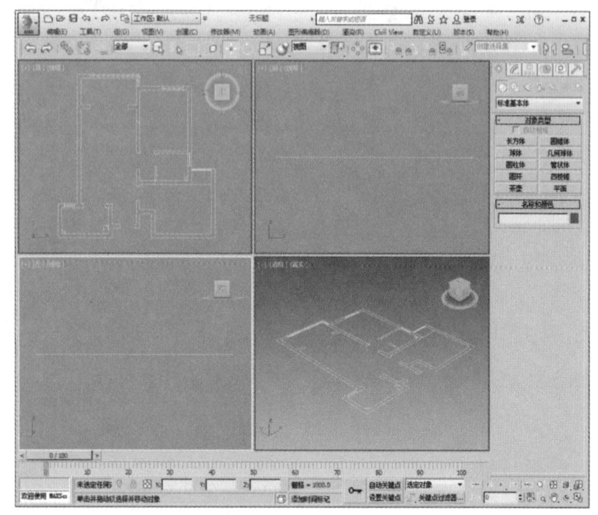

❷导入3ds Max

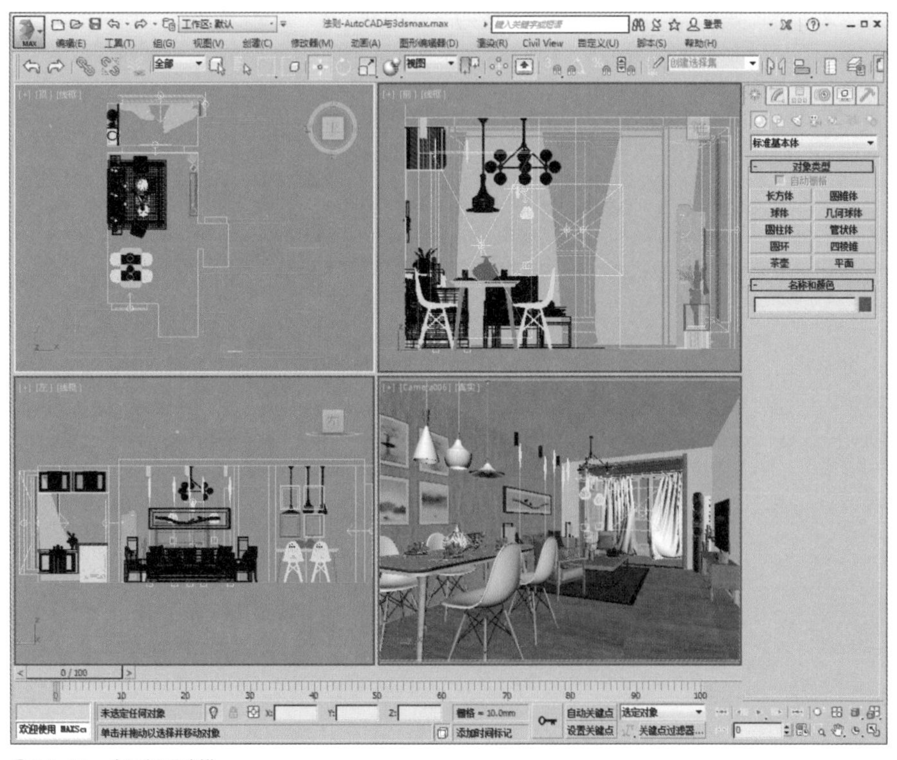

❸3ds Max客厅场景建模

❹ 3ds Max客厅场景效果图

3ds Max常用快捷键

类别	命令名称	快捷键	类别	命令名称	快捷键
视图类	透视图	P	工具栏类	捕捉开关	S
	前视图	F		打开选择列表	H
	顶视图	T		材质编辑器	M
	左视图	L		渲染面板	F10
	底视图	B		精确输入坐标位移量	F12
	相机视图	C	坐标类	显示/隐藏坐标	X
视图控制区类	缩放视图工具	Alt+Z		缩小/扩大坐标	−/+
	视图最大化显示	Z		锁定X轴	F5
	撤销视图更改	Shift+Z		锁定Y轴	F6
	全部视图显示所有物体	Shift+Ctrl+Z		锁定Z轴	F7
	撤销场景操作	Ctrl+Z		坐标锁定	空格键
	区域缩放	Ctrl+W		隐藏或显示网格	G
	抓手工具	Ctrl+P		线框/面显示	F3
	视图旋转	Ctrl+R	其他类	显示边面	F4
	单屏显示当前视图	Alt+W		对齐	Alt+A
工具栏类	选择工具	Q		鼠标位置点显示到屏幕中心	I
	移动工具	W		画直线放弃前一点	Backspace
	旋转工具	E		进入单独显示模式	Alt+Q
	缩放工具	R		使用默认灯光	Ctrl+L
	角度捕捉	A		隐藏灯光	Shift+L

Article 098 邱德光作品赏析

邱德光是台湾著名的室内设计师，毕业于淡江大学建筑系。他被誉为新装饰主义大师，是台湾设计界的领军人物。邱德光30年来致力于两岸的室内设计，以丰富的经验与深厚的素养，将装饰元素与当代设计相结合，开创了新装饰主义NEOART DECO东方美学风格，运用东方华丽、艺术、时尚元素，将生活形态和美学意识转化为尊贵身份，赋予奢华生活新内涵，成功地塑造了当代东方都会美学与21世纪时尚多元的生活形态。

Technique 01

杭州绿城江南里

“时尚、灵动、东方”是江南里的设计理念，在徽派建筑与苏州园林的基础之上，运用现代手法加以诠释，如同披上一层薄纱，缔造了时尚、梦幻的韵律，借法绘画中“散点透视”的空间造型手法，江南里以对景、框景、借景、隔景等技巧，使人如同置身于山水长卷的画境之中。

在邱德光的设计理念中，空间设计其实就是一种生活设计——生活中每个场景模式、行为方式，都是设计的重要依据，以“人”为出发点，创造出适合人居的空间。

Technique 02

上海星河湾花园酒店

继广州星河湾酒店等设计案例后，邱德光又推出酒店新作——上海星河湾花园酒店，以“星河梦幻花园”为主题构思，恢弘大气、华丽旖旎，并融合东西古今，为时尚巴洛克再创前所未见的新典范。

上海星河湾花园酒店融入中式、西方、时尚、当代艺术等多层次元素串接，格外具备与众不同的梦幻气质，格局浩大，创作难度高，达到一般酒店无法呈现的细腻精致度。

Technique 03

光之舍
——北京保利和光尘樾

“物情所逗，目寄心期，似意在笔先。”所有的艺术创作都有一个先立意的过程，设计也是。将对生命本意的发现，转化为享受生活的实践，并追求文化及艺术的融合，构成了当下空间与设计邂逅的方式。

秉持着对自然之美的敏感以及对空间形式的熟稔把握，邱德光将悠久的京城文化纳入江南园林所激发出的丰富情感，再以轻雅简净的手法演绎光影，突出了对自然的描述。

该项目将售楼处与住宅样板间合二为一，以自然之物烘托意境，在九衢尘中忙里偷闲，这是生活的浪漫。

风水优化篇

Article
099 室内设计风水学

Technique 01
风水学

风水学是研究人类居住环境的一门学问，又称为堪舆学，最初是帝王的御用术，应用于指导修建城邑、宫殿、陵址等。风水学强调了风与水对人体的作用，主张风太大的地方不宜居住，而空气不流通的地方也不宜居住；没有水的地方不适宜居住，而水泛滥成灾的地方也不适宜居住。

在华夏五千多年的历史文化长河中，风水学以其独特的思想及理论体系影响着中华民族数百代的人们。风水理论实际上就是一门集地球物理学、水文地质学、宇宙星体学、气象学、环境景观学、建筑学、生态学以及人体生命信息学等多种学科综合一体的自然科学，其主要宗旨是审慎周密地考察、了解自然环境，利用或改造自然环境，以创造良好的居住环境。

通俗地讲，居于风水好的地方，象征人事兴旺，盼望令后代富贵、显达，严格地讲，即是符合风水学中“富”“贵”原则和标准（即所谓“好风水”）的地理位置或环境。

Technique 02
中国传统风水学在室内设计中的运用

东方人自古以来重视风水学说，“风水”的概念即源于人类对于自然界所有无形、未知的事物起敬畏之心，而且相信凡事要能未雨绸缪才好。传统的风水在我国住宅选址、规划中几乎无处不在。这种古老的学说千百年来一直游离在宗教与民俗之间，并带有一层浓厚的迷信色彩。但它实际上是一门自然科学。

在室内居住环境设计中，研究风水学与室内居住环境的耦合关系，将风水学理论正确运用到现代居住环境设计中，探求如何尊重自然，顺应自然，最大限度地与自然协调，使居住环境的设计达到统一的效果。

人们在关注装饰风格及品质的同时，也在不断增强家居风水的设计。其实家居风水在我国具有长远的历史，反映了一定的时代人们对家居生活的认识，并不是人们常说的迷信思想，而是有一定的科学理论思想与基础。

房屋犹如人体，室内各部位功能犹如人体各个器官，均有新陈代谢的作用。气在室内必须平衡地、均匀地流通，经由门窗、通道、墙壁、屏风、家具等物品，再引导至各个空间。这种气不能太强也不能太弱，要适中，正所谓中者吉也。

Technique 03
门风水

《八宅明镜》曰：“宅无吉凶，以门路为吉凶。”意思是衡量住宅的风水好坏，主要受大门的影响最大。《辩论十三篇》曰：“阳宅首重大门者，以大门为气口也！”张宗道曰：“大门者，气口也。气口如人之口中，气之口正，便于顺纳堂气，利人物出入。”

住宅大门是内外空间分割的最外部标志，即是气口所在。阳宅之门接纳外界的气息，犹如人体之口接纳食物一样重要。好的大门能提高主人对外的运势，阳宅中三要（门、主房、灶）及六事（门、路、灶、井、坑、厕）均把门当作第一要素。它是生气的枢纽、住宅的面子，又是划分社会与私人空间的一道屏障。

住宅中的门不仅仅是作为出入口、分隔空间的功能这么简单。在风水学中，门是气口，是空气流通的主要通道，直接影响着住宅中的气场。门的位置和开向设置得好，家庭和顺，全家人运势好；设置得不好则是非多，财运差。其遵循的一个很重要的原则就是“喜回旋，忌直冲，直生煞，曲生吉”。

1. 大门对卧室门

卧室是放松休息的地方，是很私人的场所。如果大门正对着卧室的门，卧室的门一打开，里面的情况就会被人看得一清二楚，会让居住者产生一种被偷窥的感觉，缺少安全感，精神恍惚，注意力不集中，情绪也容易受到影响。

2. 大门对后门

现代的单元房后门已经被省掉，只留一个大门。后门多数存在于独门独院的宅院内。

大门直对后门形成退财格局，气直进直出，留不住，财气也会外漏。一进大门就对着窗户或阳台的格局也不好，会漏财。

3. 卧室门对卧室门

两间卧室的门正好相

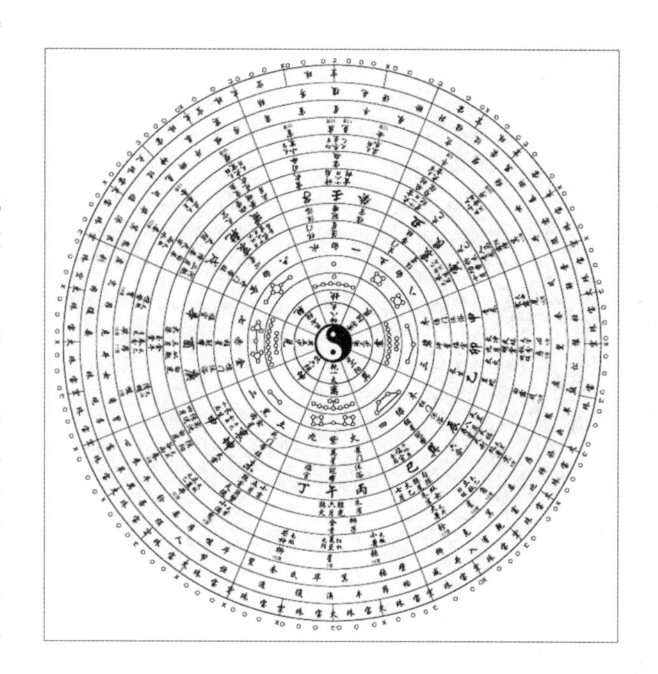

对，犯了对冲之忌。这种情况会形成气流相冲，容易引起家人不和，如果对冲的两房为老人房与小孩房，则容易导致两者顶撞，不利于孩子的教育。

4. 大门/卧室门对厨房门

厨房是烹饪的地方，油烟大，火气多，湿气重，即使关上了门也关不住厨房的油烟味，一进门就有一股呛人的油烟迎面而来，谁的感觉都不会好。如果卧室门与厨房门正相对，油烟长驱直入，在这样的环境下生活，身体健康容易受损，精神状态也会变差。

5. 大门/卧室门对卫生间门

卫生间和厨房具有特殊性，一个浊气重，一个火气重，都会产生不好的气场，不能与大门或者卧室门相对。厨房门与卫生间门更不能正对，会形成水火不容之势。

Technique 04

玄关风水

玄关风水指与玄关相关的风水。按《辞海》中的解释，玄关是指道教丹道中的一窍，演变到后来，泛指厅堂的外门。现在，经过长期的约定俗成，玄关指的是房门入口的一个区域。

玄关是一家的进气之口，其重要性仅次于大门，是住宅的咽喉之地。设玄关一是为了增加主人的私密性，避免客人一进门就对整个室内一览无余；二是为了起装饰作用，使人一进门就眼前一亮。

玄关风水设计的好坏关系到宅主的财运与健康。从大门进到室内的气流是必定要经过玄关的，所以好的玄关应具备明亮、宽阔、整洁、通透、美观、高低适中等特点。在风水上，玄关要具有化泄煞气的作用，如大门前有刀煞、天斩煞之类都应使用玄关以使吉气进入，凶气转向。如果玄关设计不当，将室内的财位造成直出的泄水局之象，会使家中钱财难聚。

风水上要求必须设玄关的情况有门对门、门对楼梯、见灶见厕、穿堂风等。客厅大需设玄关；客厅小需设照壁或屏风。

Technique 05

客厅风水

客厅是人们休息活动并与外界交流的场所，应当是热闹、和气的地方。该区域决定着家和社会的关系，决定着居住者事业的拓展，其设计的主导思想是和、福，整个格局宜清雅平稳，并具有活力。在所有的住宅中，客厅应设在整个居室最外侧，并与玄关相接。

1. 客厅间隔、房主孤独

从位置上说，客厅是家人共用的场所，若因客厅宽敞而隔一部分做卧房在风水学上称为“自裁”，抽象来说就是人为地将一个带公共活动的磁场空间“裁剪”了，在这个“裁剪”小卧室里面休息的人，容易造成心态上的孤独感，如果是未婚者居住更难免有“知音难寻”之忧。

2. 沙发成套才和谐

一般沙发是整套摆设的，但不排除有些朋友因为空间大而将两套沙发放在一起或在一套沙发外加放零散的沙发椅，这些做法在风水学上是不利家人和睦的，因为摆放一套完整的沙发喻义着全家人上下一心、团结一致。

3. 财位不宜泄

进门客厅的对角位置为峦头风水学上的财位，此处如果有柱子、凹位，窗户、可用植物、酒柜、饰柜阻挡，一方面令“财气”不致外漏；另一方面可以塑造出一个良好的财位，一举两得。

4. 前通后通、人财两空

从空间上说，客厅的动线最宜开阔，视野一眼望穿让人心境豁达，所以入门处不宜看到房间门和后门，否则便有前进后出、无法聚财之患。另外，走道也应避免直向或横向贯穿整个客厅，这种家相正好应了一句风水俗语“前通后通，人财两空”。

5. 横梁当头

如果客厅内正好被横梁所“压”，巨大的心理压抑使居住者感到在社会上备受压抑，难以得志。遇到这种情况可以用假天花板遮盖或在梁上悬挂福鼠饰品加以化解或者在装修上设计成两个客厅。

6. 客厅格局宜方正

客厅的格局最好是正方形或长方形，座椅区不可冲煞到屋角，沙发不可压梁。如果有突出的屋角放出暗箭，可摆设盆景或家具化解。如果客厅呈L形，可用家具将其隔成两个方形区域，视为两个独立的房间。

Technique 06

卧室风水

卧室风水是住宅风水中的重要组成部分。人生1/3的时间在卧室度过，卧室内的环境情况会直接关系到一个人的休息和睡眠，因此卧室的“风水”好坏关系着居住者是否能拥有旺盛的精力、滋润的面色等。

因此，卧室光线要柔和，光线太强，使人容易脾气暴躁；光线太暗，使人容易产生忧郁的情绪。卧室以简约为佳，使人看起来整洁舒适。卧室的形状不宜狭长，不利通风。卧室门不可正对镜子、床头。床头的方向一定要对，因为这跟健康和财运有关。若求健康，床头就朝向天医的方位；若求财，就朝向最旺，也就是生气的方位。床头不可靠在浴室墙，不宜横梁压顶，不宜太接近窗户，不宜正对镜子。

Technique 07

厨房风水

厨房象征着财运和食禄，设计的主导思想是丰余。所以厨房要明亮具有生气，空间尽量宽广舒畅，通风位置良好，并且要注重整洁。

传统的风水应讲求“藏风聚气”，因此最忌风吹，而厨房的炉灶尤其忌风。风水学认为炉灶正对门口，以及灶后有窗皆不吉，主要是因为担心炉灶被门外的风吹扰。撇开风水不谈，单从家居安全来说，炉灶实在是不宜正对门口或靠近窗口，因为煤气炉或石油气炉若被吹熄，便会泄漏石油液化气，是非常危险的；如果是用柴炭来煮食，大风一吹，火屑四散，更容易引起火灾。

Article

100 户门三忌之开门见灶

古时候，人们口中就有这样一个说法：户门三忌。户，是指入户门，也就是家中的大门，三忌分别是指开门忌见灶、开门忌见厕、开门忌见榻。

俗语“开门见灶，钱财多耗”，出自清代风水大家赵九峰写作的《阳宅三要》，意思是说炉灶正对入户门，两者呈一条直线以致有刑克。有此情况的话，此家主人的财运不吉，有破财之嫌，更会令其健康受损。因为灶台象征着一家的财运，而厨房也象征着财库，应该隐藏起来，财不外露才能富足，才能积累，所以家中灶台的安置一定要慎重。

Before

（1）在该户型❶中，进入户门即可看到餐桌。入室的气流直冲餐区，于居室主人的健康有碍。

（2）厨房采用的推拉门方式，进入户门一眼就能看到灶台。灶台象征着家中财运，入门见灶，火气冲人，令财气无法进入，导致不聚财，钱财虚耗。

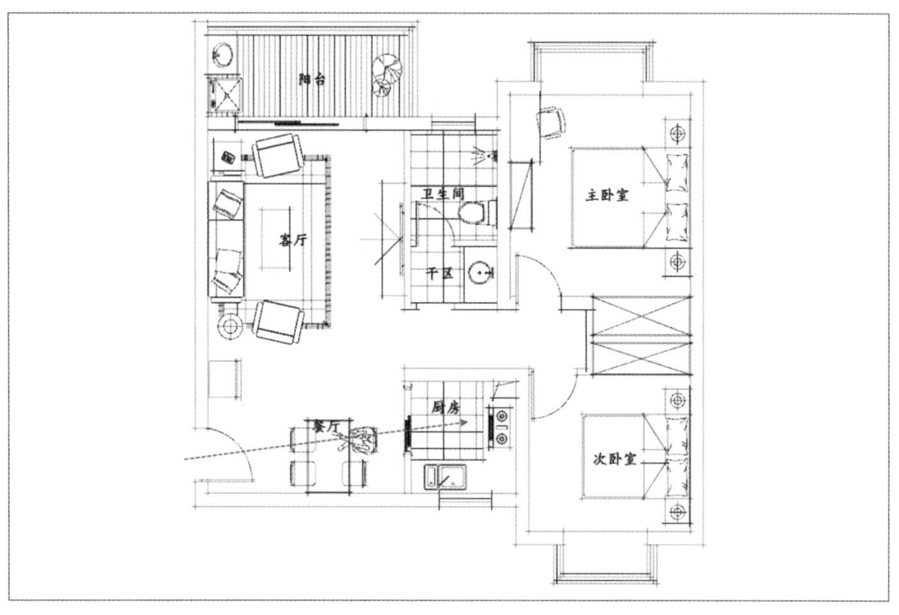

❶开门见灶

After

（1）在入户位置设置一处玄关，把餐桌设计成卡座式。入户气流经玄关转折入内，可达到趋吉避凶的作用。

（2）将厨房推拉门改为平开门，利用墙体挡住炉灶，并调整炉灶位置，使其尽量隐蔽，有守财聚财之效❷。

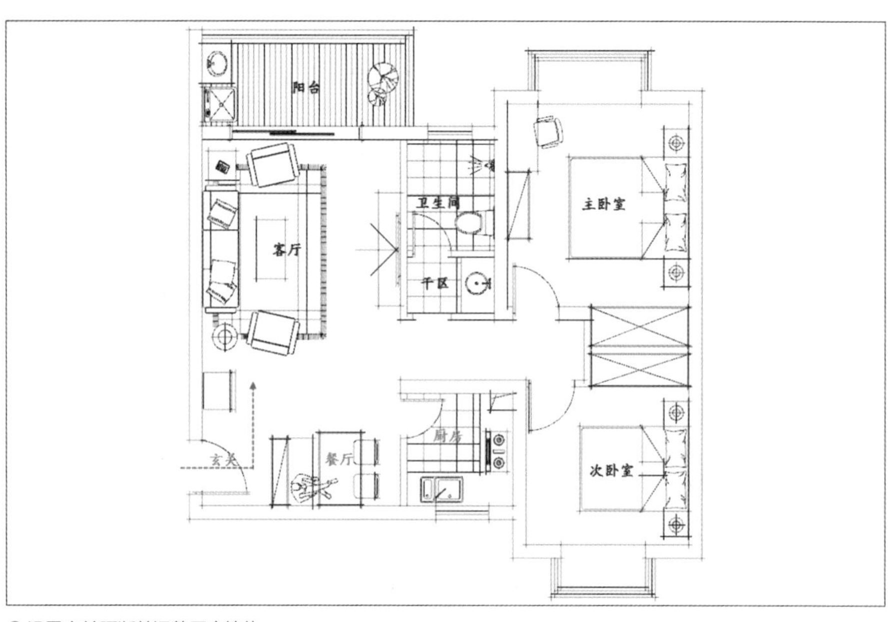

❷设置玄关隔断并调整厨房墙体

Article 101

户门三忌之开门见厕

入户门是通往外界的窗口，也是引气入室的主要通道，家中的旺衰生杀之气，大多都是由大门而入，再逐渐流动分布于整个居室空间，所以入户位置风水的好坏对整个房屋风水具有决定性的影响。

卫生间风水是家居空间中最为重要的一部分，无论是家中还是公司企业，其整体运势的好坏，往往与卫生间风水有关，所以家居空间之中卫生间的位置、朝向等都十分讲究。

现代高层住宅鉴于户型面积和整体规划的设计，多数户型的格局不是很合理，特别是入户门对着卫生间门这种情况时有发生。

Before

当前户型是比较典型的开门见厕的布局❶。在风水学中，我们讲究顺气而生，也就是入宅的气流要在屋内走一圈，如果入户门对着卫生间门，气流就会先进入卫生间，再出来的气流就会带上卫生间的浊气，于家中主人不利。再者说，开门见厕，犹如秽气迎人，会使运气变得不好。

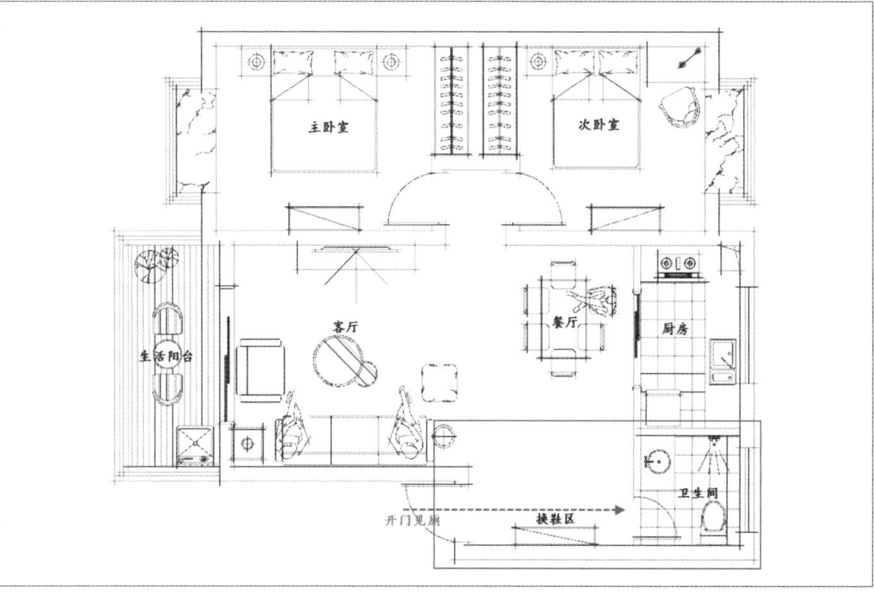

❶ 开门见厕

After

要化解这一不利因素，可以在卫生间外设置隔断❷。考虑入户门到卫生间之间的空间较大，而卫生间内空间较小，可以将洗手台提出，设计一个干湿分离空间。这个方案既去除了开门见厕的不利因素，又解决了卫生间空间小的问题。

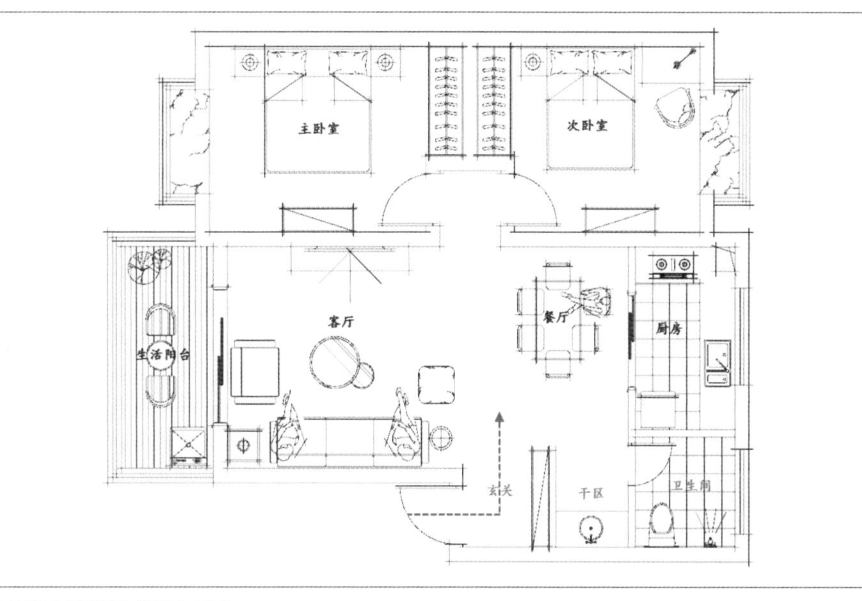

❷ 设置玄关隔断与洗手台干区

Article 102 户门三忌之开门见榻

卧室作为人们平时休息的场所，需要的是安静、隐秘的环境。大门是进出的必经之地，必然是吵闹繁杂的。如果入户门对着卧室门就会直接影响到卧室环境，同时会将居室主人的隐私暴露在外，给生活带来很多不便。

在家居风水中，大门是一个特别重要的风水单元。大门代表了这个家庭的名誉、地位、名声，用人来比喻的话，就是一个家庭的头和脸，大门的朝向、外部、内部环境等因素会直接影响到个人运势。而卧室是休养生息之所，人在家中的大部分时间要待在这个地方。卧室主导人的精神、大脑、头脑、思维和精力，对夫妻感情、家庭对外的社交也有很多影响。如果大门和卧室大门对冲，就相当于门外杂乱之躁气直冲人大脑和精神，并对夫妻感情和家庭社交产生影响，家运便不会强盛，各种问题也会频发！

Before

（1）当前户型入户门直冲卧室门，缺乏隐私性且影响主人运势❶。

（2）厨房是极火之地，卧室与厨房相邻，气场会过于燥热。另外，厨房门与卧室门拐角斜对，厨房的空气、油烟都会影响到卧室，危害人体健康，使居室主人情绪不稳。

（3）卫生间面积偏小，且卫生间门对着餐厅及客厅，有碍观瞻。

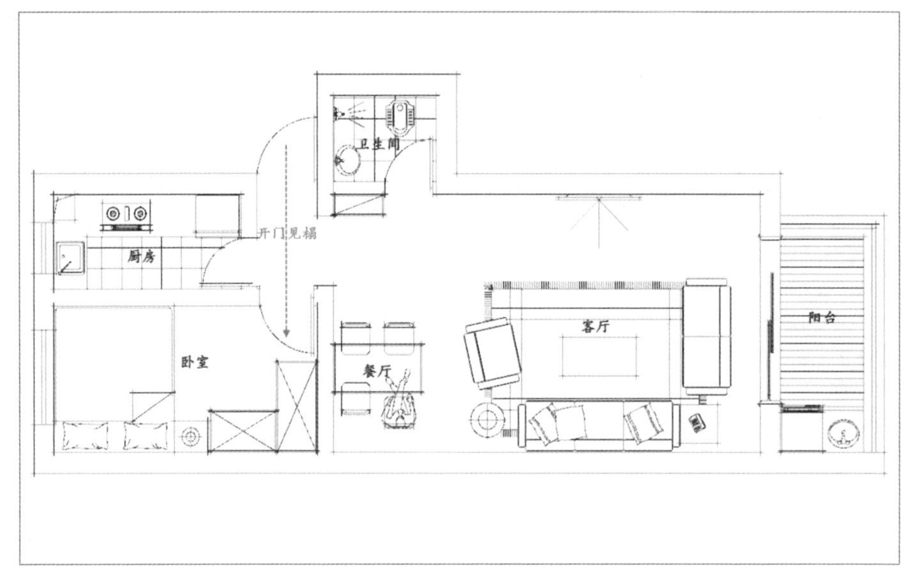

❶ 开门见榻，厨卧连墙

After

（1）整体重新布局❷，将客餐厅改作客厅与卧室，打通原本的卧室墙。这样二者空间大小相当，客厅和卧室皆采光充足，也有了足够的收纳区域。

（2）原本的卧室区域改作餐厅，将厨房门换个位置，改为推拉门，增加了采光，也便于用餐。

（3）扩大卫生间面积，将卫生间门改到另一侧墙面。

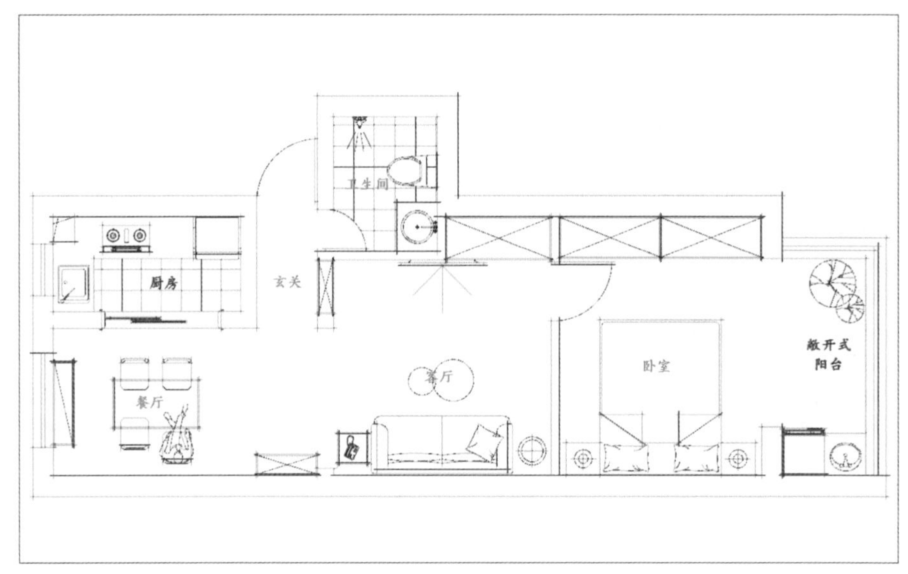

❷ 整体重新布局

Article 103 入户一览无余

许多老户型，进入户门后没有玄关设计，厅内景象一览无余，房屋整体缺乏层次感，卧室、书房的私密性和舒适度也受到影响。

客厅是一家人待客、聊天、娱乐的场所，是家庭的活动中心。如果客厅不遮掩，缺乏私密性及安全感。从风水角度来说，进门风水关系重大，不但关系到居住者的运势，而且关系到客人来家中的第一印象，因此不容小觑。

Before

当前户型是家居户型中最常见的一种❶，入户即可看到客厅和餐厅。虽然宽敞明亮，但从风水的角度来看，从大门入宅的旺气与财气应当尽可能在屋内回旋，被住宅充分利用后，才会慢慢流出屋外。倘若大门与阳台或窗户形成一条直线，则从大门流入的旺气及财气便会迅速从阳台或窗口流走，旺气直入直出，乃是“泄水”之局，令家中的人丁及钱财均难以积聚。

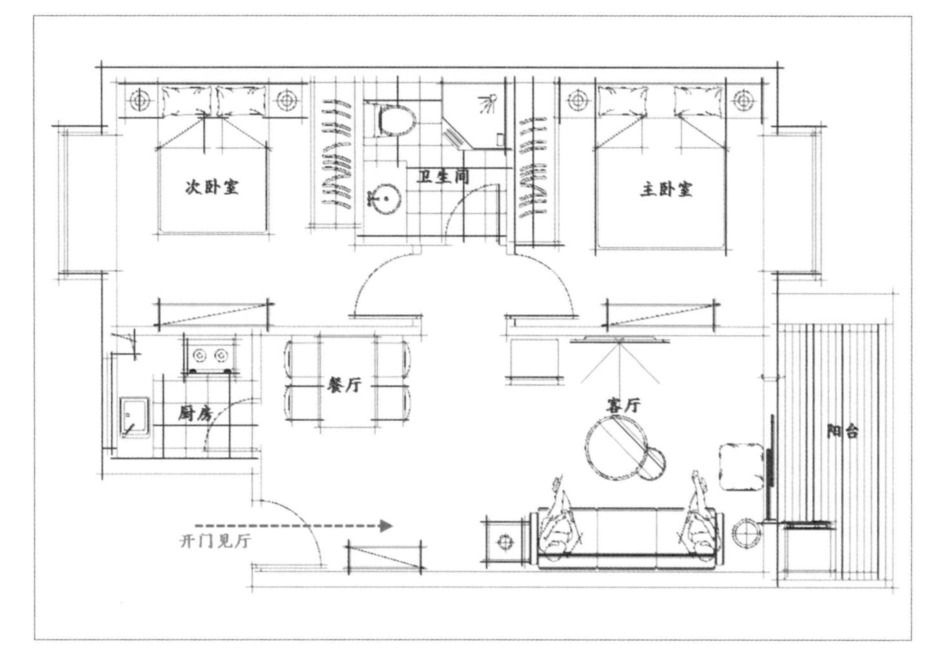

❶入户一览无余

After

（1）这里的补救之法是在入户位置设置玄关隔断，令大门之气转折流入屋内，防止旺气外泄❷。另外，有玄关护持，在客厅里的安全感也会大大增加，居室主人再也不用担心隐私外露了。

（2）为了不影响空气流通，可以将镂空式隔断与鞋柜相结合，实现空间功能性的同时，还具有很好的装饰效果。

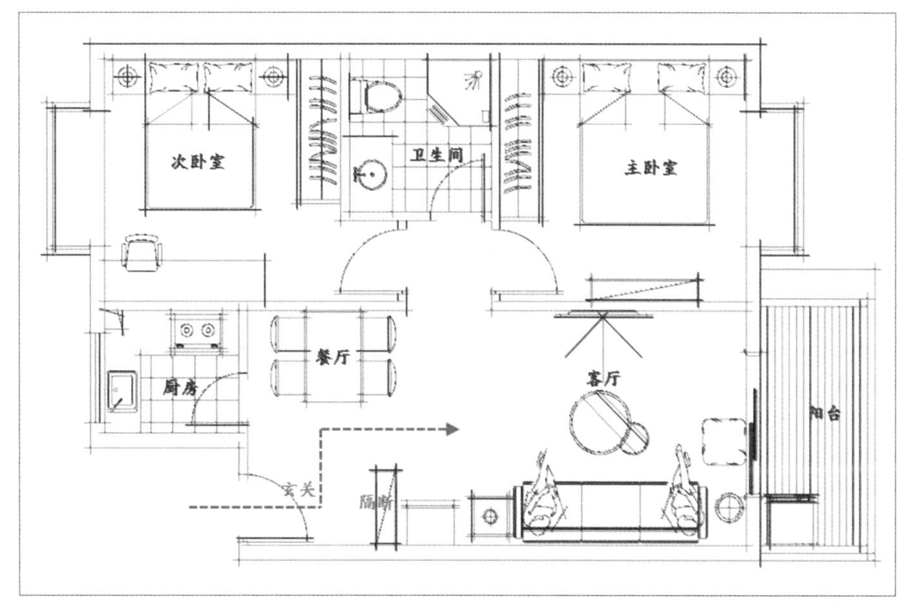

❷设置玄关区域

Article 104 厨卫同门

老式的居室户型多数面积较小，户型布局不合理，开发商为了节省空间，令厨卫共用一门进出。

须知厨房属火，卫生间属水，水火同门，则会相互消耗，令主人运势减弱，不利于家庭发展；更有甚者，先进卫生间，再进厨房，则口腹之欲绝对荡然无存。

Before

（1）厨房是食物加工烹饪的区域，而卫生间是五谷轮回之所，应当严格划分开。但案例中本该有效区分的两个空间被硬生生地联系在一起，卫生间门开在了厨房之中❶。由于二者同门进出，卫生间的秽气和厨房的油烟都很难清除，卫生间的秽气和滋生的细菌还会污染食品损害健康。

（2）从阳台窗户到厨房窗户之间，形成了穿堂煞格局。

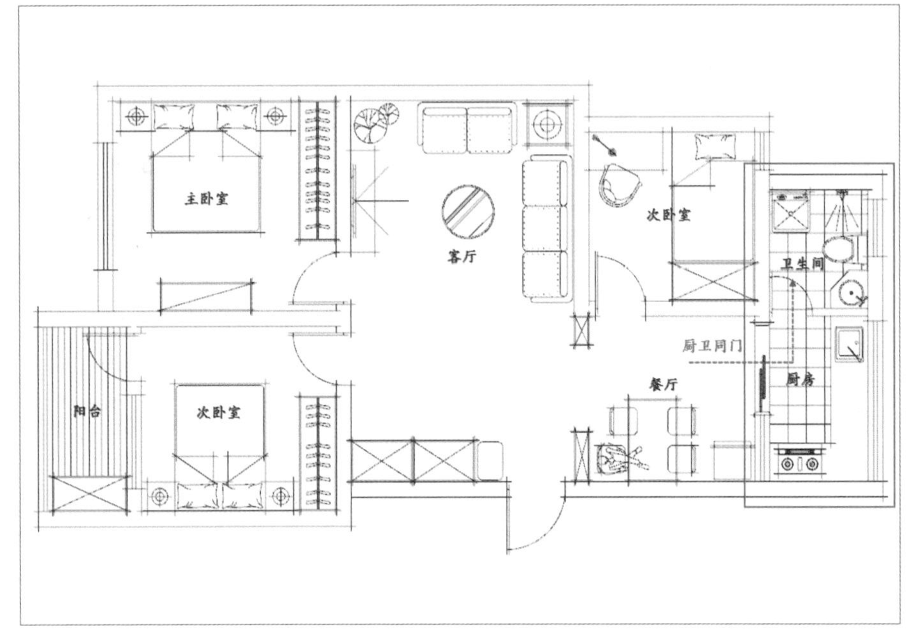

❶厨卫同门

After

将厨房门挪个位置，留出转折通道进入卫生间，二者从此互不干扰。该户型中的厨卫门如此改变后，除了避免厨卫同门的问题，还无形中化解了厨房门与卧室门相对的问题❷。

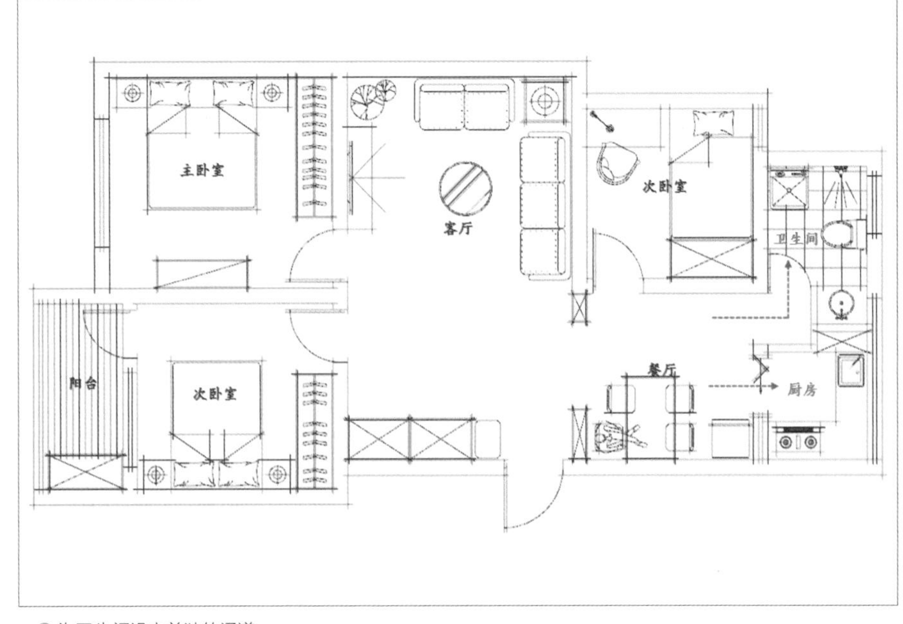

❷为卫生间设立单独的通道

Article 105

穿堂煞

穿堂煞，是指住宅中有直接穿宅而过的一些建筑、形态或物件，是风水中较为常见的一种形煞。此煞常被人认为是一种大煞，对居住者的健康、财运都会有一定不利的影响。居住环境离不开气，有气才有生命。正所谓“人争一口气，佛争一炷香”，人就是靠着一口气赖以生存。气的流动必然产生气场，而穿宅而过产生的浊气冲击气场犹如弓箭射入心脏一样，从而带来很大影响。

Before

（1）案例中有一条较长的通道，采光较差，且连接卫生间的门窗，从而形成穿堂煞的格局❶。

（2）客餐厅区域为一个正方形空间，客厅与餐厅共同占据了该区域的一半空间，另外一半则白白浪费了。

（3）电视机及电视柜摆放位置太远，还影响过道的通行。

（4）开门即见客厅餐厅，恰恰是Article 104中的入户一览无余，缺乏私密性及安全感。

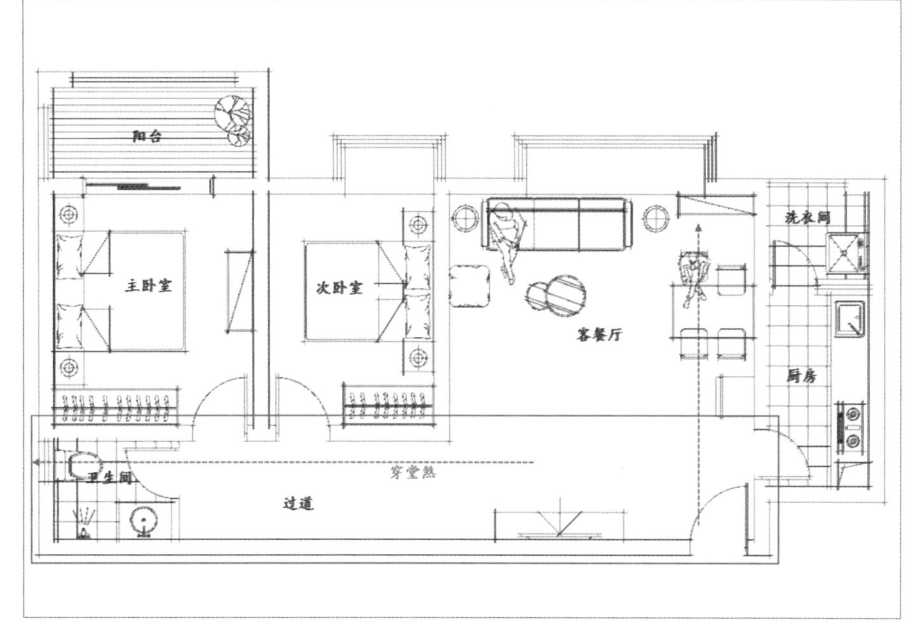

❶穿堂煞

After

（1）将卫生间改作卧室的衣帽间，封闭原本的卫生间门洞，改成朝向床铺，消除了穿堂煞的隐患❷，卧室门可以保持不变，也可以延长墙体，将其置于过道尽头，扩大卧室空间。

（2）将客厅中的布局调转方向，客厅餐厅之间用矮隔断隔开。将原本的厨房及洗衣间打通，分隔为厨房和卫生间两个区域，厨房留出推拉门空间，出了厨房正好就是餐厅。

（3）入户位置增加一处隔断，避免了开门见厅。

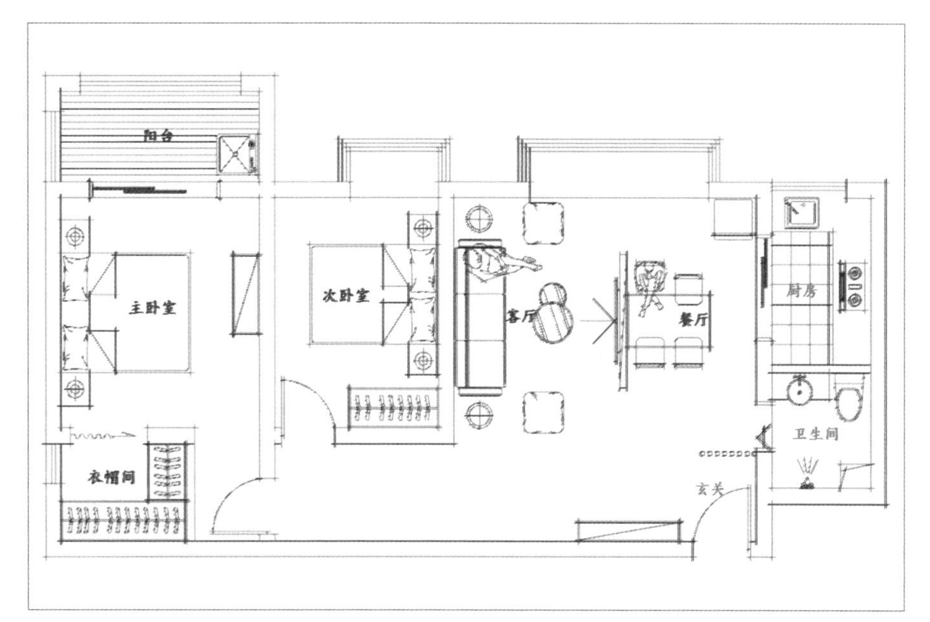

❷合理利用过道并重新布局客餐厅

Article 106

户型不正

有些房屋因为所处的位置条件，或者为了节省空间，或者大楼因电梯、楼梯等公共设施，导致部分房屋有缺角，格局不正。“天圆地方必有气，四正之屋气运长”，房屋房型不正是风水学上的大忌，且容易产生空间浪费。当遇到这样的户型时该怎么办呢？其布局设计的基本原则就是改斜为正，规避尖角。

Before

（1）案例中最明显的缺陷是卧室户型带尖角❶，风水上来说带有凶相，不利主人，且造成了很大的空间浪费。

（2）整个户型中没有客厅，且餐厅区域及储物间区域都很小，采光也不好，只有开门才有光线。

（3）开门见厕的布局，详情参见Article 102。

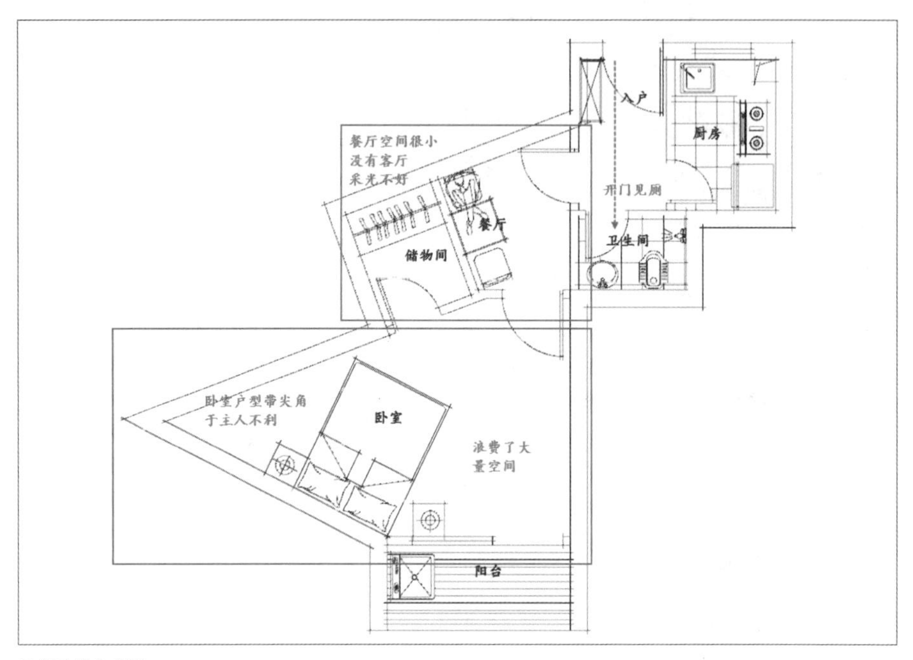

❶ 带尖角的户型

After

具体改造方案如下❷：

（1）将卧室区域隔出一个衣帽间，将床的位置摆正，化解尖角带来的煞气。

（2）将储物间的墙面打掉，与原有的餐厅区域合并到一起，当作起居室，设置卡座，兼会客、用餐功能于一体，放弃原有的门，扩大门洞宽，以增加采光。

（3）改动卫生间门的位置，避免开门见厕。

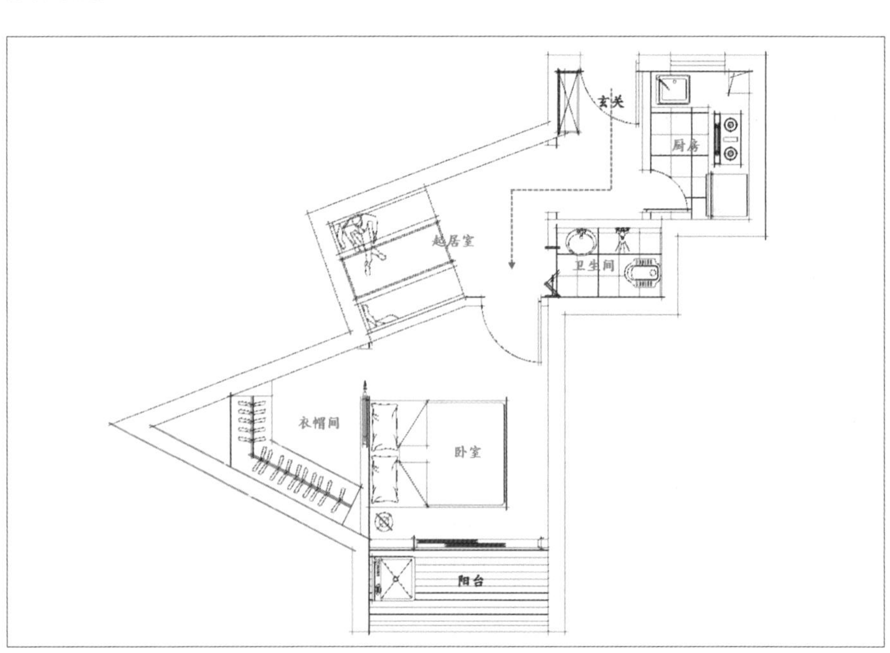

❷ 改斜为正

Article 107 厕在中宫

中宫即住宅的中央位置，相当于人体的心脏，在风水上被称为五黄大煞，宜静不宜动，适合布局客厅、卧室、书房，卫生间、厨房则不宜布置在中宫位置。卫生间每天都有水流冲刷，这会引动煞气，进而影响家人运势，甚至会带来意外灾祸。而且卫生间的污秽之气还会蔓延到家宅的其他区域，不利家人健康。

Before

（1）由图中的九宫格可以看出❶，主卫正位于九宫格正中，也就是住宅的中宫。

（2）次卫的干区也有部分位于中宫，但影响不大。

（3）从厨房阳台过门穿过阳台门，从餐厅窗户穿过次卧门及阳台门，这两处都形成穿堂煞，详情参见Article 106。

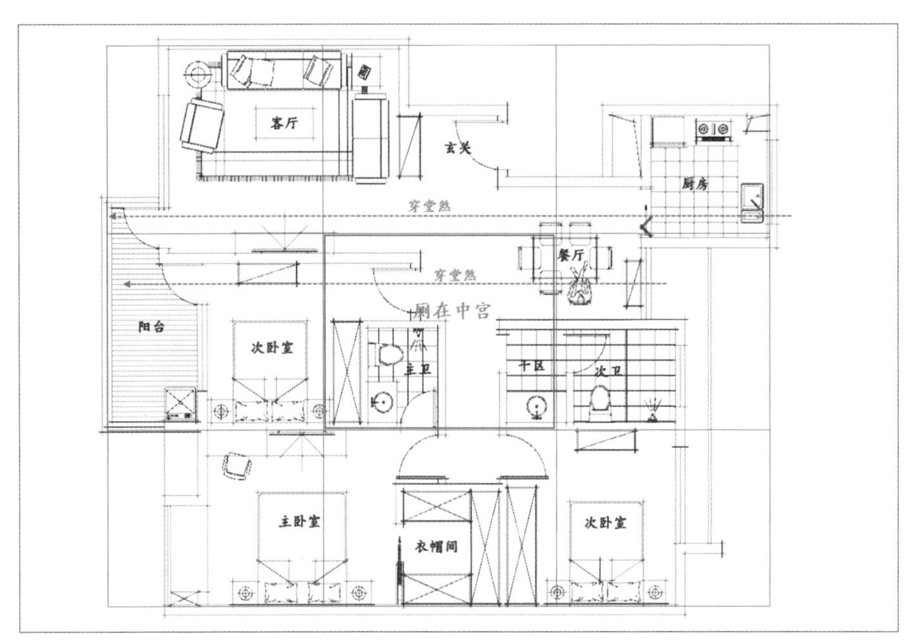

❶ 厕在中宫

After

（1）将主卫与衣帽间互改，衣帽间位于中宫，即可破此格局。

（2）封闭客厅进阳台的门洞，改卧室进阳台的平开门为推拉门，避免穿堂煞❷。

注意事项

（1）切记衣卫可以互改的前提：房子是自家别墅或单层底层。如果是楼房，不建议改动，否则会破坏家居风水中的“下水”。

（2）如不方便进行改动，尽量不要使用中宫位置的卫生间，保持干净整洁，并采用风水物品化解。

（3）若是楼房户型做出改动，需要注意下水问题及楼上防水问题。

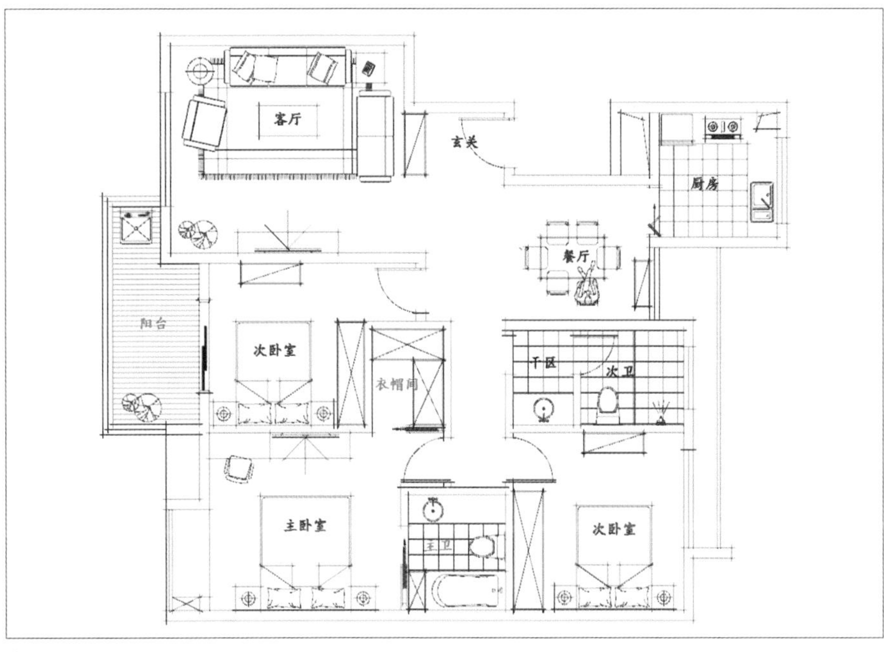

❷ 主卫与衣帽间对调

Article
108 床头靠厕

人生1/3的时间是在卧室度过，卧室内的环境情况会直接关系到个人的休息和睡眠。因此，卧室的“风水”好坏关系着居住者是否能拥有旺盛的精力、滋润的面色等。卫生间乃是污秽之地，最好可以设置在隐蔽幽静之处。如果要在卧室内设置卫生间，一定要位置合理才行。

Before

床头背靠卫生间，其阴晦之气会渗入卧室，影响空气质量，使居住者阴阳失调❶。

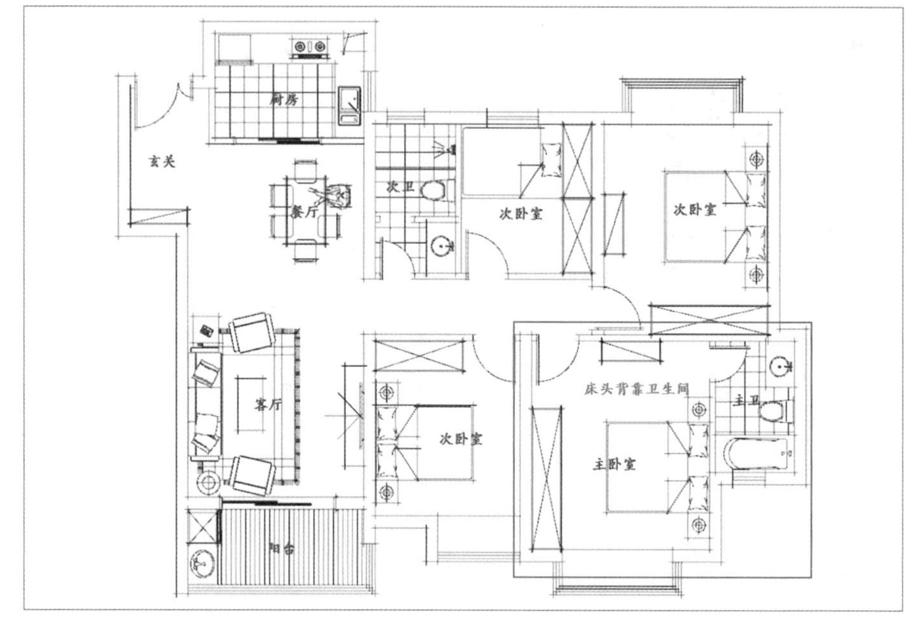

❶ 床头靠厕

After

（1）将主卧的床铺与衣柜调换位置，更改入户门，在不改动原有布局的基础上避开床头靠厕的影响❷。

（2）此外，也可将主卫改作衣帽间，这样就不会再对居住者有影响。

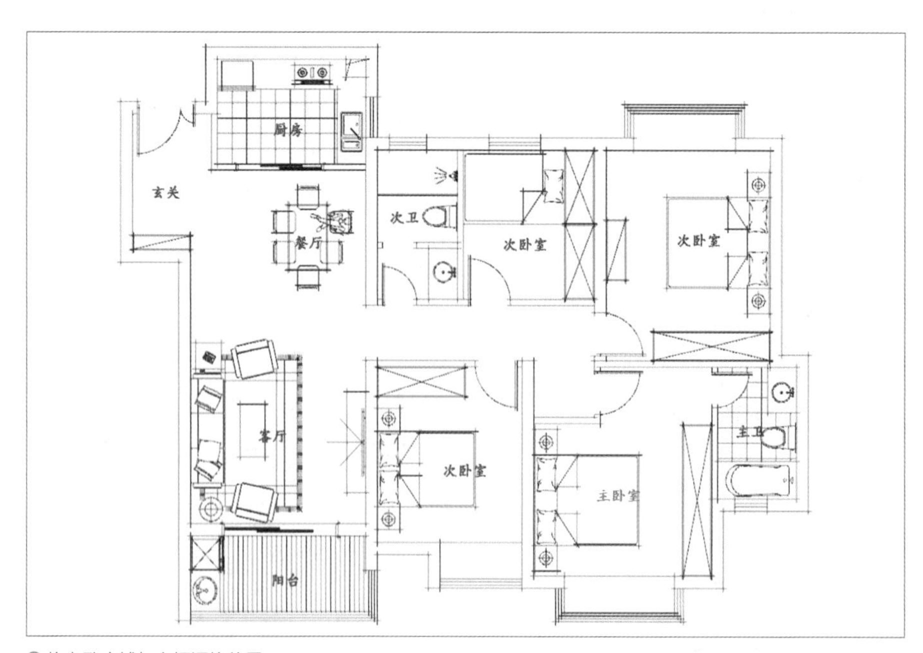

❷ 将主卧床铺与衣柜调换位置

Article 109 开门见楼梯

楼梯本身是一节一节的，如果“气”一进门就遇见楼梯，楼梯横着的一条条切线，要么一下子把“气”全割断了，要么就使“气”不能顺畅，搅乱气场。气场一乱，居室中的大环境自然就不会好。由此可见，开门即见楼梯，上楼下楼未必见得有多方便，倒是居住者的健康会在不知不觉中受到不良影响。

Before

本案例是一套复式户型，楼梯恰好位于进门的位置，直冲大门❶。

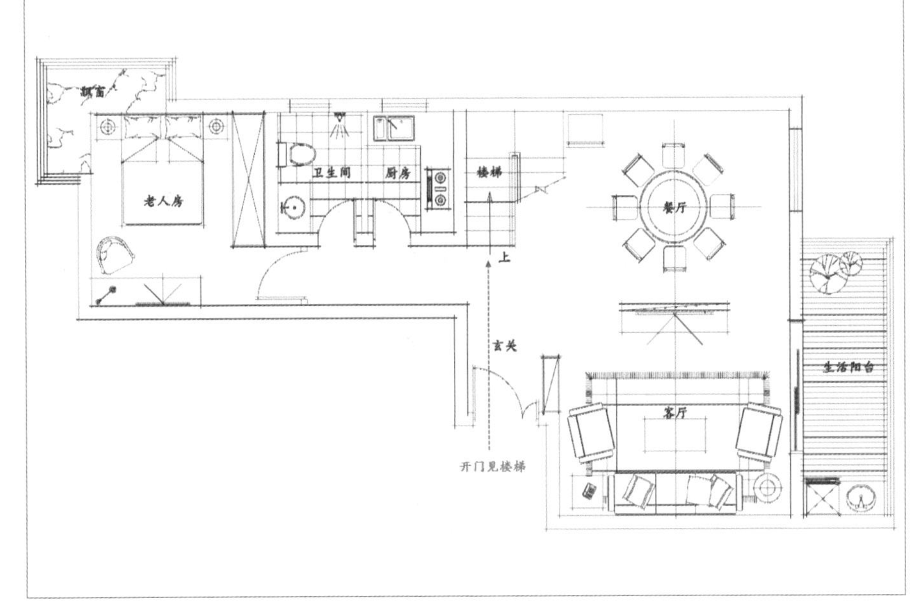

❶ 开门见楼梯

After

将鞋柜改到入户门对面，结合隔断隔出玄关空间，使入户气流拐个弯再进入室内，不再受到楼梯影响❷。

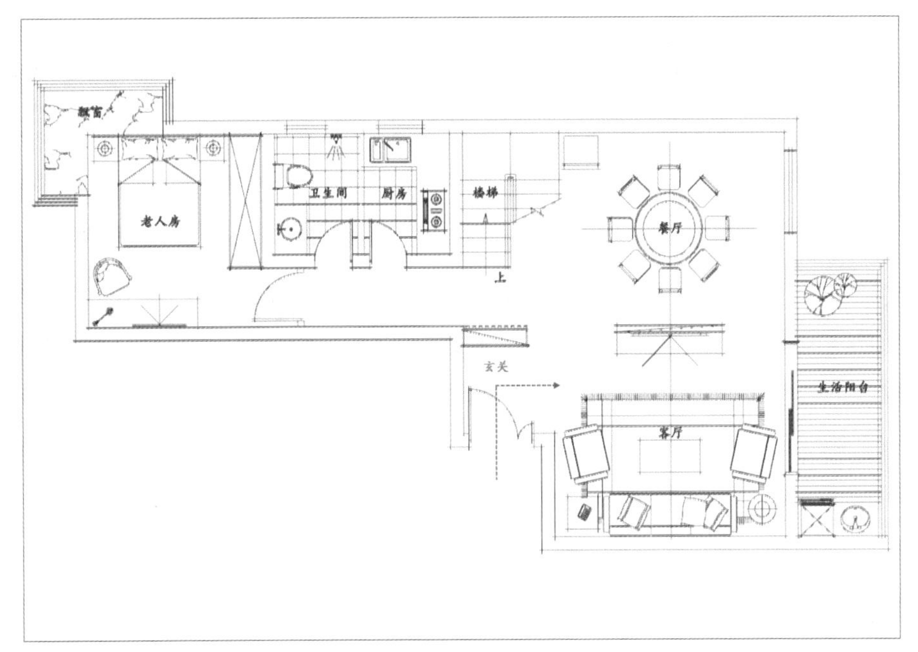

❷ 制作柜体隔断

Article 110 贝聿铭作品赏析

贝聿铭，美籍华人建筑师，祖籍苏州，曾先后就读于哈佛大学和麻省理工学院。其作品以公共建筑、文教建筑为主，被归类为现代主义建筑，善用钢材、混凝土、玻璃与石材。他的代表建筑有法国巴黎卢浮宫玻璃金字塔、中国苏州博物馆、日本美秀美术馆、华盛顿国家美术馆东馆，被誉为“现代建筑的最后大师”。

Technique 01

法国巴黎卢浮宫玻璃金字塔

贝聿铭为巴黎卢浮宫设计建造了玻璃金字塔，在设计中并没有借用古埃及的金字塔造型，而是采用普通的几何形态，使用了玻璃材料，可以反映巴黎不断变化的天空，还能为地下设施提供良好的采光，创造性地解决了把古老宫殿改造成现代化美术馆的一系列难题，取得了极大成功，从此享誉世界。

2017年美国建筑师协会（AIA）将25周年建筑奖授予建筑大师贝聿铭的卢浮宫金字塔，AIA对它的评价是“与埃菲尔铁塔齐名的法国最知名的建筑地标”。

Technique 02

中国苏州博物馆

出身苏州的建筑大师贝聿铭，把对家乡的满腔思恋都倾注在苏州博物馆的设计之中。作为现代主义最后一个建筑大师，贝聿铭的苏州博物馆探索了中国传统园林思想在现代审美中的新方向，以及人与自然的和谐相处之道。结合传统的苏州建筑风格，把博物馆置于院落之间，使建筑物与其周围环境融为一体，巧思天成。

后现代设计符号为粉墙黛瓦的江南建筑增加了新的诠释内涵，由池塘、假山、小桥、亭台、竹林等古典园林元素组成的现代风格的山水园，在贝聿铭的建筑设计中可谓绝无仅有。贝聿铭的苏州博物馆，本身更像一件精美的建筑艺术品，堪称中国最美的博物馆建筑之一。

Technique 03

日本美秀美术馆

美秀美术馆位于日本滋贺县甲贺士信乐町的自然保护区山林间，1991年小山美秀子委任贝聿铭为其设计了这座私人艺术品博物馆。

美秀美术馆表达了贝聿铭的一个主要理念，即自然与建筑的融合。他引用了陶渊明的《桃花源记》表达设计的立意。当他提到桃花源时，深谙中国传统文化的业主马上就联想到了典型的中国古代景观，有山坡、峡谷，周围云雾缭绕，建筑掩映在森林之中若隐若现。

建筑师所描绘的画卷与创建者的梦想达成了共识，文学和艺术的深远内涵共同渗透到日本美秀美术馆的建设工程之中。

Technique 04

华盛顿国家美术馆东馆

华盛顿国家美术馆东馆是美国国家美术馆的扩建部分，也是奠定贝聿铭成为世界级建筑大师的经典之作。

该建筑的造型新颖独特，平面为三角形，既与周围环境和谐一致，又极具醒目的效果。内部设计丰富多彩，采光与展出效果很好，成为20世纪70年代美国最成功的建筑之一。

东馆位置特殊，东望国会大厦，西望白宫，附近多是古典风格的公共建筑。其设计在许多地方若明若暗地隐喻美国国家美术馆（即西馆），但手法风格各异，其趣妙在似与不似之间。东馆内外所用的大理石的色彩产地以至墙面分格和分缝宽度都与西馆相同。但东馆的天桥、平台等钢筋混凝土水平构件用枞木作模板，表面精细，不贴大理石。混凝土的颜色同墙面上的大理石颜色相近，但纹理质感不同。如此，使得贝氏标志性的立体几何块面的建筑增添了温婉柔和的气质。

尺寸布局篇

Article 111

储藏类家具与人体工程学

储藏类家具又称储存类家具，是收藏、整理日常生活中的器物、衣物、消费品、书籍等物品的家具，根据存放物品的不同，可分为柜类和架类两种类型。柜类主要有大衣柜、小衣柜、壁橱、被褥柜、床头柜、书柜、玻璃柜、酒柜、菜柜、橱柜、各种组合柜、物品柜、陈列柜、货柜、工具柜等；架类主要有书架、餐具食品架、陈列架、装饰架、衣帽架、屏风和屏架等。储藏类家具的功能设计必须考虑人与物两方面的关系，一方面要求储存空间划分合理，方便人们存取，有利于减少人体疲劳；另一方面又要求家具储存方式合理，储存数量充分满足存放条件。

Technique 01

储藏类家具与人体尺度的关系

人们日常生活用品的存放和整理，应依据人体活动的可能范围，并结合物品使用的繁简程度去考虑它存放的位置。

为了确定柜、架、搁板的高度及合理分配空间，首先必须了解人体所能及的动作范围❶。这样，家具与人体就产生了间接的尺度关系。这个尺度关系是以人站立时，手臂的上下动作为幅度的，按方便的程度来说，可分为最佳幅度和一般可达极限。通常认为在以肩为轴，上肢为半径的范围内存放物品最方便，使用次数也最多，又是人最易看到的区域。因此，常用的物品就存放在这个取用方便的区域，而不常用的东西则可放在手所能达到的位置，同时还需按物品的使用性质、存放习惯和收藏形式进行有序放置，力求有条不紊、分类存放、各得其所。

1. 高度

根据人存取方便的尺度来划分，储藏类家具可分为三个区域：第一区域为从地面至人站立时手臂下垂指尖的垂直距离，即650mm以下的区域，该区域存取不便，人必须蹲下操作，一般存放较重且不常用的物品（如箱子、鞋子等杂物）；第二区域为以人肩为轴，从垂手指尖至手臂向上伸展的距离（上肢半径活动的垂直范围），高度在650~1850mm，该区域是存取物品最方便、使用频率最高的区域，也是人最易看到的区域，一般存放常用的物品（如应季衣物和日常生活用品等）；若需扩大储存空间，节约占地面积，则可设置第三区域，即柜体1850mm以上区域（超高空间），一般可叠放柜、架，存放较轻的过季性物品（如棉被、棉衣等）❷❸。

在上述第一、二储存区域内，根据人体动作范围及储存物品的种类，可以设置

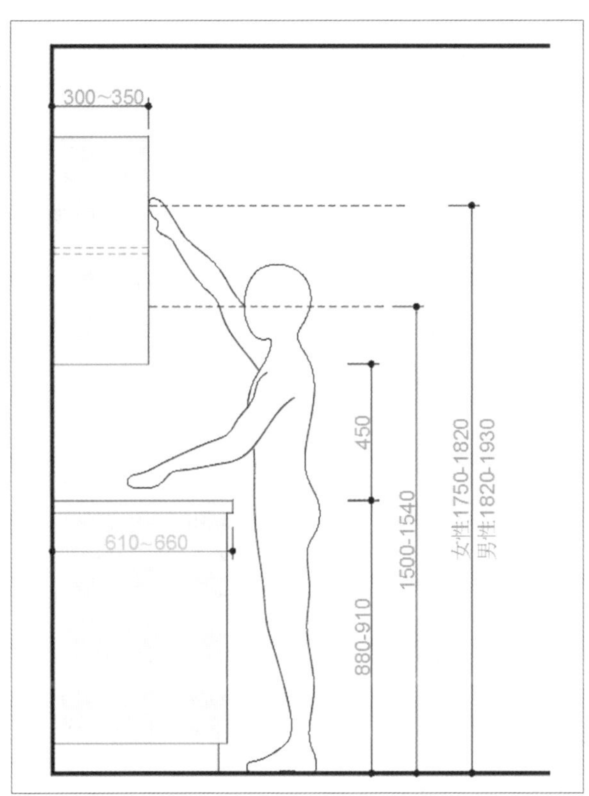

❶ 人能够达到的最高尺寸图

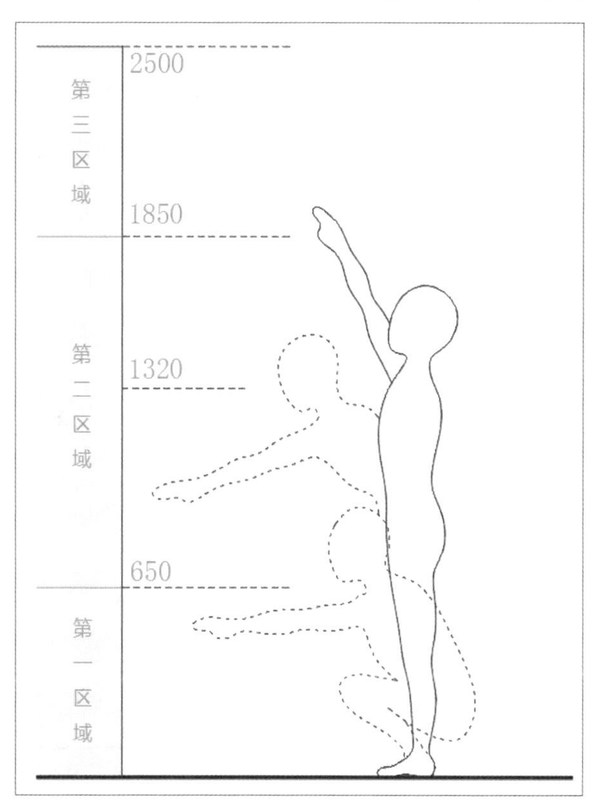

❷ 柜类家具的尺寸分区

搁板、抽屉、挂衣杆等。在设置搁板时，搁板的深度和间距除考虑物品的存放方式及尺寸外，还需考虑人的视域，搁板间距越大，人的视域越好，但空间浪费较多，所以设计时要统筹安排。对于固定壁橱高度，通常是与室内净高一致；悬挂柜、架的高度还需考虑柜、架下有一定的活动空间。

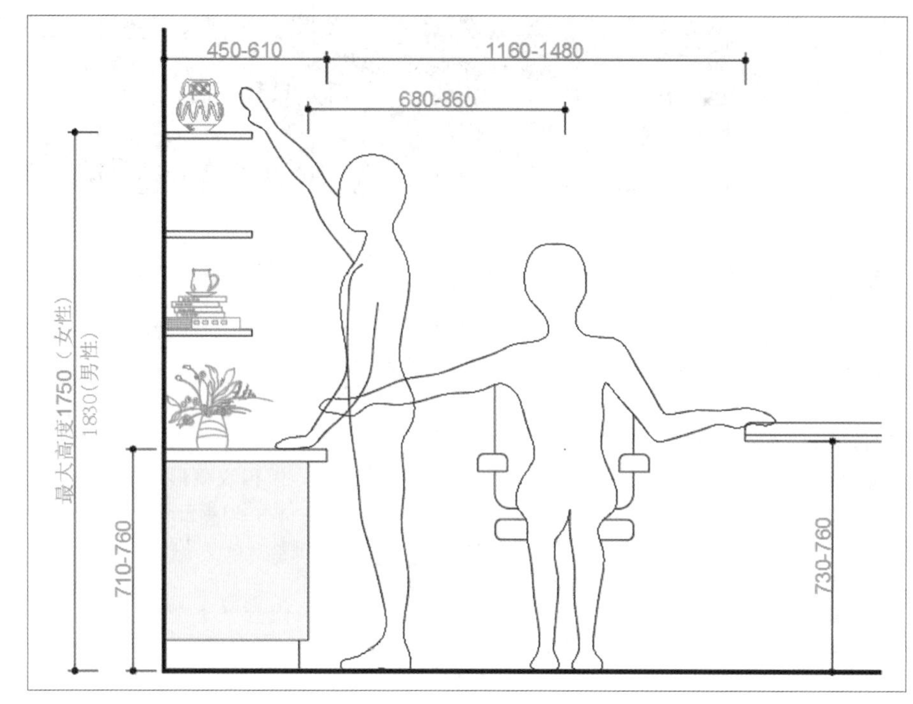

❸柜类家具的人体尺度

2. 宽度与深度

橱、柜、架等储存类家具的宽度和深度是根据存放物的种类、数量和方式及室内空间的布局等因素来确定，在很大程度上还取决于人造板材的合理裁割与产品设计系列化、模数化的程度❹。一般柜体宽度常用800mm为基本单元，衣柜深度一般为550~600mm，书柜深度一般为400~450mm。这些尺寸是综合考虑储存物的尺寸与制作时板材的出材率等因素得出的结果。

除考虑上述因素外，从建筑整体来看，还需考虑柜类体量在室内的影响以及与室内要取得较好的视感。从单体家具看，过大的柜体与人的情感较疏远，在视觉上如一道墙，体验不到亲切感。

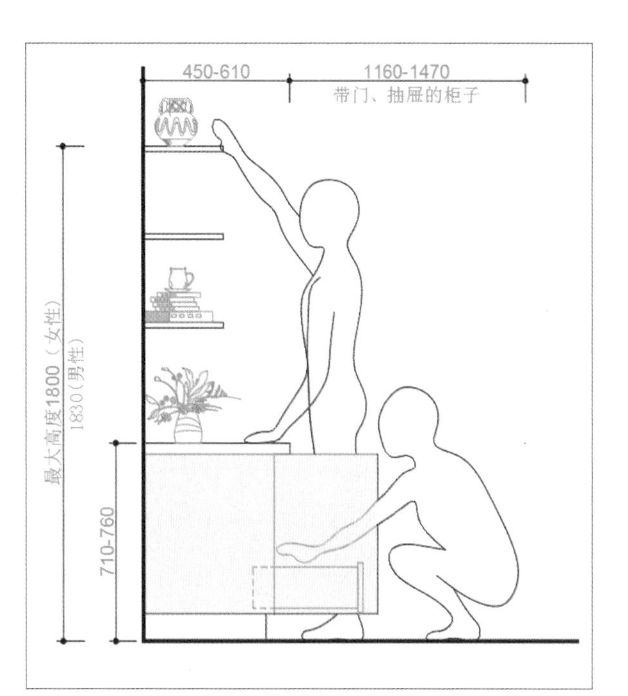

❹靠墙橱柜尺寸

Technique 02

储藏类家具与储存物的关系

储藏类家具除了考虑与人体尺度的关系，还必须研究存放物品的类别、尺寸、数量与存放方式，这对确定储存类家具的尺寸和形式起重要作用。

为了合理存放各种物品，必须找出各类存放物容积的最佳尺寸值。因此，在设计各种不同的存放用途的家具时，首先必须仔细地了解和掌握各类物品的常用基本规格尺寸，以便根据这些素材进行分析物与物之间的关系，合理确定适用的尺度范围，以提高收藏物品的空间利用率。既要根据物品的不同特点，考虑各方面的因素，区别对待；又要照顾家具制作时的可能条件，制定出尺寸方面的通用系列。

一个家庭中的生活用品极其丰富，从衣服鞋帽到床上用品，从主副食品到烹饪器具、各类器皿，从书报期刊到文化娱乐用品，以及其他日杂用品，洗衣机、电冰箱、电视机、组合音响、计算机等家用电器也已成为家庭必备的设备。这么多的生活用品和设备，尺寸不一、形态各异，它们的摆放与储存类家具有着密切的关系。因此，在储藏类家具设计时，应力求使储存物或设备做到有条不紊、分门别类地存放和组合设置，使室内空间达到整齐划一的效果，从而达到优化室内环境的作用。

除了存放物的规格尺寸，物品的存放量和存放方式对设计的合理性也有很大的影响。随着人民生活水平的不断提高，储存物品种类和数量也在不断变化，存放物品的方式又因各地区、各民族及各人的生活习惯而各有差异。因此，在设计时，还必须考虑各类物品的不同存放量和存放方式等因素，以有助于各种储藏类家具的储存效能的合理性。

Article 112 小户型更需要充足的储物空间

在小户型的设计过程中要考虑生活的便利性，更要将空间利用最大化。对于小户型而言，因为受制于面积的大小，往往没有更大的空间满足收纳需要，如果家中物品太多，就会无处可放，显得特别杂乱。其实小户型也可以有超大容量，合理利用所有可以储藏的区域，有效提升使用功能与装饰功能❶。

Technique 01 主卧区域

利用飘窗下方的空间做一个储物柜Ⓐ，放置卧室杂物，飘窗上方可以做一个简约书架。依据室内空间量身定制衣柜Ⓑ，根据居室主人的需求进行内部空间布局，利用率较高。床尾放置一个成品五斗柜，用于存放内衣、袜子及其他杂物❷❸。

Technique 02 次卧区域

将榻榻米、衣柜ⒸⒹ以及书桌制作成一个整体，集多重功能于一身。榻榻米中可存放过季的衣物、被褥等。衣柜容量非常大，除了放置当季衣物外，还可以储存过季的衣物及被褥等❹❺。

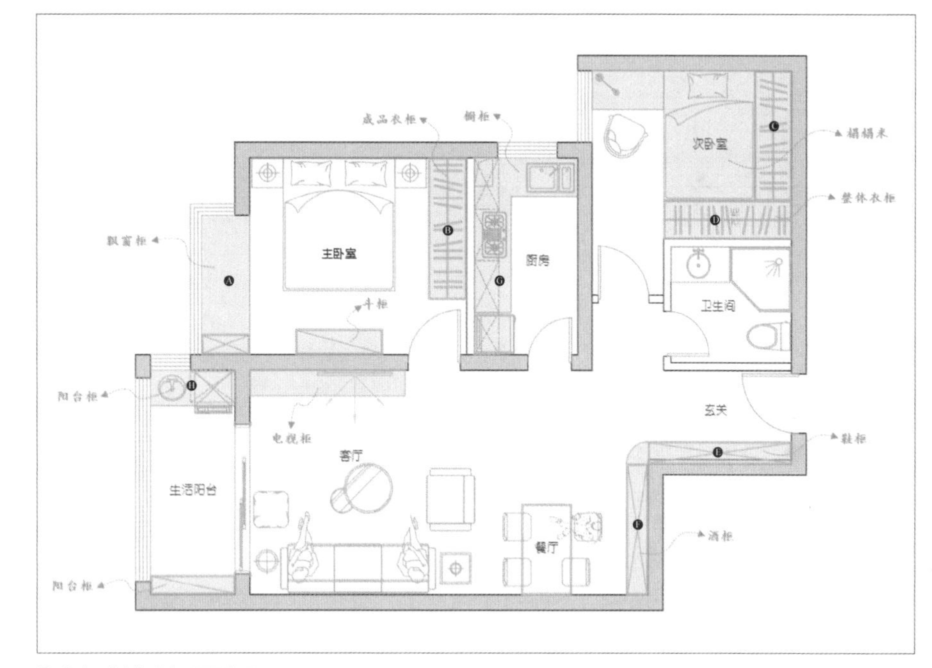

❶ 小户型储物空间平面布局

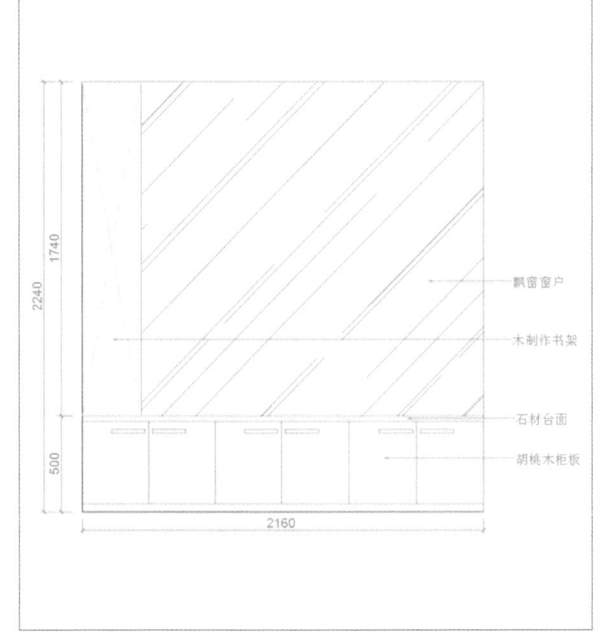

❷ 飘窗储藏柜

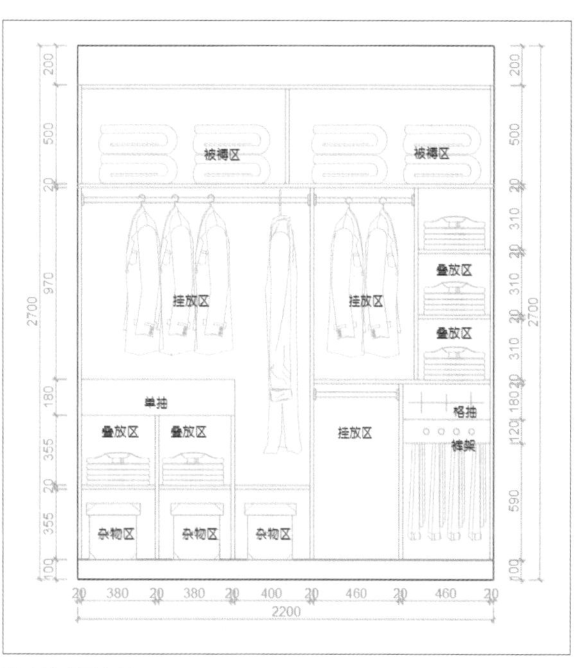

❸ 主卧定制衣柜

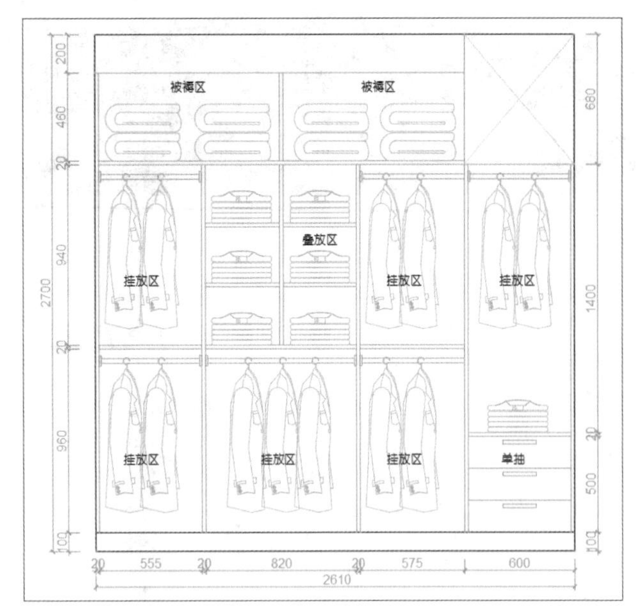

❹次卧北墙衣柜

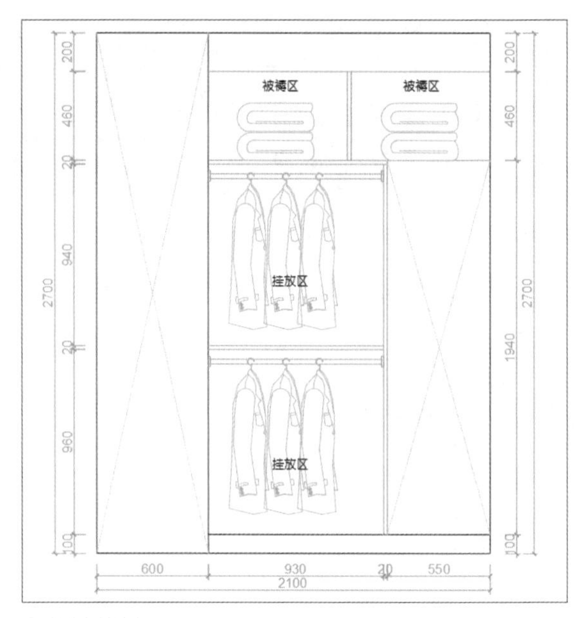

❺次卧东墙衣柜

Technique 03

客餐厅区域

将鞋柜Ⓔ与酒柜Ⓕ做满墙，半圆的造型作为衔接。鞋柜不仅仅是鞋柜，酒柜也不仅仅是酒柜，采用储物柜+书架+展示架组合的方式，既有收纳功能，也更显整洁与时尚❻❼。

Technique 04

厨房区域

厨房中吊柜和地柜结合Ⓖ，冰箱上方的空间也不要浪费，都可以利用起来❽。

Technique 05

阳台区域

在阳台一侧区域做成矮柜，用于存放过季的鞋子，也便于晾晒。阳台另一侧作为洗衣区，设置洗衣机和洗手台，上方靠墙部分做吊柜和隔板Ⓗ❾。

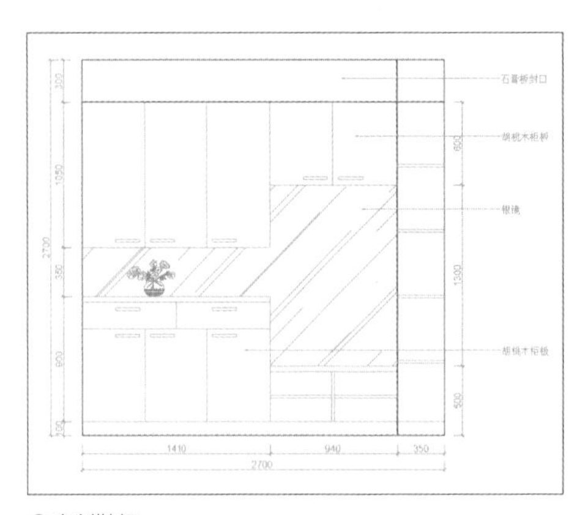

❻定制鞋柜

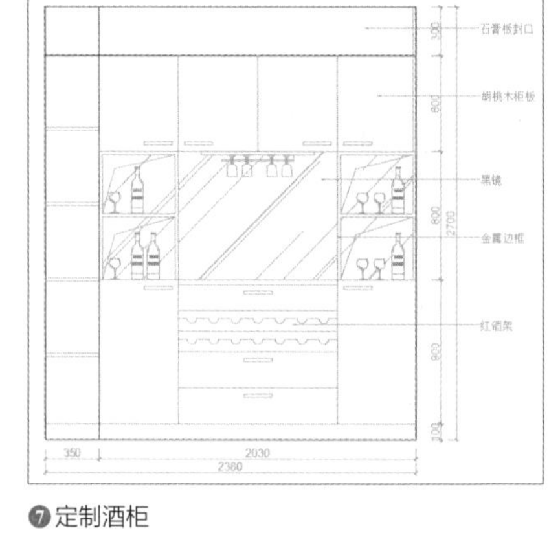

❼定制酒柜

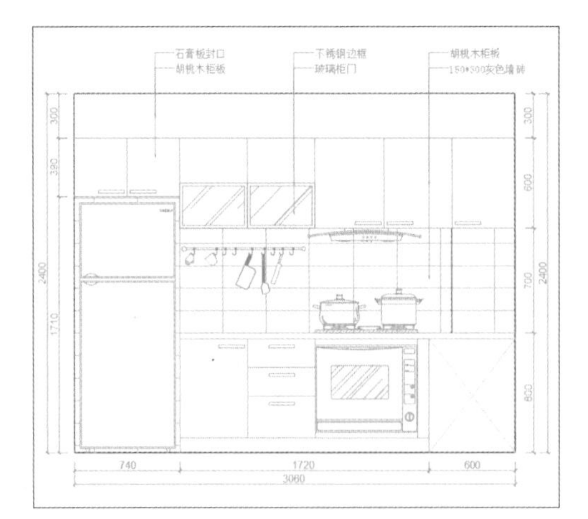

❽厨房工作台

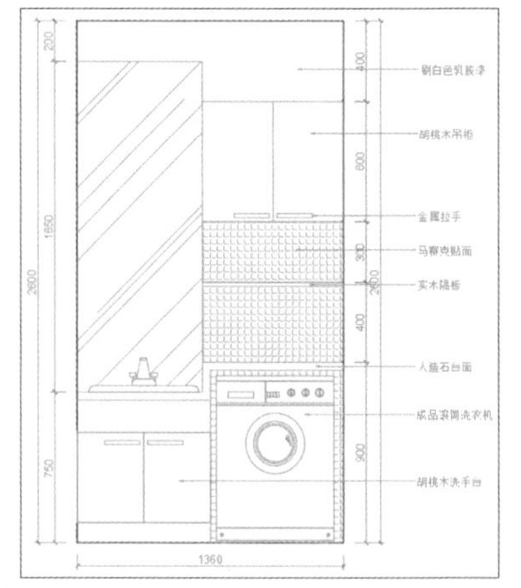

❾阳台洗手台及吊柜

Article 113 衣帽间的布局及尺寸

拥有一个独立的衣帽间是很多女性的梦想。对于女性来说，衣帽间不仅是收纳衣服的空间，更是美丽的基石。设计合理的衣帽间可以让我们更加方便地换装，同时能很好地保证衣服的整洁。

衣帽间布局中最重要的一点是活动空间❶❷，我们在衣帽间内要站立、伸手、抬臂、展臂、蹲姿、转身等各种活动，留出足够的活动空间后，剩余的空间才能用于储藏、储物等。

当衣帽间空间不能同时满足人体活动和标准柜深时，可以优先牺牲柜子的深度，保留人体可活动空间，其深度尽量保持在300mm以上，便于存放其他物品；衣帽间的形状尽量保持为简单的几何图形，尤其是活动空间的形状。

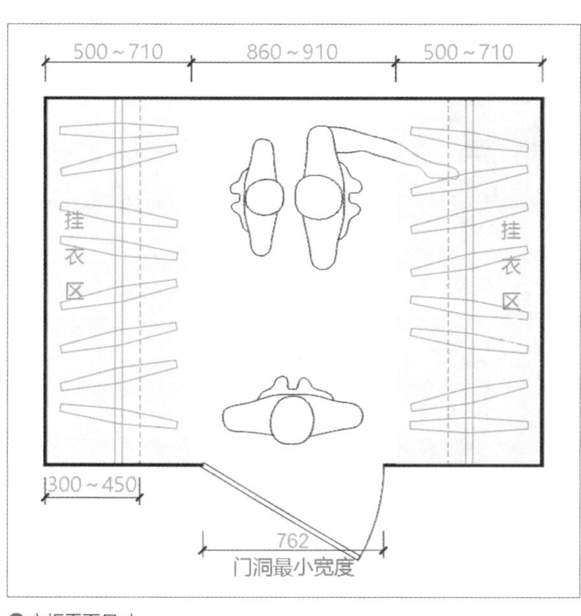

❶衣柜平面尺寸

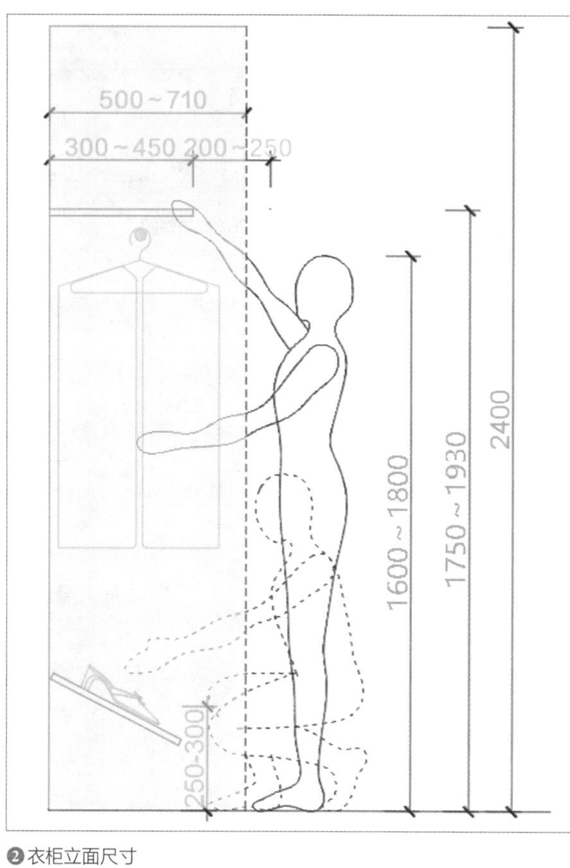

❷衣柜立面尺寸

Technique 01 衣帽间与衣柜的区别

1. 大小不一样

衣帽间常常是卧室中的一个单独空间，形状有一字形、L形、U形、双一字形；占地面积一般为4~5m²。衣柜只是放在卧室的家具，占地面积不会超过3m²，跟衣帽间完全不能比。

2. 位置不一样

衣帽间可以算作一个独立的小房间，满足人们日常收纳和梳妆打扮，而衣柜只是卧室里的一件家具，仅占卧室的一个小角落。

3. 功能不一样

衣帽间是专门用来收纳衣物的房间，可以是非常大的储物间，甚至能够容纳全家人的衣物。在功能设计上，衣帽间可以包括梳妆区、衣物储放区、杂物储放区、待洗衣物存放区等。而衣柜只是储存卧室主人的衣物，最多也只是存放备用棉被之类。

Technique 02 衣帽间的分类

根据外观形状不同，衣帽间可分为开放式、独立式、嵌入式、步入式四种类型。

1. 开放式衣帽间

开放式的衣帽间❸是利用一面空墙存放衣物，但是又不完全封闭的衣帽间。适合希望在一个大空间内解决所有穿衣问题的年轻人。这类衣帽间的主要问题是防尘，用防尘罩悬挂衣物或者用盒子叠放都是解决的方法。

2. 独立式衣帽间

独立式衣帽间❹对空间面积要求较高，特点是防尘好，储存空间完整，并提供充裕的更衣空间，要求房间内照明要充足，可以利用灯光营造气氛。

3. 嵌入式衣帽间

嵌入式衣帽间❺是利用居室中的凹处来制作的，比较节约面积，空间利用率高，且容易保持清洁，比较适合4m²以上的空间。在面积较大的居室中可以依据空间的形状，制作与卧室相连的衣帽间。

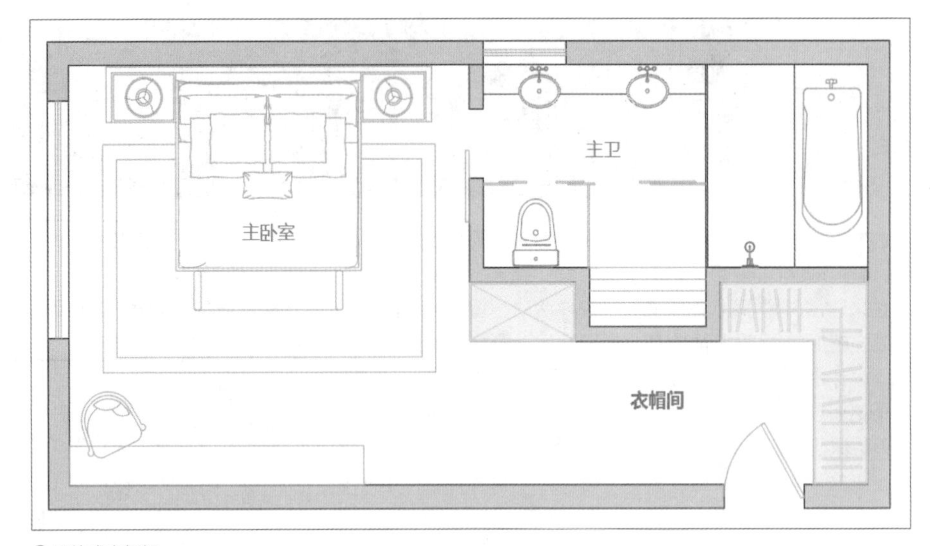

❸开放式衣帽间

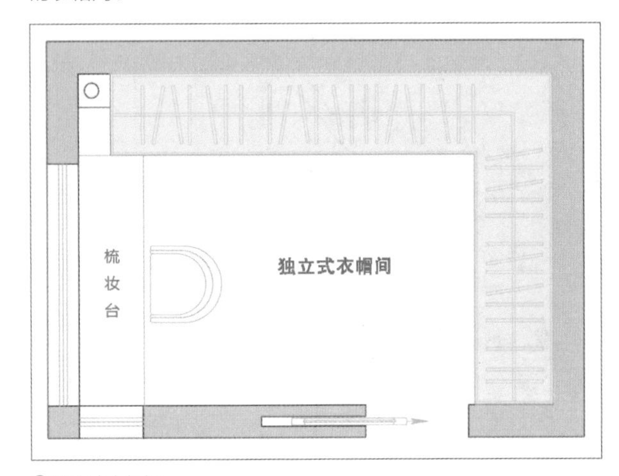

❹独立式衣帽间

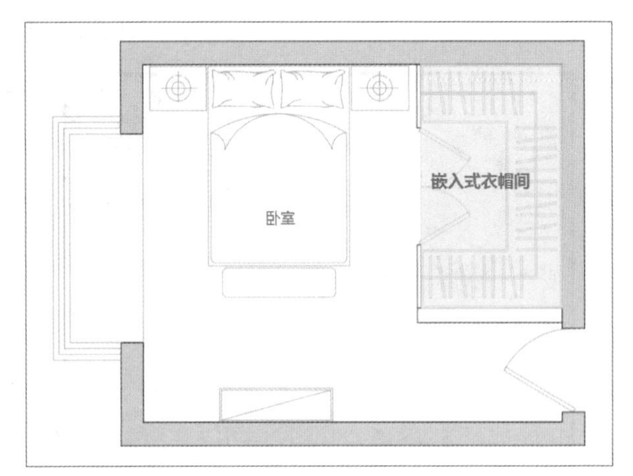

❺嵌入式衣帽间

4. 步入式衣帽间

步入式衣帽间❻是用于储存衣物和更衣的独立房间，可储存家人的衣物、鞋帽、包囊、饰物、被褥等。除储物柜外，还包括了梳妆台、取物梯子、烫衣板、衣被架、座椅等设施。在设计时，建议步入式衣帽间有扇窗户，利于空气的流通，避免衣物、储物柜在潮湿的雨季发生虫蛀、发潮发霉的现象。不是每一个居室都有足够的空间用于单独作为衣帽间，因此在进行衣帽间布局时要参考整体空间尺寸，如果空间不足，就只能根据实际情况布局衣柜。

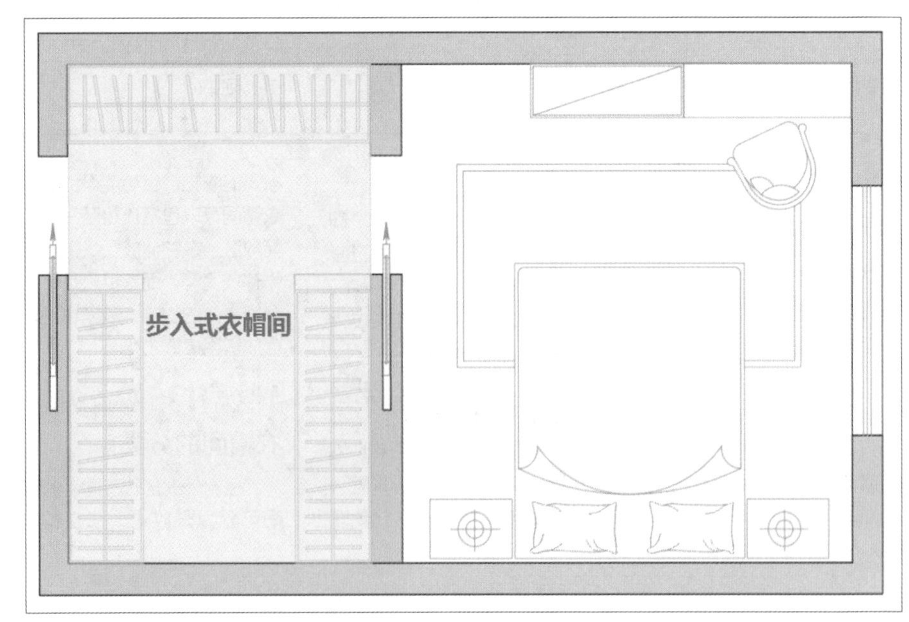

❻步入式衣帽间

Article 114 超小的步入式衣帽间

随着生活质量的不断提高，每个人的衣服都越来越多，为了对其进行分类收纳，衣帽间正逐步成为每个家庭中不可或缺的一部分。

许多人认为衣帽间仅可存在于大空间内，其实不然，现代住宅设计中，经常会有凹入或凸出的部分或者是三角区域，我们完全可以充分利用这些空间，根据业主的情况，规划出一个衣帽间。衣帽间给生活带来便捷的同时还会给在其中更衣的人带来愉悦的心情和自信，成为家居设计中的亮点。

以一个面积不到8m²的卧室为例，我们可以对次卧室进行各种摆放布局，但无一例外，衣柜的收纳体积都很小。

（1）衣柜正对窗户，虽然不影响采光，但挡住了床的一角，动线设计不流畅❶。

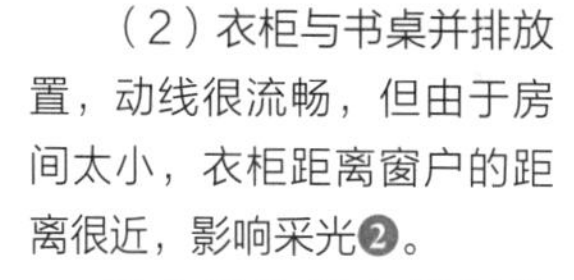

（2）衣柜与书桌并排放置，动线很流畅，但由于房间太小，衣柜距离窗户的距离很近，影响采光❷。

❸衣柜放置在进门位置，床正对窗户，书桌采光不太好。

❹如果为这个小卧室做一个小型的步入式衣帽间，则可以解决很多问题，首先最大化利用了该卧室空间，增加了收纳空间；床和书桌摆放在靠窗位置，完全不影响室内采光。

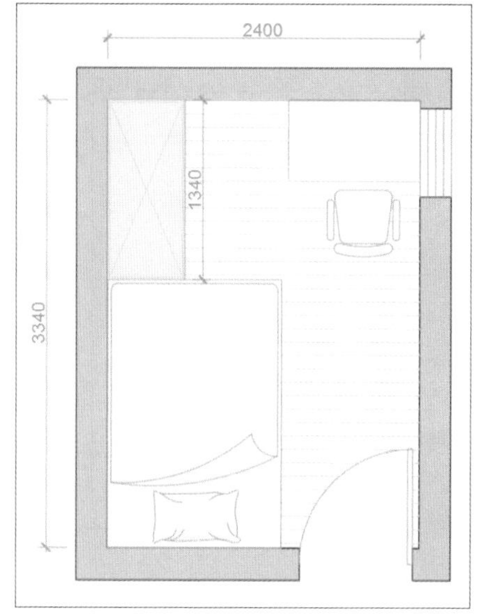

❶ 衣柜与床并排

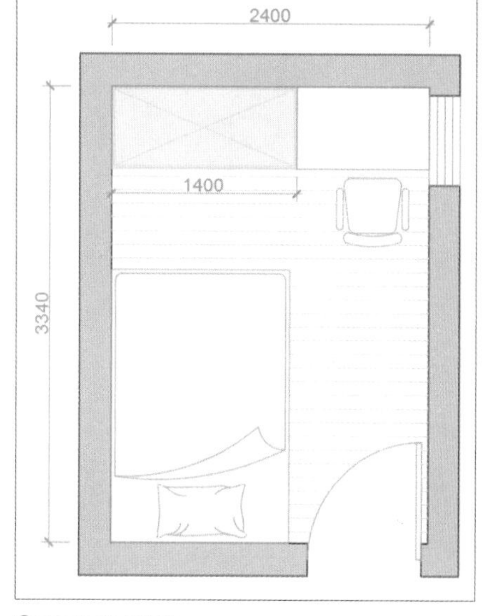

❷ 衣柜与书桌并排

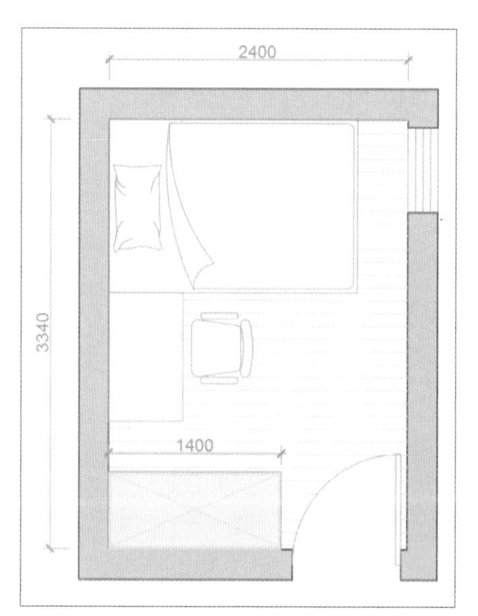

❸ 床正对窗户

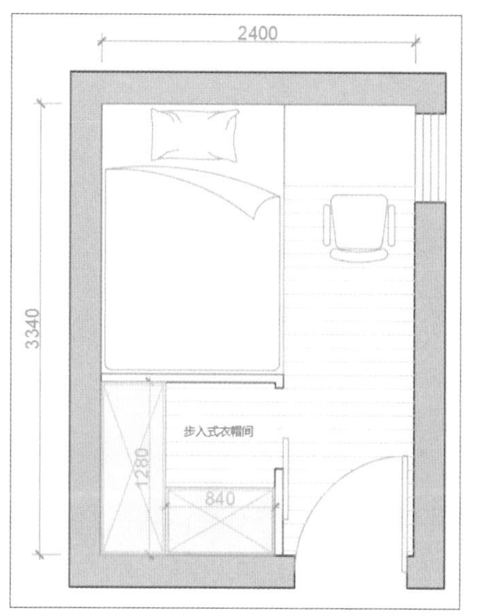

❹ 步入式衣帽间

Article 115 小面积卧室家具布置

卧室服务的对象不同，其家具及布置形式也会随之改变。卧室中的主要家具包括床、床头柜、桌椅、衣柜、书柜等，若面积较小，可以根据实际情况进行删减。

对于面积不到7m²的小卧室，怎样布置才能功能齐全又显得整齐宽敞呢？按照一般的布局❶，在卧室中布置了床、床头柜、衣柜后，剩下可供活动的空间就非常小了。对于小房间来说，一物多用、一个空间多样功能是基本的要求，那些既可以当沙发又可以当床、既能当书桌又能当书柜的家具就是具备多功能的基本元素。

这里我们可以做一个集衣柜、书架、床头柜功能于一体的家具❷，整齐又不浪费空间，即使卧室门打开也可以拥有一片较为宽敞的活动空间。衣柜的正常深度为600mm，除去作为床头柜的空间，还可以靠墙做一列小小的书架。预留出插座位置，便于台灯通电及日常手机充电等❸❹。

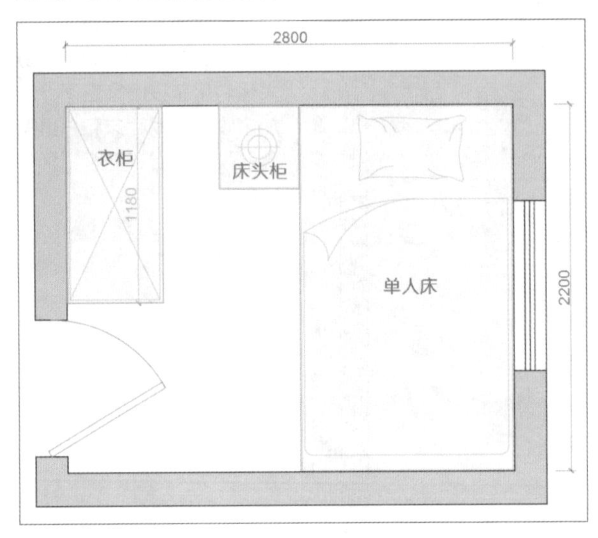

❶正常摆放方式

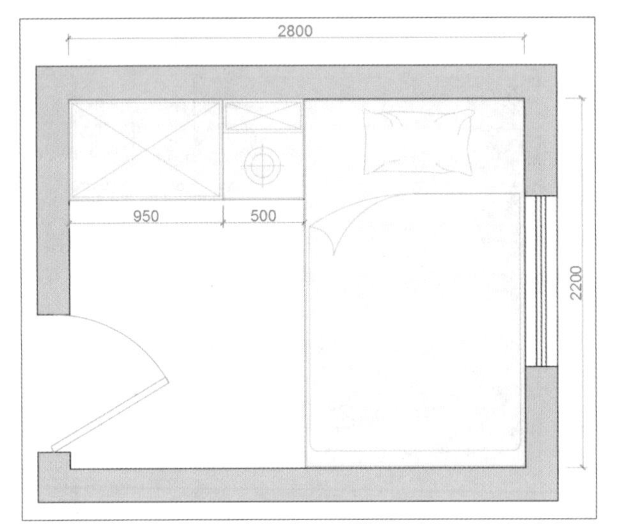

❷定制衣柜

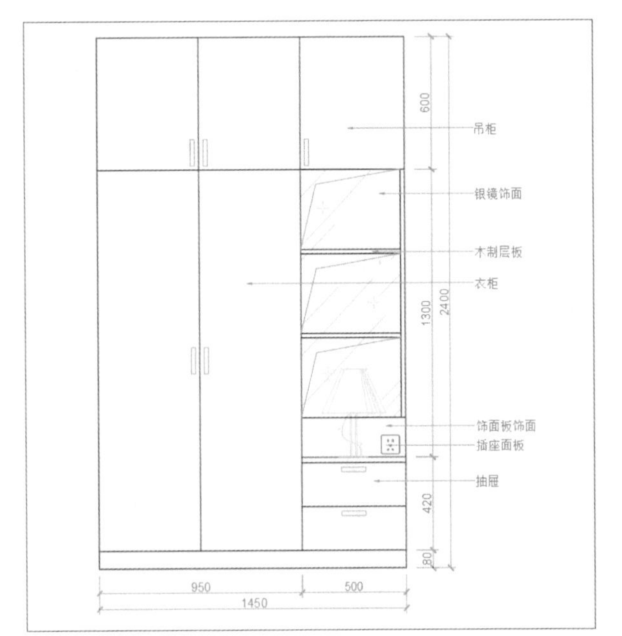

❸衣柜立面图

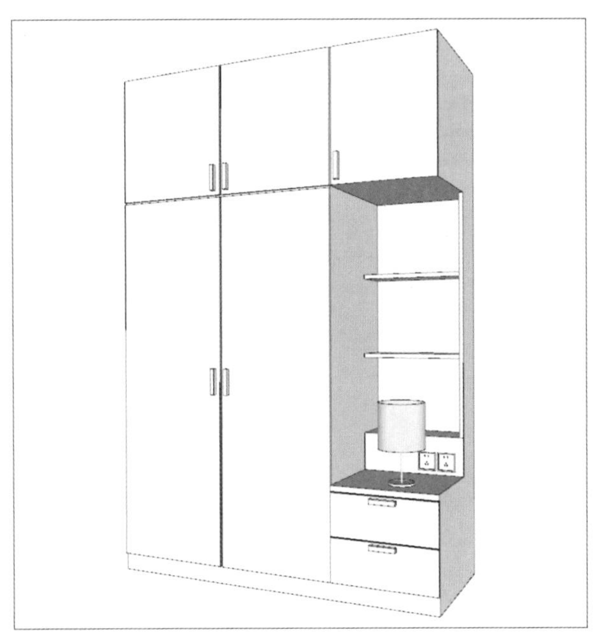

❹衣柜三维效果

Article 116 床的常见尺寸与活动范围

卧室是整个室内布局中最重要的主体及核心空间，是人们每天用于休息、提升生活愉悦感的场所。

如果卧室布置了一张好床，却发现床铺太高或太低，每天上下床时都感觉不是那么舒适；或者预留的通道空间不足，使得卧室看起来拥挤狭小，人通过时需要侧身，甚至连衣柜门都打不开……好不别扭。所以说，好的动线安排与尺寸规划，一定要比买名贵的床组要重要得多❶❷。

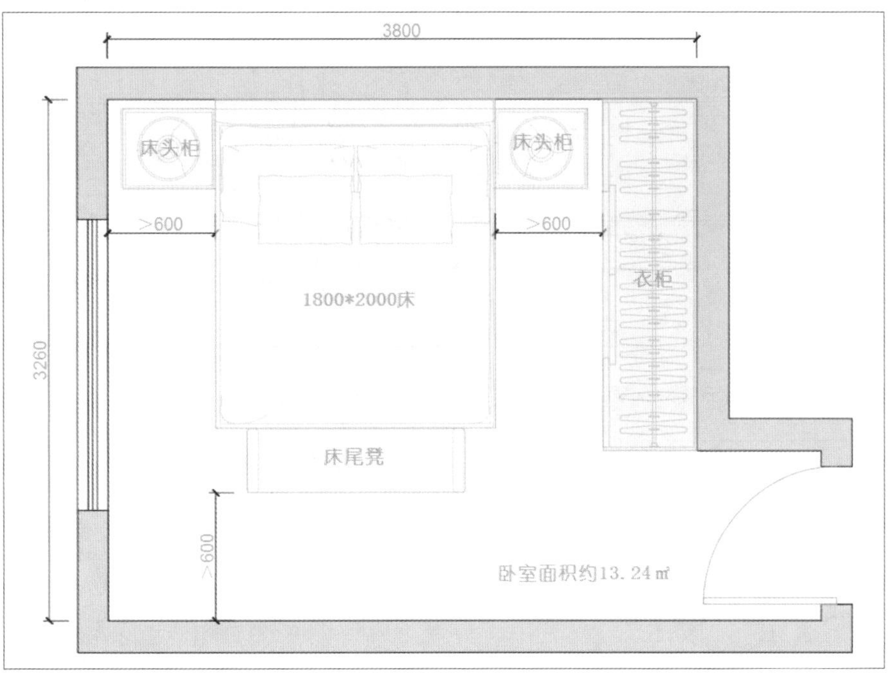

❶ 选用1.8m的床和推拉门衣柜平面

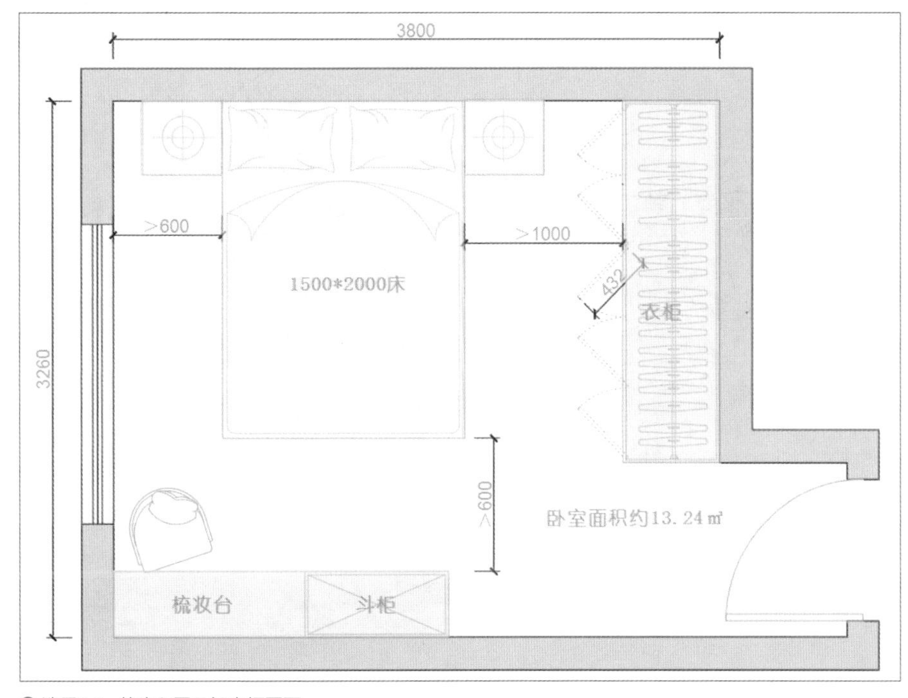

❷ 选用1.5m的床和平开门衣柜平面

床的大小取决于卧室面积。从室内设计角度来讲，床外径的尺寸对卧室整体的影响至关重要，太大或太小都会影响卧室的美观和使用。

若是双人床，应居中布置，满足两人从不同方向上下床的方便及铺设、整理床褥的需要；高大的衣柜应靠近墙边或角落，避免靠近窗户，阻挡自然光或者有碍人的活动。若是单人床，则可以靠墙放置，留出足够的室内空间。

Technique 01

面积

一般来说，床理想的面积应该是卧室面积的三分之一，最好不要超过卧室面积的二分之一，也就是说，如果要选用1.8m的床，那么这间卧室的面积至少为（1.8+ 0.1）×（2+0.2）×3= 12.54m^2。

注意：通常我们所讲的床的尺寸是指床的内径尺寸，如果算上床的框架尺寸，就要给长加200mm，宽加100mm。

Technique 02

通道

床的四周应留空，两侧的通道宽度不应少于500mm，最好超过600mm。床尾与墙的距离至少要留到600mm才方便通行，如果中间还有床尾凳或桌子，还要加上这些宽度。

如果床的一侧有衣柜，那么床和衣柜的距离要根据床头柜和衣柜门的尺寸来确定。床头柜的宽度一般为600~650mm，平开门的衣柜门宽度为400~450mm，也就是说，床距离平开门衣柜的距离至少为1000mm❹，如果衣柜是推拉门，那么床距离衣柜的距离至少为600mm❸，这样才能方便家人的通行，才能保障衣柜功能的正常使用。

Technique 03

床高

床高是指床面距地面的垂直距离，以略高于使用者的膝盖为宜，过高导致上下床不便；太矮则易受潮，容易在睡眠时吸入地面灰尘。对于成年人来说，床高保持在400~500mm即可。

床的高度不是固定的，如果家中有老人或小孩，床高应略低于使用者的膝盖，便于老人或孩子上下床和避免摔伤，但不要低于膝盖超过50mm，否则容易增加关节的劳损。

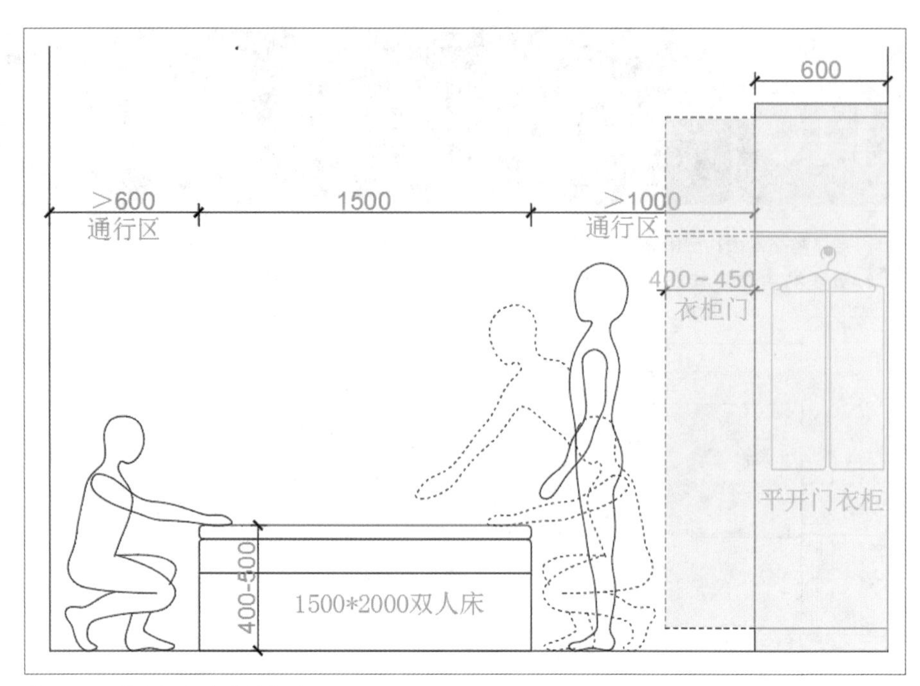

❸ 1500mm的床和平开门衣柜立面

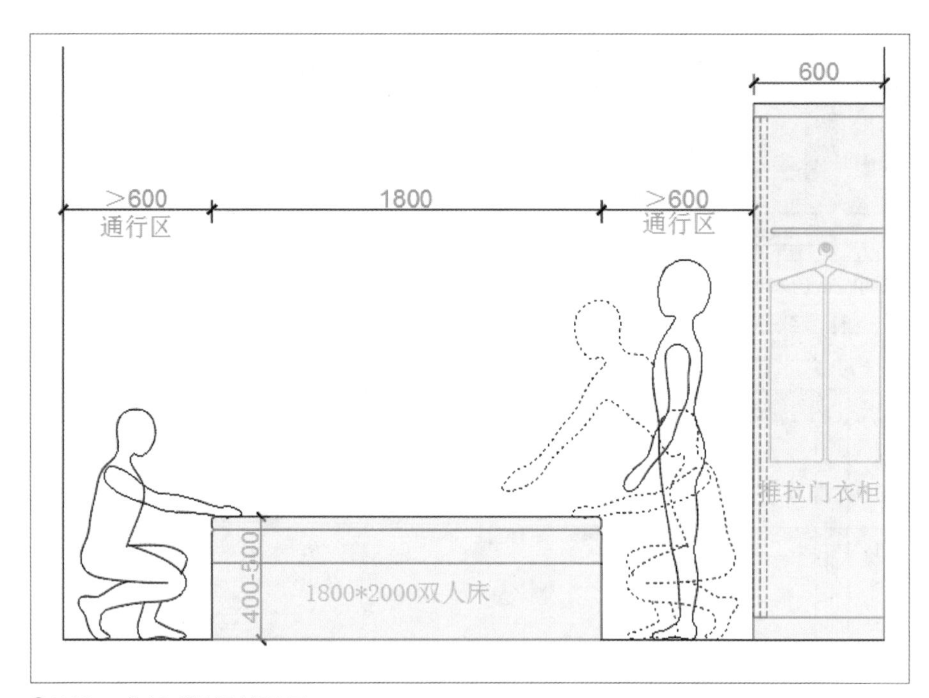

❹ 1800mm的床和推拉门衣柜立面

Article 117 卫生间布局及尺寸

想要一个真正舒适的卫生间，尺寸上的细节是绝对不容忽视的。洗漱台的大小、马桶占据的空间、淋浴的高低等，这些都关系着卫生间的舒适程度❶❷。

Technique 01

洗漱台

洗漱台在卫生间承担着收纳、洗漱的功能，镜子连着洗漱台。洗漱台的最佳高度为800~900mm，弯腰洗脸等动作时都会比较舒适。如果业主比较高，可以选择挂壁式洗漱台，并根据自己家人的身高进行调节。洗漱台的最佳宽度为550~600mm，使用起来较为舒适，也有充足的空间放置洗漱用品。

浴室镜的高度以头在镜子的正中间为最合适，推荐高度为1350mm，可以使镜子正对着人脸。毛巾架的最佳高度为1200mm，在手最方便拿取的区域。

Technique 02

坐便器

坐便器的下水口距离两侧墙体的最佳距离为400~450mm，坐便器的边沿距离厕纸架应为200~300mm，这样在如厕时不会觉得拥挤，伸手到厕纸架的距离也刚好。

Technique 03

淋浴

浴室尺寸以900mm×900mm为宜，可以保证洗浴时身体可以自由转动，不会撞到墙面或玻璃，浴室内也可以保持合适的温度。花洒高度可由浴室吊顶高度和业主的身高来决定，一般花洒头距地面高度以1900~2000mm为宜，即家里最矮的人伸手能拿到为最佳。

混水阀的高度最好在900~1100mm，原则上不要高出1100mm，否则可能会导致带升降杆花洒装不上；若低于900mm，每次开阀门就需要弯腰，很不方便。另外，吊顶与花洒顶端之间最好保留至少300mm的距离，减小浴霸的烘烤对花洒寿命产生的影响。

Technique 04

浴缸

如果想在卫生间安装浴缸，那么浴缸长度最好为1800mm左右，宽为600~

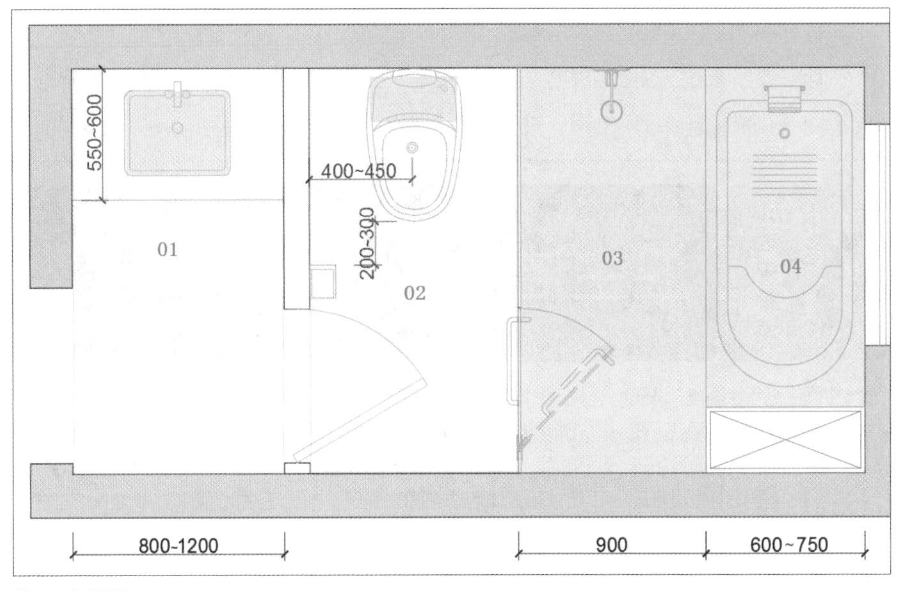

❶ 卫生间平面

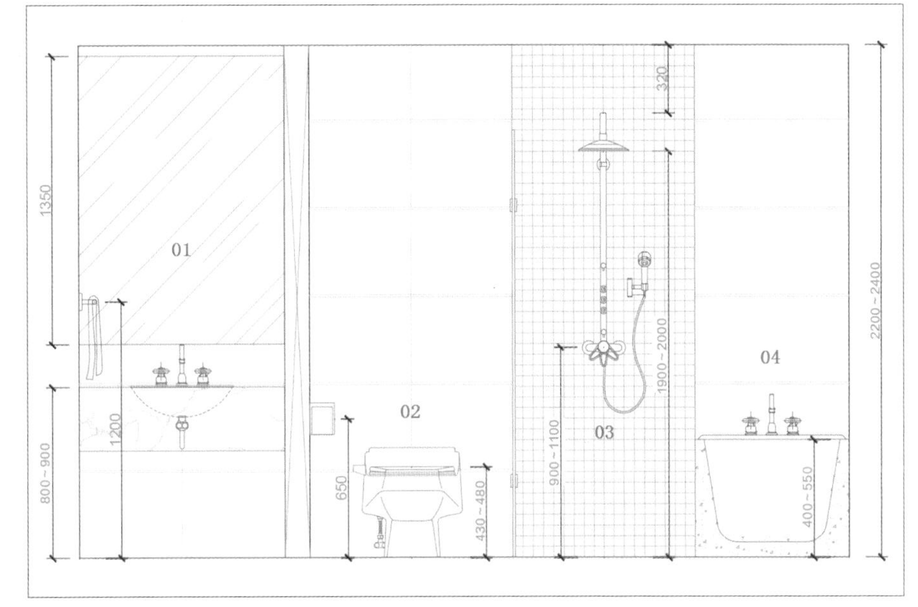

❷ 卫生间立面

750mm，这样使用起来较舒适❸❹❺❻。泡澡时如果想要有一个较舒适的活动空间，那么浴缸与对面墙的距离至少为600mm，这可以保证基本的走动不受影响。

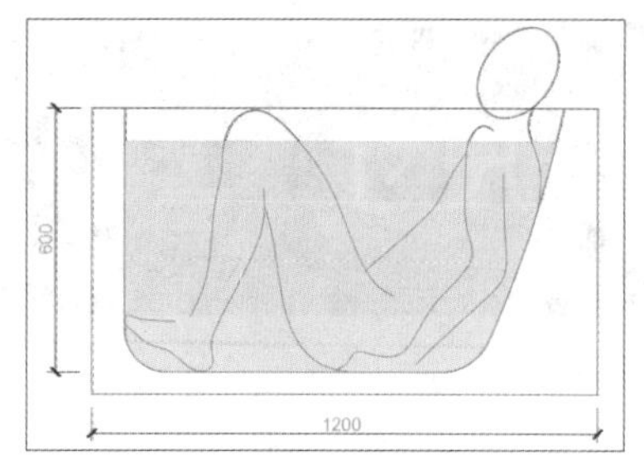

❸ 长度为1200mm的浴缸

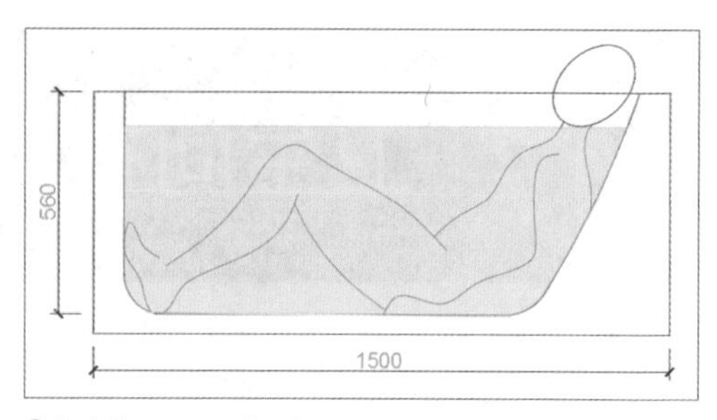

❹ 长度为1500mm的浴缸

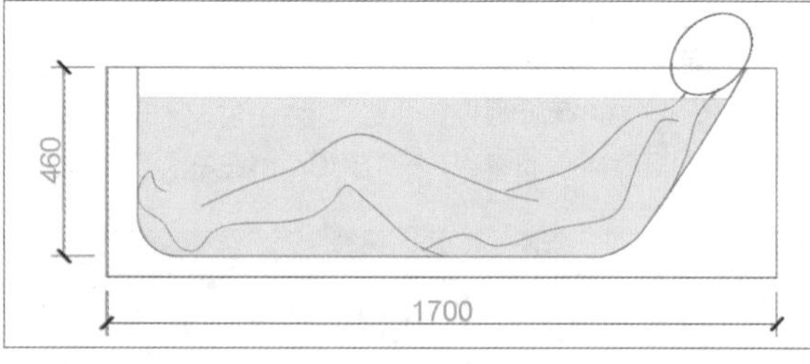

❺ 长度为1700mm的浴缸

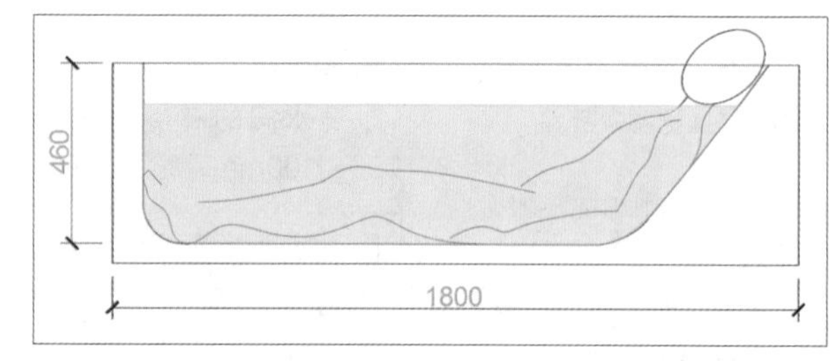

❻ 长度为1800mm的浴缸

Article 118 卫生洁具的布置方式

卫生间由厕所、浴室、洗面化妆、洗涤空间组成，在布局时最好分别设置，互不干扰，其面积应根据卫生设备尺寸和人体活动空间来确定。

卫生间面积应根据卫生设备尺寸和人体活动空间来确定，不同洁具组合的卫生间使用面积规定如下。

卫生间由厕所、浴室、洗面化妆台、洗浴空间组成，在布局时最好分别设置，互不干扰，其面积应根据卫生设备尺寸和人体活动空间来确定。不同洁具组合的卫生间使用面积不应小于以下规定：

（1）单设便器的卫生间面积应该为1.1m²左右。

（2）设便器、洗漱台两件卫生洁具的卫生间面积应该为2吊左右。

（3）设便器、洗浴器（浴缸或喷淋）两件卫生洁具的卫生间面积应该为2.5m²左右。

（4）设便器、洗浴器（浴缸或喷淋）、洗漱台三件卫生洁具的卫生间面积应该为3m²左右。

（5）对于面积更大的卫生间，可加设便器、洗浴器（浴缸或喷淋）、洗漱台之外的设备，如洗衣机，也可选择加大设备尺寸或增加设备数量。

这只是一个参考标准，因为多数居室的卫生间面积在购房之初就已经确定，那么在进行卫生间布局设计时就要根据卫生间面积进行卫生洁具的摆设。

Technique 01

布置一种洁具

以下为布置一种洁具时的多种方案❶❷❸❹❺❻。

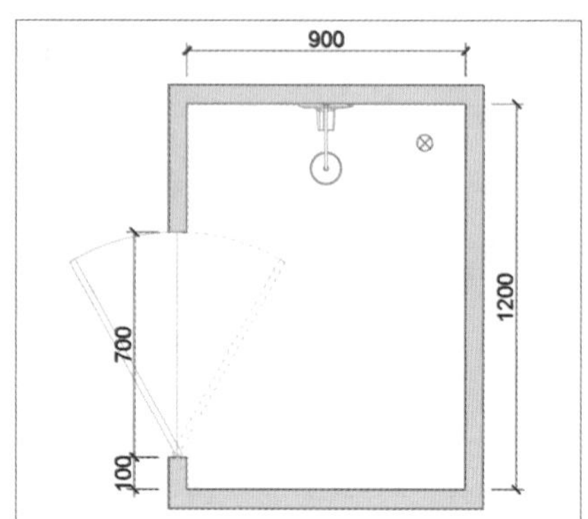

❶ 1.08m²

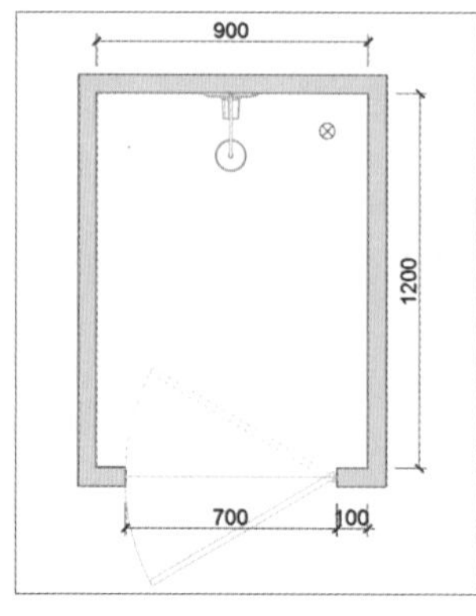

❷ 1.08m²

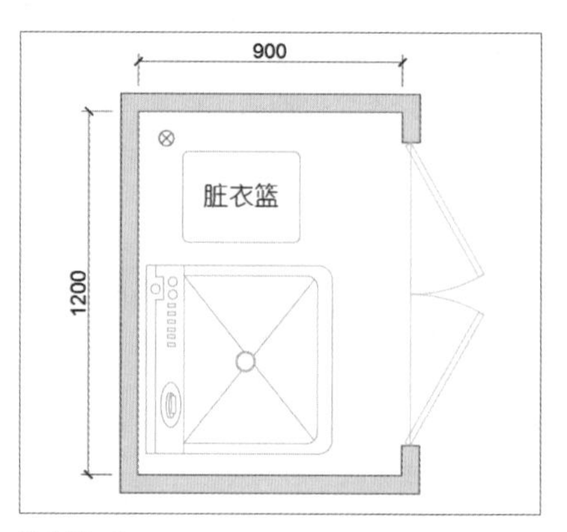

❸ 1.08m²

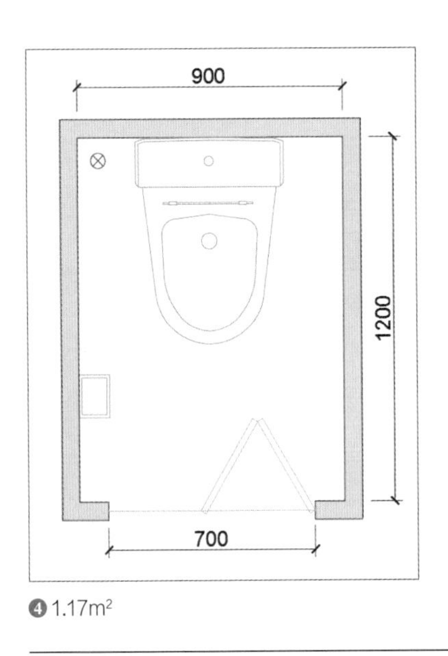

❹ 1.17m^2

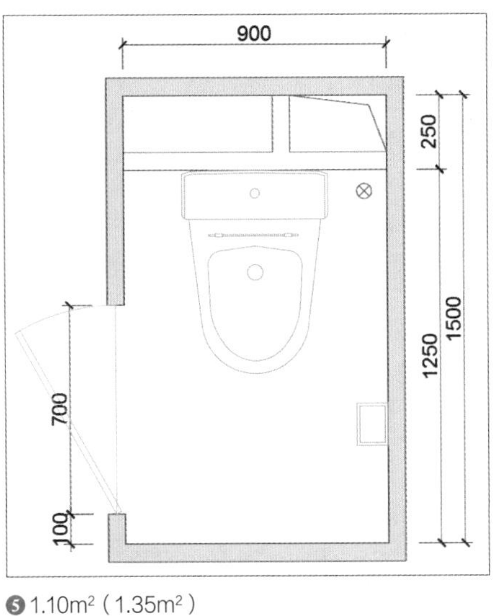

❺ 1.10m^2（1.35m^2）

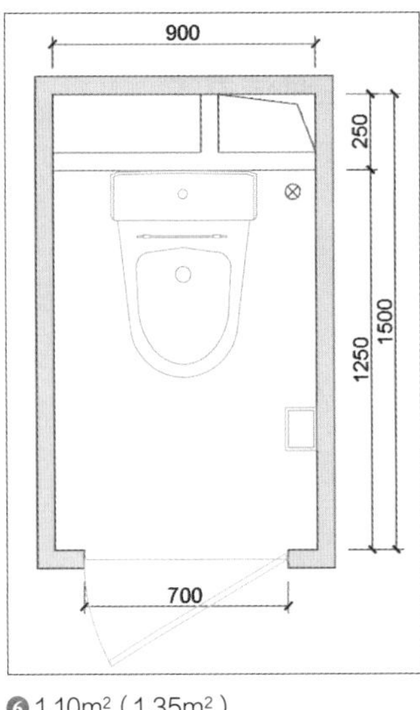

❻ 1.10m^2（1.35m^2）

Technique 02

布置两种洁具

以下为同时布置两种洁具时的多种方案❼❽❾❿⓫⓬。

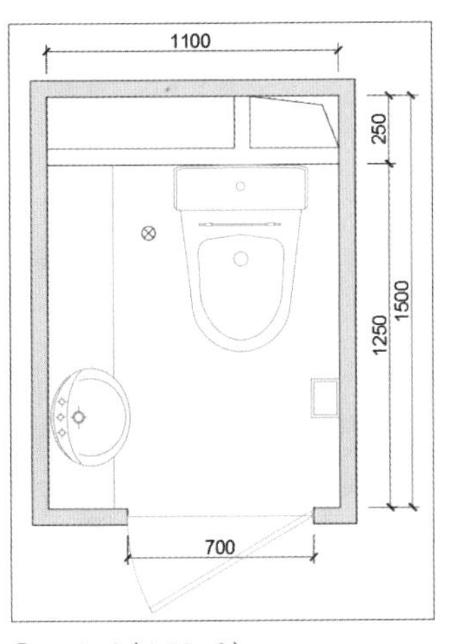

❼ 1.49m^2（1.76m^2）

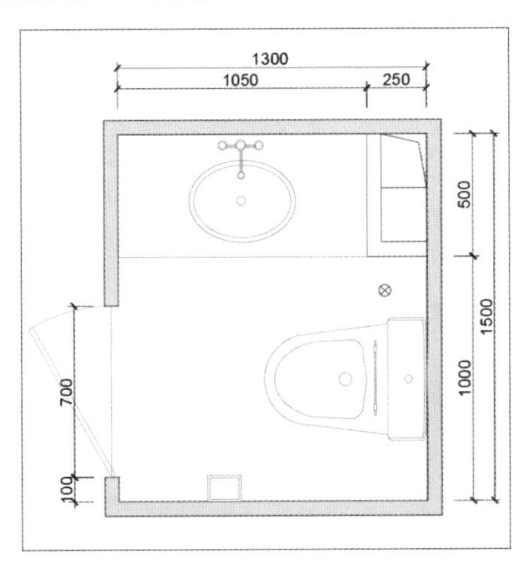

❽ 1.83m^2（1.95m^2）

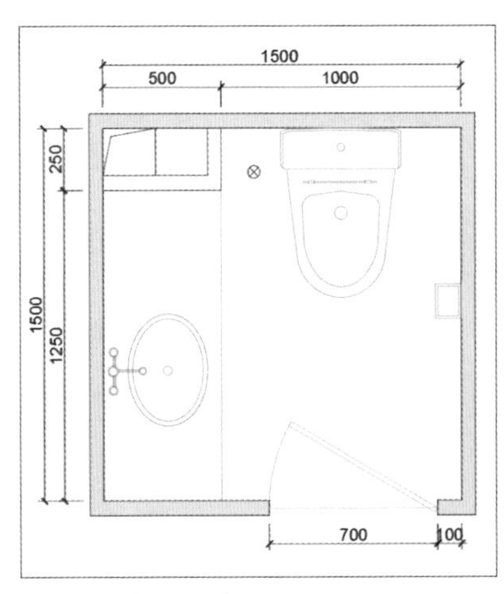

❾ 2.13m^2（2.25m^2）

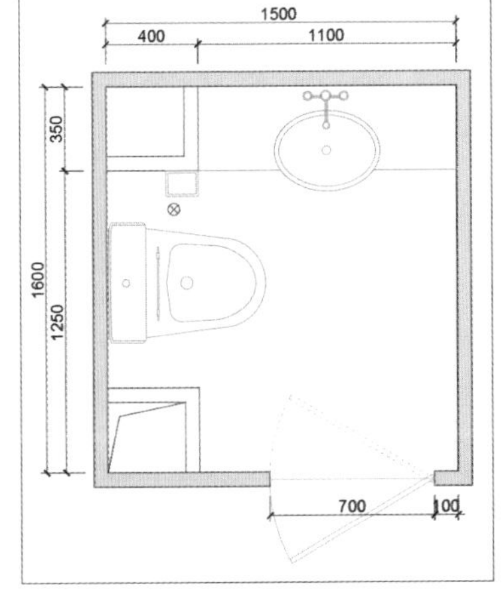

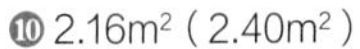

❿ 2.16m^2（2.40m^2）

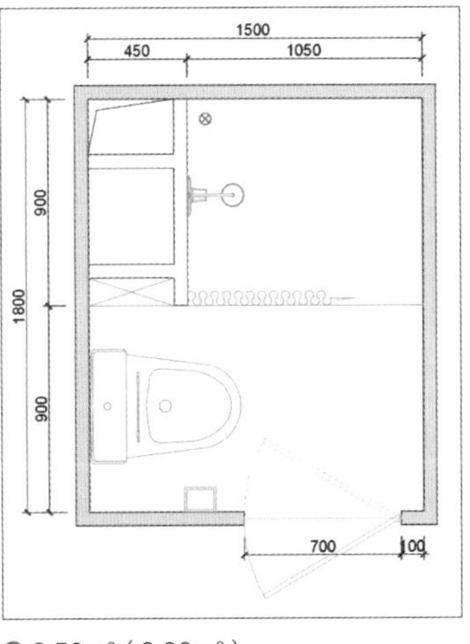

⓫ 2.50m^2（2.88m^2）

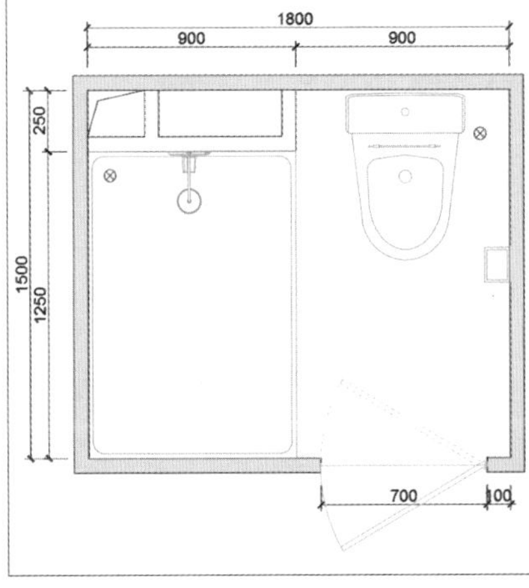

⓬ 2.50m^2（2.72m^2）

布置三种洁具

以下为同时布置三种洁具时的多种方案⑬⑭⑮⑯⑰⑱⑲⑳。

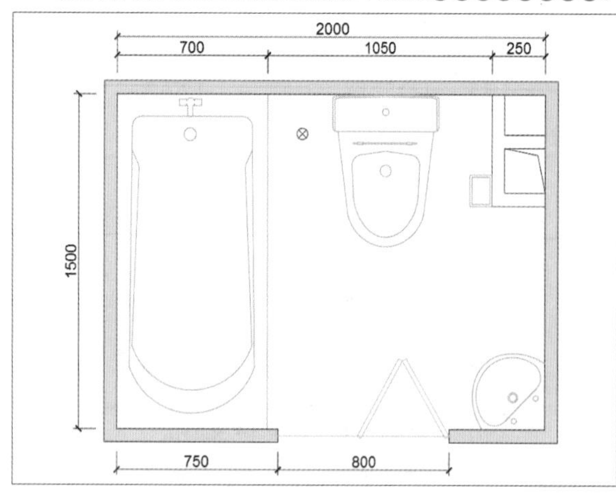

⑬ 2.85m² (3.00m²)

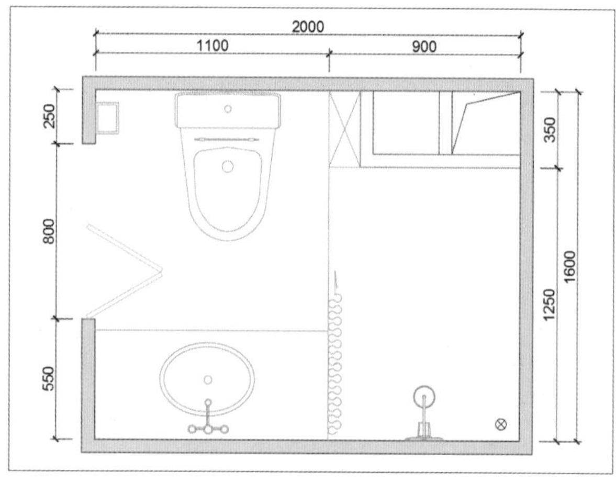

⑭ 2.89m² (3.20m²)

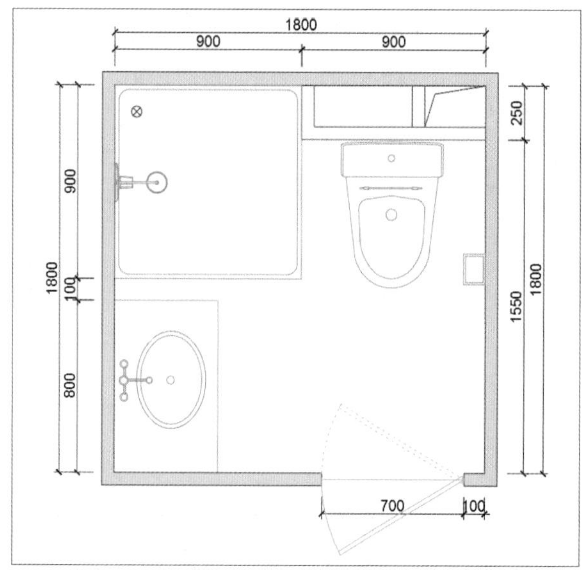

⑮ 3.00m² (3.24m²)

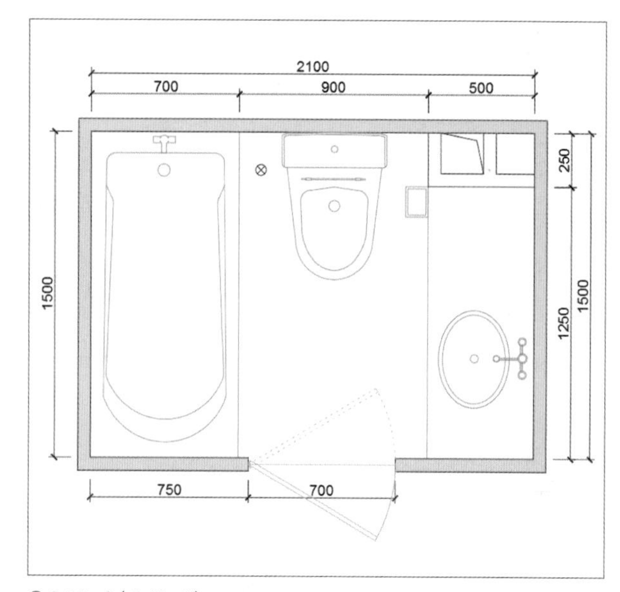

⑯ 3.00m² (3.15m²)

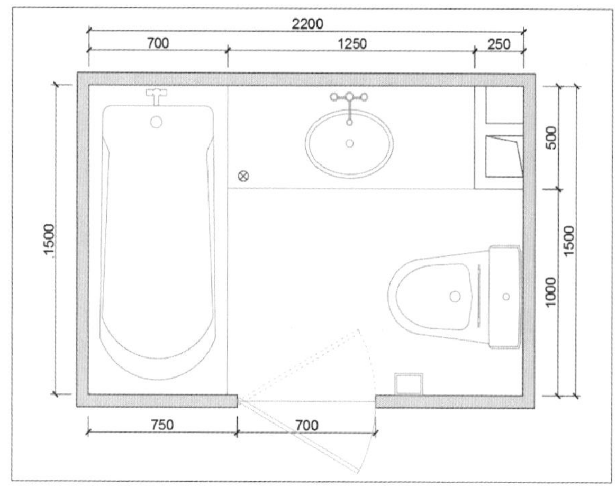

⑰ 3.15m² (3.30m²)

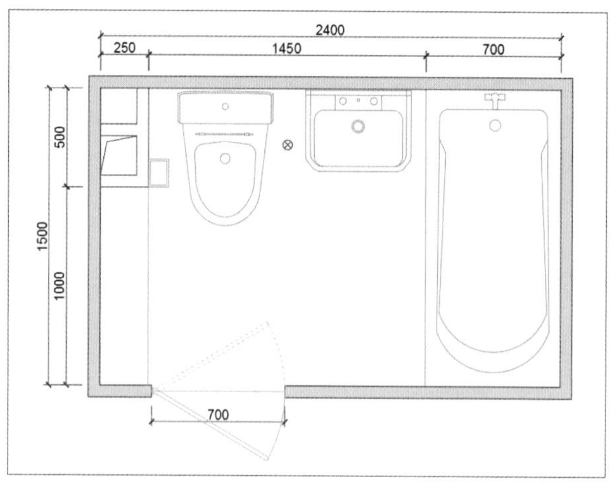

⑱ 3.45m² (3.60m²)

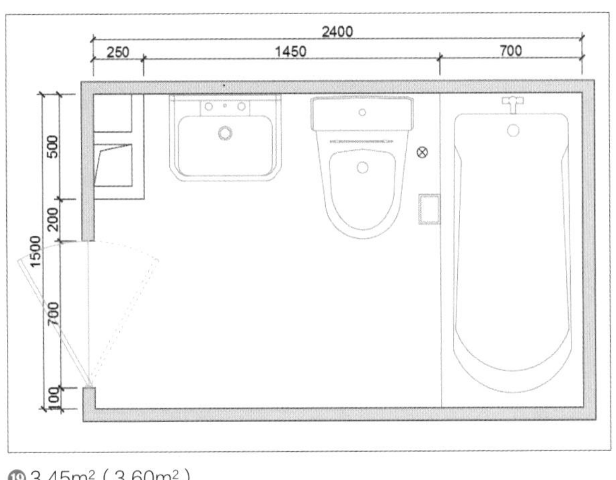

⑲ 3.45m²（3.60m²）

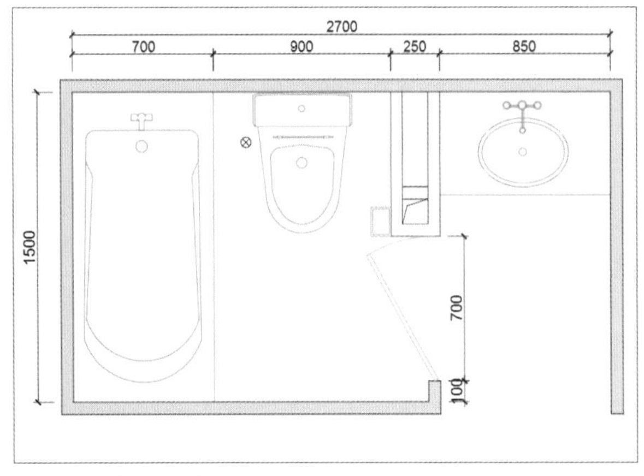

⑳ 3.30m²（4.05m²）

Technique 04

布置三种洁具（带洗衣机）

以下为布置三种洁具的同时，又布置了洗衣机的多种方案㉑㉒㉓㉔㉕㉖㉗㉘㉙㉚㉛㉜㉝㉞㉟㊱。

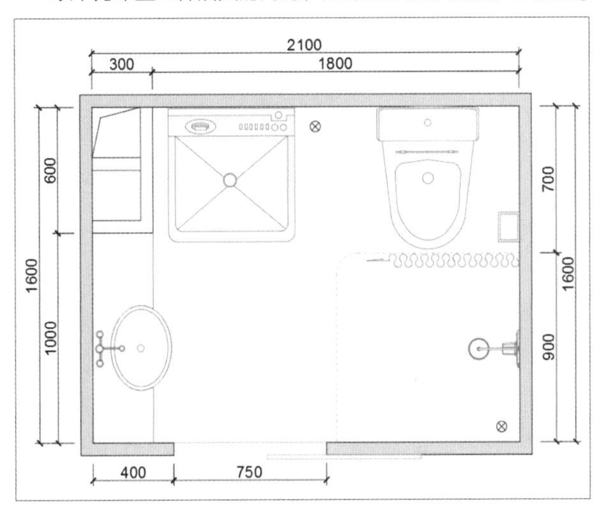

㉑ 2.85m²（3.00m²）

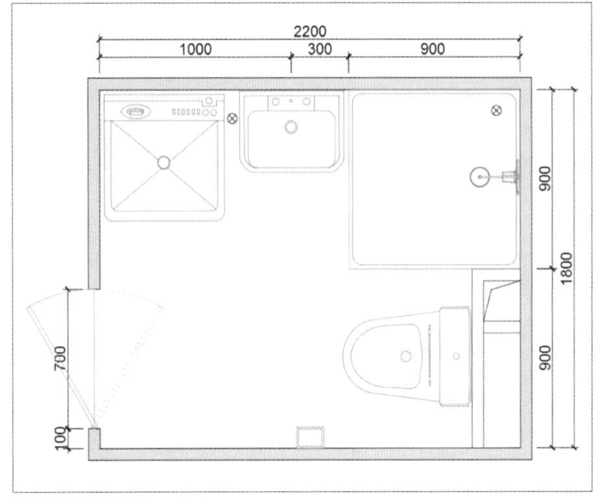

㉒ 2.89m²（3.20m²）

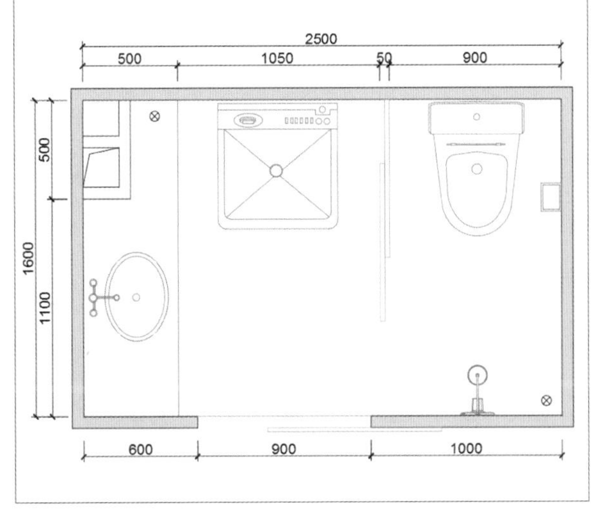

㉓ 3.00m²（3.24m²）

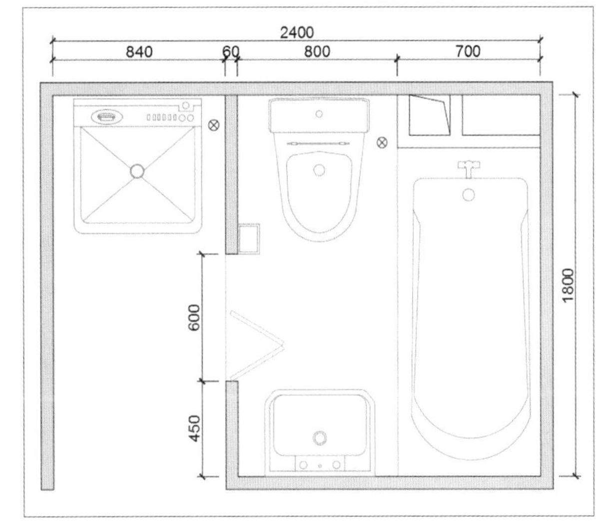

㉔ 3.00m²（3.15m²）

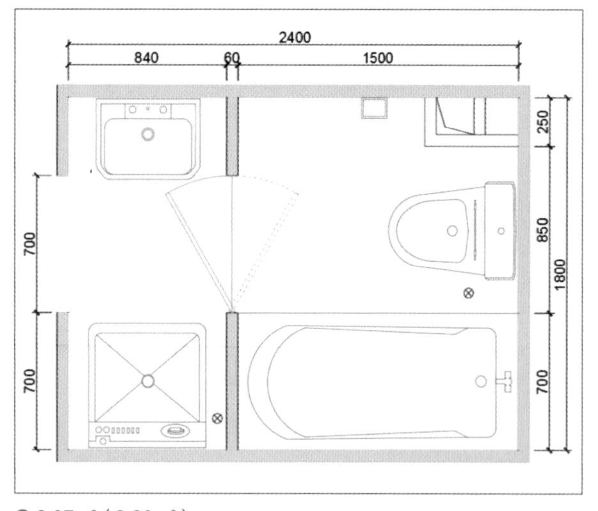

㉕ 3.07m² (3.20m²)

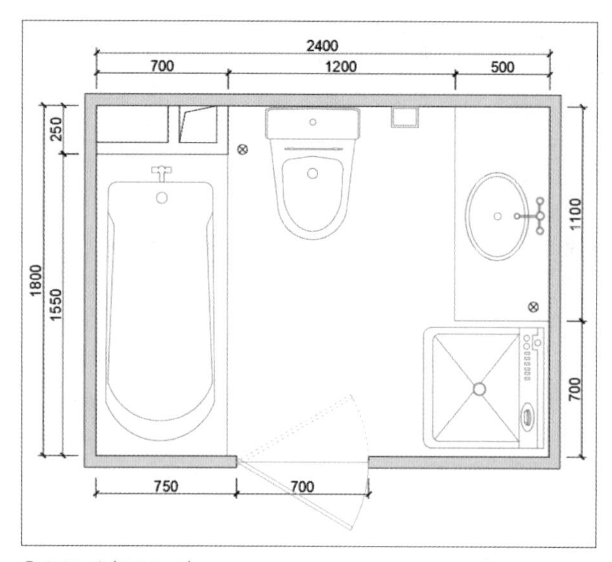

㉖ 3.15m² (3.30m²)

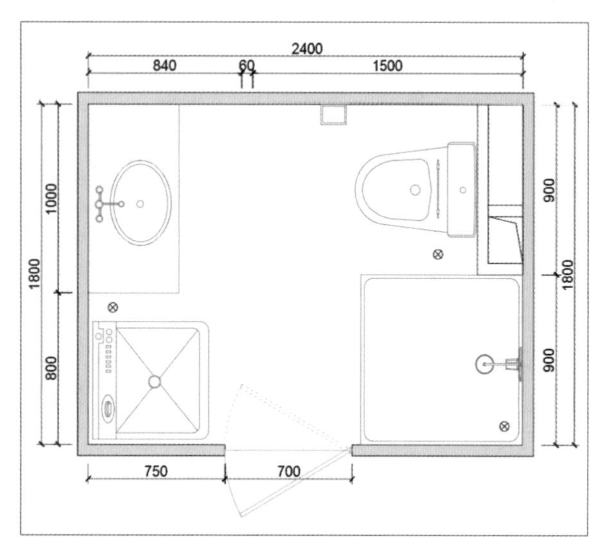

㉗ 4.10m² (4.32m²)

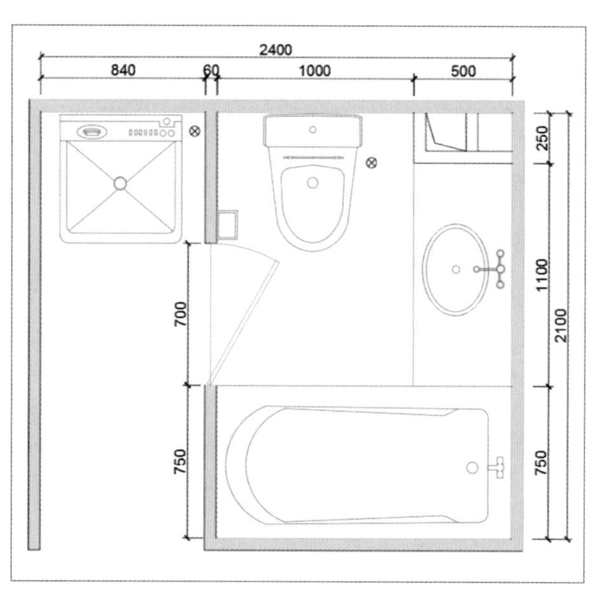

㉘ 4.80m² (5.04m²)

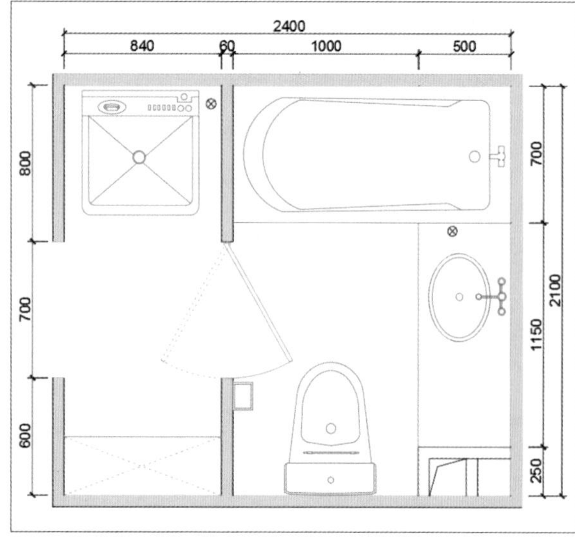

㉙ 4.80m² (5.04m²)

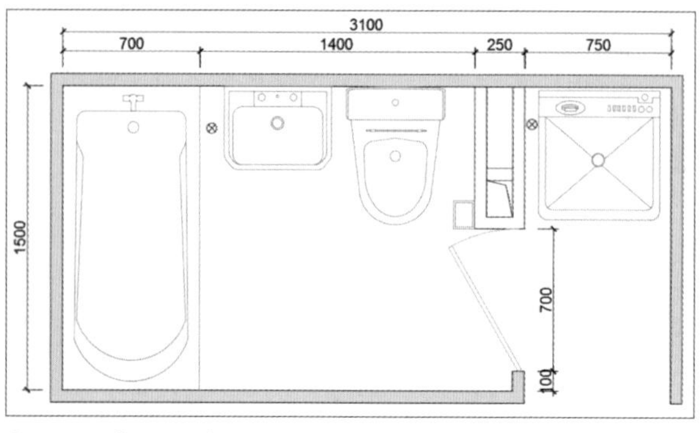

㉚ 4.55m² (4.80m²)

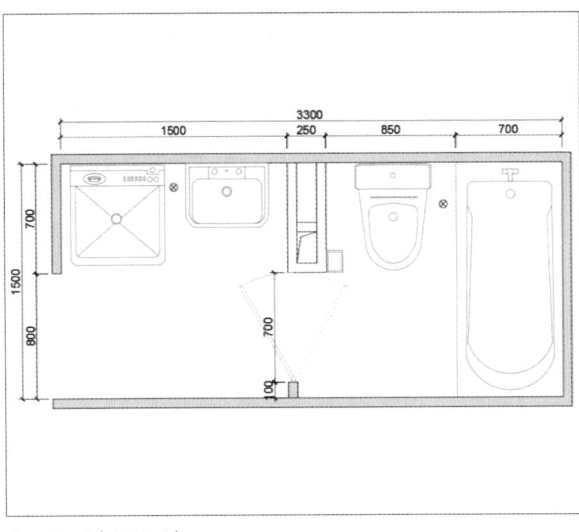

㉛4.70m^2（4.95m^2）

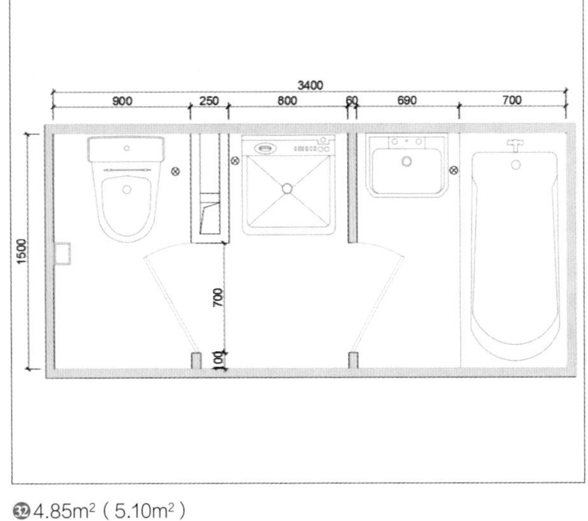

㉜4.85m^2（5.10m^2）

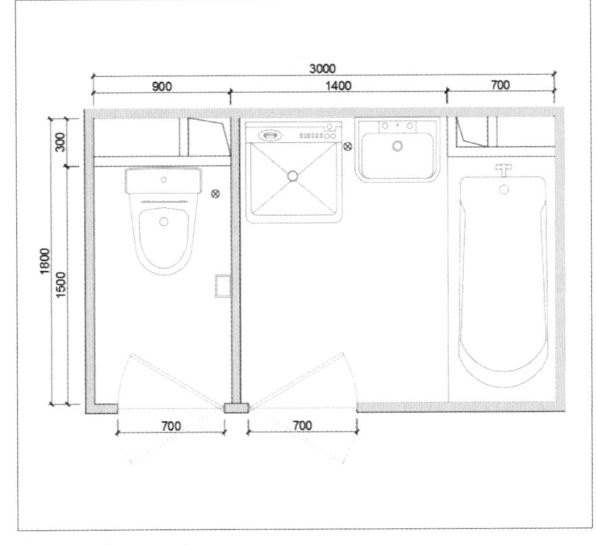

㉝5.15m^2（5.40m^2）

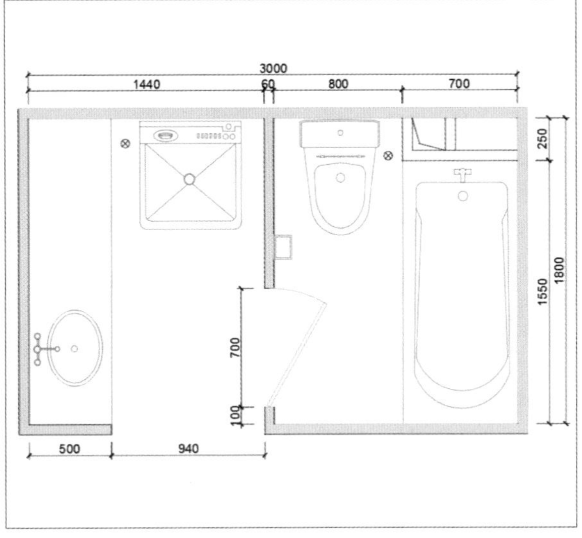

㉞5.15m^2（5.40m^2）

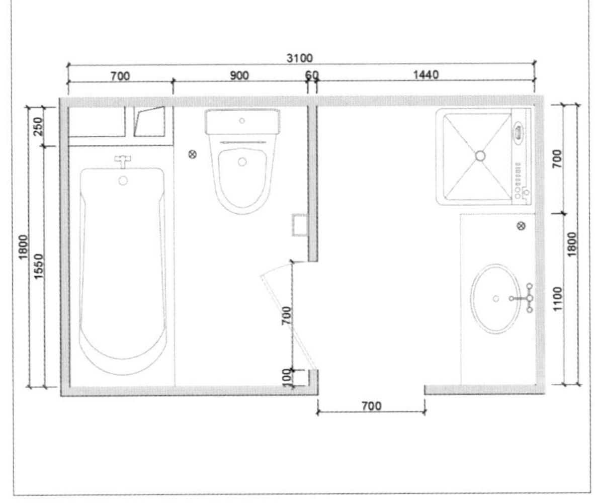

㉟5.30m^2（5.58m^2）

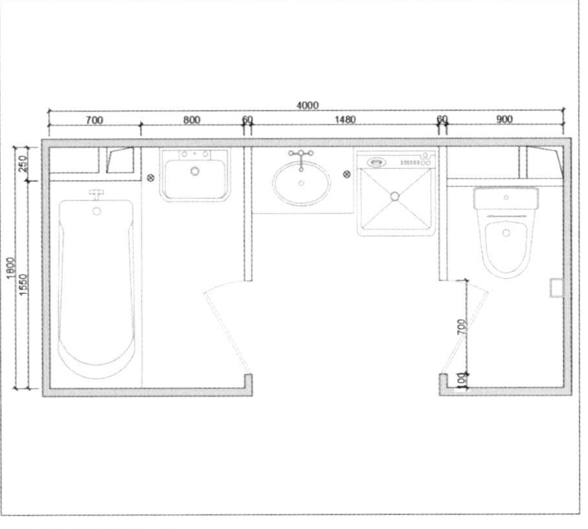

㊱6.80m^2（7.20m^2）

Article 119

从干湿分离到四室分离

早上赶着上班时，经常会有“你在洗漱的时候刚好我想上厕所”这样的情形，并且几乎每天都在上演，于是卫生间干湿分离的设计一提出来就得到了大多数人的认可，到如今甚至做到了四室分离。

Technique 01

干湿分离

干区是指洗手台，湿区是指淋浴区。干湿分离是指将淋浴区与卫生间的其他功能隔开，可以起到干湿分离的作用。分离后，淋浴区产生的大量水汽不会影响如厕及洗漱，降低了发生短路的危险，提升电器设备及木质收纳柜的使用寿命；不会因地板积水而滑倒，就算有人在淋浴、如厕也不会影响洗漱；由于淋浴区面积较小，冬天洗澡时热量更容易凝聚，温度也会升高，提高了舒适度。

常见的干湿分离有以下三种形式。

（1）独立淋浴房隔断❶。

（2）洗手台单独设置在外❷。

（3）浴室单独设置在外。

要做到标准的干湿分离，卫生间面积至少要有5.4m²，将洗漱台独立在外，坐便器和淋浴或浴缸保留在里侧即可。即使洗漱台面积小，过道也不会感觉到拥挤。

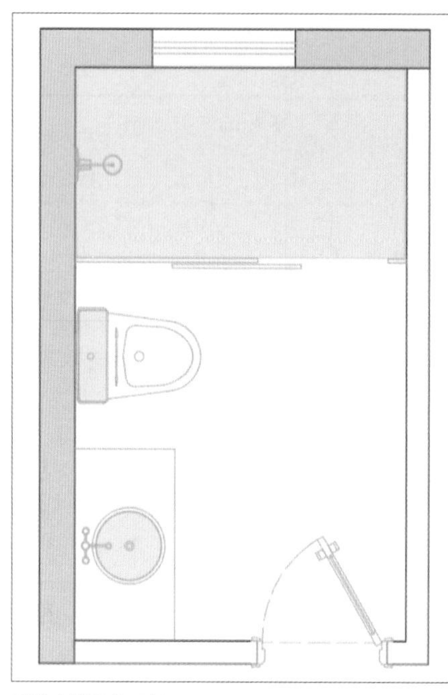

❶独立淋浴房隔断

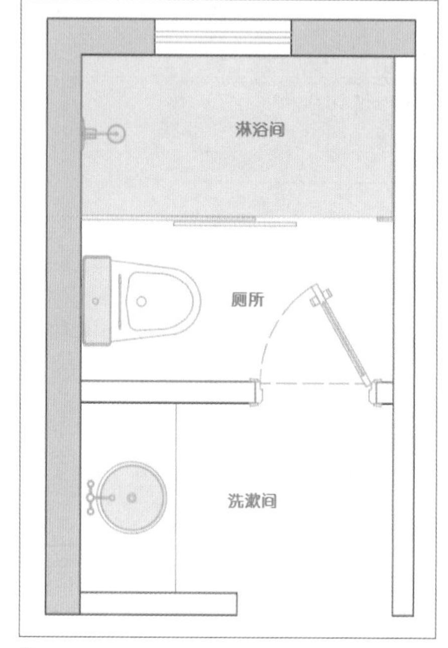

❷隔出独立洗漱间

Before

卫生间面积较小，洗手台、坐便器以及淋浴处于同一个空间内，同时仅能容纳一人使用❸。

After

借用公共过道区域，将洗手台移出，这样在洗漱时不影响他人如厕或洗澡，同时也扩大了洗手台面积；设计独立淋浴隔断，防止水花四溅、地面积水，避免水汽扩散❹。

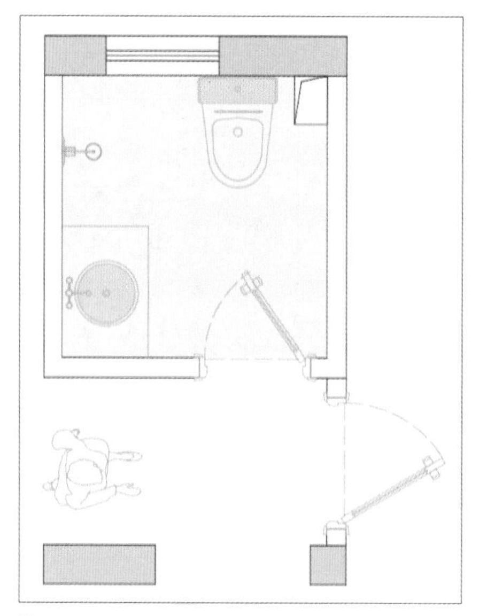

❸面积小、有可扩展空间的卫生间

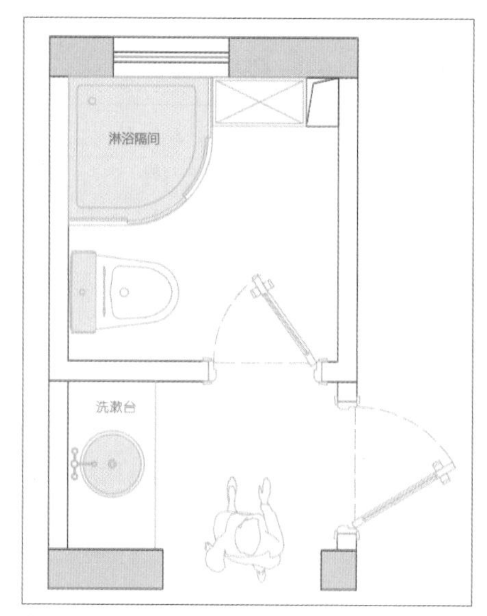

❹外借空间放置洗漱台

Before

卫生间面积比较大，集多种功能在内，有单独的淋浴间，但同一时间仅限一人使用❺。

厨房面积过大，并没有合理利用空间。

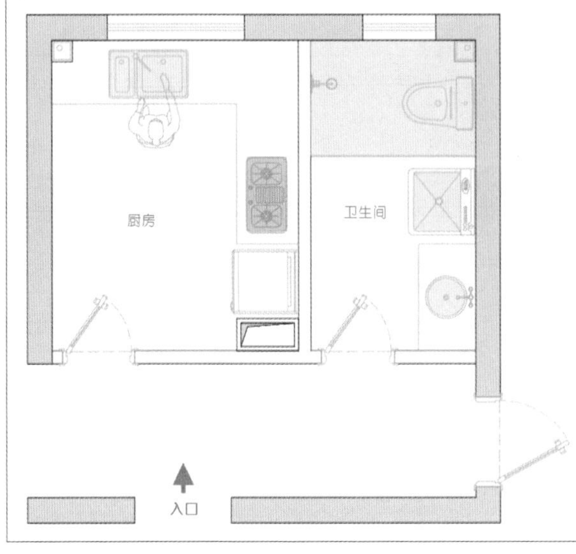

❺ 面积较大、功能集中的卫生间

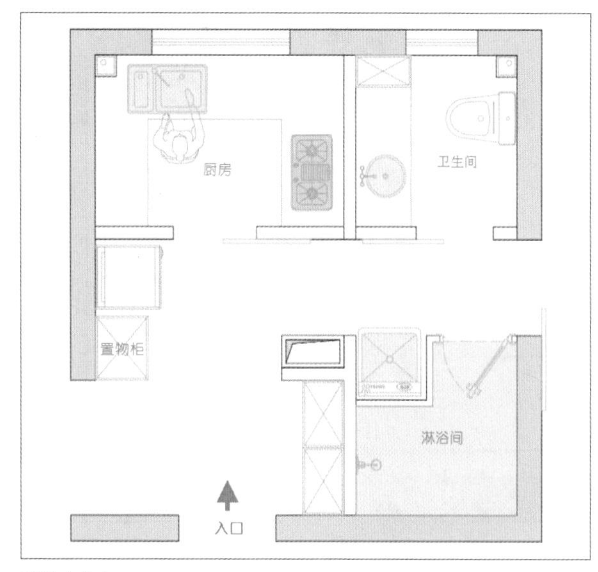

❻ 浴室分离

After

改变入口动线，改造一个独立的洗浴间和独立的洗衣机位置，如此一来，洗浴、如厕、洗衣可同时进行，互不干扰，提高了卫生间的使用效率❻。

厨房面积变小，但操作空间足够使用，入口处多了鞋柜和一个小型置物柜。

Technique 02

三室分离

卫生间的主要器具包括淋浴、浴缸、洗手台、厕位、收纳柜、洗漱台、洗衣机等，三室分离保留了洗浴、如厕和洗漱三个功能，其空间分割十分明确，虽然少了泡澡、洗衣等功能，却节省了一定的面积，可以基本满足平时的使用功能❼❽。

方形的卫生间格局就比较适合2:1的布局方式，非常强调隐私性，更适合有孩子的家庭，两个洗脸盆可以设置成一高一矮，方便孩子洗漱❾。

长方形的卫生间空间，各功能可以并列排放，并按照所需面积大小进行划分。若考虑隐私，也可以把厕位和淋浴区安排到两边，洗漱台灵活放置。如果有多余的空间，还可以设置收纳空间❿。

Technique 03

四室分离

四室分离卫生间，顾名思义，就是将洗浴、如厕、洗漱、洗衣四个功能完全分离，形成四个区域，是目前卫生间精细划分的最科学的布置方式。这四个功能布置在一起，又各自独立，可供多人同时使用，大大提高了卫生间的使用效率⓫⓬。

不过四室分离卫生间所需空间较大，至少需要8m^{2}的占地面积，适合卫生间预留面积较大的居室。

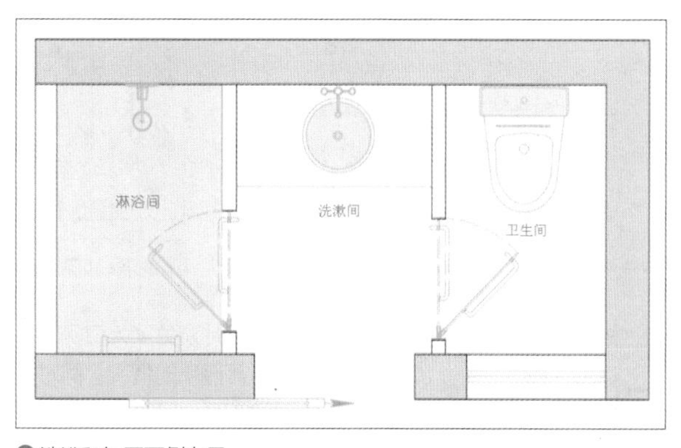

❼ 洗浴和如厕两侧布局

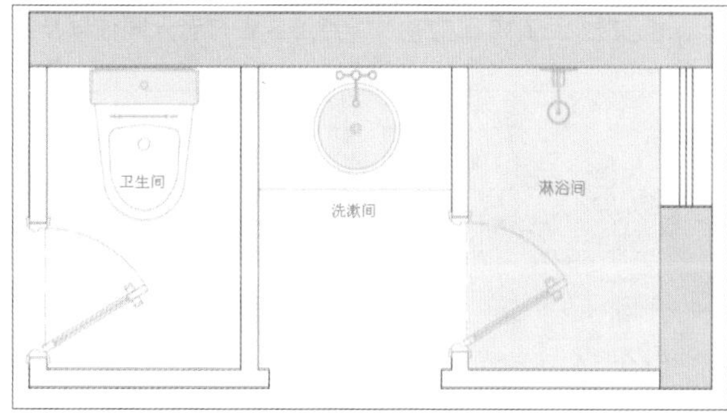

❽ 独立卫生间布局

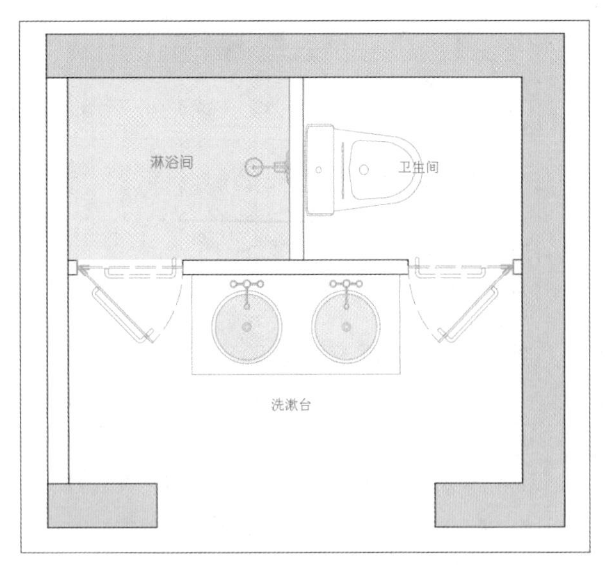

❾方形卫生间布局

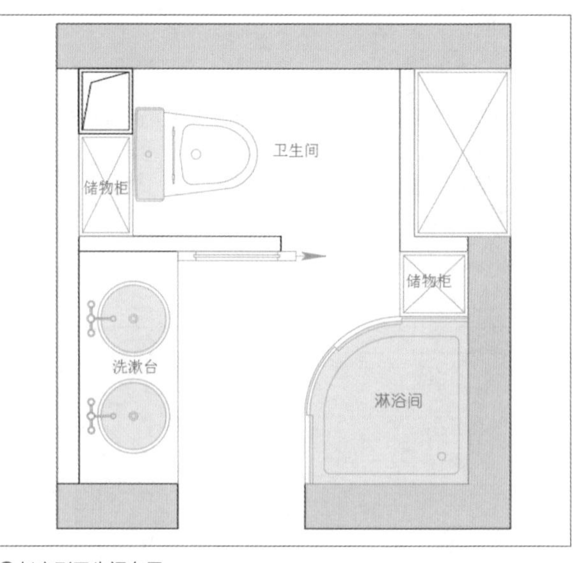

❿长方形卫生间布局

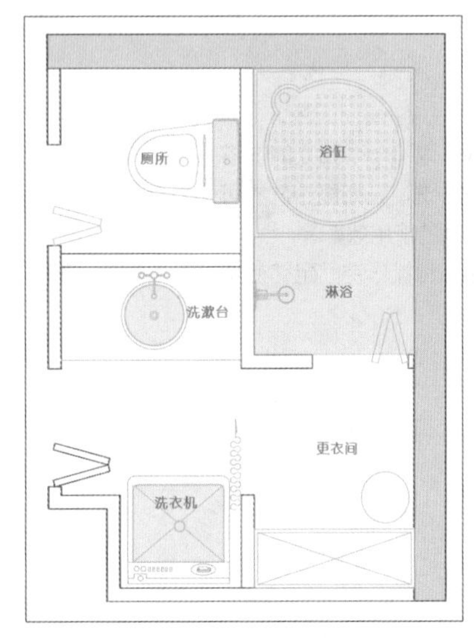

⓫洗浴+更衣+如厕+洗漱+洗衣

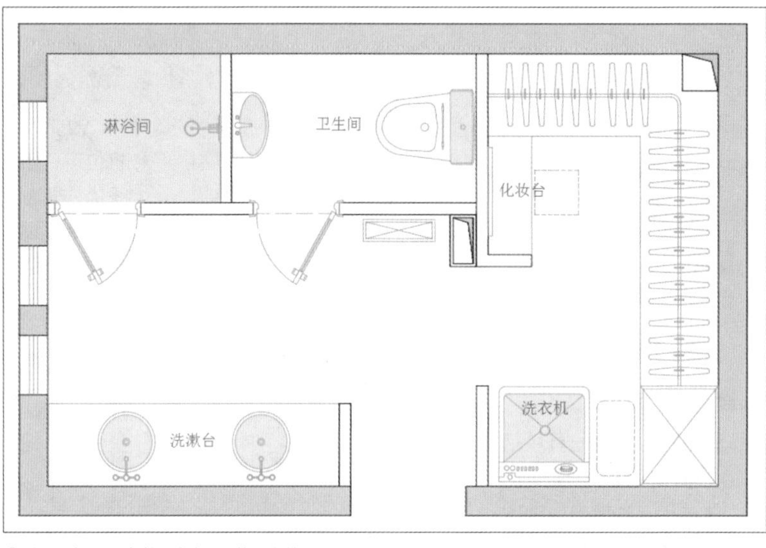

⓬洗浴+如厕+洗漱+洗衣+置物+化妆

Technique 04

一个半卫

一个半卫的设计虽然没有四室分离的功能那么强大，但其放大了如厕的功能，很好地避免了人口多的家庭排队等厕所的情况。同时，半卫这部分，除了如厕外，还可以承担洗澡的功能❶。

对于一些雇有保姆和钟点工或者有老人同住以及经常在家中接待宾客的，且原始户型结构只有一个卫生间的的家庭，都可以借鉴这种分设功能的做法，即在卧室区域设一个三件套或四件套的标准卫生间，同时在公共区域设一个只有坐便和洗手盆的迷你卫生间，后者可作为解决工人、客人的如厕需求，同时可缓解一个卫生间在早晚高峰时的压力❷。

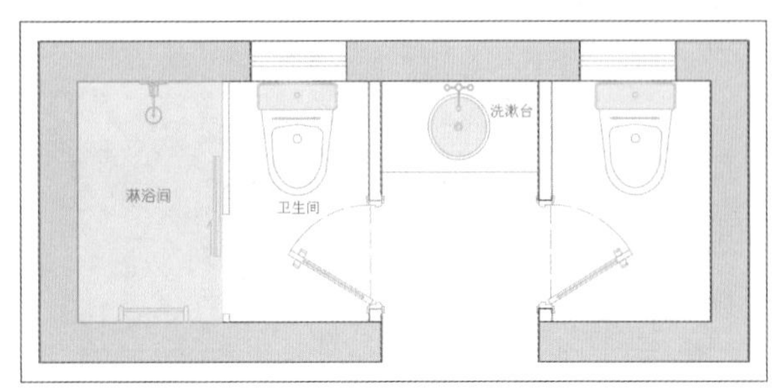

❶半卫仅含淋浴

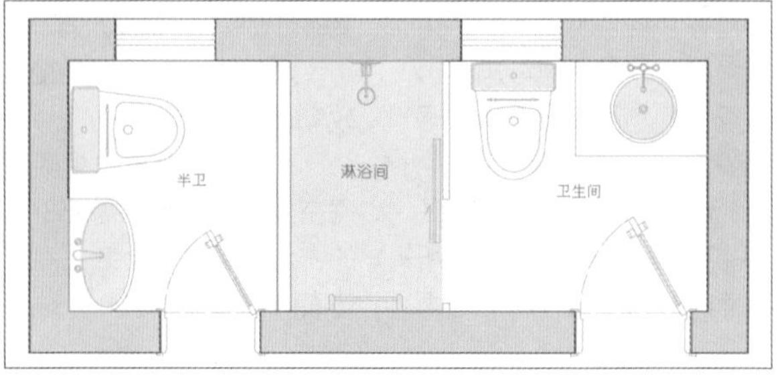

❷半卫带洗手盆

Article 120 门厅布置及尺寸

门厅是指进门的缓冲区，主要起到过渡空间的作用。当需要将鞋柜布置在户门一侧时，要确保该门侧的墙垛有一定宽度，用于设置鞋柜。摆放鞋柜时❶，墙垛净宽度不宜小于400mm。考虑到相关家具的布置及需要完成换鞋更衣等动作，门厅的开间设定不宜小于1500mm，面积不宜小于2m²❷。

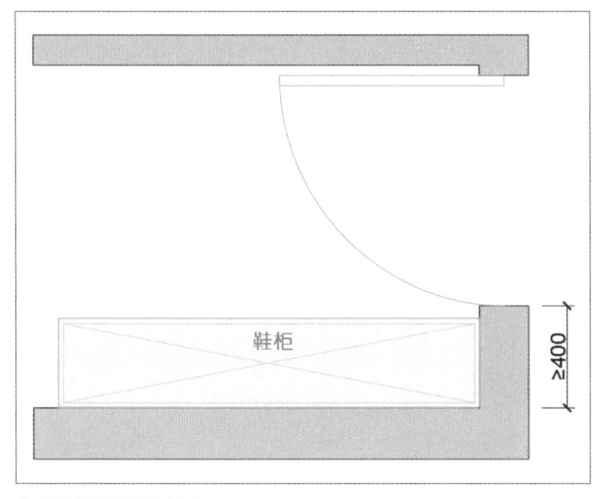

❶摆放鞋柜时墙垛尺寸

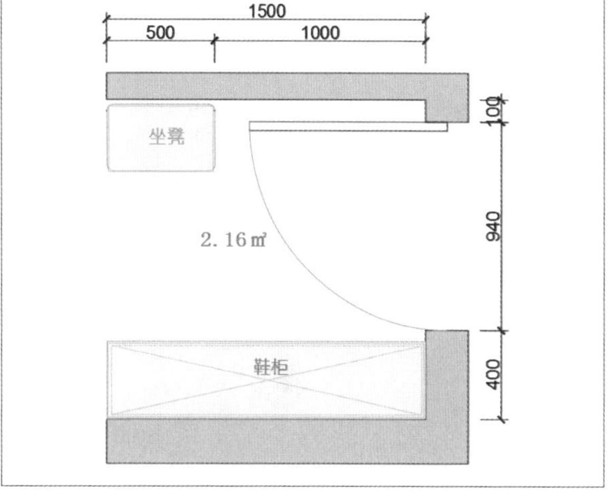

❷门厅面积参考尺寸

Article 121 厨房布局常见类型

从某种意义上讲，厨房❶是住宅的心脏。想要充分发挥厨房的使用功能并改善厨房的各种操作条件，必须遵循以下原则：流程简洁、功能合理、尺度科学、空间紧凑和整洁美观。

为了使厨房操作流程更加顺畅，可以将厨房分为三个主要工作区——烹饪区、储存区和清洗区，这三个区域及其之间的假想线组成了厨房专家们所谓的“工作三角”。其巧妙之处在于，这三个点之间不能相隔太远（会让人不必要地来来回回），但也不能太近（会让工作空间很拥挤）。合理安排这三个区域，使其符合人体工程学，尽量做到每一件物品都近在手边，操作设施的摆放必须按照操作顺序来布置才能减轻操作者的劳动强度，设施的布置则又与厨房平面的形式和具体的尺寸有直接的关联，房间的形状和尺寸决定最终的厨房布局❷。

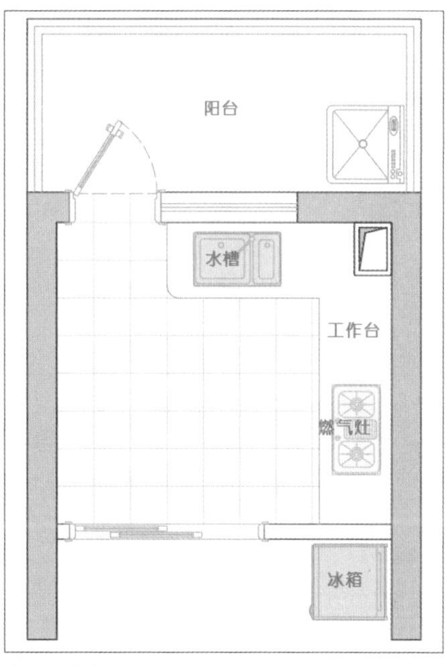

❶原厨房布局

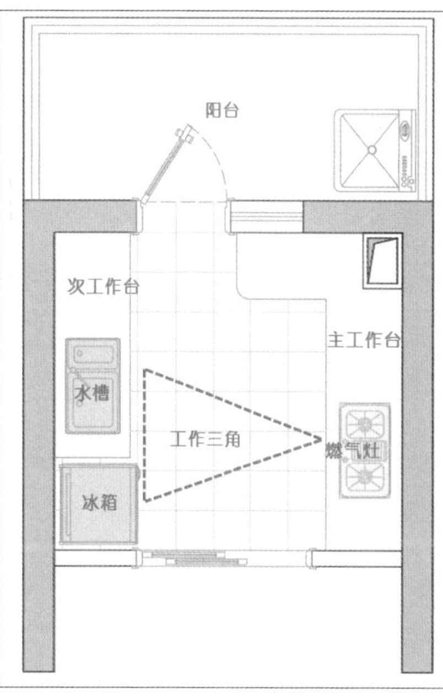

❷优化布局

常见的厨房布局类型有Ⅰ形、L形、U形、Ⅱ形、中岛形五种，根据厨房空间大小及户型结构，合理选择布局，并遵从工作区设计原理进行规划。

Technique 01 Ⅰ形厨房

Ⅰ形厨房❸就是我们通常所说的一字形厨房，整体上来说是最节省空间的类型。

如果厨房面积较小，Ⅰ形厨房是最实用的解决方案。其工作三角精减为一条直线，将所有的厨具电器和柜子沿一面墙放置，烹饪工作在一条直线上进行。

这种紧凑、有效的窄厨房设计，适合中小户型或者同一时间只有一个人在厨房工作的住房。在大厨房运用这种设计，可能会导致不同功能之间距离太大，工作线长，走动较多。

Technique 02 L形厨房

L形厨房❹也称为半围合式布局，是生活中最常见的一款实用的厨房布局方式，也是中小户型的理想选择。

转角的设计在两面相连的墙之间划分工作区域，很好地节省了空间，形成洗、切、炒完美的工作区域，也是最理想的工作三角，而且动线的整体设计让人操作起来十分便利，功能性十足。炉灶、水槽、消毒柜以及冰箱，每个工作站之间都留有操作台面，防止溅洒和物品太过拥挤。

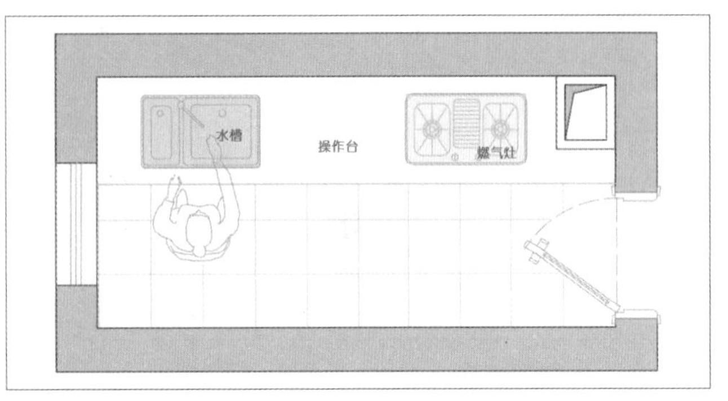

❸ Ⅰ形厨房

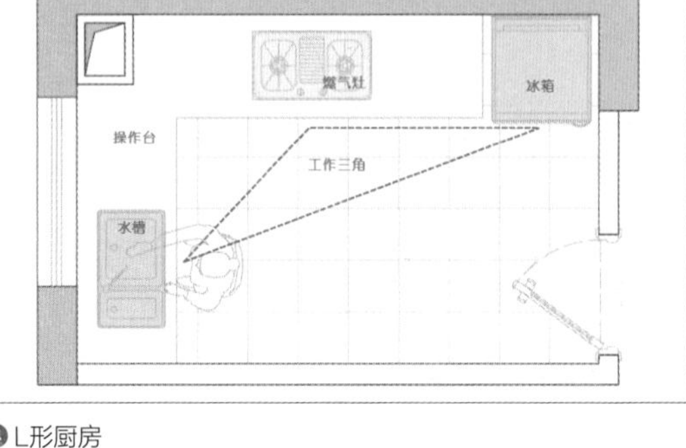

❹ L形厨房

Technique 03 U形厨房

U形厨房❺是最理想的一种类型，适合方形的厨房空间，它能提供最大的烹饪和更多的储物空间，方便取用每一件物品，可供两人同时在厨房操作。

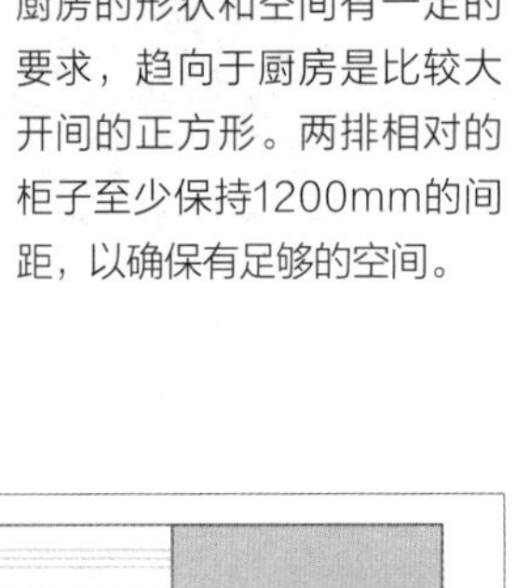

这种形状的厨房，本身对厨房的形状和空间有一定的要求，趋向于厨房是比较大开间的正方形。两排相对的柜子至少保持1200mm的间距，以确保有足够的空间。

Technique 04 Ⅱ形厨房

Ⅱ形厨房❻是沿着两面相对墙建立操作区和储物区，便于准备食物，两侧都能提供操作区和储物区，是许多专业厨师的最爱。Ⅱ形厨房不需要很大的空间，厨房尽头有门或窗即可。

两排相对的柜子至少保持1200mm的间距，以确保有足够的空间开启柜门。对于窄小的空间，一侧可选择深度为600mm的柜子，另一侧选择深度为350mm的柜子。

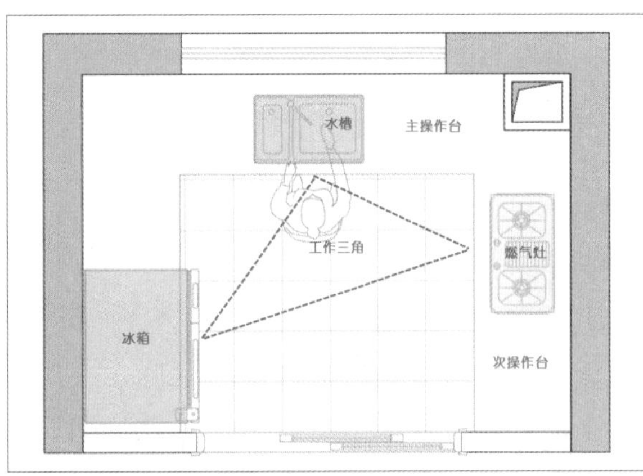

❺ U形厨房

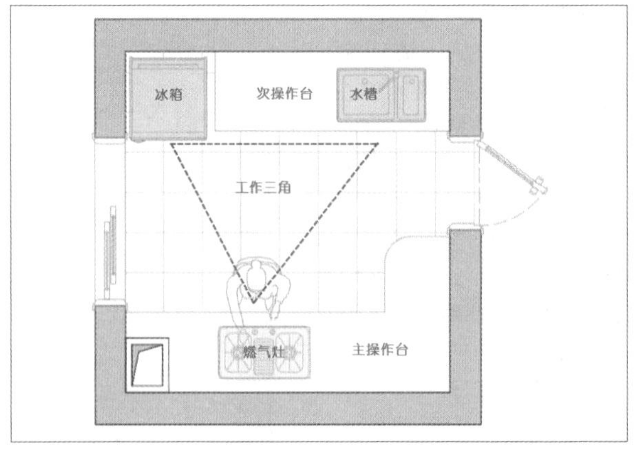

❻ Ⅱ形厨房

Technique 05 中岛形厨房

中岛形厨房❼是在厨房中央增设一张独立的桌台，作为烹饪准备区，也可以兼备餐桌的功能。还可以用中岛将厨房与餐厅或其他活动区域做半开放式隔断。

该形式是根据以上四种基本形态演变而成，厨房中央设置一个单独的操作区，人的所有操作活动都围绕这个岛进行。这种布局一般适合大户型、别墅、开放式厨房以及成员多、客人多、社交需求高、对生活品质要求高的家庭。

中岛提供了更多的操作台面和储物空间，便于多人同时在厨房工作，但其周围至少需要1200mm的自由空间才便于操作。如有需要，也可以在中岛安装水槽或烤箱/炉灶。

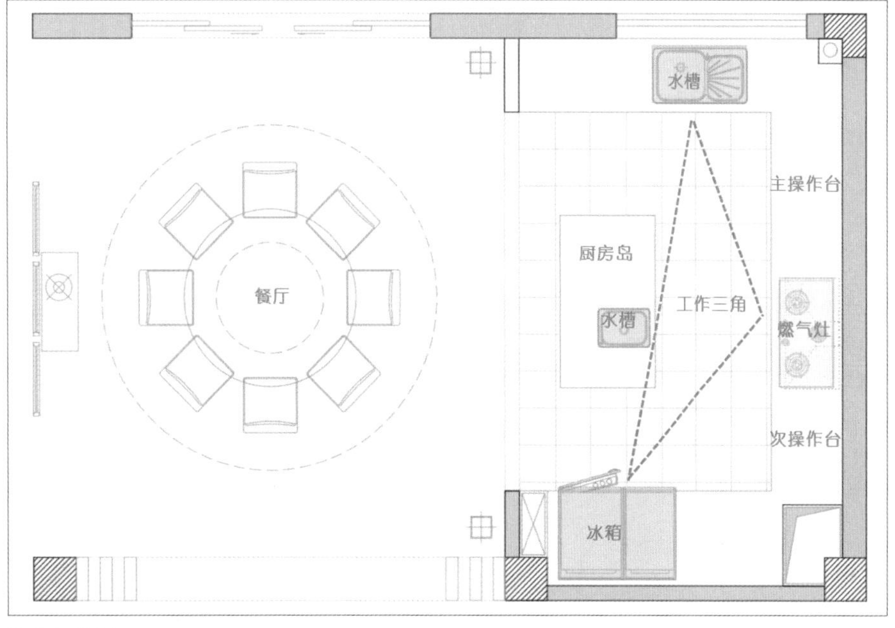

❼ 中岛形厨房

Article 122 厨房布局及尺寸

操作台太高，身高较低的业主都需要站在凳子上做饭；操作台太低，洗菜切菜时累得腰都直不起来；油烟机太低，一不小心就会碰到头；吊柜太高，想取东西却够不到……

因此，厨房的设计不能一味追求外形上的美观和材质上的高档次，从而忽略空间的舒适性和合理性。

Technique 01 通行空间

厨房再小，也要留有足够的通行空间❶，才能保证烹饪时的舒适性。一般来说，厨房通道的宽度范围通常为760~900mm，如果再窄就会有不适感。而对于大厨房，只需考虑通道的畅通性。

Technique 02 灶台与水槽

在烹饪过程中，灶台与水槽之间的往返最为频繁，建议把这一距离保持在1200~1800mm最佳，也就是两只手臂张开时的范围内最为理想。中间的切配区最合适的宽度是900mm，最少不要低于600mm。灶台距离墙面之间至少要保留400mm的距离，才能有足够的空间让操作者自如地工作。这段自由空间可以用台面连接起来，成为便利有用的操作台。

灶台下面可放置烤箱，这种搭配会带给使用者更多的便利。厨房的水槽不应太靠近转角位置，一般在水槽的一侧保留最小的案台空间宽为400mm，而另一侧的最小案台空间宽为600mm。

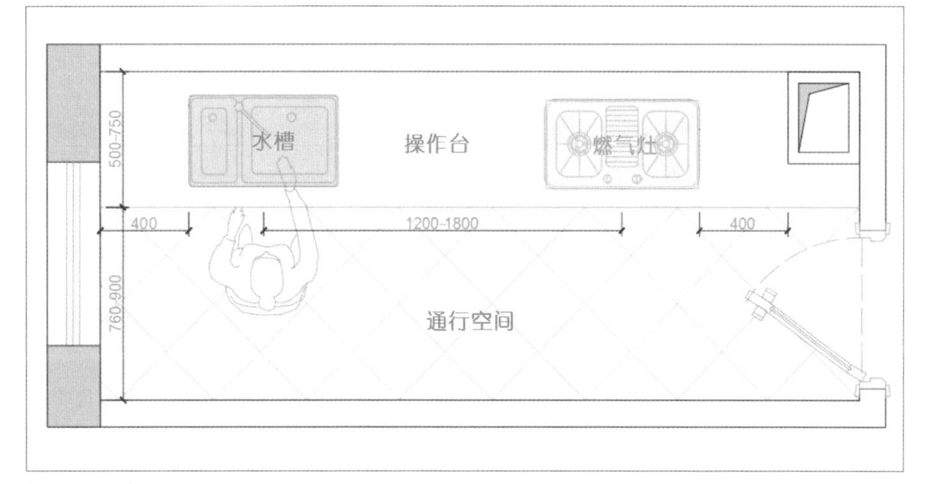

❶ 厨房通行空间

Technique 03

吸油烟机与灶台

吸油烟机与灶台的距离❷应依据使用者的身高来确定，在不影响操作的情况下，自然是越低越好。

油烟机距离灶具太近，就可能会碰头；距离太远，油烟机的吸力就会受到影响。一般来说，吸顶式油烟机的面板到灶具的最佳距离为600~700mm；而侧吸式油烟机底部到灶具的最佳距离为350~400mm。

Technique 04

吊柜

吊柜是厨房储物空间的重要组成，其高度决定了取放物品的便捷性❸。

通常情况下，吊柜的便捷使用跟工作区操作自由舒适是冲突的。如果吊柜高度设置较低❹，方便取放东西，但同时压缩了操作台上空空间，影响视野，使操作压抑拘束，头部容易碰到柜门；吊柜高度设置较高，取放东西又不方便。常用吊柜顶端高度不宜超过2300mm，底端距地面最小距离在1450mm，使用者站直身体时视平线正对吊柜底层，不用踮起脚尖就能存取物品❺。

吊柜的最佳深度为320~400mm，其底端与操作台的距离为600~700mm。长度方面则可根据厨房空间进行合理配置，以使用者感到舒适方便为宜。

大多数成品操作台标准进深为600mm，吊柜距离操作台高度为650~750mm，加上操作台高度后，总高度通常为1500~1600mm，但吊柜使用的便捷性、工作区操作的舒适性仍然较差。

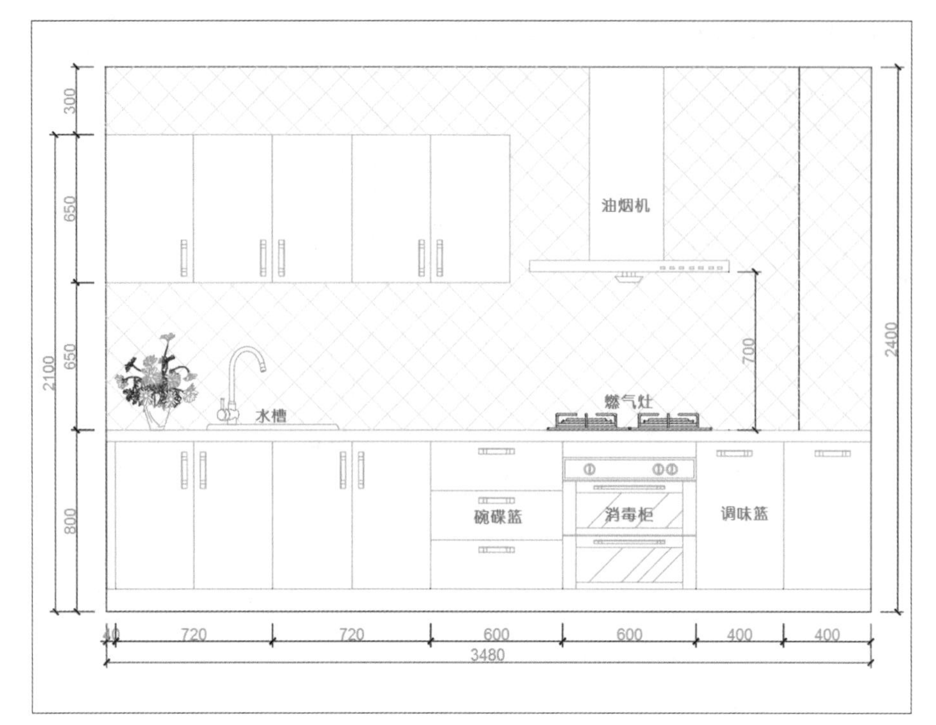

❷通用橱柜立面

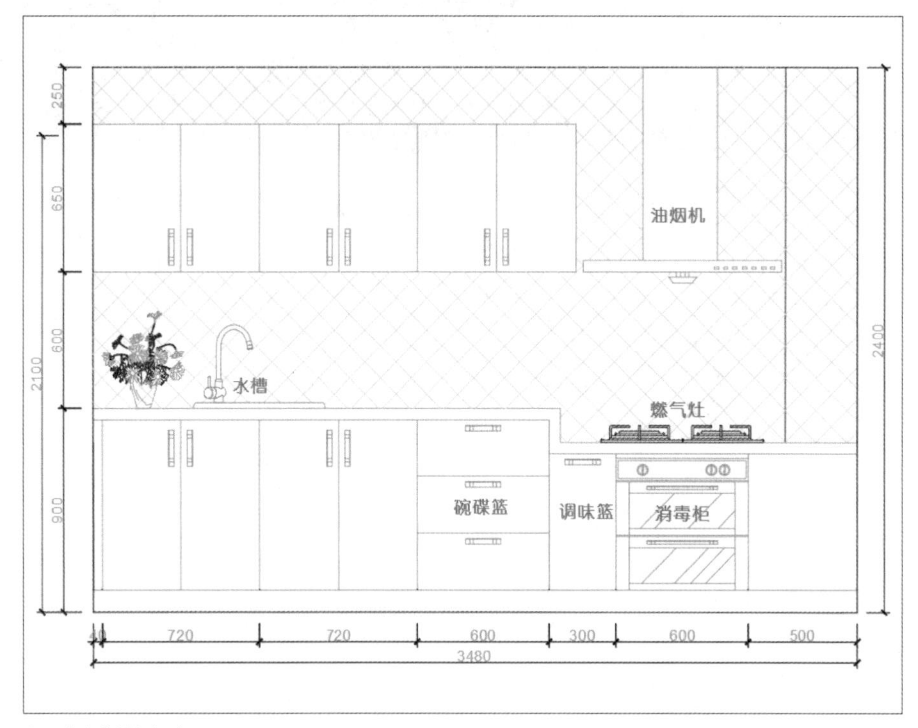

❸适合人体的橱柜立面

Technique 05

工作台

如果厨房面积够大，操作台台面深度可以保持为600~750mm，宽敞的台面使用起来比较舒服，洗菜做饭都很方便；如果厨房面积较小，宽度最窄可以做到500mm。以使用者平均身高1600~1700mm为参照，操作台高度通常为800~ 850mm。

人有高矮之分，对应地操作台当然也有高低之分。

统一高度的操作台设计

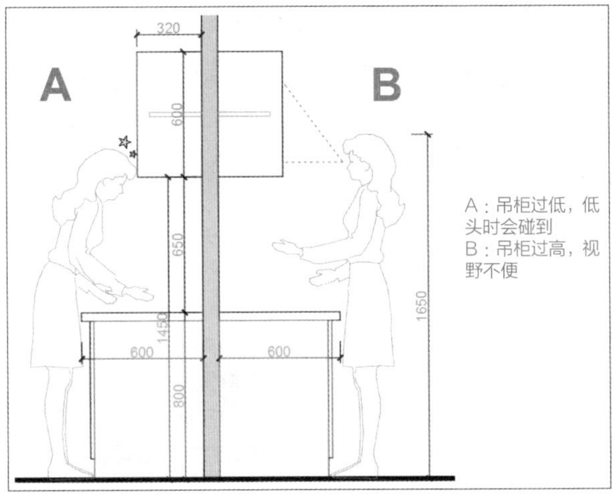

❹ 吊柜过高或过低

A
B
320
600
500
450
1250
800
700
800
1650
A：吊柜降低、操作台变宽，使用者平视即可看到吊柜灯具，不会出现碰头的情况
B：操作台更加宽敞，吊柜平视即可

❺ 合适高度和宽度的橱柜

❻是非常不合理、不负责任的，造成大部分用户切菜洗菜时需要弯腰，炒菜时则需要架胳膊。

根据人体工程学原理及厨房操作行为特点，操作台应划分为不等高的两个区域❼，水槽、操作台为高区，燃气灶为低区，具体应根据家庭中主要下厨人员的身高而定。如果想更精准，以主要下厨人员身高除以2再加20mm，即可算出适合自家操作台的高度。

通过增大操作台的进深，可进一步降低吊柜布置高度，更好地平衡吊柜使用与工作区操作空间的冲突。

采用进深为700mm的操作台，吊柜距离操作台高度可以降低到500mm左右，操作的舒适度和视线上都有较好的提高；而采用进深为800mm的工作台，吊柜距离操作台高度可以降低到450mm左右，吊柜的位置距离脸部大于200mm，可大幅提高工作区操作的自由度和舒适度，让操作者的视野更加开阔，对吊柜第二层隔板都一览无余，物品取放操作变得更加便捷自由。

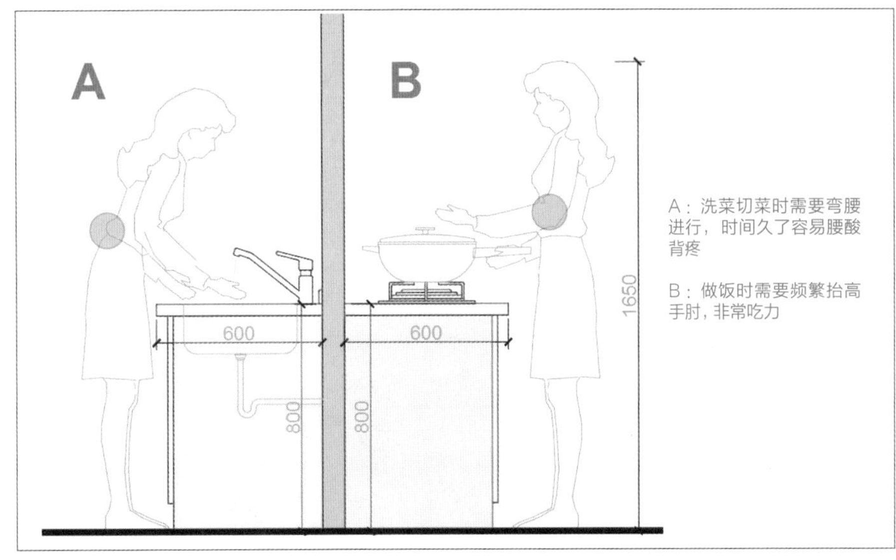

❻ 统一高度的操作台

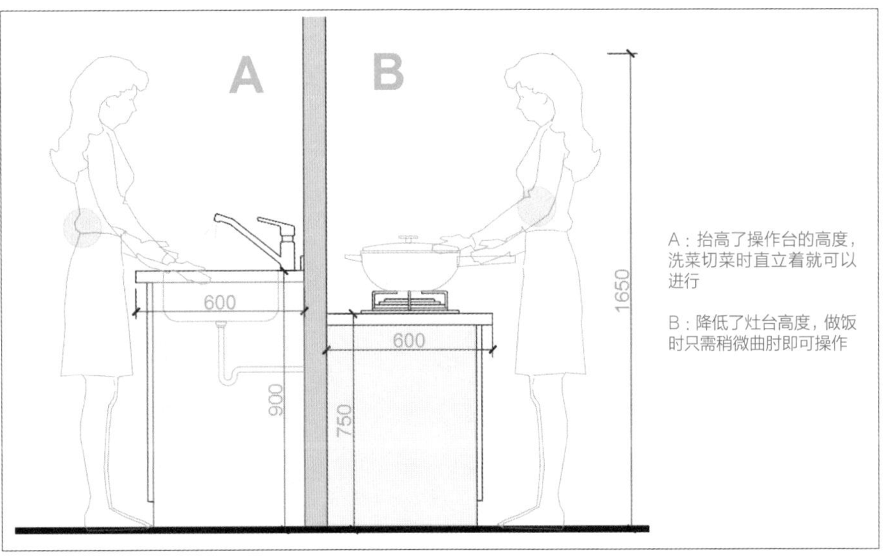

❼ 操作台高区和低区

Article 123

方桌与圆桌互换的参考尺寸

餐厅在家庭中的地位是非常重要的，餐桌则是餐厅中重要的家具之一。如今市面上主流的餐桌分为圆桌和方桌两大类，那么选择方桌还是圆桌又成了新问题。

圆桌和方桌有其自身的优点，方桌适合空间较小、人数较少的家庭；圆桌则适合空间较大、人数较多的家庭。另外不同风格的空间对餐桌造型的选择不同，相同空间中能容纳的餐桌尺寸❶❷❸❹也各不相同。

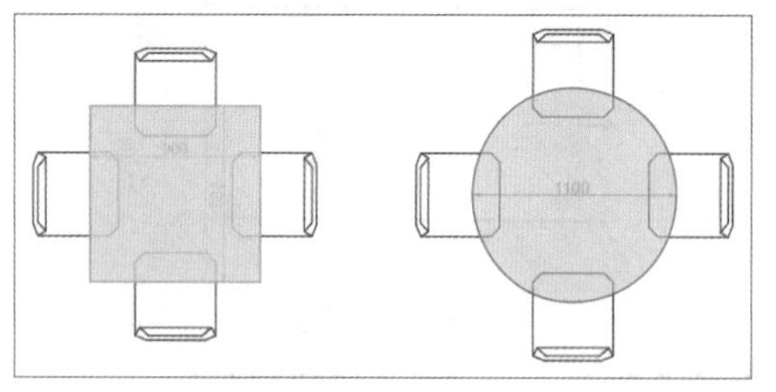

❶ 四人方形餐桌换圆形餐桌

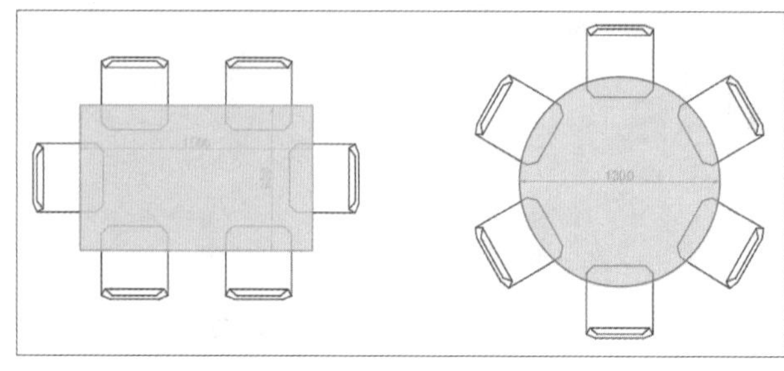

❷ 六人方形餐桌换圆形餐桌

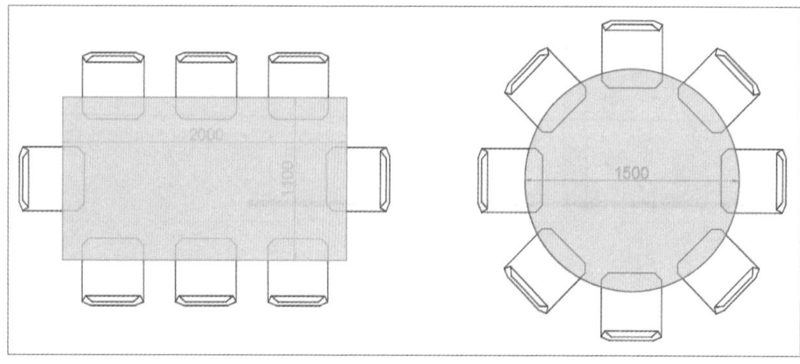

❸ 八人方形餐桌换圆形餐桌

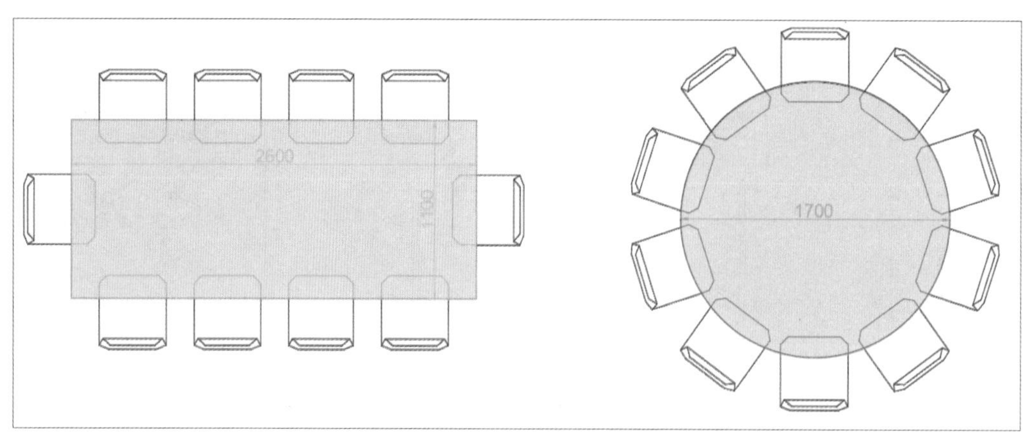

❹ 十人方形餐桌换圆形餐桌

Article 124 餐厅常用尺寸及活动范围

在室内设计中，符合人体工程学的餐厅活动尺寸才能保证餐厅美观且实用。用餐人数不同所占用的餐桌尺寸也不同，人在就座❶❷❸❹❺❻❼❽❾❿、起身、通行、向后拉椅子⓫⓬时所占用的空间也各有不同。

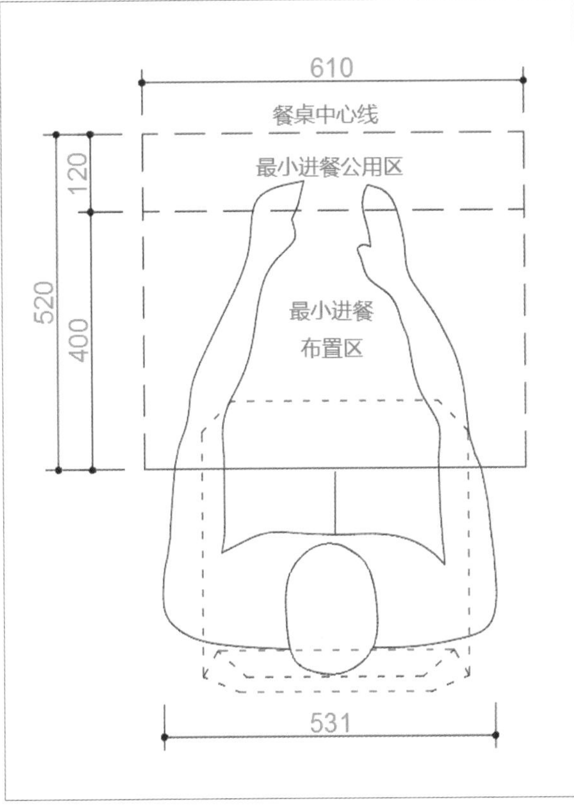

❶单人最小进餐布置

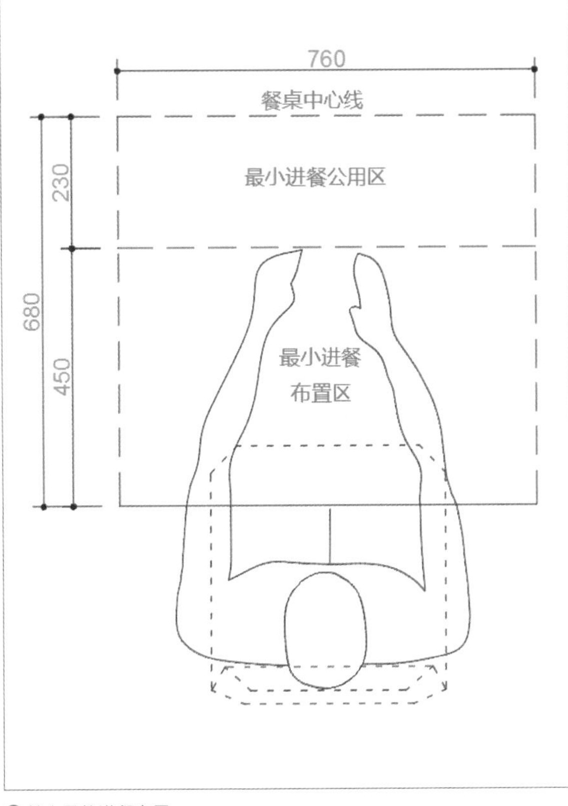

❷单人最佳进餐布置

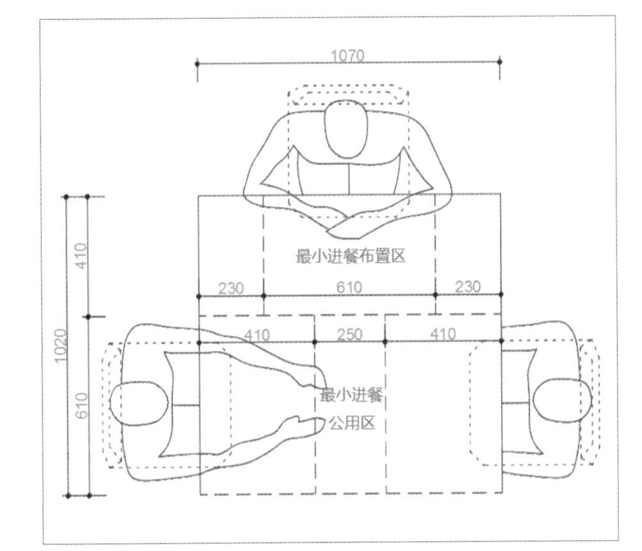

❸三人最小就餐布置

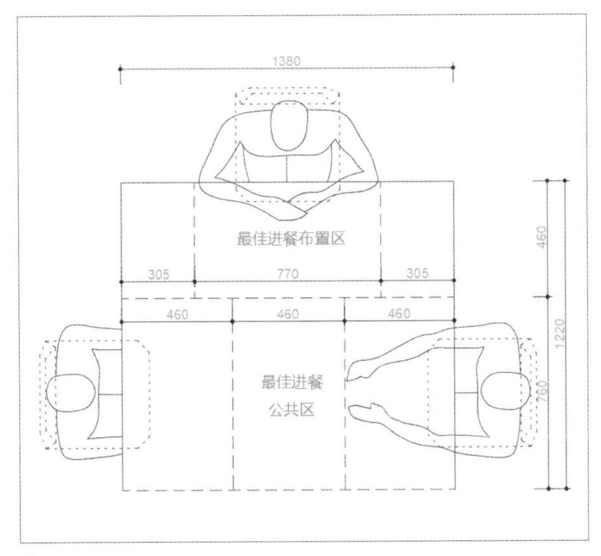

❹三人最佳就餐布置

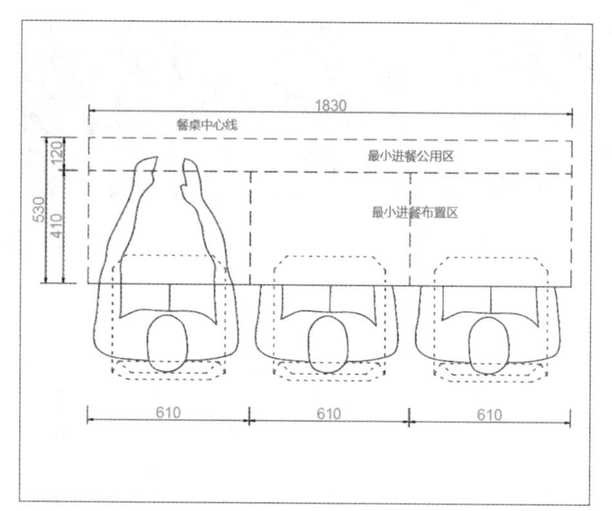

❺ 三人并排最小进餐布置

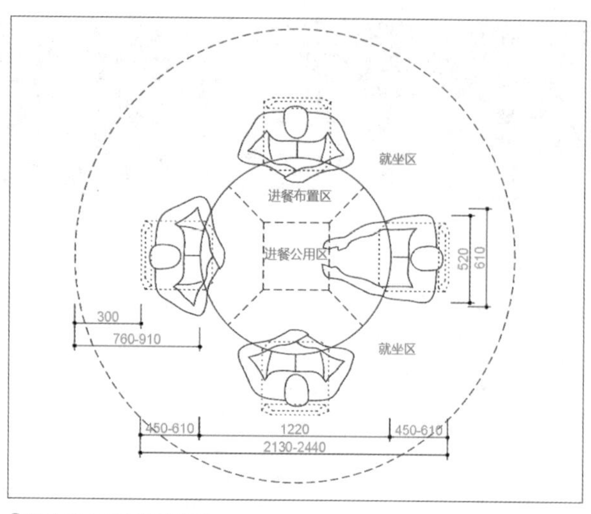

❻ 四人最小圆桌就餐布置

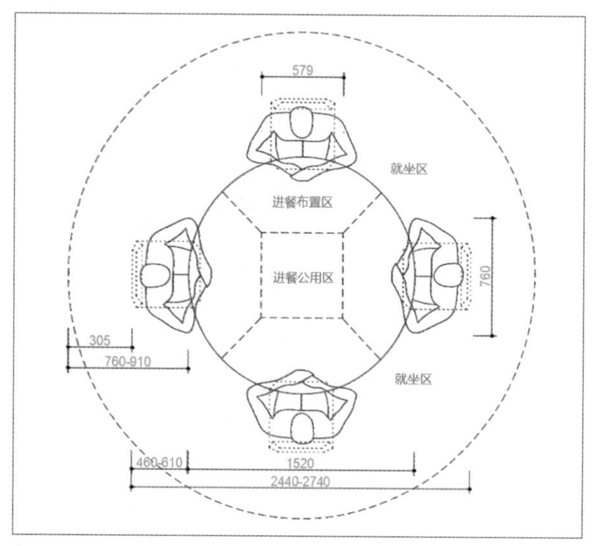

❼ 四人最佳圆桌就餐布置

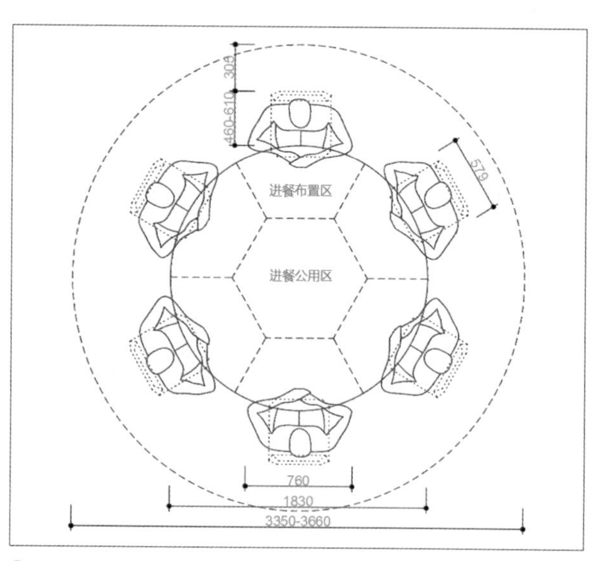

❽ 六人最佳圆桌就餐布置

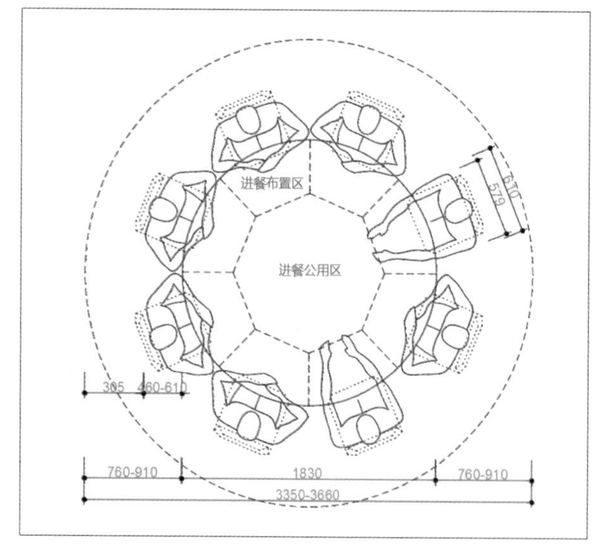

❾ 八人最小圆桌就餐布置

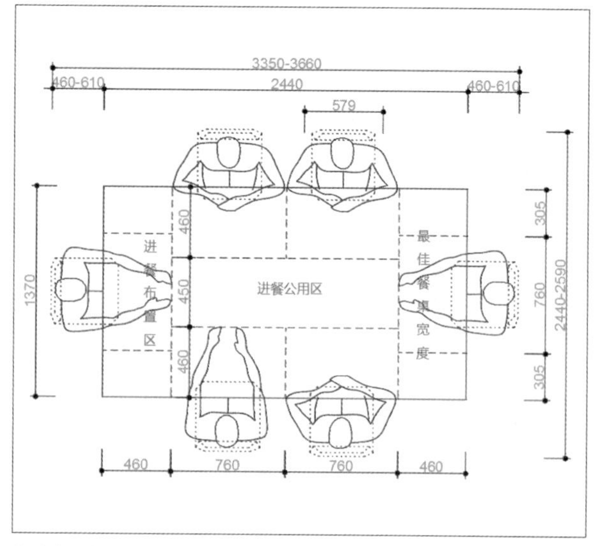

❿ 六人最佳矩形就餐布置

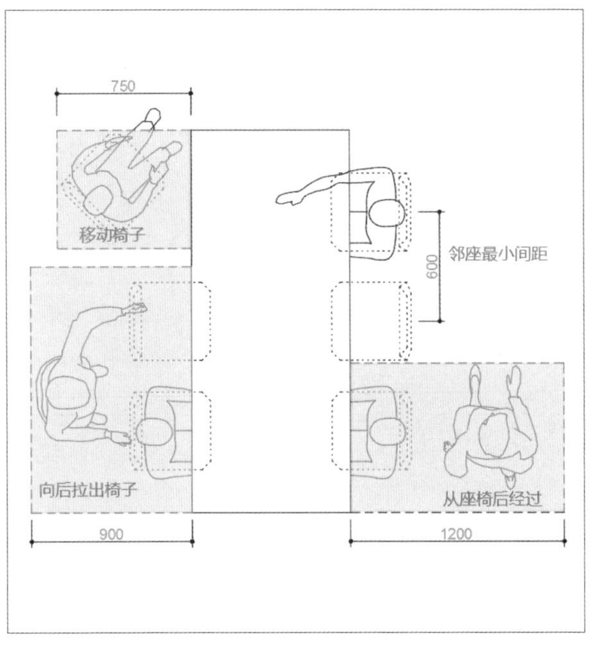

⓫ 最小通行尺寸

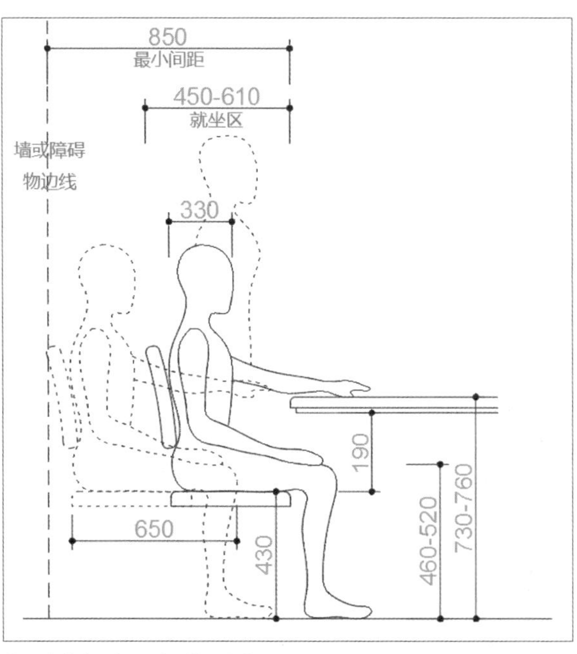

⓬ 最小就坐区间距（不能通行）

Article 125 沙发常用尺寸及活动范围

沙发的尺寸种类主要分为单人沙发、双人沙发、三人沙发及多人沙发四大类，其尺寸选择要根据室内空间面积来定。沙发的摆放也要根据摆放茶几、通行等情况来定，尽量最大化沙发的舒适性、功能性及安全性❶❷❸❹❺。

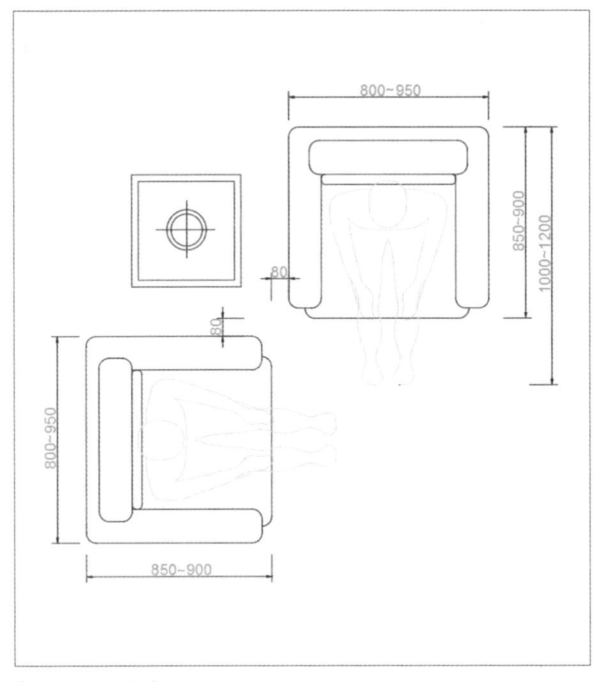

❶ 单人沙发拐角布置

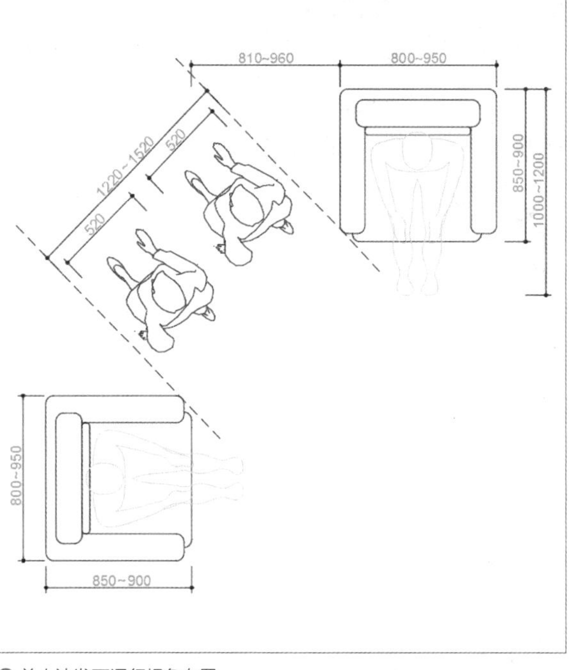

❷ 单人沙发可通行拐角布置

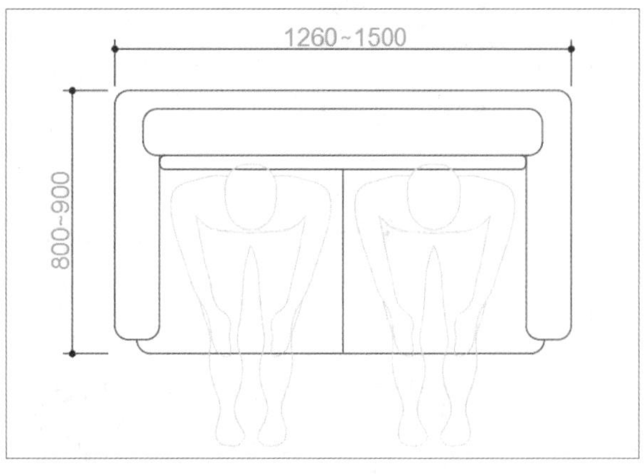

❸双人沙发参考尺寸

❹三人沙发参考尺寸

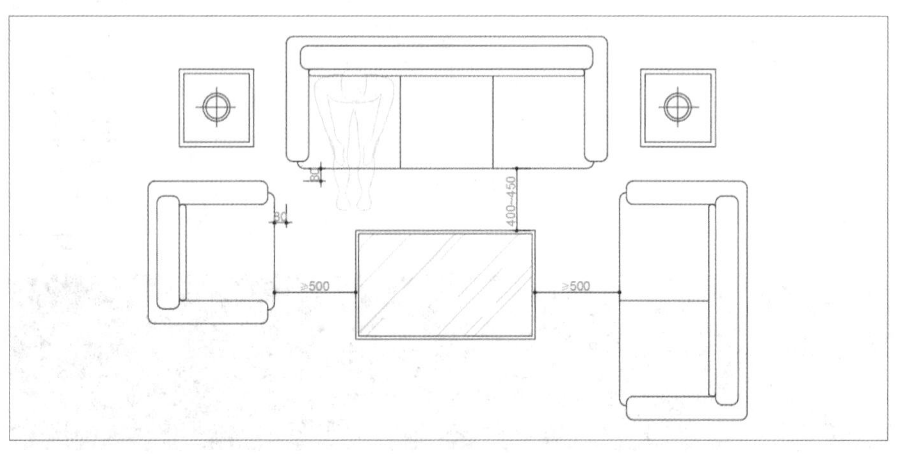

❺沙发组合参考距离

Article 126 楼梯的组成与形式

楼梯是架设在楼房两层之间供人上下的设置。在漫漫的历史长河中，人类赋予了楼梯浓厚的文化内涵，使楼梯有了生命并鲜活起来，逐渐成为家居空间中一道亮丽的风景线。

Technique 01 楼梯的组成

楼梯一般由楼梯段、平台、栏杆扶手三个部分组成。楼梯段是设有踏步以供楼层间上下行走的通道段落，由踏步组成，踏步的水平面称为踏面，垂直面称为踢面。当人们连续上楼梯时易疲劳，因此每个楼梯段的踏步数量一般不超过18级；考虑人们行走的习惯，楼梯段的踏步数也不应少于3级。

平台分为楼层平台和中间平台。楼层平台是指连接楼地面与楼梯段端部的水平构件，也称楼层平台，平台面标高与该楼层面标高相同。中间平台是位于两层楼之间连接梯段的水平构件，也称为中间休息平台，其主要作用是减少疲劳感，转换梯段方向。

为保证人们在楼梯上行走的安全，在楼梯梯段及平台边缘处应安装栏杆或栏板，并在栏杆或栏板的上部设置扶手。

Technique 02 楼梯的形式

楼梯形式的选择取决于所处位置、楼梯间的平面形状与大小、楼层高低与层数、人流量与缓急等因素。常见的楼梯形式分为直行楼梯、平行楼梯、双分双合楼梯、折形楼梯、交叉跑（剪刀）楼梯、螺旋形楼梯、弧形楼梯。

（1）直行楼梯❶，即沿着一个方向上楼的楼梯，一般用于层高比较小的建筑。

（2）平行双跑楼梯❷，指第二跑楼梯段折回和第一跑平行的楼梯。这种楼梯所占楼梯间长度较小，面积紧凑，使用方便，是建筑物中采用较多的一种形式。

（3）平行双分楼梯❸，楼梯第一跑在中间，为一段较宽的梯段，经过休息平台后，向两边分为两跑，各自以第一跑一半的梯宽上至楼层。

（4）平行双合楼梯❹，楼梯第一跑为两个平行的较窄的梯段，经过休息平台后，合成一个宽度为双倍的梯段上至楼层。

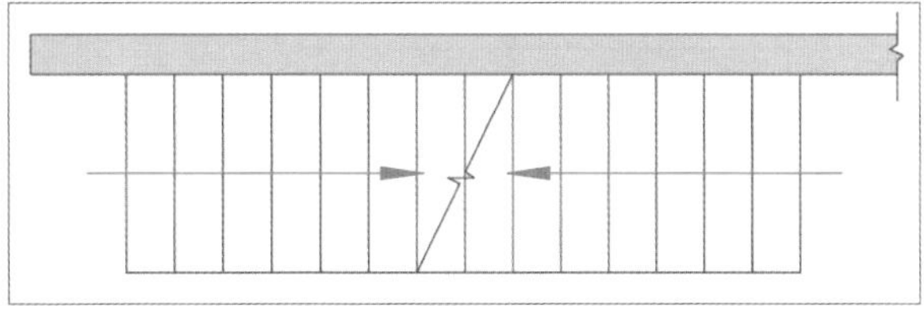

❶直行楼梯

❷平行双跑楼梯

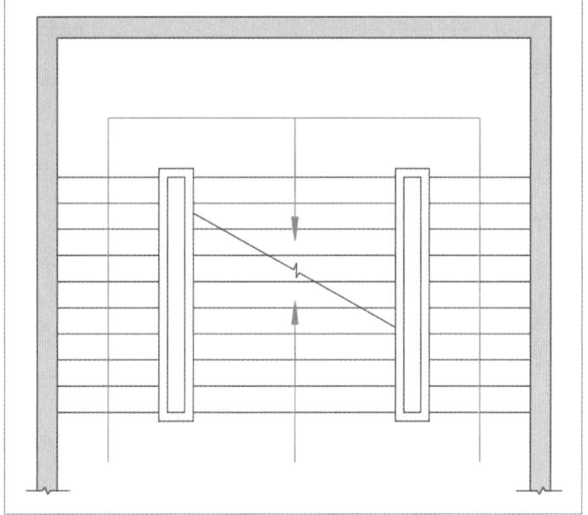

❸平行双分楼梯

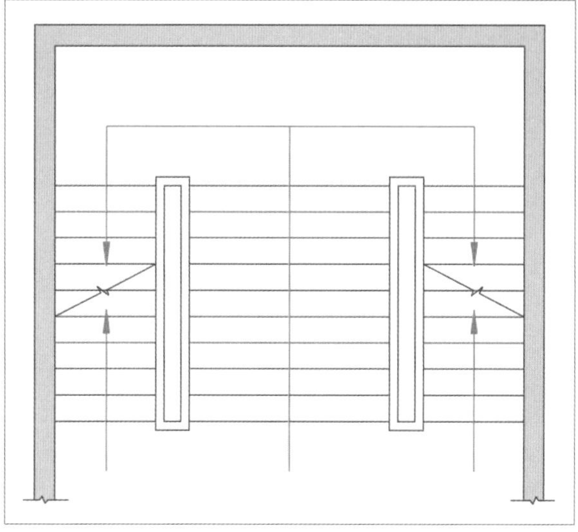

❹平行双合楼梯

（5）折行多跑楼梯❺。楼梯段数较多的折行楼梯，常见的有折行三跑楼梯、四跑楼梯等。折行多跑楼梯围绕的中间部分形成较大的楼梯井，在有电梯的建筑中，常在楼梯井部位布置电梯。

（6）交叉跑（剪刀）楼梯❻。相当于两个双跑式楼梯对接，适用于层高较大且楼层人流多向性选择要求的建筑物，如商场、多层食堂等。

（7）螺旋楼梯❼。通常围绕一根单柱布置，平面呈圆形，其平台与踏步均为扇形平面，踏步内侧宽度较小，并形成较陡的坡度，行走时不安全且构造较复杂。这种楼梯不能作为主要人流交通和疏散楼梯，但由于其造型美观，常作为建筑小品布置在庭院或室内。

（8）弧形楼梯❽。与螺旋楼梯不同，它围绕一个较大的轴心空间旋转，水平投影仅为一段弧环。其扇形踏步内侧宽度较大（≥220mm），坡度较缓，可用来通行较多的人流，具有明显的导向性和轻盈优美的造型，多布置在公共建筑的门厅。

楼梯间的适用开间尺寸是2600mm×5800mm❾，这个尺寸基本上能满足行人、家具搬运、管道井设置等各种要求，根据实际情况可以对楼梯段、休息平台等宽度尺寸进行适当调整。

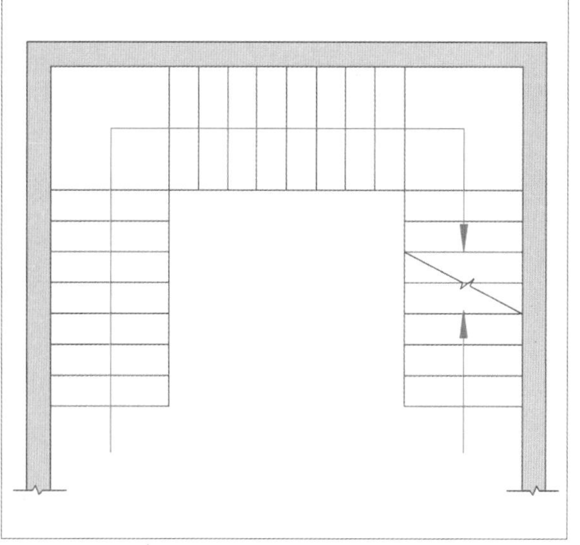

❺折行多跑楼梯

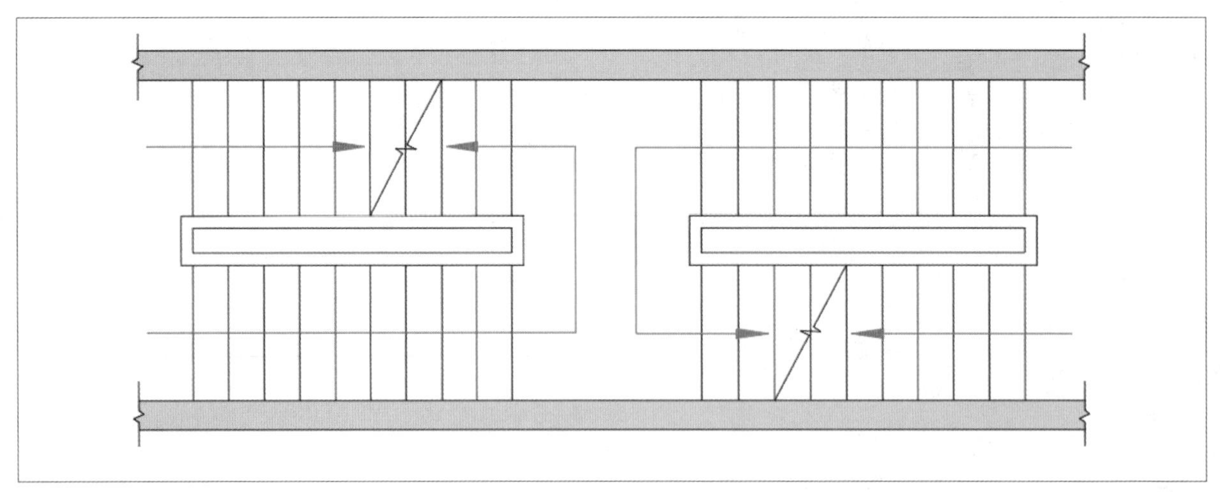

❻ 交叉跑（剪刀）楼梯

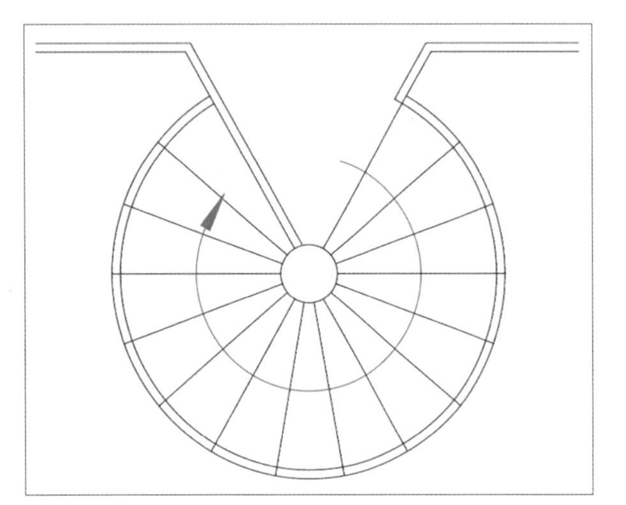

❼ 螺旋楼梯

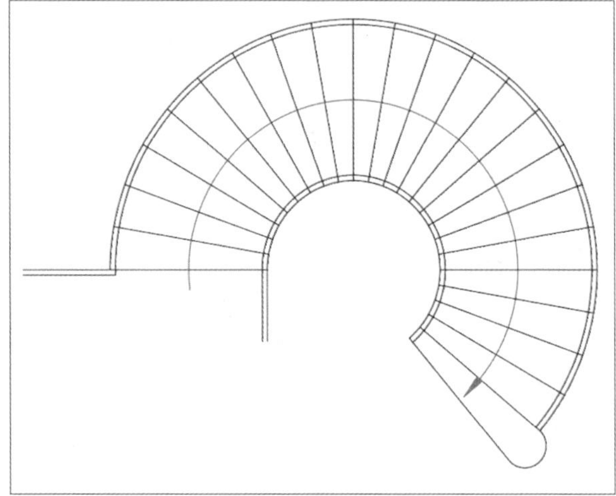

❽ 弧形楼梯

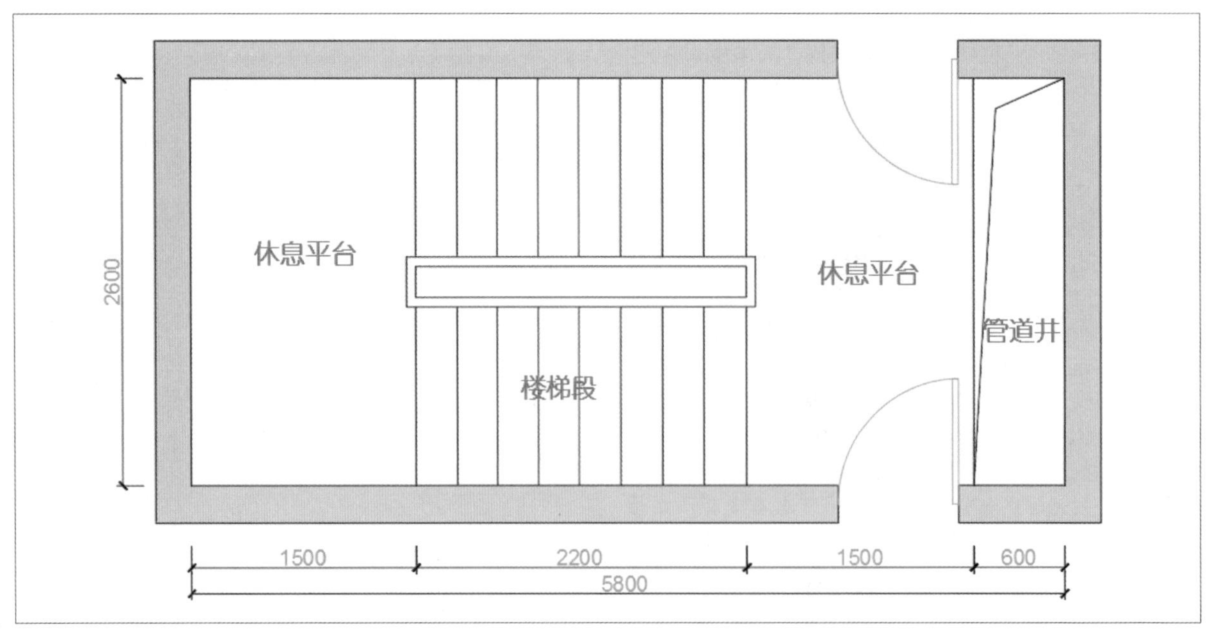

❾ 适用楼梯间尺寸

Article

127 安藤忠雄作品赏析

安藤忠雄，日本著名建筑师，从未受过正规科班教育，却开创了一套独特、创新的建筑风格，被誉为当今最为活跃、最具影响力的世界建筑大师之一。其设计的建筑作品有200多座，遍布日本乃至世界的各个角落。

安藤忠雄有“清水混凝土诗人”的美誉，不仅是因为他的建筑大多采用水泥为主要材料，风格极简，更重要的是，这些抽象简约的建筑，将光与影的艺术发挥到了极致。

Technique 01

光之教堂

光之教堂是安藤忠雄“教堂三部曲”中最为著名的一座，位于大阪城郊茨木市北春日丘一片住宅区的一角，是现有一个木结构教堂和神父住宅的独立式扩建。没有显而易见的入口，只有门前一个不太显眼的门牌。进入它的主体前，必须先经过一条小小的长廊。这其实只是一个面积颇小的教堂，大约113m^2，能容纳约100人，但当人置身其中，自然会感受到它所散发出的神圣与庄严，随后你会听到由自己双脚与木地板接触时所发出的声响。

光之教堂的魅力不在于外部，而是在里面，那就像朗香教堂一样的光影交叠所带来的震撼力。朗香教堂带来的是宁静，光之教堂带来的却是强烈震动。坚实厚硬的清水混凝土绝对的围合，创造出一片黑暗空间，让进去的人瞬间感觉到与外界的隔绝，而阳光便从墙体的水平垂直交错开口里泄进来，那便是著名的“光之十字”——神圣、清澈、纯净、震撼。

安藤忠雄在湖南大学的讲座中提到：“其实大家都没懂光之教堂”“很多人都说那十字形光很漂亮”“我很在意人人平等，在梵蒂冈，教堂是高高在上的，主祭神父站的比观众高，而我希望光之教堂中神父与观众人人平等，在光之教堂中，台阶是往下走的，这样神父站的与坐着的观众一样高，也就消除了不平等的心理。这才是光之教堂的精华”。

Technique 02

水之教堂

水之教堂位于北海道夕张山脉东北部群山环抱之中的一块平地上，正面由一面长15m、高5m的巨大玻璃组成。安藤忠雄和他的助手们在场里挖出了一个90m×45m的人工水池，从周围的一条河中引来了水。水池的深度是经过精心设计的，以使水面能微妙地表现出风的存在，甚至一阵小风都能兴起涟漪。

面对水池，安藤忠雄将两个边长分别为10m和15m的正方形在平面上进行了叠合，环绕它们的是一道L形的独立的混凝土墙。人们在这道长长的墙外行走时是看不见水池的，只有在墙尽头的开口处转过180°，才第一次看到水面。在这样的视景中，人们走过一条舒缓的坡道来到四面以玻璃围 合的入口。这是一个光的盒子，天穹下矗立着四个独立的十字架，玻璃衬托着蓝天使人冥思禅意，整个空间中充溢着自然的光线，使人感受到宗教礼仪的肃穆。

接着，人们从这里走下一个旋转的黑暗楼梯来到教堂。水池在眼前展开，中间是一个十字架，一条简单的线分开了大地和天空、世俗和神明。教堂面向水池的玻璃面是可以整个开启的，人们可以直接与自然接触，听到树叶的沙沙声、水波的声响和鸟儿的鸣唱，天籁之声使整个场所显得更加寂静。在与大自然的融合中，人们面对着自我，背景中的景致随着时间的转逝而无常变幻。

Technique 03

住吉的长屋

住吉的长屋是安藤忠雄的成名作，可以说是他建筑生涯中最重要的作品。该建筑的设计概念和材料结合了国际现代主义以及日本传统审美意识，获得了1979年日本建筑学会的年度大奖。

住吉的长屋位于日本大阪住吉区的一条老街上，此处人口密度在第二次大战前已经达到饱和状态。原住宅是木构建筑，宽约3.5m，全长约14m，高约6m，整体分为两层，总建筑面积约64m²，建筑占地面宽极窄，地块狭长，与邻居的墙壁紧挨着，显得十分逼仄。

为使内部的空间做得更大些，建筑骨架与隔壁房屋之间的间距就要在结构施工允许范围内做得尽可能窄，平面上分成三等分，中央有一个庭院。整个建筑凝聚了安藤忠雄惯用的清水混凝土、铁、玻璃、木材和石条。

看似对称的平行中有着曲折的曲线，留设出的室外中庭将四季变化引导至生活空间。封闭的长方体均等分为三段后所形成的中庭扩大了生活领域。设计必须经过中庭才可到达起居室并由中庭来连接四周的空间，还原了住宅生活情趣，正是安藤忠雄企图找回在传统街屋曾经拥有过的生动感觉。

室内配色篇

基础讲座篇 图形施工篇 风水优化篇 尺寸布局篇 室内配色篇 设计赏析篇

Article 128 色彩基础类别

色彩是室内形式的另一基本要素，不仅是创造视觉形式的主要媒介，而且兼有实际的机能作用。换句话说，室内色彩具有美学和实用的双重功能，一方面可以表现美感，另一方面可以加强环境效用。

在室内设计领域中，运用色彩可以创造出令人赏心悦目的室内环境。色彩是营造家庭氛围、体现品位的重要因素，通过各种形象丰富的设计使人们得到安全、舒适和美的享受。想要灵活、巧妙地运用色彩，使作品达到各种精彩效果，就必须对色彩的相关知识有一定的了解。

色彩是光从物体反射到人的眼睛所引起的一种视觉心理感受，按字面含义上理解可分为色和彩，“色”是指人对进入眼睛的光并传至大脑时所产生的感觉；“彩”则指多色的意思，是人对光变化的理解。人们能够感受到的色彩非常丰富，主要分为无彩色系和有彩色系两大类。

Technique 01

无彩色系

无彩色系❶是指由黑色、白色及黑白两色相融而成的各种深浅不同的灰色系列。从物理学的角度看，黑白灰并不包括在可见光范围之内，故不能称之为色彩，但是从视觉生理学和心理学上来说，它们又都具有完整的色彩性质，在色彩系中也扮演着重要角色，当一种颜色混入白色后，会显得比较明亮，混入黑色后又显得暗沉，而加入灰色则会推动原色彩的彩度，因此黑白灰在心理上、生理上、化学上都可称为色彩。其实，我们常说的白光就是阳光，物体呈现白色实际上就是物体反射了所有的光而呈现的颜色；而黑色实际上是物体吸收了所有的光，我们才会觉得是黑色。

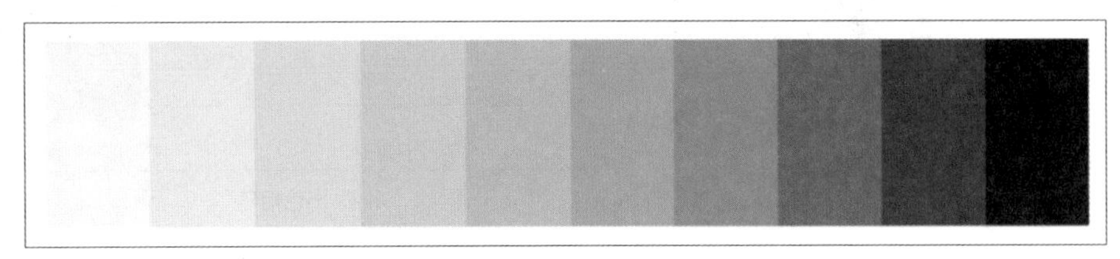

❶ 无彩色系的色彩

Technique 02

有彩色系

凡带有某一种标准色倾向的色，称为有彩色❷。也就是说，有彩色系包括在可见光谱中的全部色彩，以红、橙、黄、绿、蓝、紫等为基本色，还包括了基本色之间不计其数的过渡色。基本色之间不同量的混合，以及基本色与黑、白、灰之间不同量的混合，可以产生成千上万种有彩色。

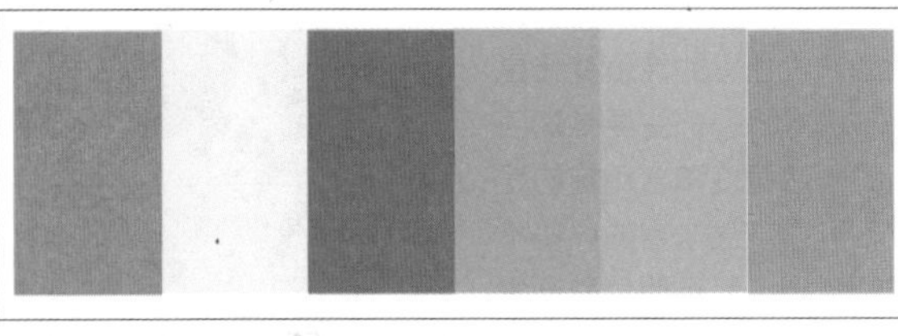

❷ 有彩色系的色彩

Article 129 色彩三要素

色彩是由光引起的，有着先声夺人的力量。不论任何色彩，皆同时具有三种基本属性，即色相、纯度、明度，人眼看到的任何彩色光都是这三个特性的综合效果，在色彩学上称为色彩三要素。

Technique 01

色相

色相也叫色别，是色彩的首要特征，是色彩所呈现出来的相貌，是区分各种不同色彩的最准确的标准。确切地说，色相是眼睛对可见光中每种波长范围的视觉反应，也就是指色彩相貌的特征倾向。

色相由原色、间色、复色组成，波长最长的是红色，最短的是紫色，以红、橙、黄、绿、蓝、紫为基本色相，它们之间形成一种秩序，且这些色彩之间相互混合还可以产生一系列其他的色彩，如红橙、黄橙、黄绿、蓝绿、蓝紫、红紫等。色彩按照在自然中出现的顺序进行圆形排列形成的色相光谱叫作色相环❶❷，是一种重要的颜色组织方式，也是研究颜色关系的重要手段，方便在进行艺术创作或设计创作时参考。

❶12色相环

❷16色相环

Technique 02

纯度

纯度通常是指色彩的鲜艳度，即色光波长的单纯程度，也称为彩度、艳度、浓度或饱和度。色彩中原色纯度最高，间色次之，复色纯度最低。色彩的纯度变化是加灰色推移❸，主要是指色彩的鲜浊程度和含色量的程度，可以产生丰富的强弱不同的色相，而且使色彩产生韵味与美感。

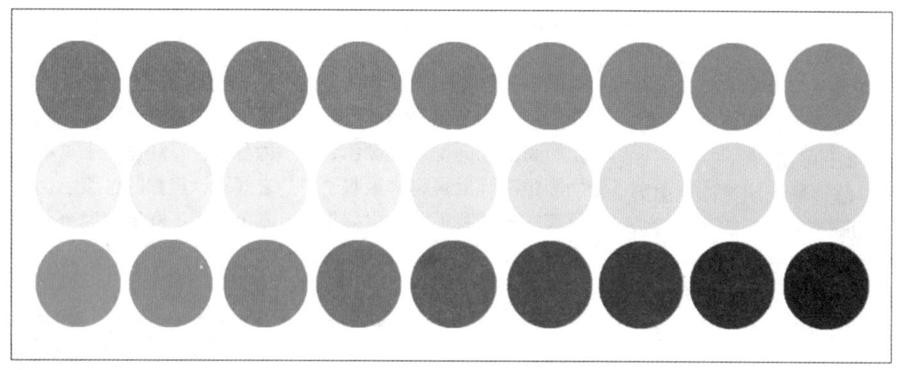

❸纯度渐变

Technique 03

明度

明度是指色彩的明亮程度，对光源色来说可以称为光度，对物体色来说，除了称为明度之外，还可称为亮度、深浅程度等。明度是眼睛对光源和物体表面明暗程度的感觉，是由光线强弱决定的一种视觉经验。色彩的明度变化是加黑白推移❹。明度最高的是白色，明度最低的是黑色。例如，深红色中加入白色就变成了粉红色，也就是说，深红色在提高了明度后就变成了粉红色。

❹明度渐变

Article 130

色彩性格

色彩是无处不在的要素，既有审美作用，也有表现和调节室内空间与气氛的作用，不同的色彩会使人产生不同的视觉体验和心理感受。色彩作用于人时产生一种单纯性的心理感应，是由色彩的固有感情导致的，这种直观性的刺激在一定程度上左右着人的思想和情绪。

Technique 01

红色

红色光波长最长，又处于可见光谱的极限，最易引起人的注意、兴奋、激动、紧张，同时给视觉以迫近感和扩张感，给人留下艳丽、芬芳、饱满、成熟的印象。

作为三原色之一，红色❶❷也是我国传统意义上的“正色”，兼具刹那的惊艳和恒久的端庄，是彰显气质品位的理想用色。红色是热烈、冲动的色彩，这表达了中国人对红色无与伦比的喜爱。

在中国的民俗文化中，各类传统的喜事都离不开鲜艳的、纯正的大红色，婚礼上新娘一律着红装，新房内外几乎全部用红色来装饰渲染喜庆气氛。

▲正红

▲洋红

❶卫生间墙面装饰

❷红色地毯装饰

Technique 02

橙色

橙色❸❹在所有的色彩中是欢快活泼的光辉色彩，是暖色系中最温暖的色，它使人联想到金色的秋天，丰硕的果实，是一种富足、快乐而幸福的颜色。橙色是能引起食欲的色彩，给人香甜略带酸味的感觉；另外，橙色又是明亮、华丽、辉煌且动人的色彩，代表了包容、健康、亲切。

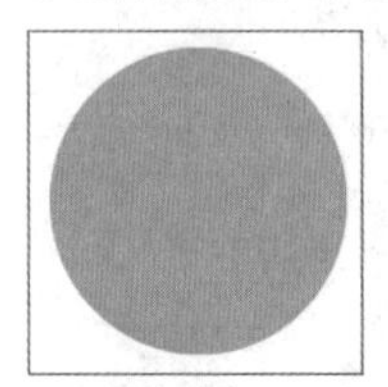

◀橘红

◀橙

❸橙色软装

❹橙色构造

Technique 03

黄色

黄色❺❻是有彩色中最明亮的色，给人以明亮、辉煌、灿烂、愉快、亲切、柔和的印象，同时容易引起味美的条件反射，给人以甜美感、香酥感。黄色有着太阳般的光辉，因此象征着照亮黑暗的智慧之光；黄色有着金色的光芒，因此又象征着财富和权力，它是骄傲的色彩。

◀铬黄

◀金黄

❺黄色墙面装饰

❻黄色装饰

Technique 04

绿色

人的视觉对绿色光反应最平静，眼睛最适应绿色光的刺激。绿色❼❽是植物王国的色彩，它的表现价值是丰饶、充实、平静与希望。绿色很宽容、大度，无论蓝色或黄色渗入，仍旧十分美丽。黄绿色单纯年轻；蓝绿色青秀、豁达；含灰的绿色是一种宁静、平和的颜色，就像暮色中的森林或是晨雾中的田野一样。

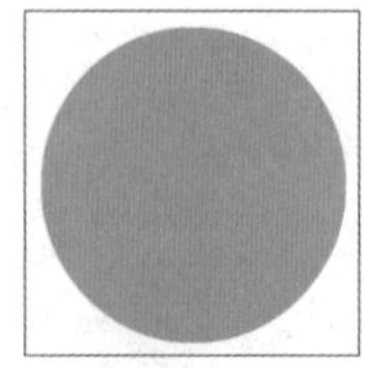

◀森林绿

◀薄荷绿

❼绿色墙面装饰

❽绿色植物与家具

Technique 05

蓝色

蓝色光的波长短于绿色光，属于冷色调，象征着独立、希望、诚实，具有灵性和知性的特点。蓝色⑨⑩是博大、纯净的色彩，天空和大海最辽阔的景色都呈蔚蓝色，给人感觉平静、理智。无论深蓝色还是浅蓝色，都会使我们联想到无垠的宇宙和流动的大气，因此，蓝色也是永恒的象征。

◀青金石

◀天青

⑨ 深蓝色厨房墙面

⑩ 浅蓝色专卖店墙面

Technique 06

紫色

紫色⑪⑫是一种极具神秘和高贵的色彩，给人浪漫、高贵、优雅、奢华、流动的感觉，充满童话般的梦幻，同时带有一丝神秘感。偏粉的紫色可以形成一种浪漫、迷人的画面感；偏黑蓝的紫色可以形成一种沉着、孤傲、经典之感；偏灰暗的紫色则有一种忧郁的感觉。

紫色时而有胁迫性，时而有鼓舞性，因此在室内设计中须谨慎使用。

◀虹膜色

◀欧薄荷

⑪紫色卫生间墙地面

⑫紫色儿童乐园

Technique 07

白色

白色⑬⑭是阳光的颜色，象征着无比的高洁、明亮，在包罗万象中有其高远的意境。白色还有凸显的效果，尤其是在深浓的色彩间，一道白色，几滴白点，就能起到鲜明的对比。

从感情上看，白色代表了正义、闪亮、高尚、清净、纯洁、端庄、悲哀。纯白色会带来寒冷、严峻的感觉，所以在使用白色时，会掺杂进一些其他的色彩，使白色显得柔和，如象牙白、乳白、米白、苹果白等。

⑬ 白色客厅空间

⑭ 白色泳池别墅

Technique 08

黑色

黑色⑮⑯是低调、权威、高雅的象征，使人安静、沉思、坚持、刚正，在艺术设计中运用黑色，能够烘托出严肃、庄重的氛围，不少设计师会采用黑色对书房进行装饰，显得空间典雅、整洁、庄重。黑色也会对人的心理产生消极的影响，使人感到阴森、恐怖、烦恼、忧伤、绝望。此外，黑色还会有捉摸不定、神秘莫测、阴谋、耐脏的印象。

在艺术设计中，黑色与其他色彩组合，属于极好的衬托色，可以充分显示其他色的光感与色感。其中，黑白组合的光感最强、最朴实、最分明、最强烈。

⑮黑白搭配书房

⑯黑色客厅装饰

Technique 09

灰色

灰色⑰⑱是一种不含色彩倾向的中性色，提到灰色，大多时候会让人联想到灰蒙蒙，在心理上大多是不好的印象。其实在设计中，如果运用得当，灰色的效果会十分独特。

灰色具有柔和、优雅的意象，且属于中间性格，男女皆能接受，所以灰色也是流行的主要颜色。在使用灰色时，大多利用不同的层次变化组合或搭配其他色彩，才不会过于素净、沉闷、呆板、僵硬。

⑰ 深灰色客餐厅装饰

⑱ 浅灰色餐厅装饰

Article 131 同类色搭配效果

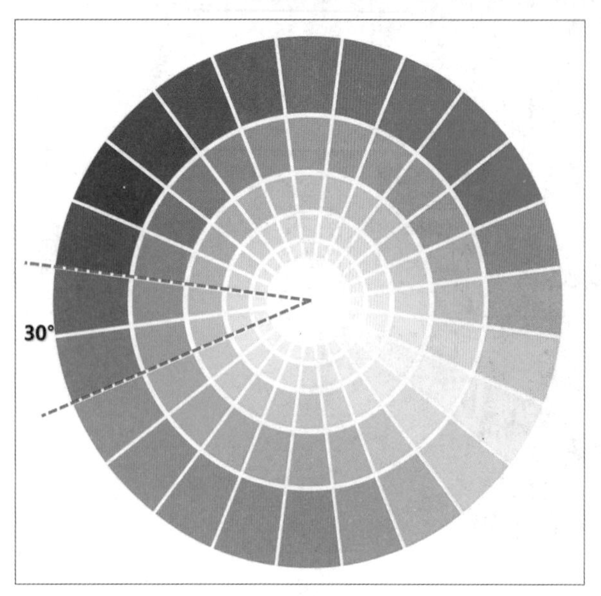

❶ 同类色范围

同类色是指色相性质相同，由明度变化而产生的浓淡深浅不同的色调，在24色相环中夹角30° 范围内❶。同类色的色相对比不强，给人以平静、舒适的感觉，可以在同一个色调中形成明暗层次，制造出简洁明快、单纯和谐的统一美以及丰富的质感和层次，是室内配色中常用的配色方案❷。将色彩合理搭配并应用到空间设计中，能够带来特殊的情感和视觉享受。

设计师想要创造一个低调内敛的北欧风空间，利用带一点紫又带一点绿的砖青色系，展示出不一样的魅力，令人沉迷❸。

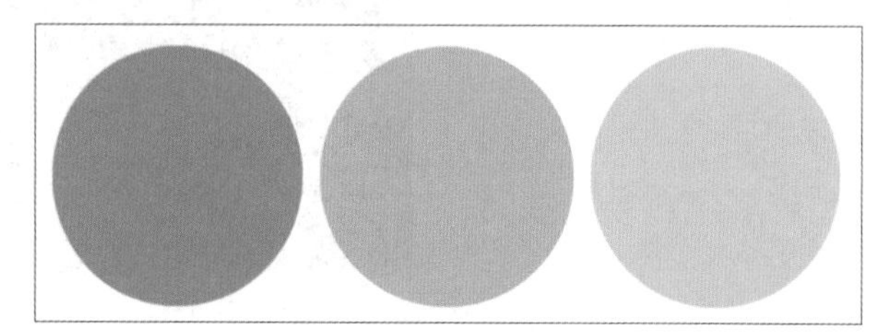

❷ 砖青色渐变配色

❸ 同类色配色效果

Article 132

邻近色搭配效果

在24色相环上任选一色，与此色相距90°，或者彼此相隔五六个数位的两色，即称为邻近色❶。邻近色属中对比效果的色组，色相彼此近似，你中有我，我中有你，冷暖性质一致，色调统一和谐，感情特性一致，具有低对比度的和谐美感。比如，朱红与橘黄，朱红以红为主，里面略有少量黄色；橘黄以黄为主，里面有少许红色，虽然它们在色相上有很大差别，但在视觉上却比较接近。

邻近色一般有两个范围，绿蓝紫的邻近色大多数是在冷色范围内，红黄橙的邻近色则多在暖色范围内❷❸。

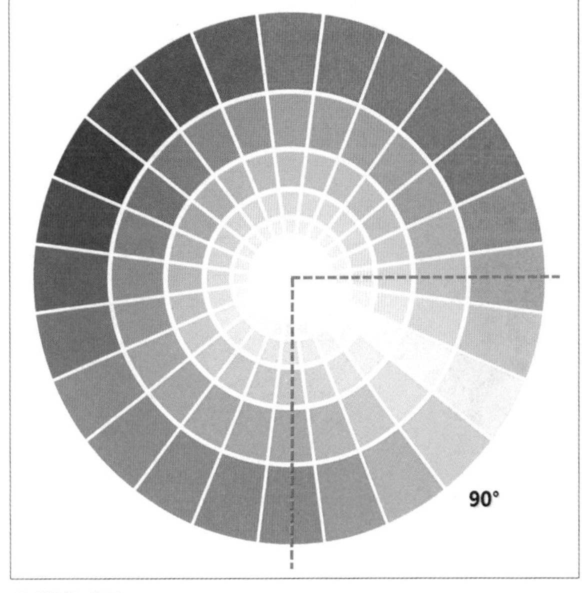

❶ 邻近色范围

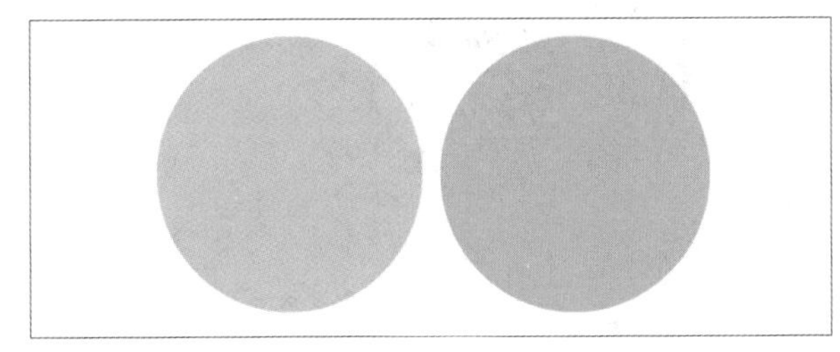

❷ 浅绿、热带橙配色

❸ 邻近色配色效果

Article 133 对比色搭配效果

对比色是人的视觉感官所产生的一种生理现象，是视网膜对色彩的平衡作用。在色相环上夹角120~180°的两种颜色，称为对比色❶。对比色是两种可以明显区分的色彩，包括色相对比、明度对比、饱和度对比、冷暖对比、补色对比等，是构成明显色彩效果的重要手段，也是赋予色彩以表现力的重要方法❷❸❹❺。

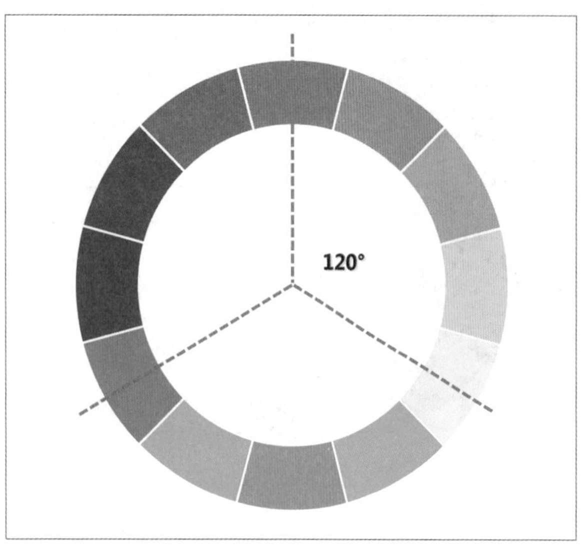

❶对比色示意

❷黄、蓝搭配效果

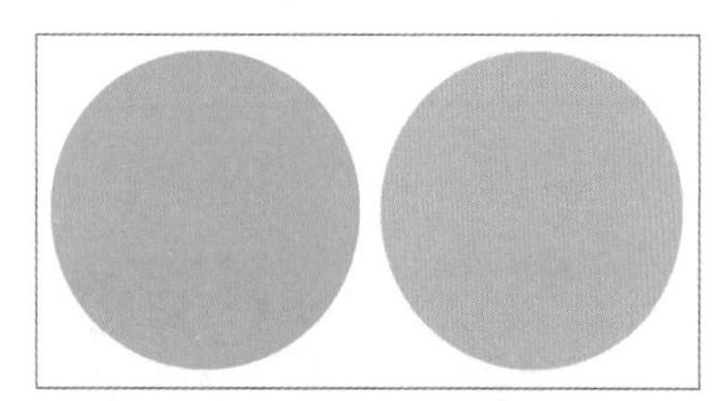

❸森林绿、兰花色配色

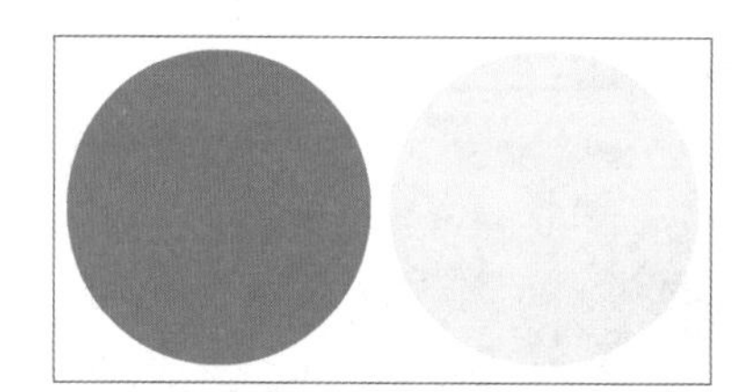

❹鲜黄、青蓝配色

❺绿、紫搭配效果

Article 134 互补色搭配效果

色相环中180° 相对的各个颜色，称为互补色❶，也是对比最强烈的色组，如红和绿、黄和紫、蓝和橙就是最为常见的互补色。互补色并列时，会引起强烈对比的色觉，使人感到红的更红、绿的更绿；一种补色占的面积远大于另一种补色的面积时，就可以增强画面的对比，使画面变色非常显眼❷❸❹❺。

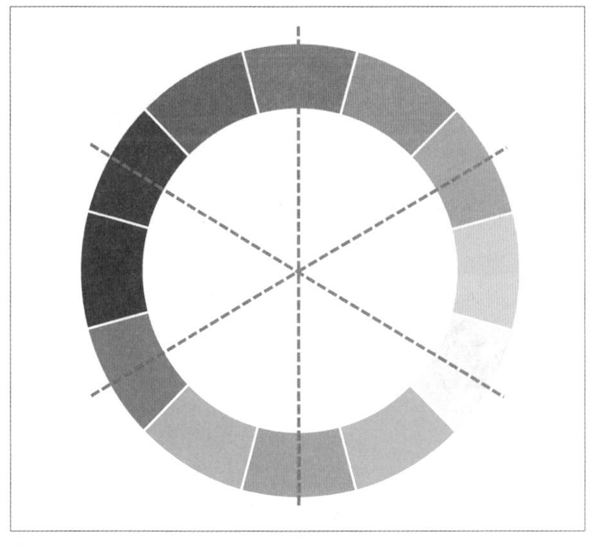

❶互补色示意

❷暗紫、暗金搭配效果

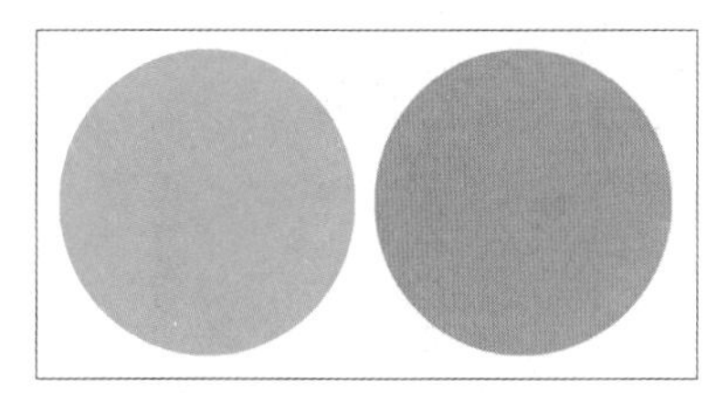

❸水色、橙色配色

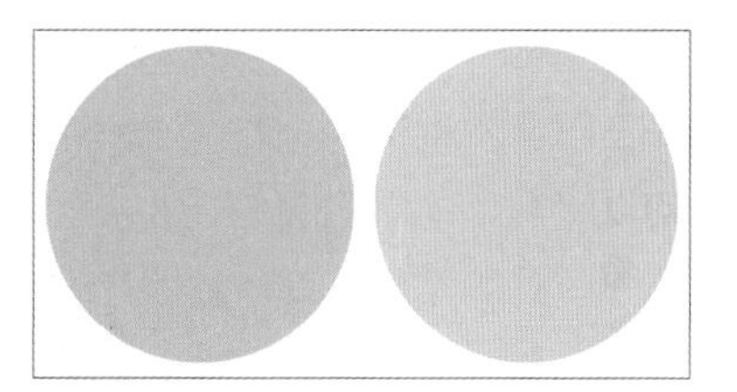

❹古代紫、金色配色

❺青色、橙色搭配效果

Article 135

暖色与冷色搭配效果

颜色有一个重要特性就是色温，这是人对颜色的本能反应。冷色❶是指以蓝色为主导的一些色彩，像是蓝色、绿色、紫色会使人联想到蓝天、大海、冰雪、月夜等，会有种寒冷的感觉；暖色❷则是指以红色为主导的一些色彩，如红色、黄色、橙色会使人联想到火焰、太阳、食物等，带给人温暖、和谐、满足的感觉。冷、暖色这一术语用在相对而言的感觉中，因此生褐可以说比熟褐更冷，尽管两者都是暖色。

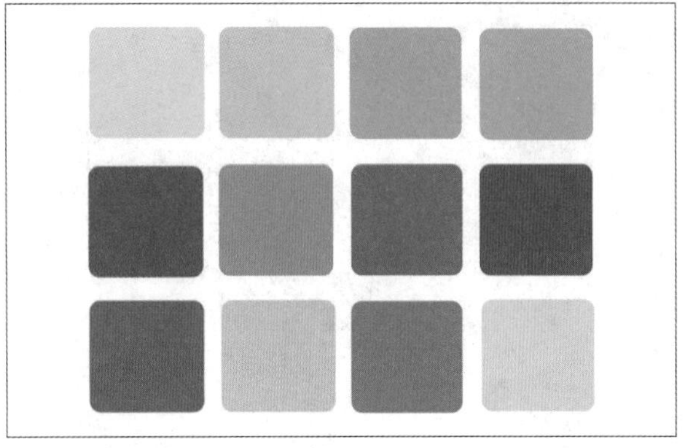

❶冷色系

❷暖色系

所有色彩中暖色调的颜色属于前进色❸，其膨胀的特性使物体的视觉效果变大，看起来向上凸出，如红色、橙色、黄色等高彩度的色彩。冷色调的颜色属于后退色❹，也称为缩色，可以使物体的视觉效果变小，看起来向下凹陷，和其他颜色在同一平面上，会显得比其他颜色更远，如蓝色、蓝紫色等低彩度的色彩。

在室内设计中，合理运用色彩可以使房间看起来更加宽敞。此时，要特别注意用色的明度，所有明度高的颜色都可以使房间显得很宽敞。较低的天花板给人压抑的感觉，但是只要涂上淡蓝色等明度高的冷色，就可以从感觉上拉高天花板。对于比较狭窄的墙壁，可以使用明度高的后退色，使墙壁看起来比实际位置后退了，这样就显得更为宽阔。此外，对于比较深的过道，可以在过道尽头的墙面使用前进

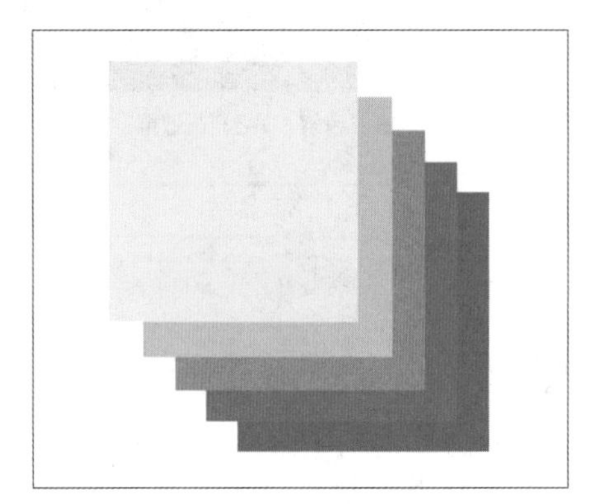

❸前进色

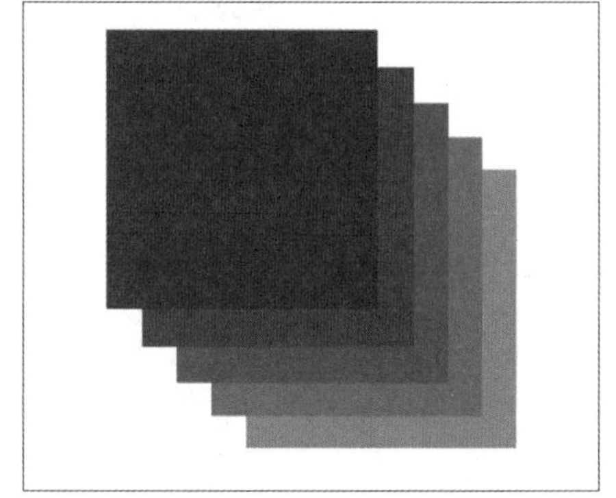

❹后退色

❺暖黄色调场景效果

色，使这面墙产生凸出感，从而缩短过道的长度。对于卫生间，可以统一使用白色或米色，这样不仅使人感觉干净、明快，还能使不大的卫生间看起来更宽敞一些，减少压迫感❺❻❼❽❾。

❻红、橙、黄色调搭配

❼绿色调场景效果

❽ 淡蓝色调场景效果

❾ 冷暖色搭配效果

Article
136 中性色搭配效果

❶ 蓝灰色搭配效果

所谓中性色，可以有效地与其他色彩融合并搭配在一起，没有明显的性别属性和强烈的风格特色，男女皆适用。

专业上中性色指由黑色、白色及由黑白调和的各种深浅不同的灰色系列，也称为无彩色系，主要用于调和色彩搭配，突出其他色彩。中性色介于红黄蓝三大色之间，不属于冷色调也不属于暖色调，通常很柔和，色彩不那么明亮耀眼。依照冷暖色系和色彩心理学的分类，黑、灰、白、金、银是五个最没有争议的中性色，它们能与任何色彩搭配起和谐、缓解作用，给人们轻松、沉稳、得体、大方的感觉，带有很强的知性基调，是大多数人能够接受的色彩❶❷❸。

❷ 部分中性色

❸ 烟白色搭配效果

Article 137

空间构成要素——点、线、面

居住环境是人类生活环境的一部分，其存在的意义是为人类提供生活、学习、居住和娱乐的空间。室内设计是以人为本，除为人们提供功能适宜、赏心悦目的空间，更重要的是改善人们的生活环境，提高人们的生活水平，构建和谐幸福的社会大环境❶❷。

随着室内设计的不断深入，点、线、面三大要素不仅仅在平面构成范畴中占据着重要的设计地位，同时在室内设计范畴中也占据了相应的设计比重。利用简约的点、线、面主体构成进行室内空间层次的设计营造，旨在打造出符合人们欣赏、适应的室内空间体系。点、线、面是室内设计中不可或缺的基本元素，能够表达不同的情感、风格、文化，可以说任何的设计都可以简化到点线面的构成，这些基本形体的意义是永远也不会被磨灭的，它们永远充满了新的可能性。从视觉意义上说，点、线、面是可以相互转换的，面让我们看到的不仅仅是点的放大也是线的集合，线是无数个点聚集到一起，而面是无数条线的集合。面的形态千变万化，最典型的例子就是建筑、室内、家具设计，它们真实地反映了点、线、面的形态特征。

❶点、线与物体

❷点、线与墙地面

❸ 单个点

Technique 01

点元素

点具有简洁明了的形体特征，是世间万物形态的源头，是设计范畴的根本要素之一。点在人们的意识中是一个细小的物体，如尘埃、一粒小米、一滴水滴、音乐中的节奏鼓点，几何学中没有长宽厚只有位置的几何图形等，但点同时具有凝聚视觉重心的作用，点处于不同的位置会给人带来不同的感受。当点处于变动轨迹时，人们的视线会随着点的运动而变化，继而产生线的感觉；当三点交汇时，便会造成面的感觉。

点以其所处位置为主要特征，如秩序摆放的物品，如果处于显眼的位置，人的视线便会趋于集中❸；如果摆放得错落有致，则充满灵动；如果将多点进行组合排列，形成规律的点群，则可产生稳定且富有一定韵律的空间效果❹。

❹ 多个点

Technique 02

线元素

从几何学的概念来看，线并不具备任何宽度；但从现实生活及视觉设计范畴来讲，线不仅仅存在宽度，且具有超强的功能性与表现力，能够代表轮廓和边界与情绪及轨迹等多种概念。

直线给人严格、正直、明确、坚硬的感觉，粗直线具有厚重、强壮之力度，细直线具有敏锐、轻巧之感；水平线可以使人联想到辽阔的草原、无边无际的海洋，带给人稳定、平静的感觉。垂直线给人以挺拔、向上、崇高的感觉，倾斜线给人以不安定和动力流向的感觉；曲线给人以温和、柔软、丰满的感觉。

线还有引导视线的作用，在室内设计中，灵活运用不同形态、造型的线要素，可以营造出不同的空间层次，表达丰富的情感。设计师在设计时，必须就人们主观思维中对线的审美认知规律做出把握，方能便利于室内空间艺术美感的整体呈现。

从室内空间造型设计的角度来看，线分为两种形态，即封闭造型的空间结构线和丰富室内造型的装饰线❺❻。前者决定室内的基本造型，后者可以帮助提高室内设计装饰的效果，满足人们在室内空间的心理感受和审美需求。

❺弧形结构线条

❻直线装饰线条

Technique 03

面元素

面是点与线的结合与丰富，通过点的不断聚集和扩充以及线的围合与膨胀均能够形成面。在室内空间设计中，通过不同形体的面进行组合排列，能够打造出不同的设计美感，同时极易促使室内空间具备充沛的活力与情感特征，拥有强烈的韵律感和层次感，确保室内空间设计整体趋于理性及秩序。

面与点、线一样，都是构成室内空间形态的重要内容。在室内空间设计中，无论是墙面、地面或顶面，缺少了其中任何一项的围合，都无法称为真正的室内空间。作为一项重要的空间元素，面的形成离不开线与点的组合搭配，通过点能够构成实体存在的面，同时能构成视觉概念上的虚面⑦；通过线的排列组合，也能够产生面⑧。因此，在设计范畴之内，任何具有相应面积的物体都能够被视为面体。直线构成的面富有稳定感、严肃感、庄重感，存在着极强的逻辑秩序性，在室内空间中使用，极富简约意蕴，可以给人以安定稳固的秩序感；而曲面形式的设计，则具有着温和轻柔的意蕴，其所存在的亲和、动感的设计因子，极易为室内空间使用者带来奔放、浪漫的情感体验。

⑦扩点成面

⑧集线成面

Article 138

构图的表现方式

构图就是把视角中各部分分为主体和客体，或是前景与背景，再组成、结合、配置并加以整理，使之成为一个艺术性较高的画面。将协调的物体用三角轴或斜线来排列，将光与影变成有情感的组合，这些都是构图的手法。设计者利用视觉要素组织起来的构图，是在形式方面诉诸视觉的点、线、形态、光线、明暗、色彩的配合，是表现作品内容的重要因素，是作品中全部视觉艺术语言的组织方式，它使内部结构得到恰当的表现，内部结构和外部结构得到和谐统一。

构图是效果图制作中最重要的事情之一，担负着突出主体、吸引视线、简化杂乱、给出均衡和谐画面的作用，好的构图将会凸显画面的中心，使画面更富有故事性，并能反映设计者的构思和灵感。

无论是拍摄照片还是制作渲染效果图，构图都是画面美感的重要考量因素，其好坏直接影响画面的视觉享受。构图体现在效果图中，就是摄影机角度的选取，使画面从艺术的角度展现，而不是展现设计。

Technique 01

三分构图法

三分构图法有时也称为井字构图法，是一种在摄影、绘画、设计等艺术中常用的构图手段。该方法是指把画面横竖都分成三等分，画面中重要的部分或焦点应落在分割的线上或线的交点上❶。按照三分法安排主体和陪体，照片就会显得紧凑有力，对横画幅和竖画幅都适用。

❶ 三分构图

Technique 02

中心构图法

中心构图法❷，顾名思义，就是将画面的主体放在画面的中间，当主体位于中心位置的时候，人的视线自然都集中在这个位置了。

相较其他构图方法而言，中心构图法是最简单易懂也是最容易掌握的一种方法。这种构图方式的最大优点就在于主体突出、明确，而且画面容易取得左右平衡的效果。这对于严谨、庄严和富于装饰性的摄影作品尤为有效。

Technique 03

水平线构图法

水平线构图法原本是指向视线的水平方向看去，天和水的平行延伸，与之类似的构图方式统称为水平线构图。水平线构图给人一种延伸的感觉，一般都采用横画幅，比较适合较大的场面，可以产生旷野的视觉感受。具体又分为三种构图方式：高水平线构图，为了把水平线以下的物体表现得更丰富，同时有一定的视觉引导作用；低水平线构图❸❹，为了把水平线以上的物体表现得更丰富，具有一定的视觉引导作用；中水平线构图，通常情况存在一种上下对称的手法使整个画面看起来更加协调均匀。

❷ 中心构图

❸ 低水平线构图（一）

❹ 低水平线构图（二）

Technique 04

对称构图法

对称构图法是按照一定的对称轴或对称中心，使画面中的物体形成轴对称或中心对称的状态，整体布局非常规整，可以营造出一种平衡感，常用于表现室内、建筑、隧道等场景效果❺❻。

在对称构图中，完完全全的对称会给人一种拘谨和单调的感觉，看起来太过严谨和死板，在生活中我们更倾向于相对对称的布置，既有均衡的一面，又有灵动的一面，在对等之中有所变化，蕴含趣味性、装饰性。

❺ 垂直对称

❻水平对称

Technique 05

引导线构图法

引导线构图❼❽法是利用线条引导视线，将画面的主体和背景元素串联起来，从而引导视线并产生视觉焦点。引导线并不一定是具体的线，但凡有方向的、连续的，都可以称为引导线，道路、水流、颜色、阴影等都可以当作引导线使用。利用这种构图方法，即使是简单的场景，也会变得立体起来。

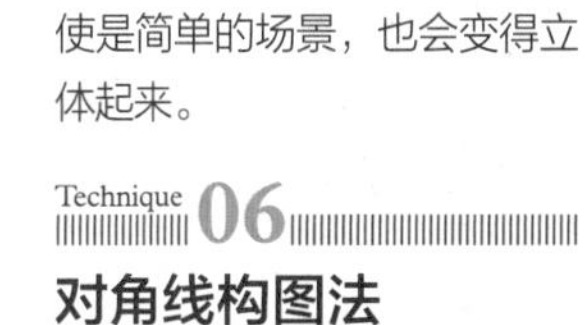

Technique 06

对角线构图法

对角线构图❾❿是指主体沿画面对角线方向排列，旨在表现出动感、不稳定性或生命力等感觉。不同于常规的横平竖直，对角线构图对欣赏者来说，画面更加舒展、饱满，视觉体验更加强烈。

对角线构图其实是引导线构图的一个分支，将视觉引导线沿画面对角线方向展开，就成了对角线构图。引导线可以是直线，也可以是曲线甚至折线，只要整体延伸方向与画面对角线方向接近，就可以视为对角线构图。

❼直线引导

❽螺旋线引导

❾ 颜色对角引导

❿ 线条对角引导

Article 139

比例与尺度

奥古斯丁曾说过："美是各部分的适当比例，再加一种悦目的颜色。"

比例和尺度在生活环境中所发挥的作用，远远超越了设计风格的影响。

在美学中，最经典的比例分配莫过于"黄金分割"，人们将其运用在绘画、雕塑、音乐、建筑等各种领域，能够很好地表现出独具韵味的美感。只有比例和谐的物体才会使人产生美感，如空间的长、宽、高，合理的空间尺寸会使人感到舒适悦目。除此之外，功能、材料、结构以及在长期历史发展过程中形成的习惯，都会影响人们对比例的认知。

尺寸与比例不同，比例主要是研究一个组合构图中各个部件之间的关系，而尺寸则是研究一些标准或公认的物体的大小，如房屋、家具等。当我们进行设计的时候，要根据房屋、家具的尺寸进行绘图或建模，合适的尺寸会使空间变得协调，给人一种身临其境的感觉，和谐的比例则更能表现出室内的美感❶❷❸。

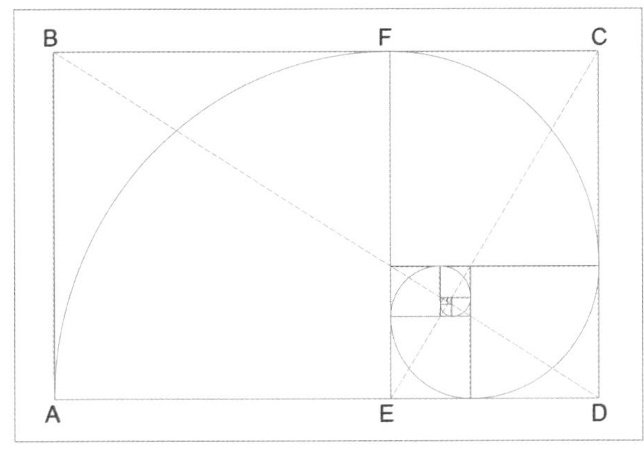

❶黄金分割

❷装饰品过小

❸比例合适的装饰品

Article 140 主角与配角

由若干不同物体组成的场景中，每个物体的地位与重要性不能同等对待，应当有主次之分，这样才能使画面和谐，不会显得松散。

只有当主次关系十分明确时，整个空间才会显得有层次感，心理也会安定下来❶❷。如果两者的关系模糊，便会令人无所适从，所以主从关系是软装布置中需要考虑的基本因素之一。在居室装饰中，视觉中心是极其重要的，人的注意范围内一定要有一个中心点，这样才能形成主次分明的层次美感，这个视觉中心就是布置上的重点。主角可以是一个风格比较具有标志性的物体，这样更加能够展现出该风格的特点，使人一眼就能掌握风格想要传达给人们的主旨；而配角的一切行为都是为了突出主角，不可喧宾夺主。

❶黄金视角凸显主角

❷鲜明色彩凸显主角

Article 141

均衡与对比

在室内构图中，灯光的均衡与稳定也是比较重要的部分，因为在做效果图时需要添加灯光，以达到真实的场景效果。通过明暗的对比，展现出尺寸、线条的均衡感，更加能表现出室内的立体效果。

明与暗、高与低、虚与实的对比都能很好地展现画面的视觉感，不会使人感到呆板❶❷❸❹。如使用玻璃、屏风、帷幔等构成虚空空间，与实体结合，这样的设计可以使整个室内增加个性化的感觉；通过鲜艳的颜色对室内进行点缀，形成色彩对比，会充满视觉上的冲击感；高低的对比能够展现出室内布局的层次美和立体美。

❶ 室外虚实对比

❷ 室内虚实对比

❸明暗对比

❹色彩对比

Article 142 节奏与韵律

对于一些类似现象，人们有意识地加以模仿和运用，从而创造出各种具有条理性、重复性和连续性等特征的形式——韵律美。而节奏是有规律的重复，各要素之间具有单纯的、明确的、秩序井然的关系，使人产生匀速有规律的动感❶❷。

韵律是节奏的升华，是情调在节奏中的运用。节奏富有理性，韵律富有感性❸。节奏与韵律是密不可分的统一体，是美感的共同语言，是创作和感受的关键。人称“建筑是凝固的音乐”，就是因为它们都是通过节奏与韵律的体现而造成美的感染力。成功的建筑总是以明确动人的节奏和韵律将无声的实体变为生动的语言和音乐，因而名扬于世。

❶ 起伏节奏

❷ 连续节奏

❸ 节奏与韵律

Article 143

过渡与呼应

装修设计在色调、风格上的彼此和谐并不难做到，难度在于如何让两者产生“联系”，这就需要运用“过渡”了。

呼应属于均衡的形式美，是各种艺术常用的手法；过渡则是色彩、光影上的连接与过渡。在室内设计中，过渡与呼应总是形影相伴的，具体到顶棚与地面、桌面与墙面以及各种家具之间，形体与色彩层次过渡若能自然、巧妙地呼应，往往能取得意想不到的效果❶。灯具之间、植物花草之间、色彩之间的自然舒适，结构的力度和装饰的美感巧妙结合，会使整个空间变得和谐❷。

❶色彩的呼应与过渡

❷植物与材质的呼应

Article 144 变化与统一

变化与统一是形式美中最基本的法则，它们是互为依存、矛盾又统一的两个方面，是获得设计美感的重要手段，在室内设计中发挥着重要作用。任何物体形态都是由点、线、面、体、空间、色彩和肌理等元素有机组合而成的，统一是各种元素之间的内在联系、共同点或共有特征，变化则是部分与部分之间的差异、区别。

家居布置在整体设计上应遵循“寓多样于统一”的形式美原则，根据大小、色彩、位置使之与家具构成一个整体，成为室内一景，营造出自然和谐、极具生命力的“统一与变化”❶；家具要有统一的艺术风格和整体韵味，最好成套定制或尽量挑选颜色、式样格调较为一致的，加上人文融合，进一步提升居住环境的品位❷。

❶ 色彩的变化与统一

❷ 点、线、面的变化与统一

Article 145 戴昆作品赏析

戴昆，中国著名建筑师及室内设计师，主持了全国各地大量的样板间室内设计及陈设工作，对住宅建筑设计人居环境有深刻理解。近年来，他将工作的主要方向集中于住宅室内设计领域，倡导实用、美观、经济的设计理念，在各地设计了大量的住宅作品，引领和推动了城市居住生活方式变化的潮流；投入大量的精力于色彩流行趋势和相关产品设计的研究，在完成学术专著的同时持续推动室内设计色彩运用的专业普及工作。

Technique 01 杭州桃花源西锦园

该项目的景观、建筑、室内设计都围绕着一个关键词——中式大宅，户型建筑面积1084m²，整个建筑平面布局，设置为内外合院形式，公共接待区为地上一层，家庭区为地上二层及地下一层。在以客厅、待客书房、中西餐厨组团的对外待客区域内，装修风格围绕带有中式建筑的内装修构件做文章，很多中国古建筑的经典元素被用来烘托中国文化的深远意境。家具搭配上用西式家具做中式对称的陈列，中式家具做现代简洁及材料转换的处理，饰品，绘画，布艺的搭配在各自空间中强化意蕴的表达。在中式传统山水建筑园林中的这所大宅，不仅传承了东方审美的易趣，还满足了现代西式居住的舒适性，达到两者之间的交融与共存。

Technique 02

成都·文儒德

成都·文儒德，位于成都高新区，紧邻锦城湖2号湖区，直面锦城湖畔一线湖景资源，地理位置绝佳，被称为“锦城湖畔的明珠”。茂林修竹，曲水流觞……追寻兰亭之境，何必远遁山林？隐于湖畔别院，一径之隔可探四季湖景，这便是别墅样板间取名“兰亭”的初衷，也是中国著名室内设计师戴昆先生创作“现代东方美学”的原点。

当我们在谈论东方美学时，很多人会认为“太传统”，似乎与现代生活脱节。然而，戴昆先生曾说过，国人已经越来越能够接受东方文化的构图、审美和意境表达，不是完全的“东方”，而是在室内设计中由表及里，呈现出的一种“现代东方”。

设计赏析篇

Article 146 LOFT户型概念方案

套内面积

约40m²。

户型格局

本案例为LOFT户型，原始户型中仅有卫生间空间和客厅空间。

户型层高

5m。

家庭成员

情侣两人居住。

屋主需求

本案例属于婚前过渡房，需要控制造价，功能及风格可以自由发挥，满足日常生活即可。

施工要求

（1）厨房位置可根据烟道位置自行确定；

（2）入户门位置和排水排烟管道不可移动。

户型分析

本案例❶为LOFT户型，面积较小，但在层高上有一定的优势，5m的层高完全可以做挑高设计，这样上下两层总面积约80m²；设计师可以自由分割空间，使之变成多个空间，有非常高的灵活性；对于LOFT户型来说，一般会将一层设为客餐厅等公共空间，二层作为隐蔽的卧室空间。比起其他开门就一眼望到尽头的小户型来说，LOFT的挑空设计很好地解决了户主的隐私问题。这样一来，可以将一层做成完全开放的空间，增加了空间利用率，使整个居室更具格调。

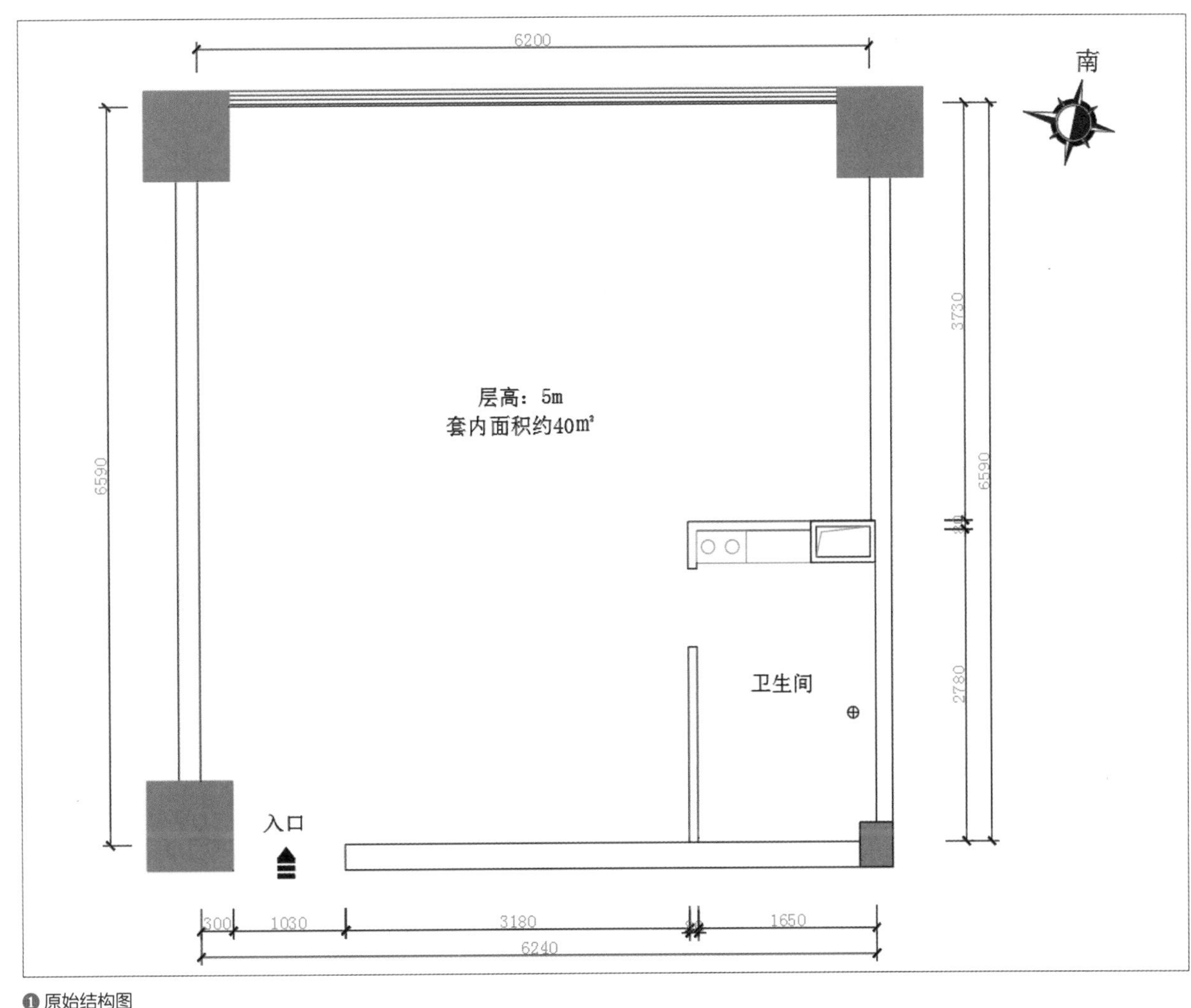

❶原始结构图

方案解读

该方案❷将楼梯设在一层入户位置，采用镂空木质隔断将楼梯隐蔽起来，其丰富的造型可以带来空间上的变化，还可以营造出温馨雅致的格调。在靠墙位置做满墙书架，可以很好地保持空间的统一和美观，使空间看起来整洁且充满艺术气息，令人心生满足和艳羡之情；沙发后方、楼梯下方做储物间，一点都不浪费；餐桌采用可拉伸款式，方便年轻人聚餐等活动。

户型面积虽然不大，但功能齐全，可谓是“麻雀虽小，五脏俱全”。

二层布置有卧室、衣帽间、书房、卫生间等空间，空间宽敞且采光充足❸。

一上楼梯就是开放式的书房，采用榻榻米设计，满足收纳功能的同时还可提供临时休息。

独立的衣帽间可以满足储物、更衣、化妆等活动，靠楼梯上方还留出一扇窗，满足衣帽间内的采光。

卫生间面积较大，功能齐全，包括洗手盆、马桶、淋浴、浴缸等。

缺点：

开放式的榻榻米书房设计很便利，但也应考虑到夏季或冬季时的温度或通风设施。

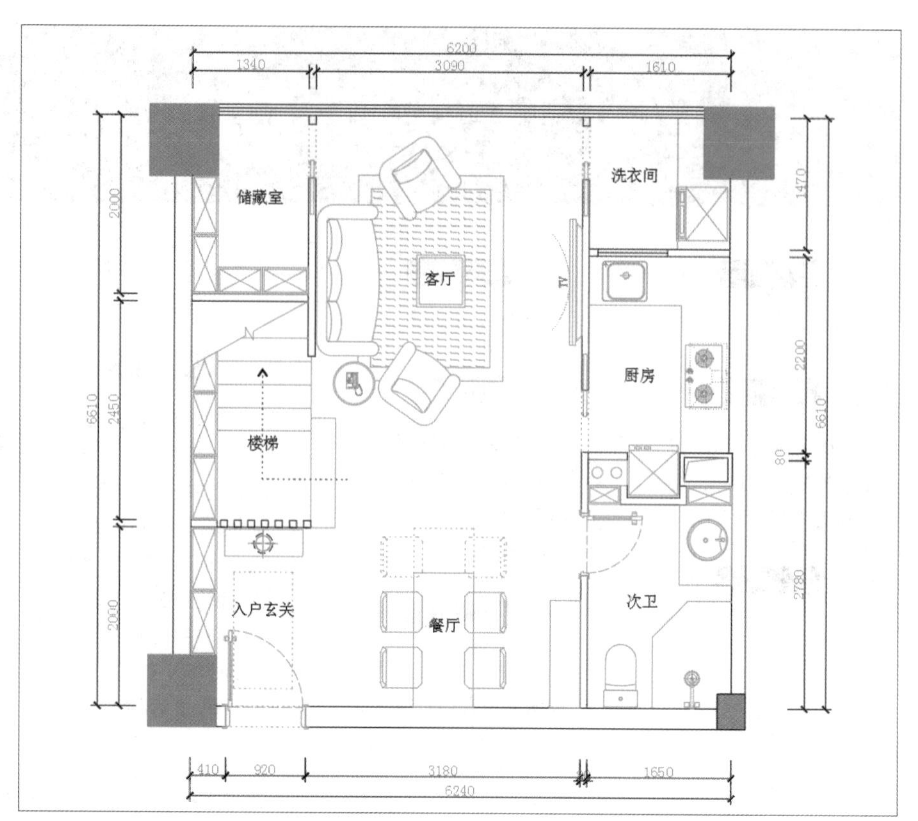

❷ 一层平面布局设计方案1

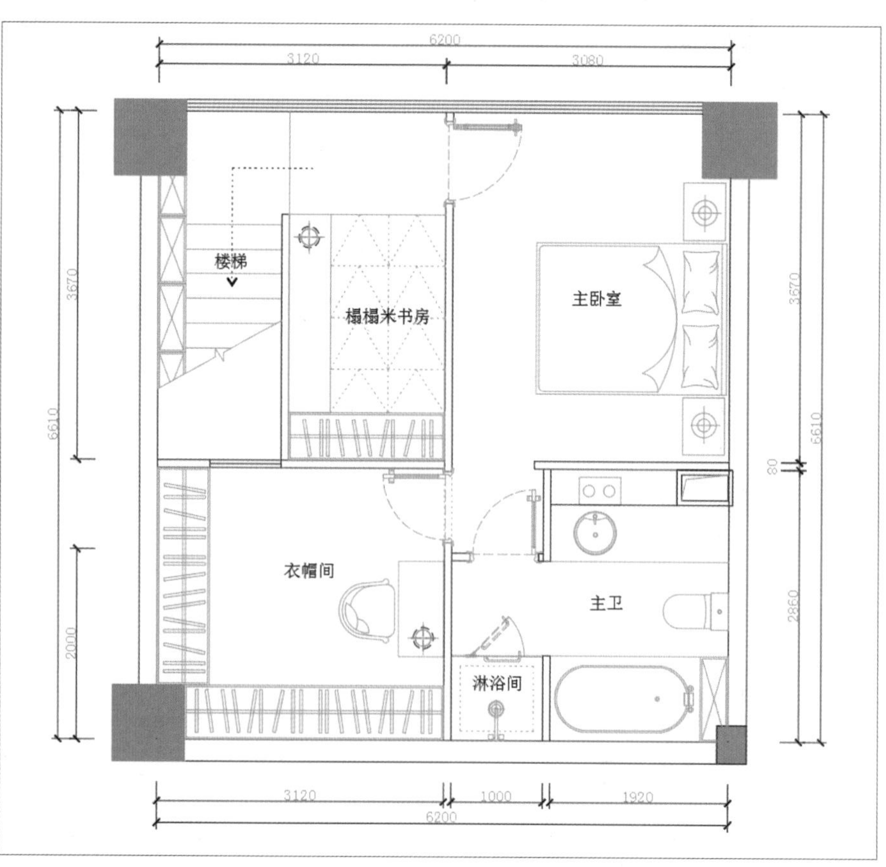

❸ 二层平面布局设计方案1

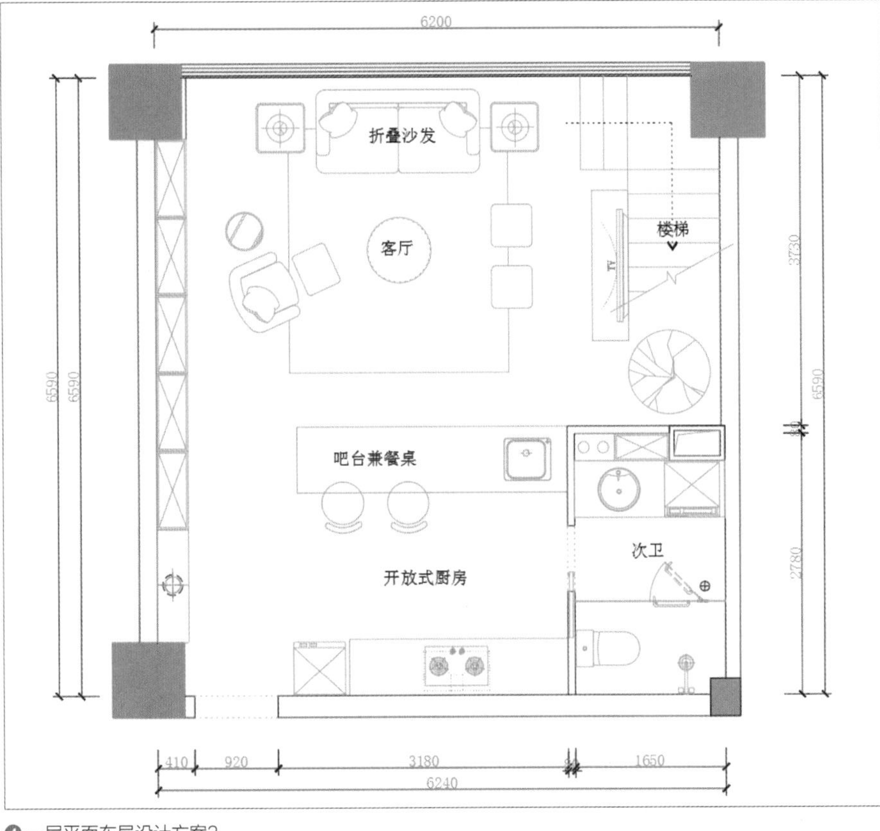

❹ 一层平面布局设计方案2

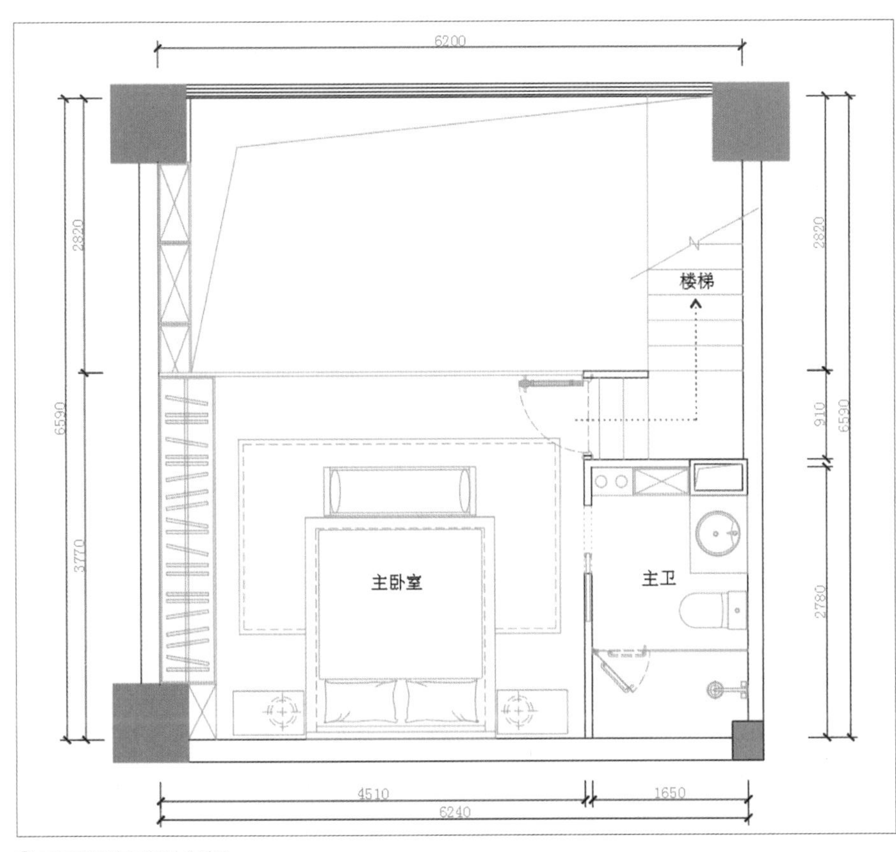

❺ 二层平面布局设计方案2

方案解读

该设计方案中❹，整个空间自由宽敞、无拘无束。客厅中随意组合的家具，给人一种自由、舒适的感官体验，父母或朋友来小住的时候，折叠沙发就派上了用场。

整墙书架不仅能够满足收纳功能，还可以当作墙面装饰，使空间更开阔，使墙面更富有层次，充满了艺术气息。

一层空间毫无阻碍，厨房、餐厅与客厅之间畅通无阻，通透自由；吧台既可当作餐桌，也可当作写字台。

二层是年轻人的天地，客厅上方直接到顶，卧室空间也十分开阔，南面的整面墙采用落地玻璃窗，使卧室的光线非常充足，美观大气❺。

明亮的光线衔接了闭塞的空间与自然，使人能够全身心地享受生活，拉上窗帘即可很好地保护个人隐私。

卧室一侧整面墙都做成衣柜，很好地满足两人的衣物储藏。

主卫与次卫一般大小，洗漱、淋浴、马桶样样齐全，还做出了干湿分离的效果，可谓小空间承载了大需求。

方案解读

该设计方案❻中设置了两个卧室空间，考虑到水管及烟道的位置，在一层及二层的同一侧分别布置了主卧、次卧、主卫及次卫，厨房紧贴次卫，以便于油烟排放。

客厅的布局较为随意，贵妃椅、单人沙发、脚踏等组成一个舒适自由的空间。在电视墙的位置放置办公桌，既可日常办公，也可当作家庭影院投影墙。宽大的落地窗使整个客餐厅的采光都极为丰富。

在楼梯下方布置橱柜、冰箱等，合理地利用了楼梯角落布置开放式厨房，节省了大量空间。

二层❼设主卧室、卫生间、衣帽间，一上楼梯右侧为衣帽间，左侧转弯后进入卧室空间，功能齐全，可以满足情侣二人的生活；客厅和餐厅区域的上方做挑空设计，带来舒适宽阔的感官体验。

与设计方案2中的卧室相比，本方案中主卧面积稍小些，但也足够了，宽大的落地窗，阳光充足，尽享窗外景观。

主卫的门设在烟道和排水管之间，因空间有限，就使用了折叠门，也非常方便。

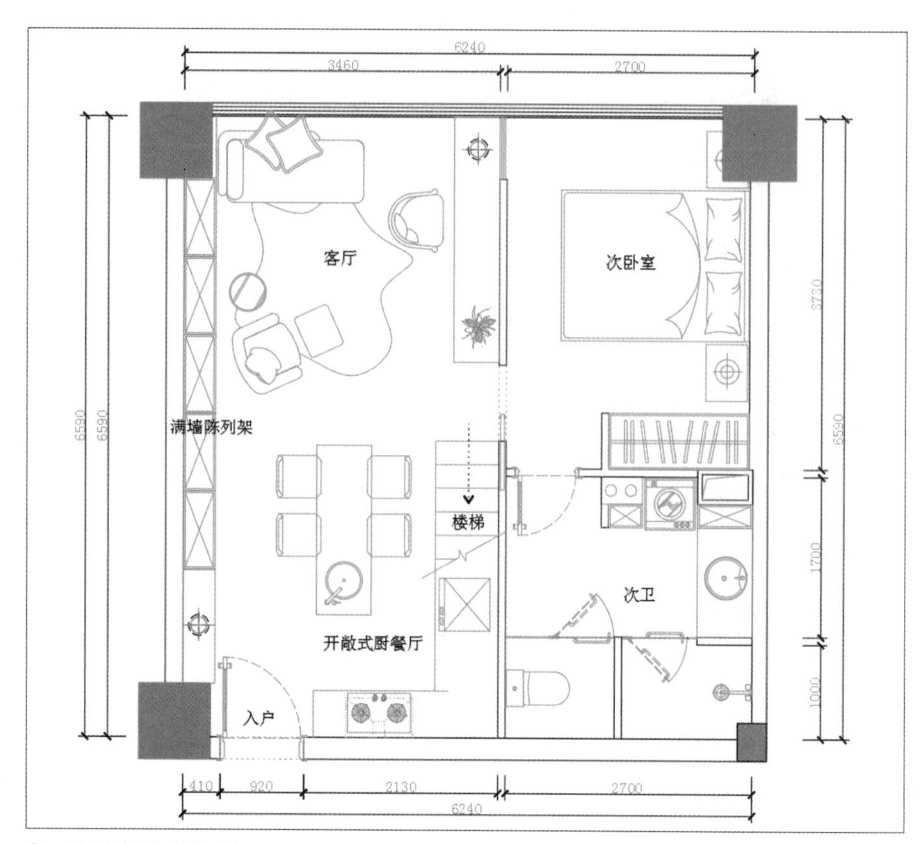

❻ 一层平面布局设计方案 3

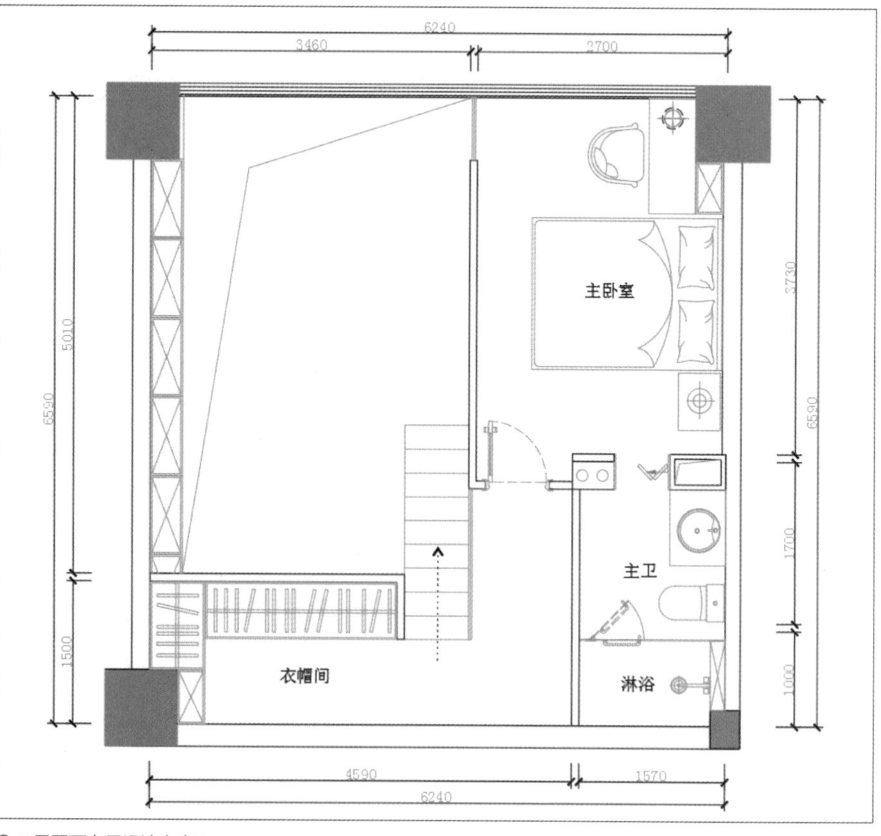

❼ 二层平面布局设计方案 3

Article 147 三居室户型概念方案

套内面积

约109m²。

户型格局

三室两厅一厨两卫，卧室共3间、客厅、餐厅、厨房、主卫、次卫、衣帽间、飘窗。

户型层高

2.95m。

家庭成员

夫妻二人、大女儿（5岁）、小女儿（1岁）及两位老人。

屋主需求

两位老人偶尔来住，需要留出可供休息区；需要书房功能，便于日常办公及女儿玩耍学习。

施工要求

卫生间、厨房的调整需考虑施工可能性；入户门、烟道、水管位置不可移动；外墙及窗户不可扩建。

户型分析

该户型❶格局工整方正，空间布局合理，三室朝阳，南北通透，尤其飘窗面积非常大。在三代同堂的情况下，两个卫生间就很有必要了，为了方便老人，在进行布局时首先要考虑的就是老人房，一定要距离卫生间比较近。户主两个女儿年纪都还很小，大女儿5岁，勉强可独立，小女儿1岁，还离不开父母照顾。这就要考虑两个女儿目前需要离父母比较近。此外，在布局女儿房时也要考虑两个女孩长大后的情况。提高空间利用率，使整个居室更具格调。

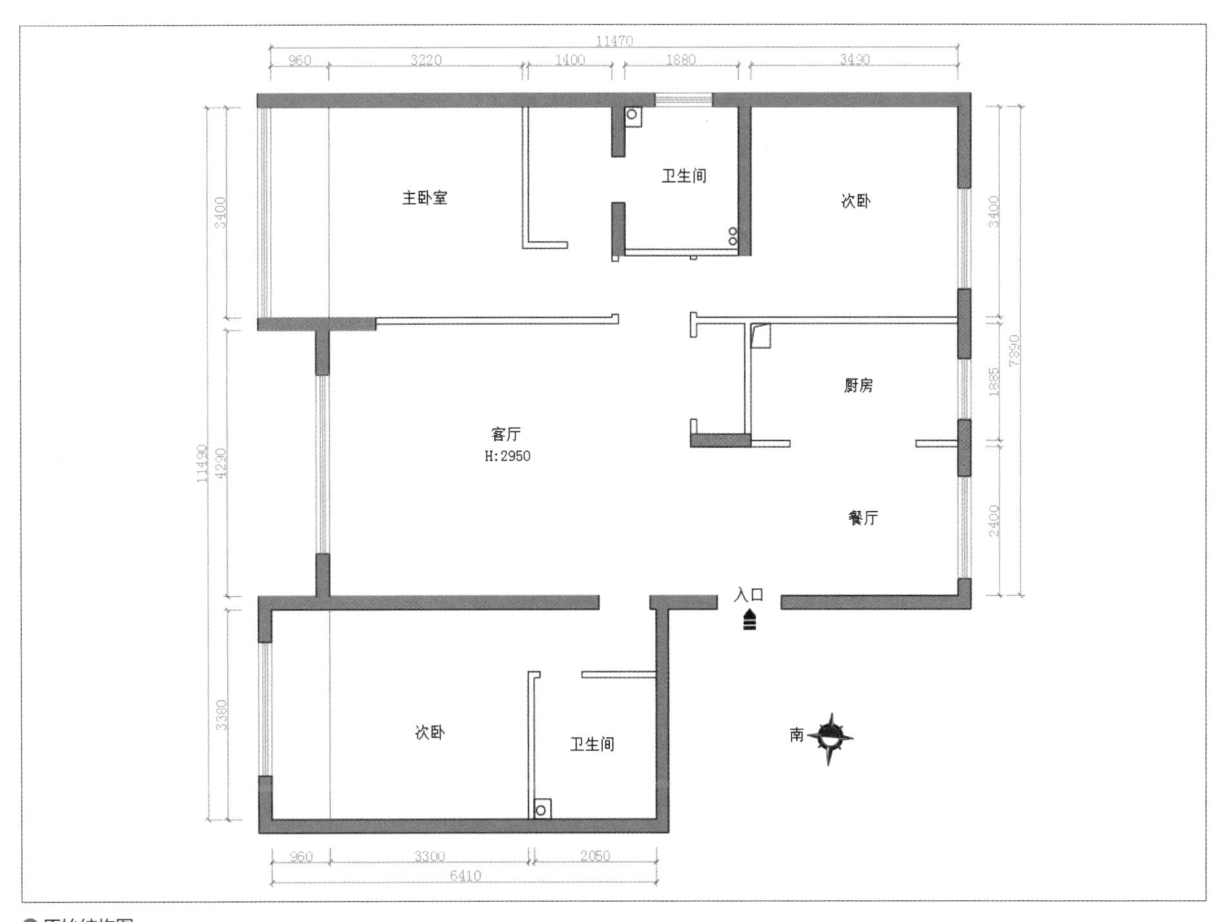

❶原始结构图

方案解读

小房子，大空间，将飘窗打掉以后，整个房间都显得宽敞了❷。

根据屋主需求将书房兼做客房，翻板床平日不使用的时候就可以收起来，不论何时都不影响办公；折叠门占用空间更小，更显得空间开阔。日常老人居住时，距离卫生间也很近，比较方便。打掉各个房间里的飘窗，扩大使用面积，其中客房中的飘窗改做小阳台，放置洗衣机等，另外一个则充作卧室空间，这样设置了衣柜后也不显得拥挤。

女孩都爱美，为长远打算，女儿房的空间比较大。两张单人床、充足的储物空间以及长长的写字台，足够两个女儿使用到成年。借用入户位置不能拆的一段承重墙做出鞋柜，承重墙背面定制一款长餐桌。

点评建议

首先是书房兼客房，要考虑到如果老人长期居住，日常办公则很不方便，只能借用女儿房。

另外，客房距离女儿房比较近，也要考虑会不会影响老人休息。

考虑到两个女孩目前的年龄，女儿房面积可能有些偏大。

餐厅位置距离厨房较远，不是很方便，且面积偏小，靠近卫生间。

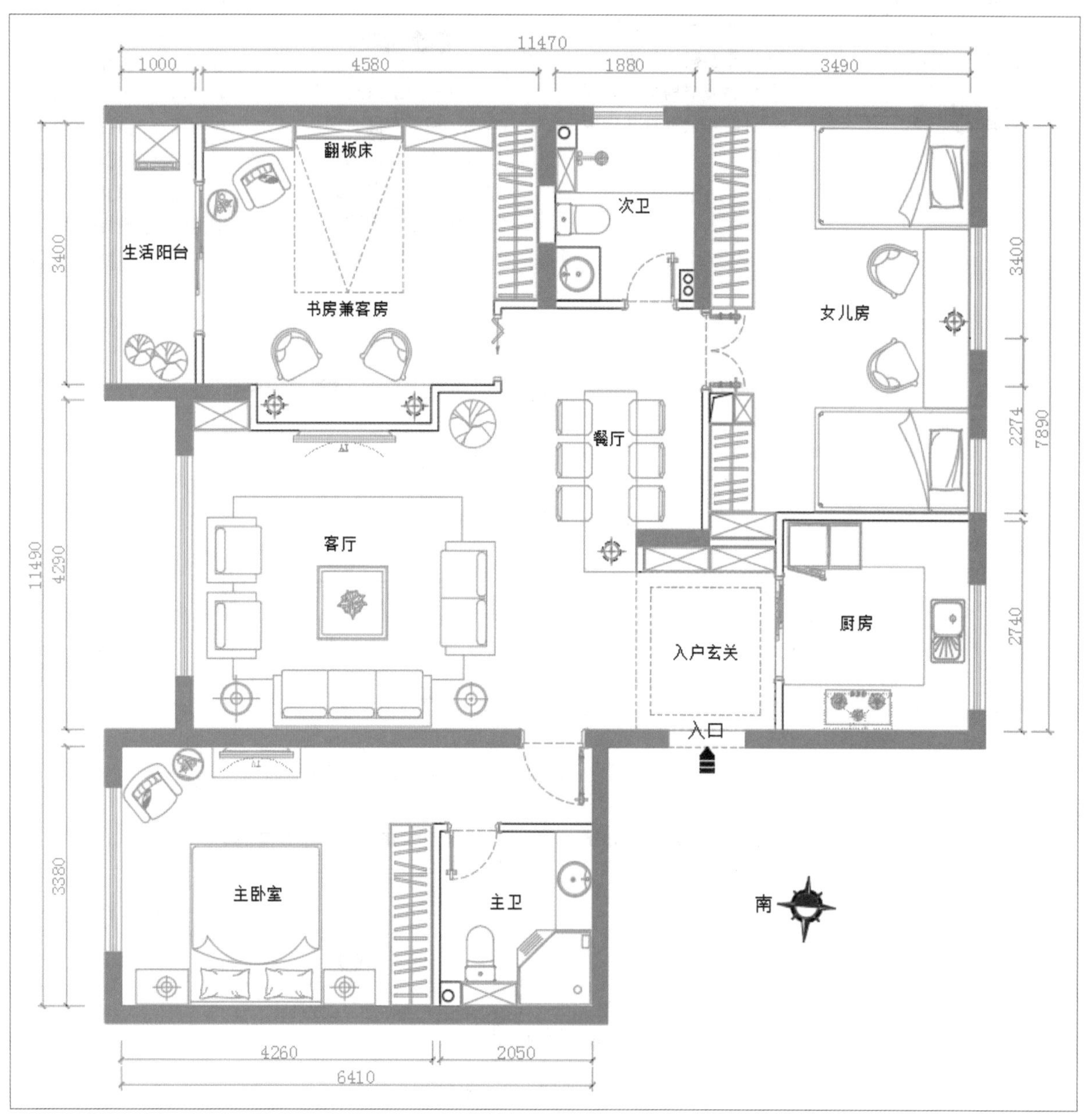

❷ 平面布局设计方案1

方案解读

该方案❸整体功能还算合理，细节也很完善，很贴近生活。

将主卧室的飘窗打掉充作卧室空间，这样双人床旁边还可以放置一个婴儿床，并不影响活动；主卧衣帽间改成Ⅱ形，并调整卧室门位置，留出女儿房的通道。

主卫设置浴缸，方便孩子们洗浴泡澡。

北侧房间做成榻榻米，可以兼书房与卧室功能。

将独立的嵌入式衣帽间扩大空间，改成步入式衣帽间，可用于存放过季的衣物和被褥等。

另一个带飘窗的房间，也将飘窗打掉，充作卧室空间，供老人来时居住。

老人房房门开在内侧，卫生间作为公共卫生间使用，同时也方便老人。

点评建议

主卧衣帽间改成Ⅱ形后，步入式衣帽间明显变小，要考虑是否够用。

女儿房做成榻榻米的样式，目前看来还算方便，但也要考虑到两个女孩将来都长大了要怎么解决居住问题，是拆了榻榻米放置上下铺，还是放置两张单人床？

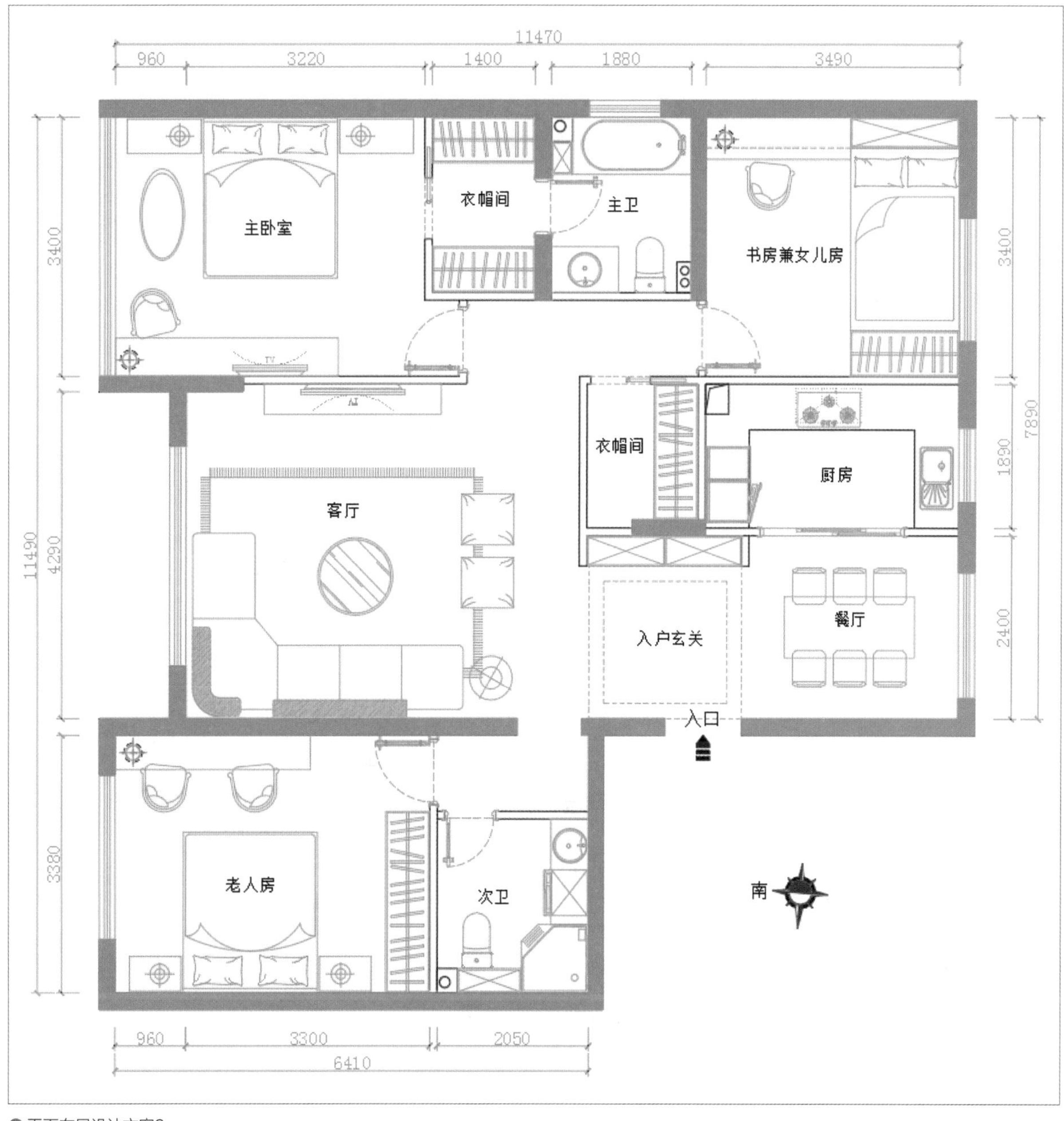

❸平面布局设计方案2

方案解读

该方案❹中打掉大面积的墙体，打造了一个非常通透的空间环境。

开放式的厨房、餐厅，用餐区与阅读区浑然一体，留下的一小段墙体也不影响整个空间的氛围，还可以作为入户隔断，可谓是本方案中的一大亮点。

这样，整个客餐厅就成为一个整体，集休闲、办公、学习、用餐等多功能于一体。

另外，虽然是开放式餐厅，但空间的通风效果很好，也不用担心油烟问题。

阅读区可作为孩子们以后学习、看书的地方。

夫妻二人的工作台设在卧室中，占用了部分衣帽间位置，休息办公两不误，且显得非常宽敞。

老人房设置在入户门旁边，也是考虑到了便捷性。从老人房到卫生间、客厅、餐厅、出门都非常方便。

女儿房设置了两张单人床，原本和厨房相邻的墙体稍作了一下改动，多出的空间做成整墙的定制衣柜，应当可以很好地满足两个女孩从小到大的需求。

点评建议

主卧中办公桌占用了衣帽间空间，衣物存储空间就小了很多，还要考虑卧室空间过大，室内保温的问题。

同样，宽敞的客餐厅也要考虑保温问题。

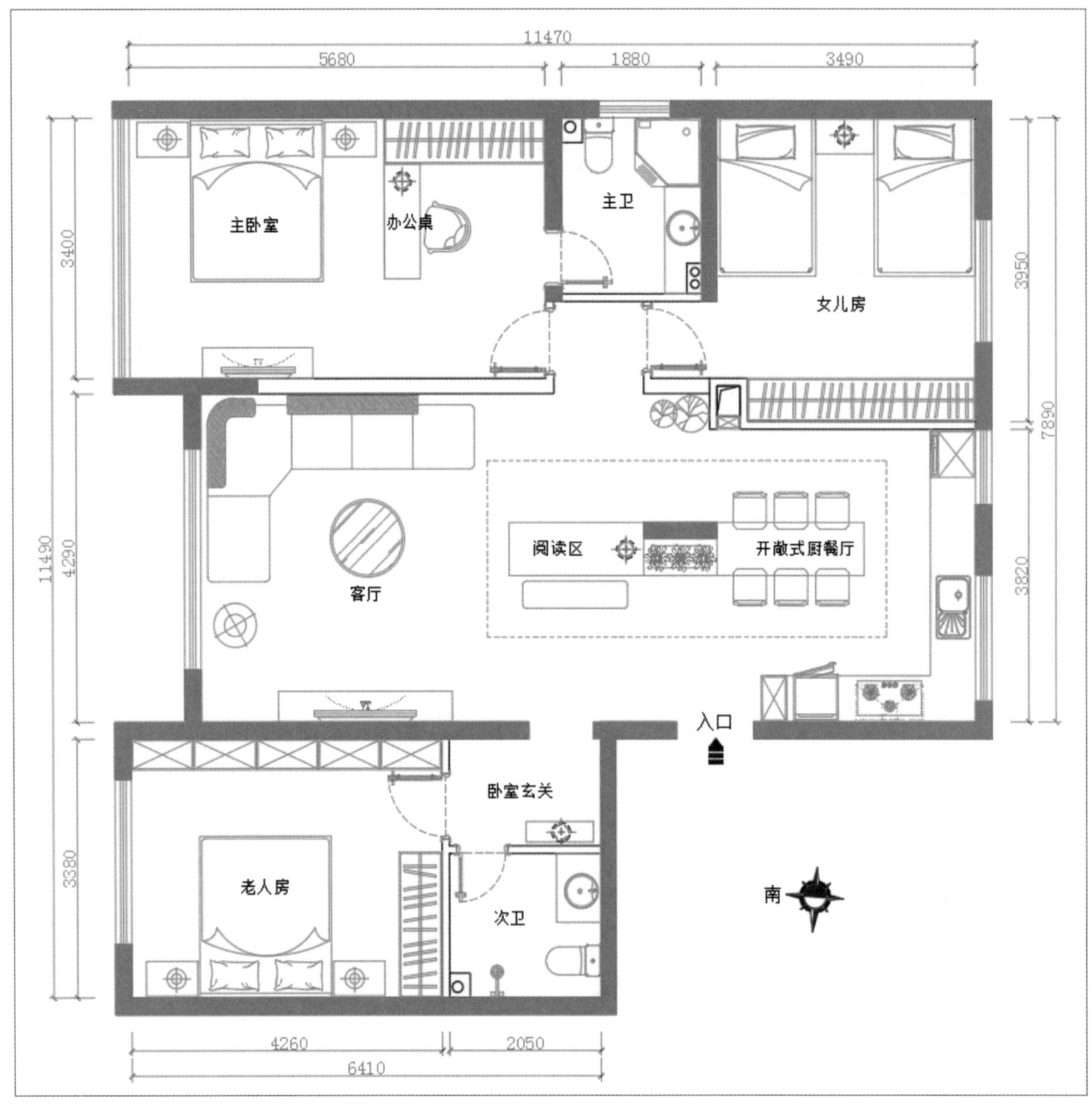

❹ 平面布局设计方案3

Article 148 四居室户型优化方案

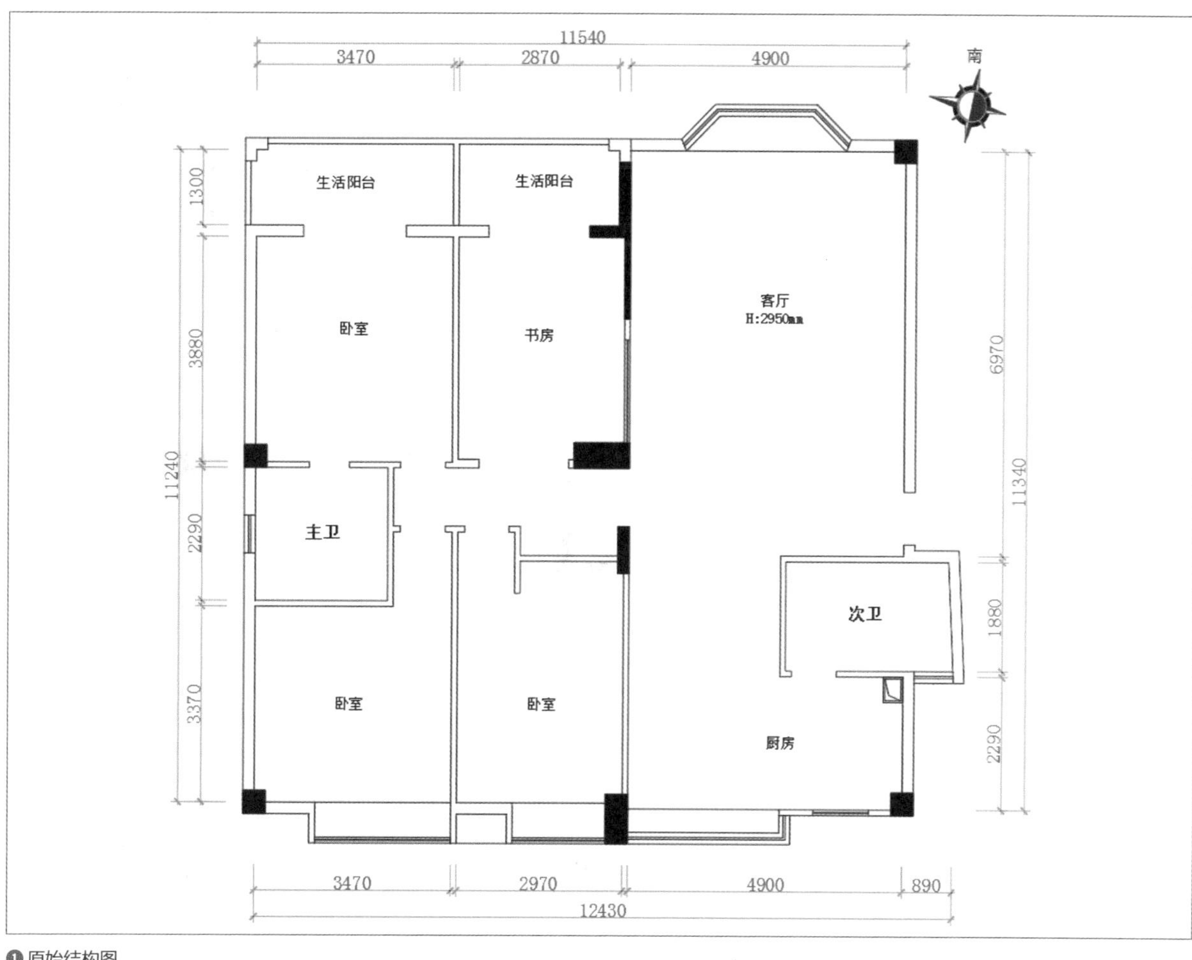

❶原始结构图

套内面积

约132m²。

户型格局

四室两厅一厨两卫，主卧室+次卧室共3间、书房、客厅、餐厅、厨房、主卫、次卫、阳台、飘窗。

户型层高

2.85m。

家庭成员

夫妻二人，男主人是艺术家，35岁；女主人是白领，32岁；一个女儿，5岁。

施工要求

入户门、厨房以及卫生间的位置都可以稍作调动；除现浇墙体及柱体外的墙体，均可做改动。

屋主需求

因为女儿年龄小，还需要父母照顾；夫妻二人要有独立的工作间，便于艺术创作和处理日常工作事宜；要有充足的储物空间；希望有独立的洗衣间，最好能与厨房相邻，方便钟点工操作。

户型分析

该户型❶十分方正，布局算是中规中矩；对于三口之家来说，四室足够了，且房间面积都挺大；次卫开门位置不合理，面积也偏大；餐厅面积则有些小，也比较狭窄。就目前的空间布局来看，户主要求的足够的储物空间难以满足，还缺少一个洗衣间。

方案解读

该设计方案❷基本上保留了原户型格局，只对部分墙体做了一些微调。

新的方案中整体布局包括主人房、女儿房、客房、工作间、衣帽间、会客厅、餐厅、厨房、主卫、次卫、洗衣间、生活阳台，布局比较合理，也满足了屋主的需求。

移动主卧与工作间之间的墙体，多出的空间做成整体衣柜；两个阳台变成一个大阳台，显得更开阔，用于日常晾晒、休闲都可以。

客房面积较大，可以将内外两侧的嵌入式衣帽间改为一个步入式衣帽间。

独立的工作间中，可以设置整墙书架及大大的工作台，满足屋主的工作及创作需求。

缩小次卫面积，能够满足洗漱、如厕、沐浴三个功能即可，多出的空间充作餐厅空间。

将厨房和次卫之间的角落布置成洗衣间，厨房虽然离烟道有一定的距离，但排油烟问题并不受影响；原厨房中的小飘窗可以改做橱柜，尽量扩大厨房面积。

点评建议

由于洗衣间占用了厨房面积，厨房目前的布局稍显拥挤；入户位置的鞋柜偏小，需要考虑是否能满足户主的需求。

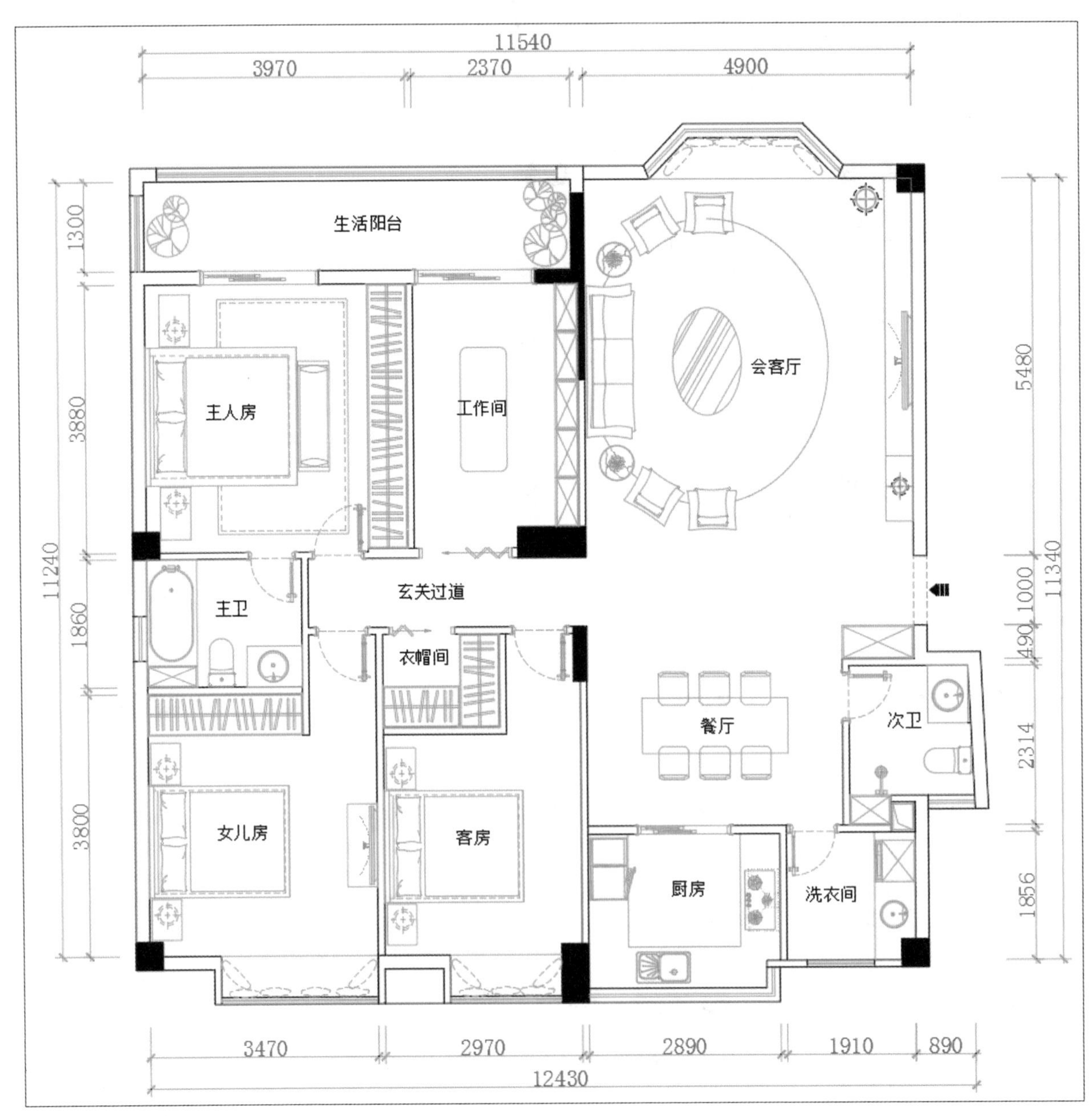

❷ 平面布局设计方案1

方案解读

该方案❸加强了卧室功能，将屋主需求的工作间合并到主卧中，两个阳台也合并为一个整体，显得更加宽敞舒适。

长约4m的工作台，满足屋主日常艺术创作和办公的同时，还可以当作梳妆台使用。

主人房与女儿房之间可从衣帽间互通，主卫功能齐全，增设浴缸，便于年幼女儿泡澡洗浴。

女儿房入口设玄关，两侧布置衣柜，可以提供充足的储物功能；由玄关通过学习区域才进入卧室，学习区设置钢琴、书架，原飘窗可作为写字台使用。

原卫生间稍微扩大面积后改做厨房，原厨房则取消飘窗隔出小阳台，将其作为洗衣区；角落的位置做成卫生间，可以满足洗漱、如厕、洗浴三个功能；在餐厅区域靠墙做一排酒柜，满足储物、装饰等功能。

点评建议

该方案包括主人房、女儿房、主卫、客厅、餐厅、厨房、次卫、洗衣间、衣帽间这几个功能，整体看来还算齐全，但是主人房和女儿房面积过大，且未考虑次卧功能，需要考虑一下是否增加该空间。

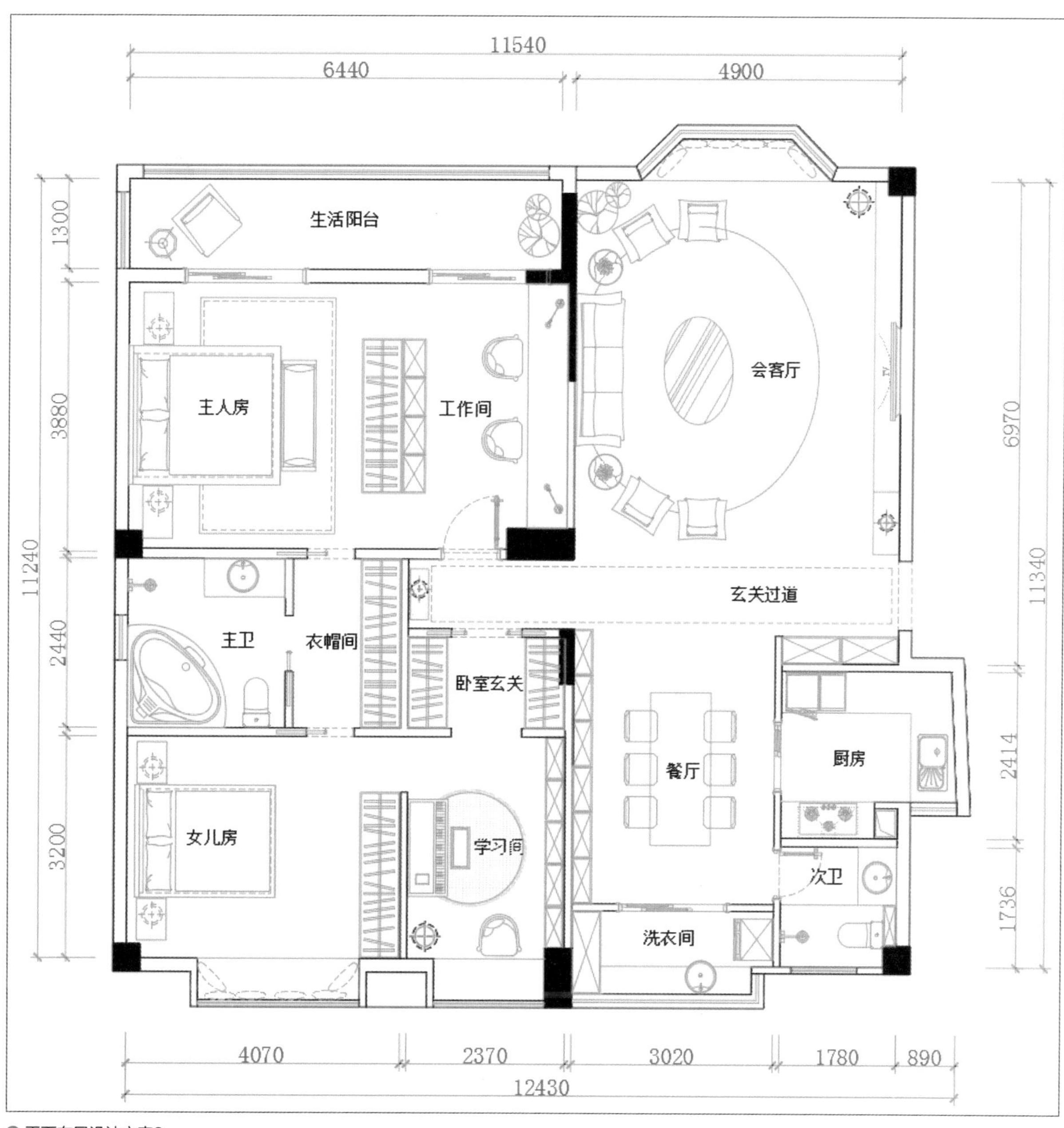

❸ 平面布局设计方案2

方案解读

该方案❹调整了卧室入口位置，增加了卧室的隐蔽性；主人房和书房之间的墙体调整位置，扩大主人房空间，设置独立衣帽间以及化妆间，满足户主的储物需求。

主人房与女儿房互通，便于父母照顾女儿，洗手间设有高低洗手台，方便成人和儿童洗漱；女儿房中的飘窗可以做成写字台，便于日常写字和学习。

女儿房旁边的卧室作为书房，因面积偏小，就采用折叠门，显得空间比较宽敞。原厨房隔开布局分成厨房和洗衣间，厨房内的飘窗改作橱柜，扩大厨房的使用面积，与客厅处也算是南北通透；入户门处的卫生间面积缩小，满足洗漱、如厕、洗浴功能。

点评建议

餐厅位于入户门处，与客厅混为一体，显得有些拥挤。

夫妻双方日常办公以及女儿学习写字都需要空间，要考虑书房办公空间是否偏小。

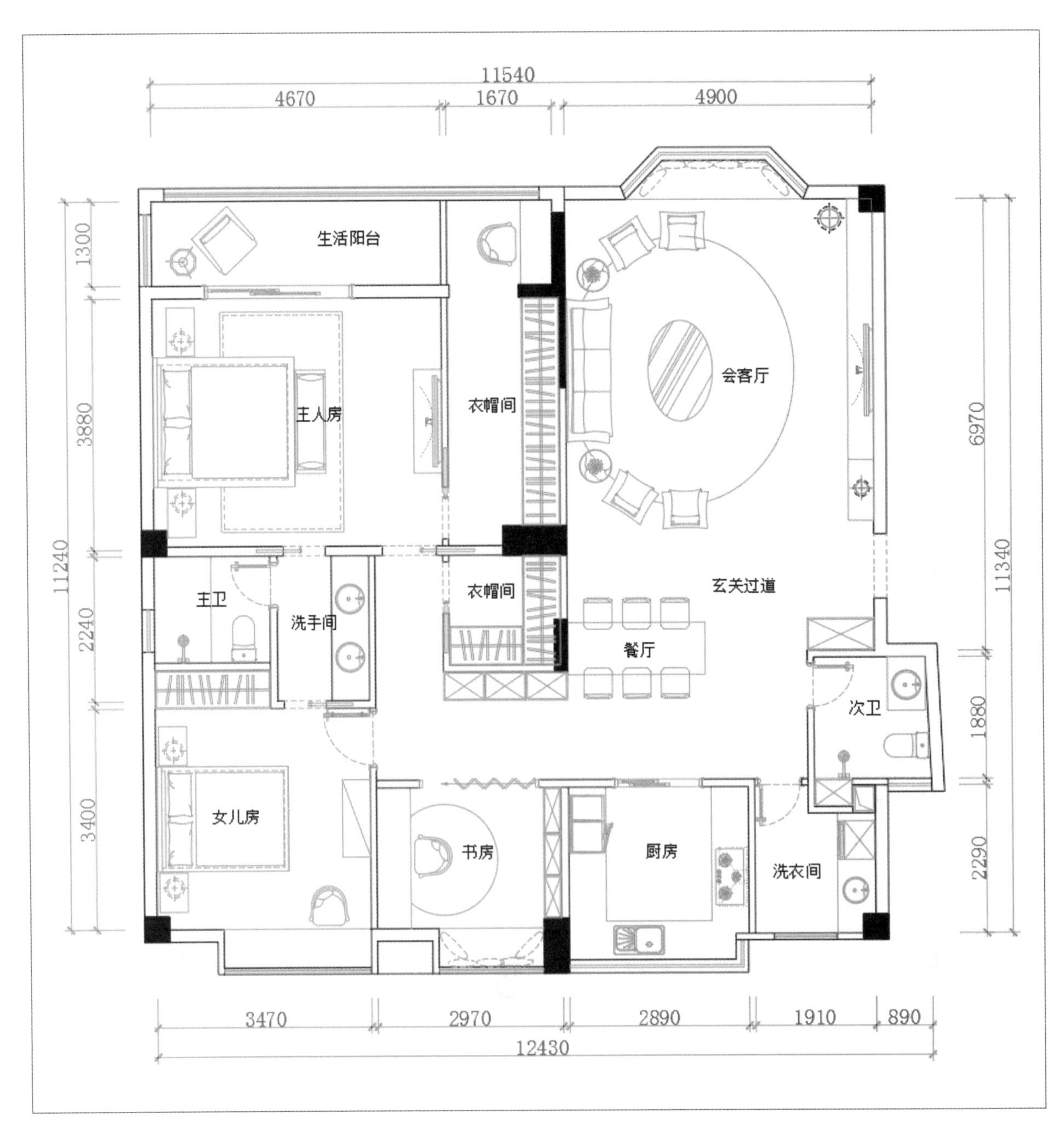

❹平面布局设计方案3

Article 149 灵动的二人世界

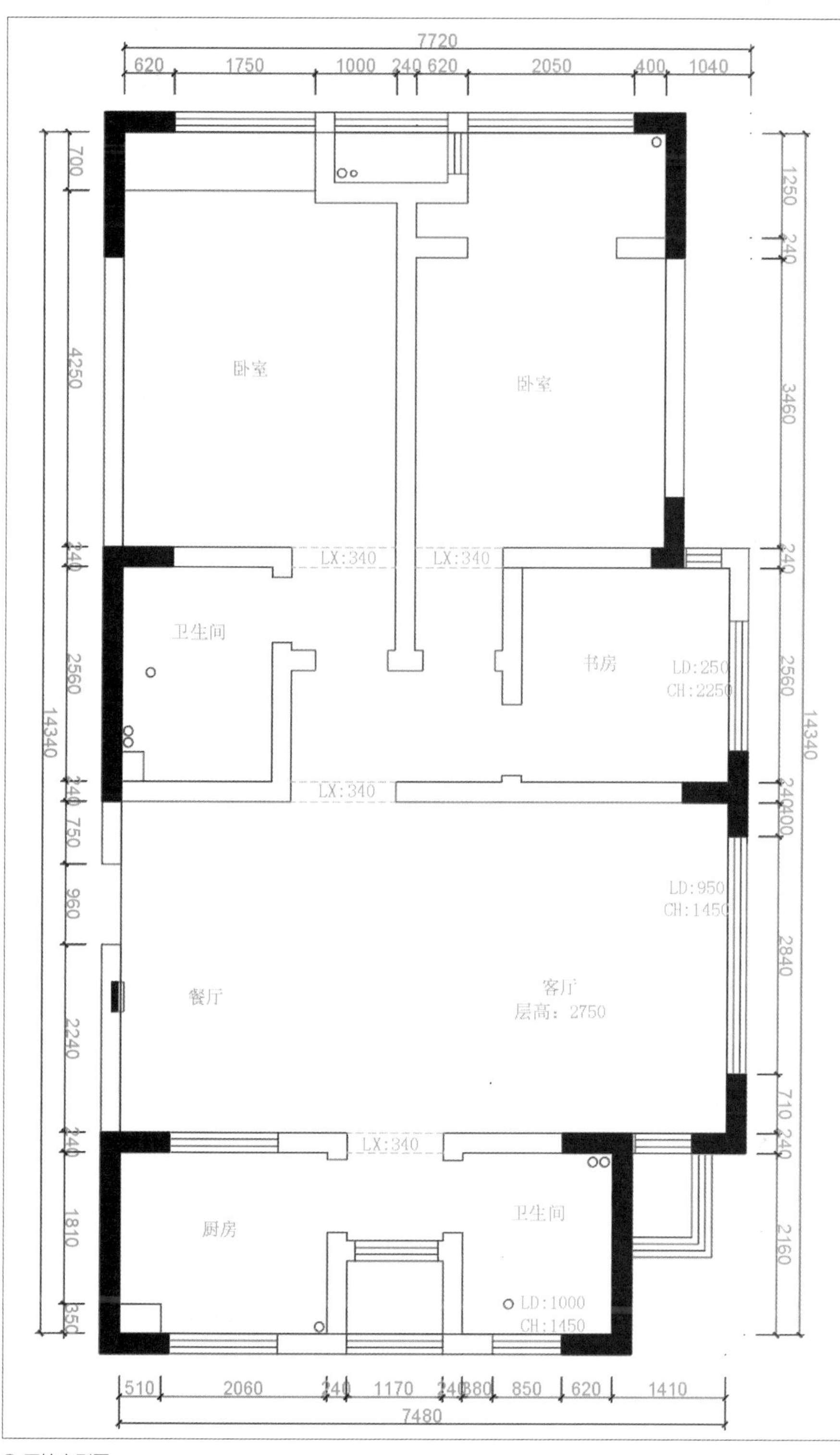

❶ 原始户型图

套内面积

约100m²。

户型格局

三室两厅一厨两卫，主卧室、次卧室、书房、客厅、餐厅、厨房、主卫生间、次卫生间、阳台、飘窗。

户型层高

2.75m。

家庭成员

新婚夫妇二人。

屋主需求

此房作为婚房使用，只考虑居住5年左右；户主希望拥有一个舒适的二人世界，保留卧室、客厅、餐厅、厨房、卫生间功能，其余功能可以根据需要进行删减或补充。

户型分析

该户型❶空间方正，新婚小两口居住刚刚好；进门后客厅、餐厅一览无余，需好好考虑客餐厅布局；主卧、次卧及书房入口都从该玄关通过，显得有些拥挤；考虑夫妻二人的需求，可考虑合并空间，使日常生活更加舒适。

厨房与次卫门对门，风水上来说属于水火不容，另外也要考虑卫生问题。

设计解读

本案户型方正，面积充足，重新划分后的空间严格区分了公共空间和私人空间，整体井然有序，但又打破了程序化的思维❷。卧室空间中又包含办公、更衣、休闲等功能，客厅、餐厅以及休闲区则成为一个整体，整个空间显得通透且灵动。

平面布局要点1：

将两个卧室合二为一，卧室空间中集睡眠、更衣、梳妆、办公、休闲等功能于一体，形成一个独立且完整的私人空间。

平面布局要点2：

拆除书房墙体，将书房空间并入客厅，改变客餐厅方向，形成一个更大的用餐空间；客厅餐厅之间利用屏风隔开，靠窗位置做一段长长的平台，用于布置绿植和休息区；为避免多出的一段墙体太过突兀，可做一个小型置物架，平衡两侧。

平面布局要点3：

布置玄关端景，两侧皆可通行，既避免了入室一览无余，又可保障居室主人的隐私。

平面布局要点4：

封闭厨房门洞，原窗户改做推拉门；合理利用窗外户外平台，将其改为次卫，包含洗漱、如厕功能；改次卫为洗衣间，合理利用空间。

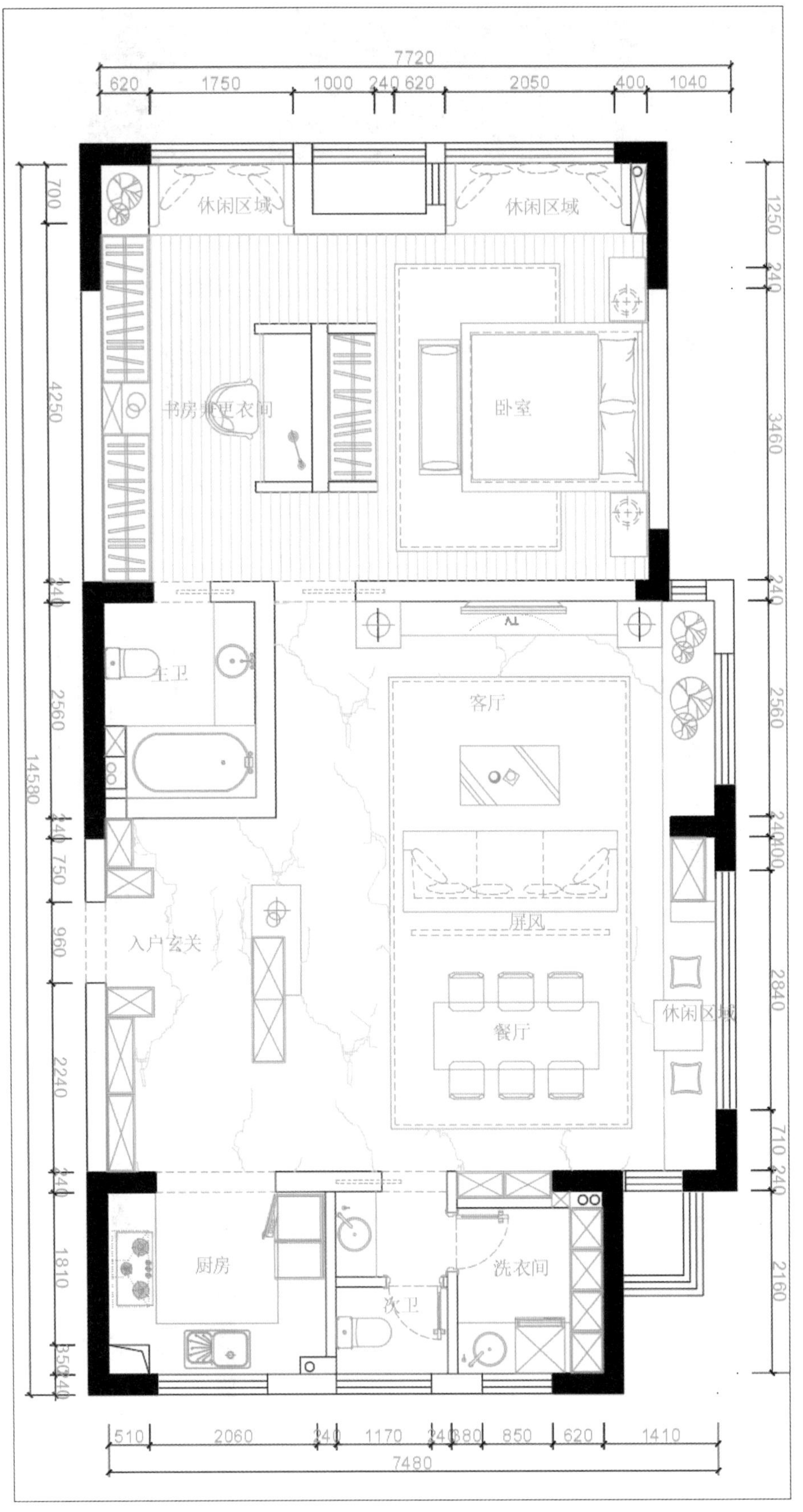

❷ 平面布置图

设计解读1：

入户玄关❸用实木与黑色金属框做成储物柜；再利用大理石做端景台，放置一些花瓶干枝等，背靠木质隔断，结合素色壁纸，整体显得素雅端庄，也是进门后的一处亮点。

设计解读2：

卧室中的衣帽间❹占了整整一面墙，分为男女两侧，分别根据性别特点及个人需求进行布局，左侧多为叠放区和挂衣区，右侧则主要是挂衣区，又区分出不同高度，便于女主人悬挂大衣以及长裙等。

衣柜中间设镜面端景，端景台制作成多层抽屉，便于储物。

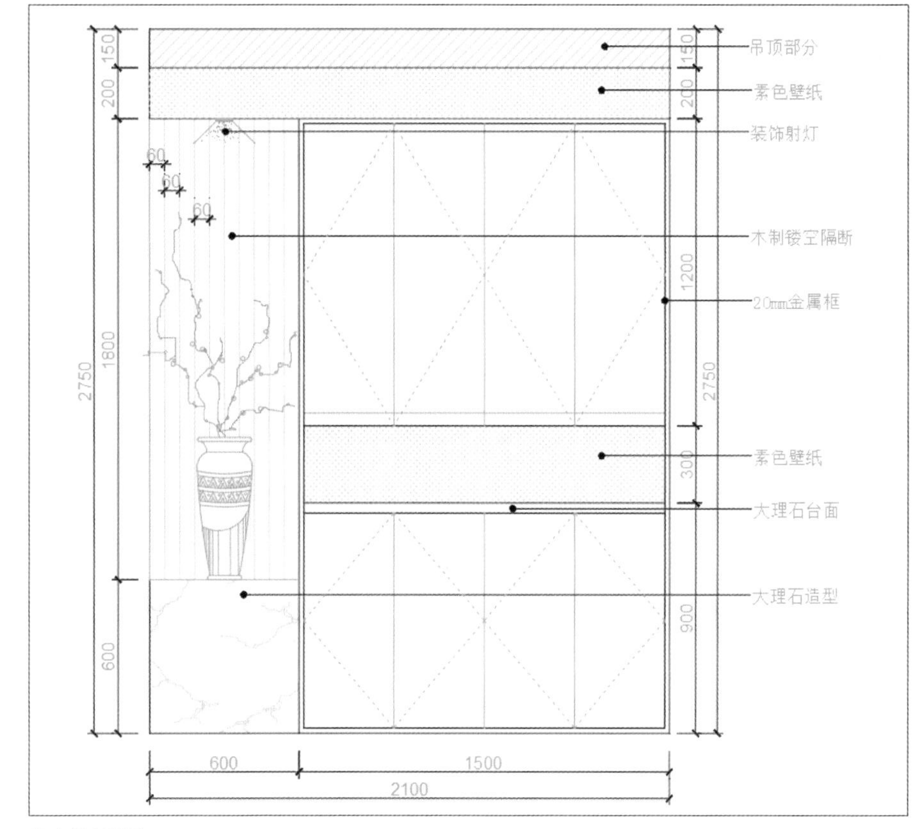

❸ 玄关立面图

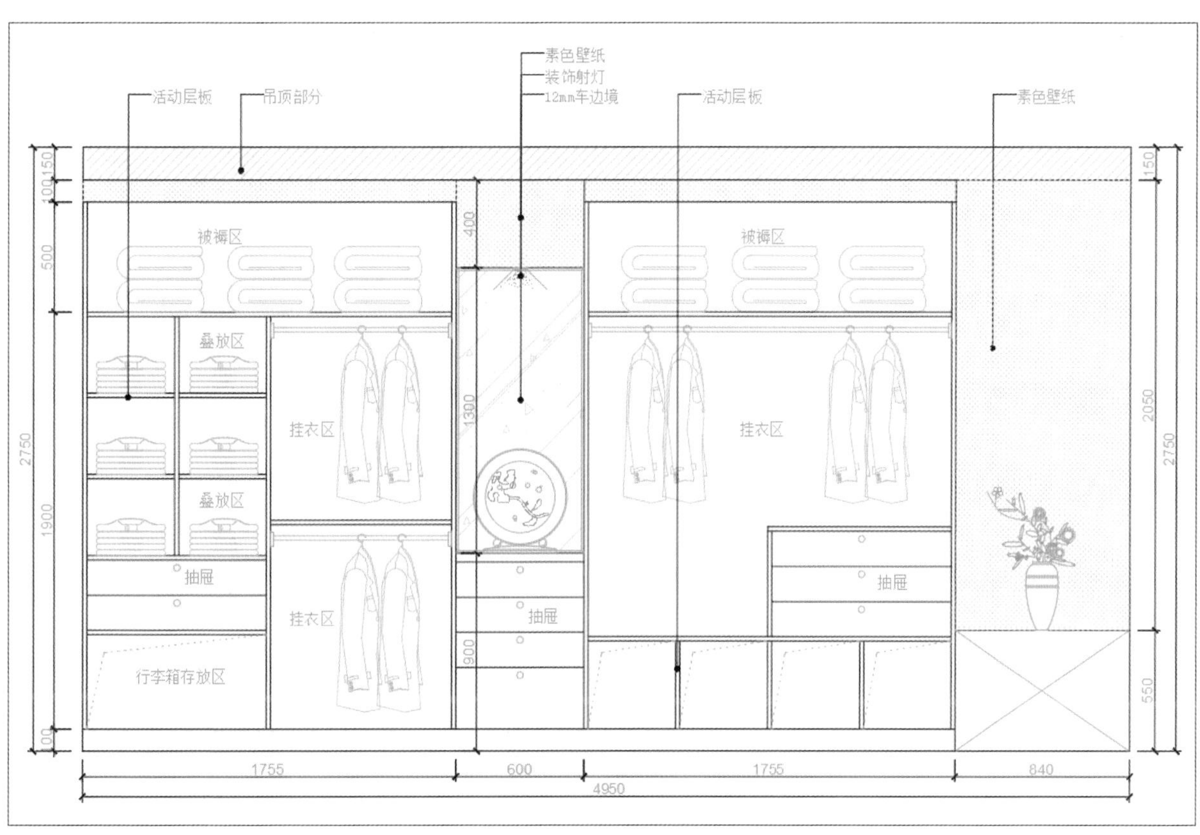

❹ 卧室衣帽间立面图

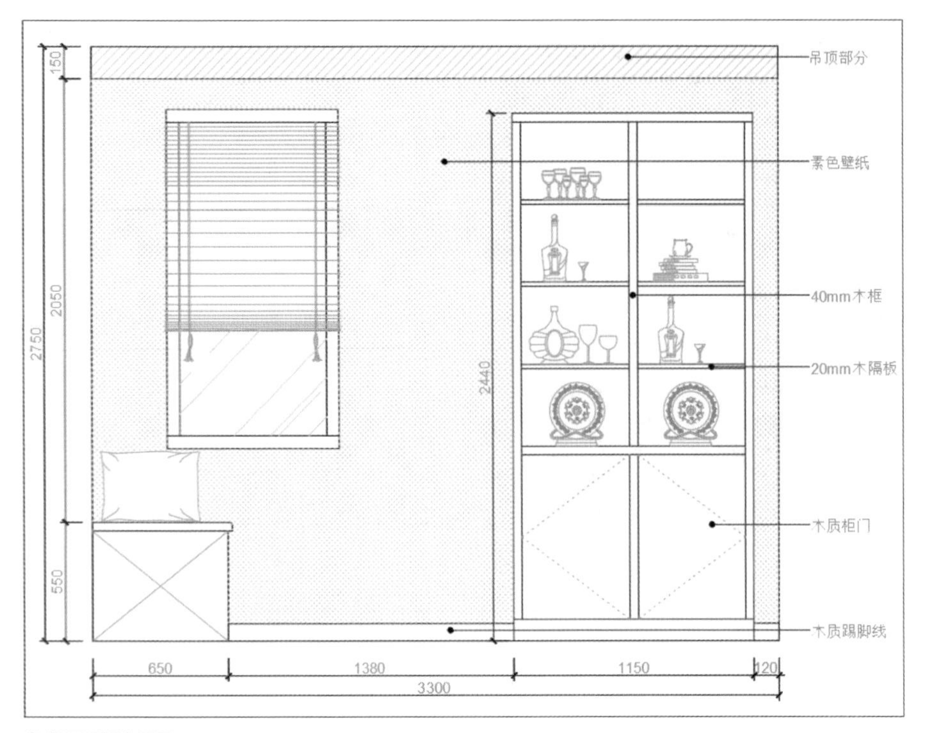

❺ 餐厅酒柜立面图

设计解读3：

在餐厅靠墙位置做一面入墙式木质酒柜❺，面积不大，二人使用足矣。

设计解读4：

卧室床头背景❻采用屏风与壁画结合的形式，细框屏风、满墙水墨画，整个卧室典雅而生动。

设计解读5：

在客厅靠窗的位置利用大理石做一排飘窗台❼，左侧用于放置绿植花艺；右侧放置小桌椅，可作为休闲区；中间区域制作成对称的书架，将两个区域隔开，而不显突兀。

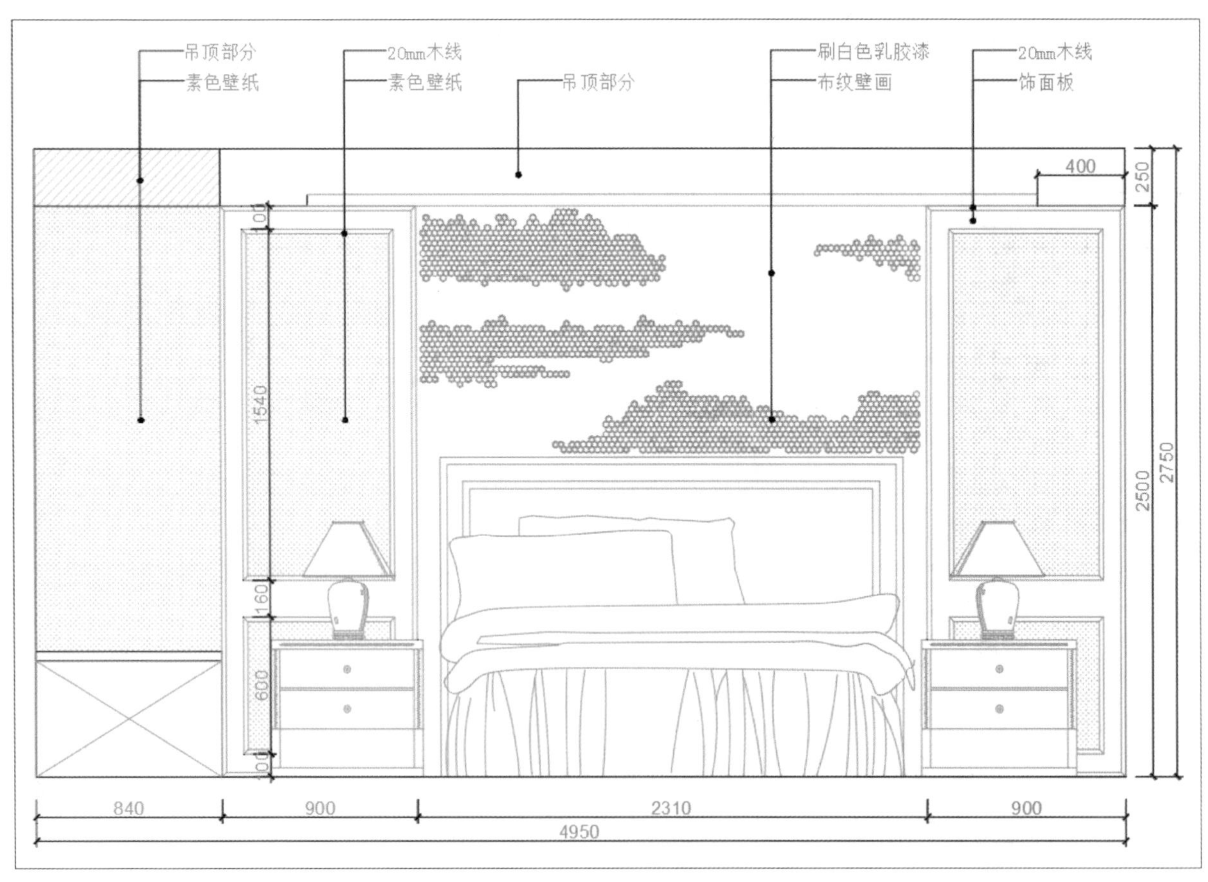

❻ 卧室背景墙立面图

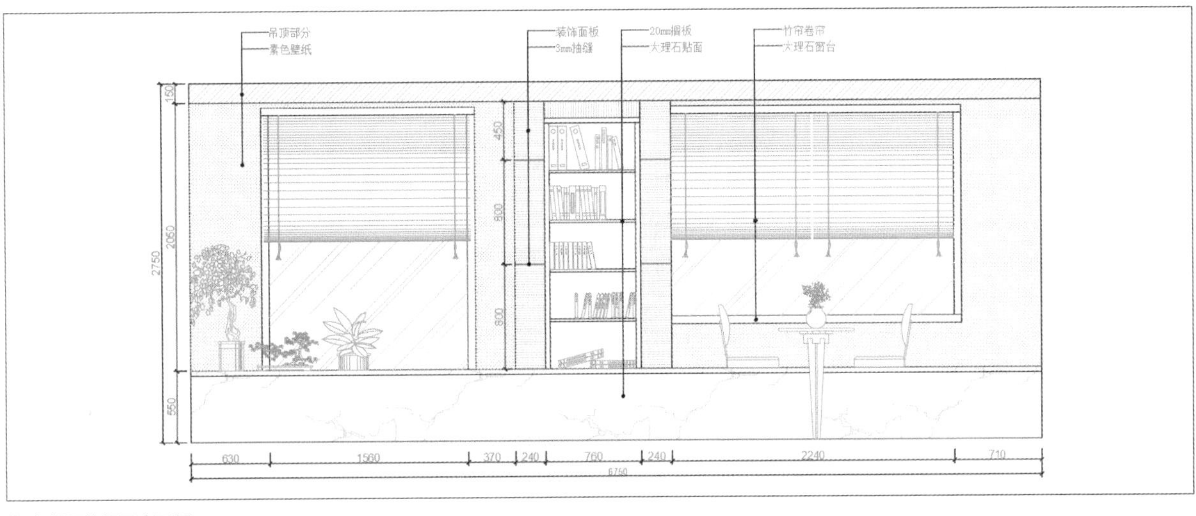

❼ 客餐厅休闲区立面图

Article 150 四口人的温馨小窝

套内面积

31m²。

户型层高

2.95m。

户型格局

两室一厅一厨一卫，主卧室、次卧室、客餐厅、厨房、卫生间。

家庭成员

男主人，女主人，两个女儿。

户型分析

该户型❶中存在如下问题：卫生间与厨房从同一门入；两个女儿共用一间房，比较拥挤；小过道放置洗衣机，还要晾晒衣物。

屋主需求

两个女儿长大了，希望将原有的两居改造成三居，可供一家四口居住；厨房和卫生间各自拥有独立的门；洗衣机能收进卫生间内，空出过道。

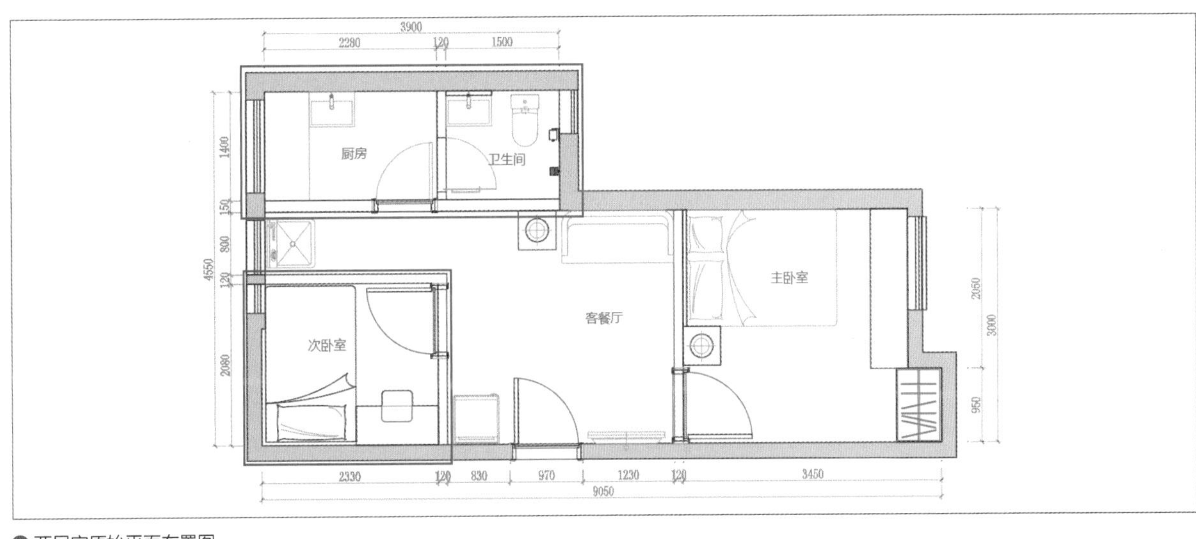

❶ 两居室原始平面布置图

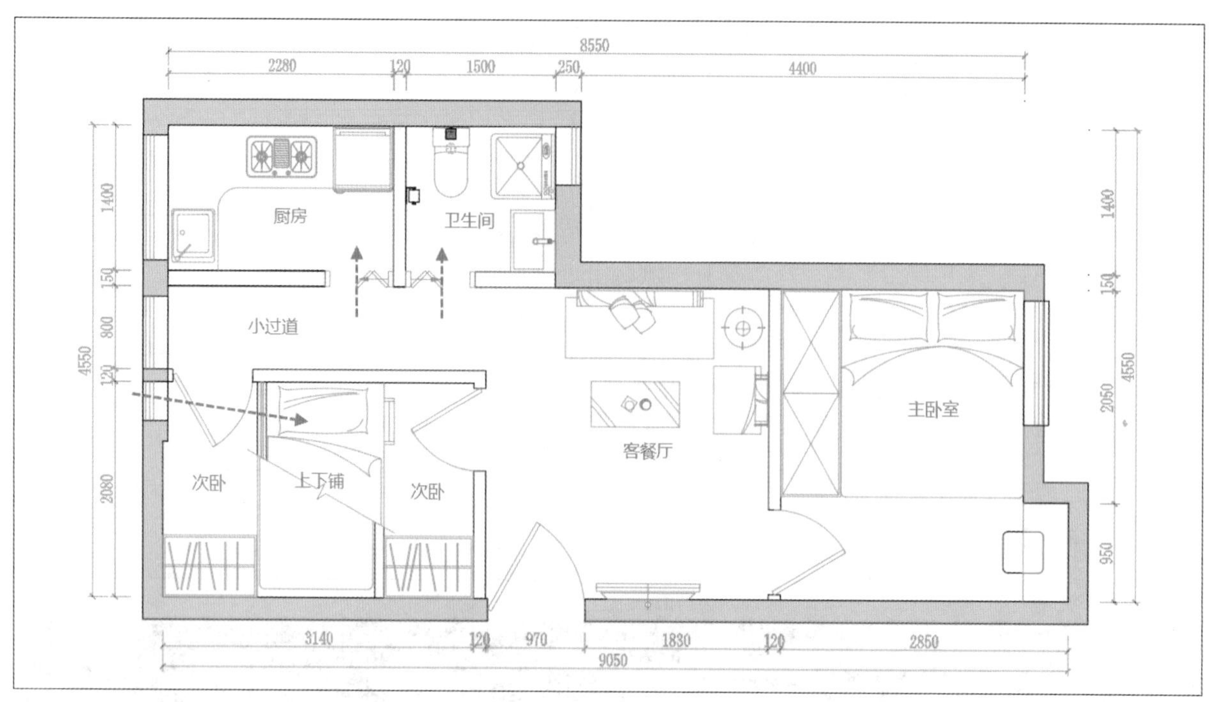

❷空间优化平面布置图

方案解读

屋主希望两居变三居，由于面积的限制，分出两个次卧室不太现实，采光也是个问题。考虑到本案户型层高较高，可利用隔墙做出上下铺，既解决了两姐妹的床铺问题，还可以拥有各自独立的空间和书桌。次卧室外的通道作为晾衣区，不影响通行。主卧室原本的储物空间很小，做成榻榻米与衣柜一体可以很好地解决这一问题，还能拥有一个梳妆台的位置❷。

优化1：扩大次卧室面积，利用隔墙做上下铺，靠窗房间使用下铺，另一房间在上铺墙上做玻璃窗，便于采光❸。两个小房间各自还可以靠墙做组合书架，兼备书桌、书架、储物柜等功能。

优化2：重新划分主卧和客餐厅空间，合理布局主卧室和客厅，客厅兼作餐厅。

优化3：将卫生间门洞开在过道位置的墙上，避免了厨卫同门。将洗衣机布置到卫生间，淋浴做在马桶上方❹。

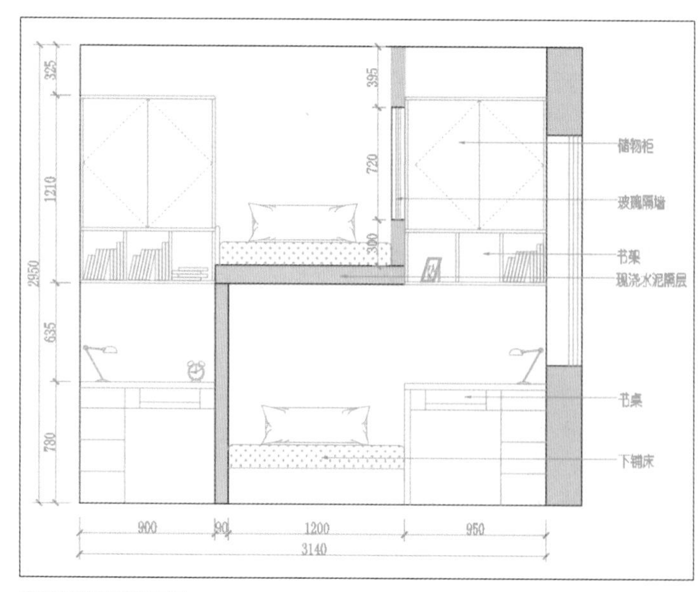

❸次卧室截面立面图

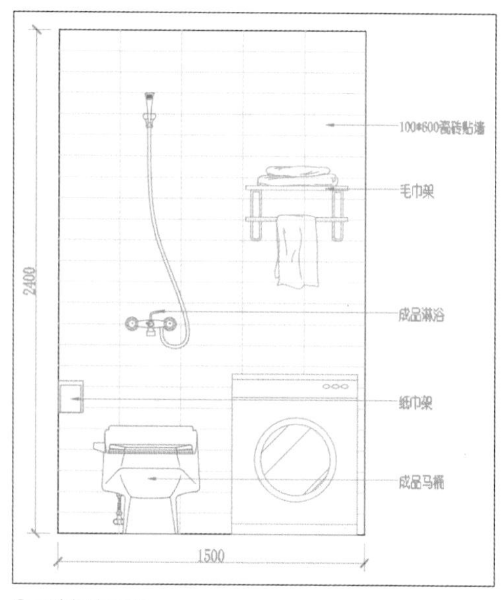

❹卫生间立面图

Article 151

三代同堂——距离感恰到好处

套内面积

148m²。

户型层高

2.85m。

户型格局

原户型❶为框架结构，包括居室、阳台、卫生间。

家庭成员

三代同堂，男主人（白领），女主人（家庭主妇），两位老人，儿子（13岁）和女儿（7岁）。

户型分析

阳台为半封闭式，面积很大，室内布局可扩占阳台；柱子非常多，在设计时要考虑柱子和梁的关系；户型朝向不好，主要采光来自东面和北面。

屋主需求

因家庭成员需要，要求有四间卧室。其他功能可根据需要进行布局。

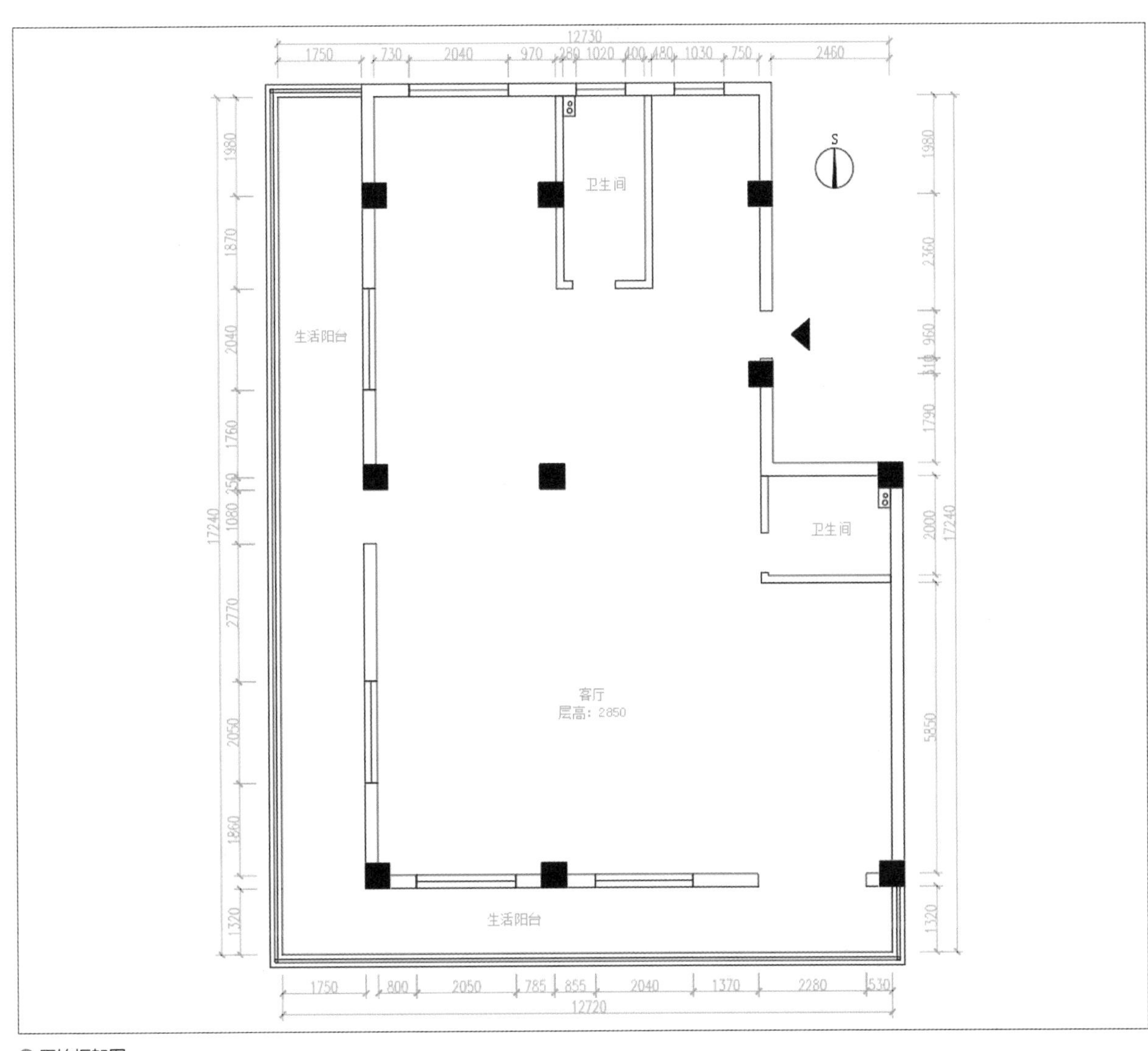

❶ 原始框架图

方案解读

对于三代同堂的家庭来说，简约欧式风格低调大气，又不失时尚、温馨；整体布局可依据柱子进行划分，以避开梁的位置；保留原有的整面进光窗口，使所有房间获得最大采光量，并获得多个宽敞的生活阳台❷。

平面布局要点1：

老人需要安静和方便，这里将老人房与次卫设置到独立的位置，入户即到房间；房间到卫生间、到客餐厅都非常方便，且拥有独立的衣帽间、阳台，离儿童房较远，也比较安静。

平面布局要点2：

女儿房和儿子房中设置带脚踏的榻榻米，方便孩子上下床和玩耍，并拥有独立的写字台；女儿年龄较小，其房间距主卧较近，便于父母照顾。

平面布局要点3：

主人房设置有独立卫生间、衣帽间以及生活阳台，并专门为女主人布置一块瑜伽区域。

平面布局要点4：

家中人口较多，所需活动空间也大，这里为三代人留出了通透的客餐厅和书房空间。

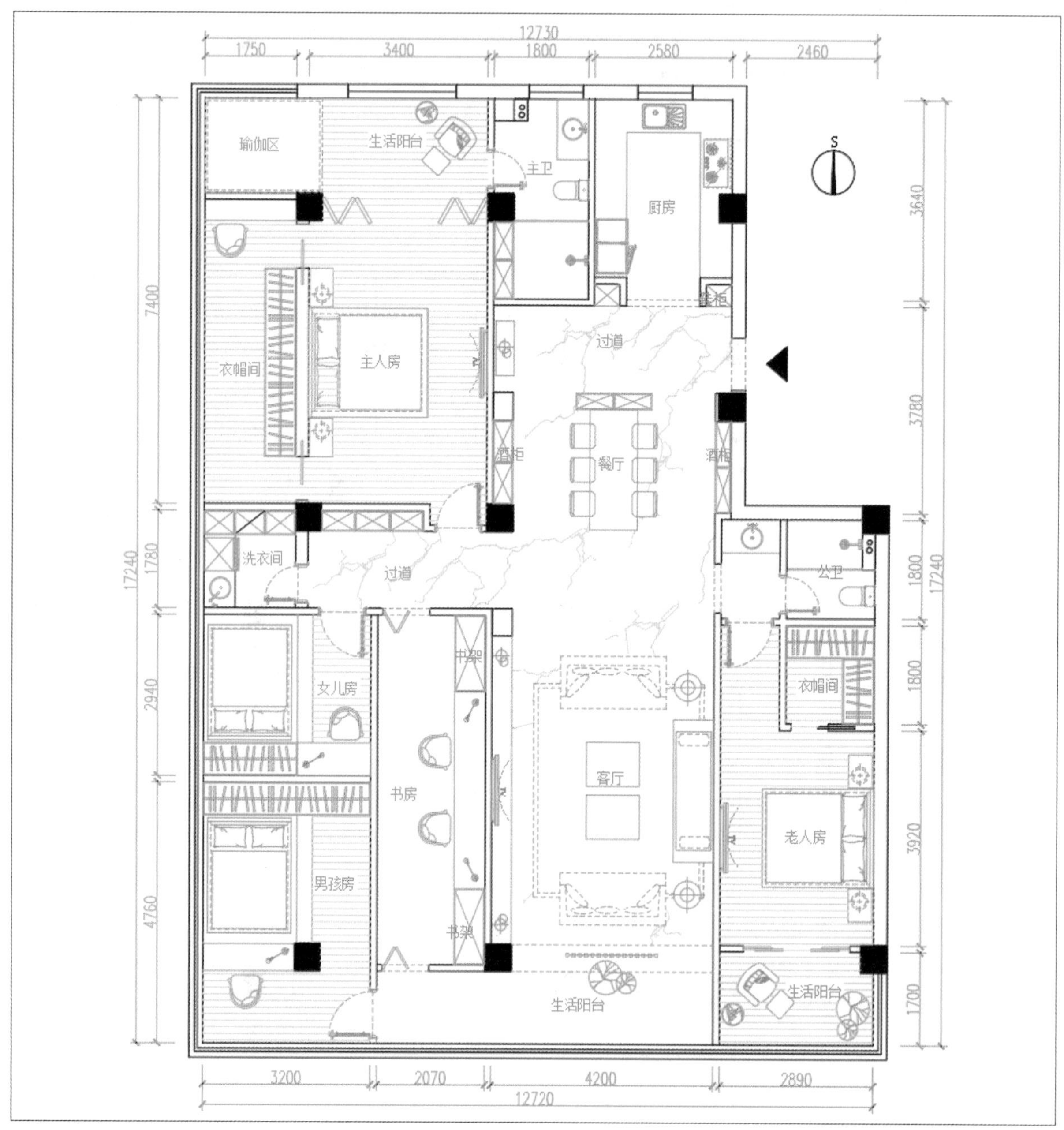

❷ 平面布置图

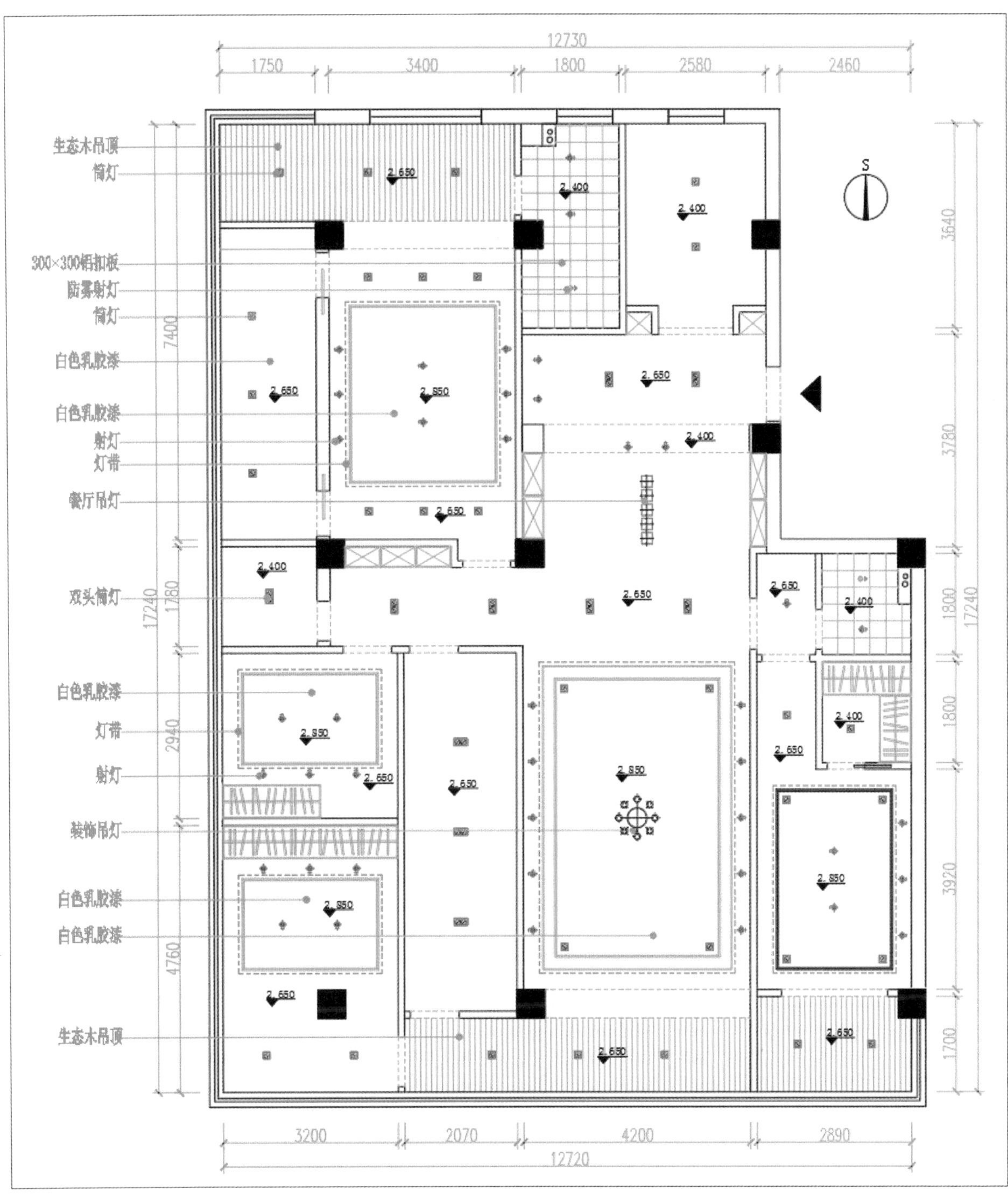

❸顶棚布置图

顶棚设计❸也是室内环境中的一个亮点，其造型和材料的选用可以很好地和其他区域相呼应，以起到照明、保温、隔热、装饰等功能。

顶面布局要点1：

阳台是最接近大自然的地方，保持一定的高度才能视野开阔，因此，客厅、主人房及老人房的阳台吊顶都采用浅色生态木进行装饰，显得舒适自然。

顶面布局要点2：

客厅吊顶造型简洁大方，华丽精致的装饰吊灯搭配射灯、筒灯及灯带。

顶面布局要点3：

入户过道和餐厅之间的吊顶下压，可以很好地将这两个空间分隔开来。

顶面布局要点4：

因为要布置儿子房和女儿房，占用了原来的阳台空间，其吊顶采用简单的二级吊顶，灯具则以筒灯和射灯为主。

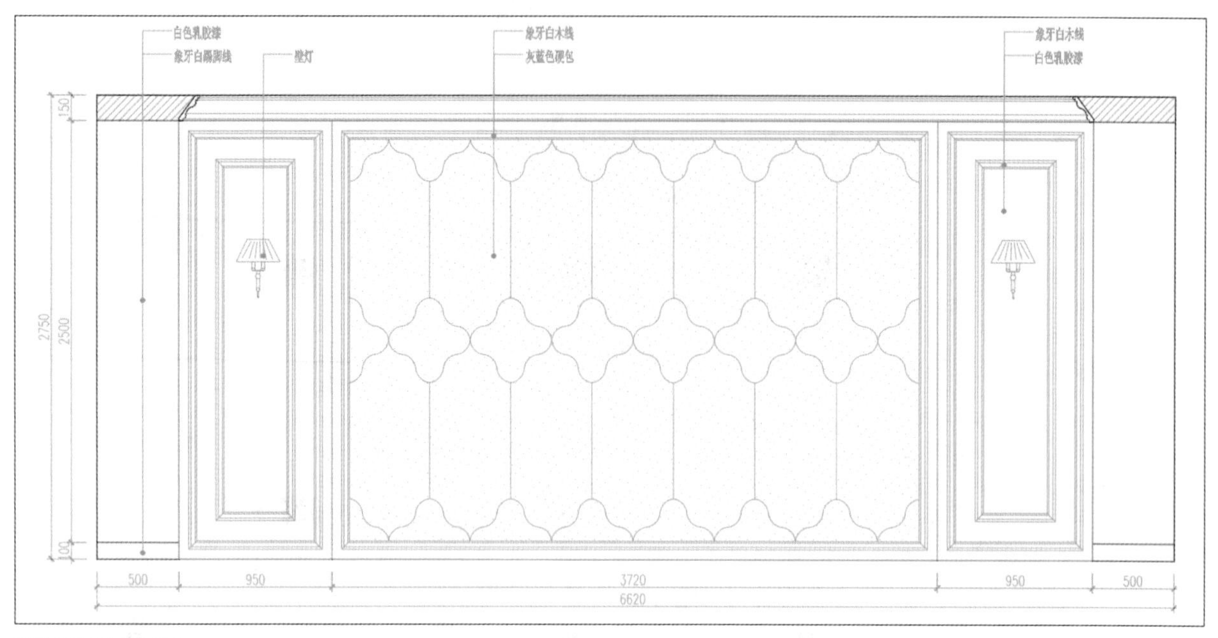

❹ 客厅背景墙立面图

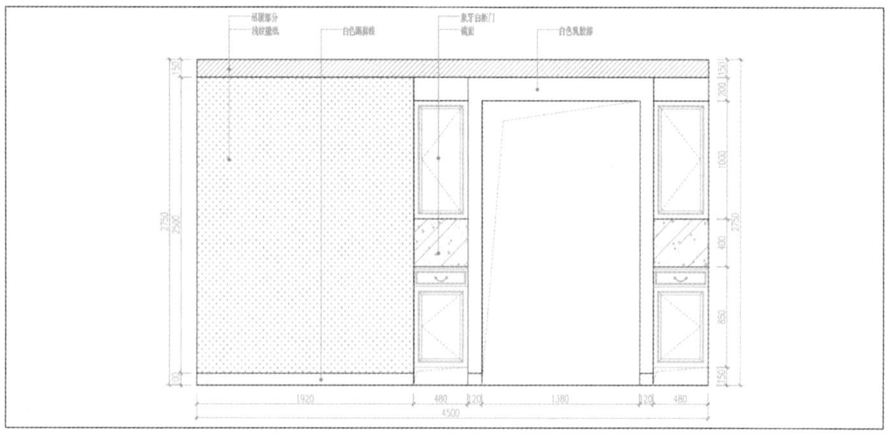

❺ 鞋柜墙面立面图

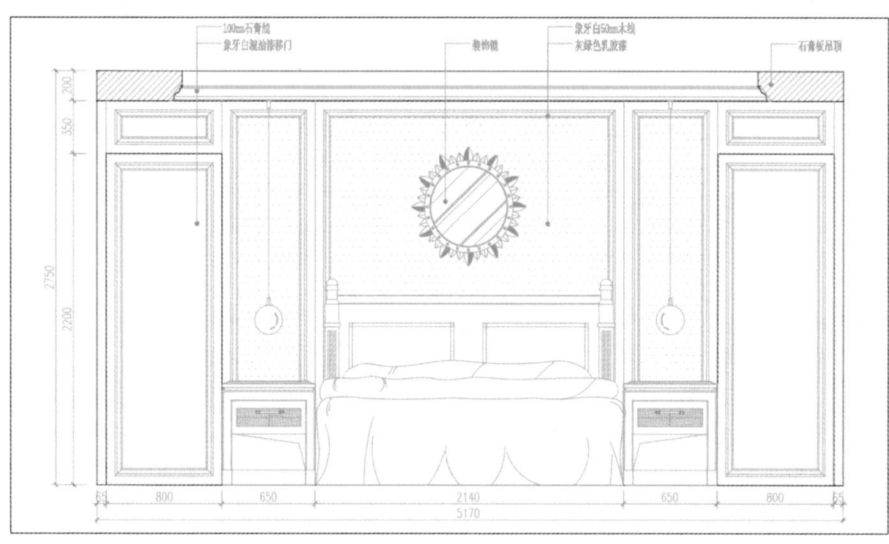

❻ 卧室背景墙立面图

设计解读1:

本方案中采取的是简约欧式设计，因此木线条的使用频率较高，立面图中所见到的灯具及装饰品等都为欧式造型。

客厅背景墙❹是家居环境中最重要的亮点之一，这里利用象牙白色的木线条以及灰蓝色硬包造型来进行表现，整体显得低调素雅。

设计解读2:

厨房门采用开放式的做法，在门洞两侧分别做一个单门鞋柜，再加上餐桌背面的鞋柜，足够一家人使用❺。

设计解读3:

卧室背景墙❻造型采用象牙白色木线与灰绿色乳胶漆，色调及造型都简单利落。

Article 152 三层别墅——各代人的独立生活空间

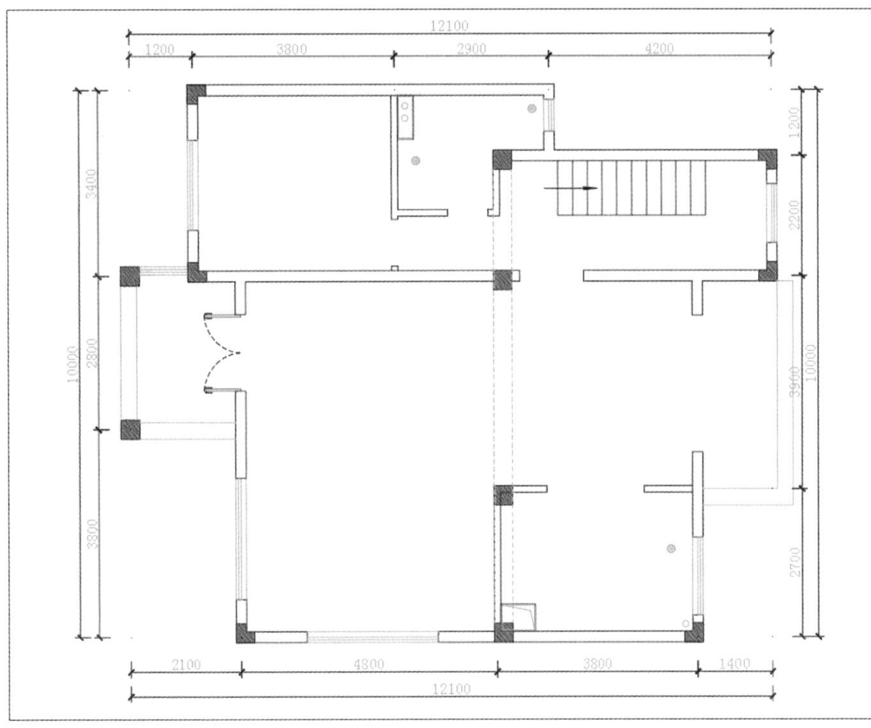

❶ 别墅一层原始户型图

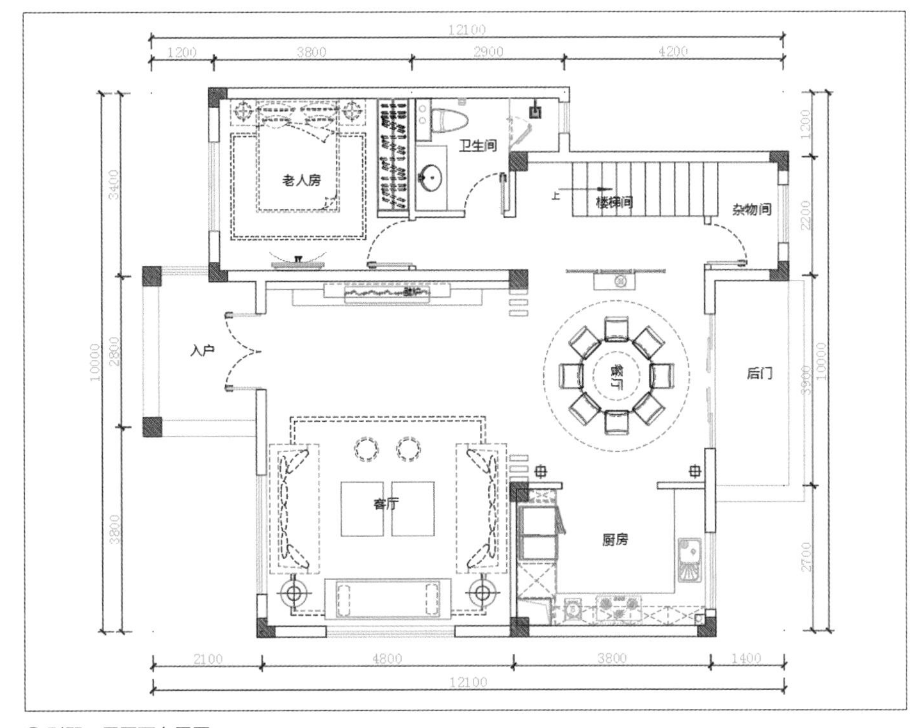

❷ 别墅一层平面布置图

家庭成员

夫妻二人，两位老人，儿子（9岁）和女儿（12岁）。

建筑面积

一层： 93m²。

户型格局

该户型为框架结构，上下共三层，一层包括卧室、客厅、餐厅、厨房、卫生间、楼梯间。

户型分析

该户型南北通透，结构巧妙，动静分区，是极佳的格局。想要提高三代人生活的独立感，最有效的方法就是彼此都有独立的生活空间，老人住一层，父母住二层，子女住三层，互不打扰。

俗话说得好，家有一老，如获一宝。在以居住为主要功能的家居空间中，老中青三代同堂的家庭是非常多的，很多户主会为自己的父母长辈特意设计一个舒适的空间，方便老人日常起居。

方案解读

本案例中将老人房与厨房餐厅都设在一楼，便于老人出行、用餐等，避免老人上下楼的危险性；将楼梯间的隔墙打掉，并设置屏风隔断，使空间更具通透性❶❷。

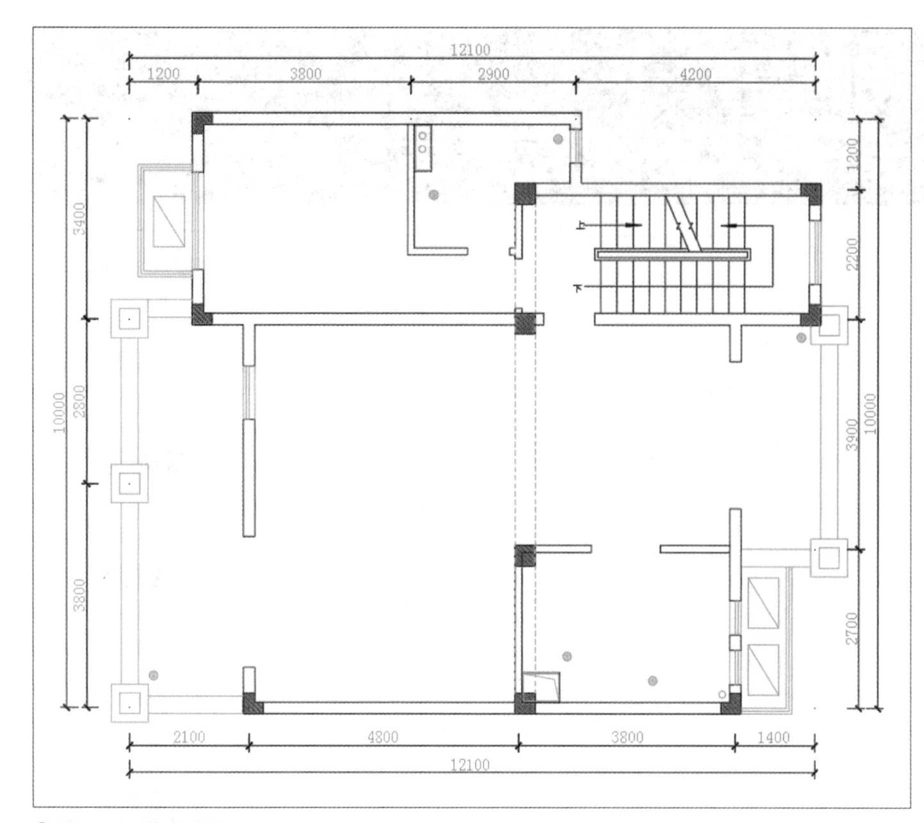

❸ 别墅二层原始户型图

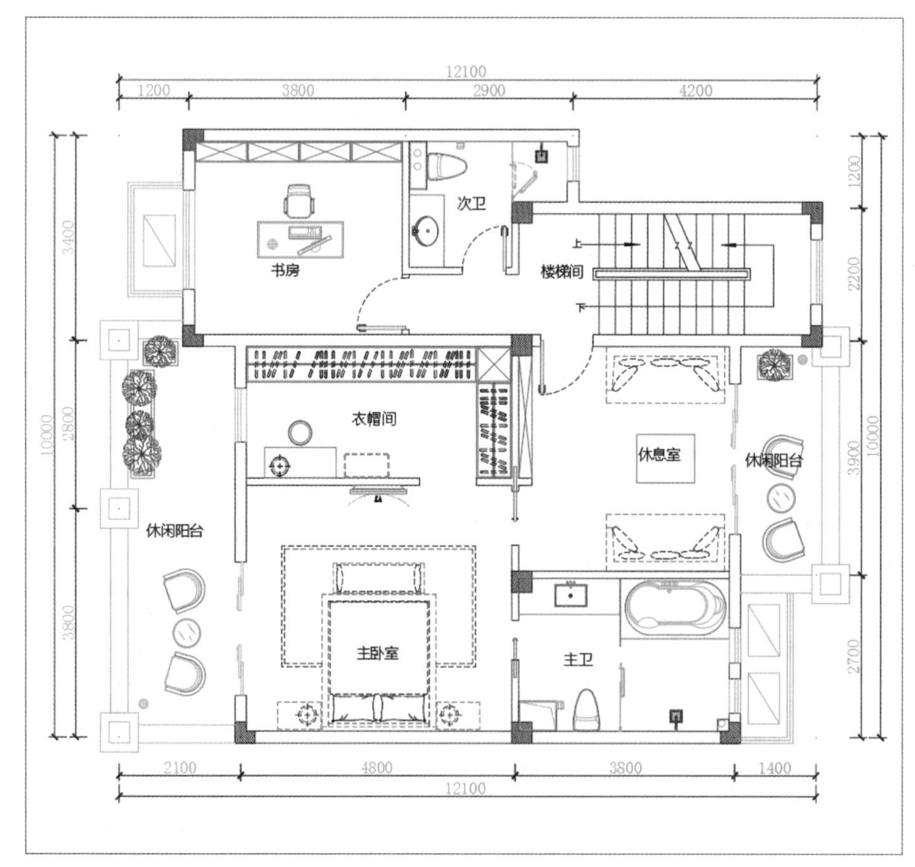

❹ 别墅二层平面布置图

建筑面积

二层： 115.51m²。

户型格局

卧室、次卧、客厅、主卫、次卫、生活阳台、楼梯间。

户型分析

从原始户型图中❸看，二层为一室两厅两卫，结构与一层基本相同，是一个相对独立的起居空间。

南北都有宽敞的生活阳台，一大一小两个卫生间，只是客厅空间面积非常大，卧室空间则非常小，有些本末倒置。其建筑面积在三层中最大，可以将夫妻二人的生活空间安排在二层。

方案解读

厨房及餐厅都在别墅一层，那么二层可以重点布置卧室、书房及卫生间等。

将最大的空间设计成卧室，还可以拥有一个独立衣帽间，很好地满足了二人的生活需求；原卧室改作书房，兼做客卧，一室两用；露台上阳光充足，可以种植绿植，美化环境又净化空气；也可以放置休闲桌椅，以供平时休憩。

这里将较大的卫生间门改开到内侧，作为主卫使用；旁边的小厅则作为休息室，用于日常待客等❹。

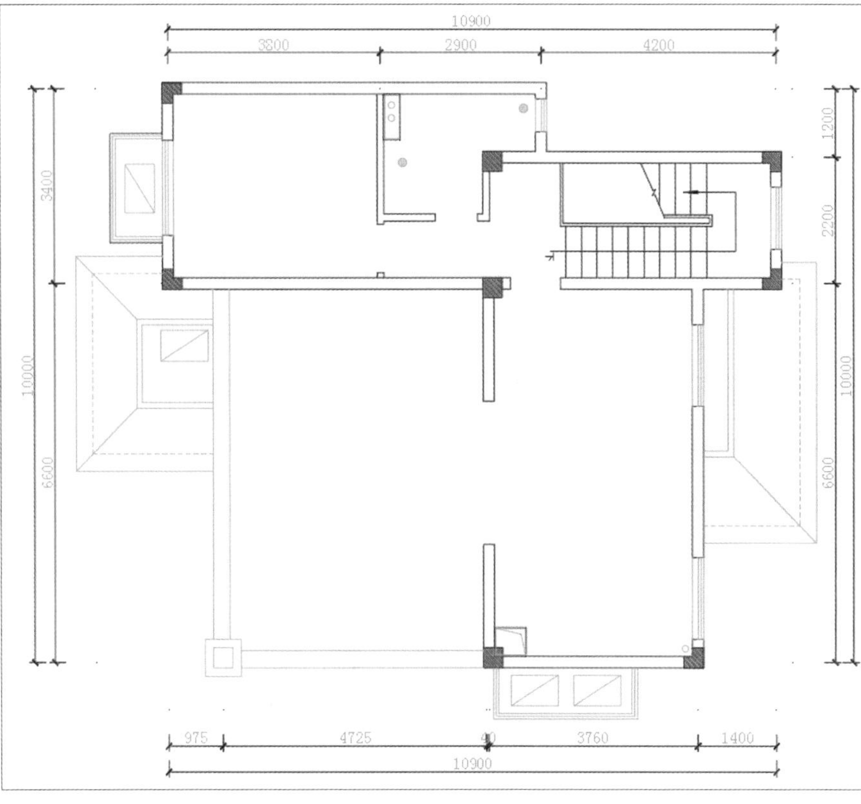

❺别墅三层原始户型图

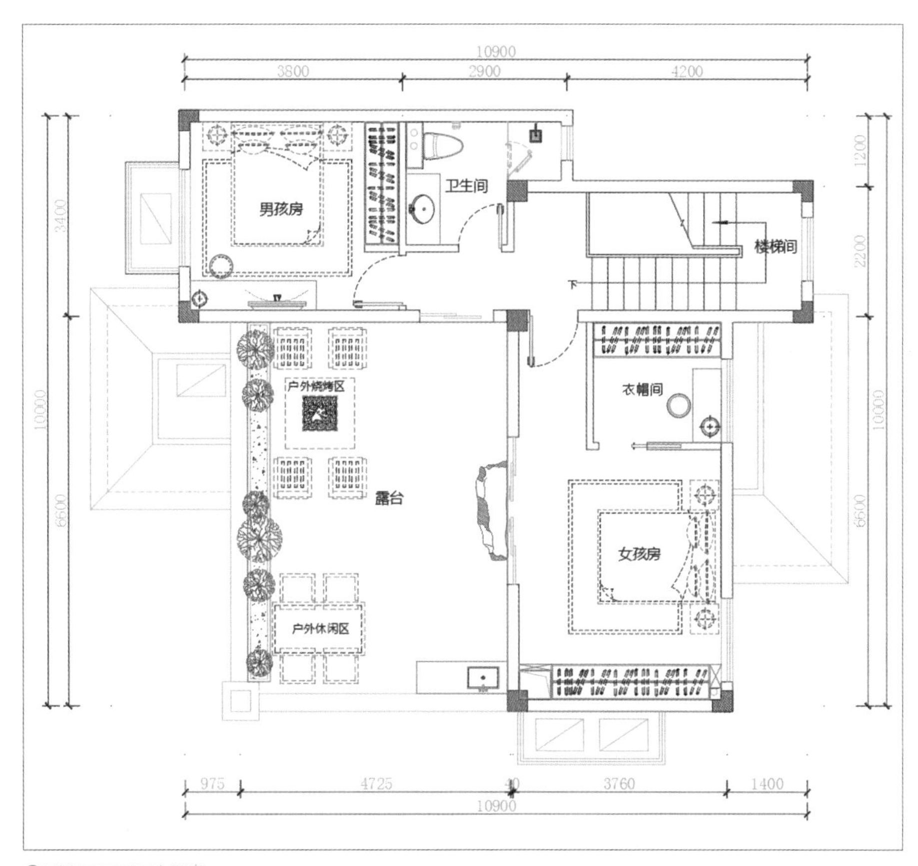

❻别墅三层平面布置图

建筑面积

93.18m²。

户型格局

该户型为别墅第三层，较之一层和二层面积要小许多，功能空间也相应变小，主要包括卧室、卫生间、平台、楼梯间。

户型分析

三层❺为顶层，建筑面积最小，整体呈L形结构，正好可以作为孩子们的生活空间，可供孩子居住、学习、工作等，平时也不会影响老人休息。

超大的屋顶露台，为孩子们提供了很充足的活动空间。

方案解读

考虑到未来女儿对衣物的需求，就将较大的房间设为女儿房；可以隔出一间衣帽间，便于梳妆打扮，靠墙有烟道和水管的位置也做成整墙的定制衣柜，将管道包裹在内；南墙设推拉门，可以直通露台。

朝南向的卧室作为儿子房，设置有衣柜、书桌等设置，功能齐全。

露台上设有烧烤台、休闲座椅以及洗手池，可供一家人或亲朋好友聚餐娱乐等；日常也可以种植一些花花草草❻。

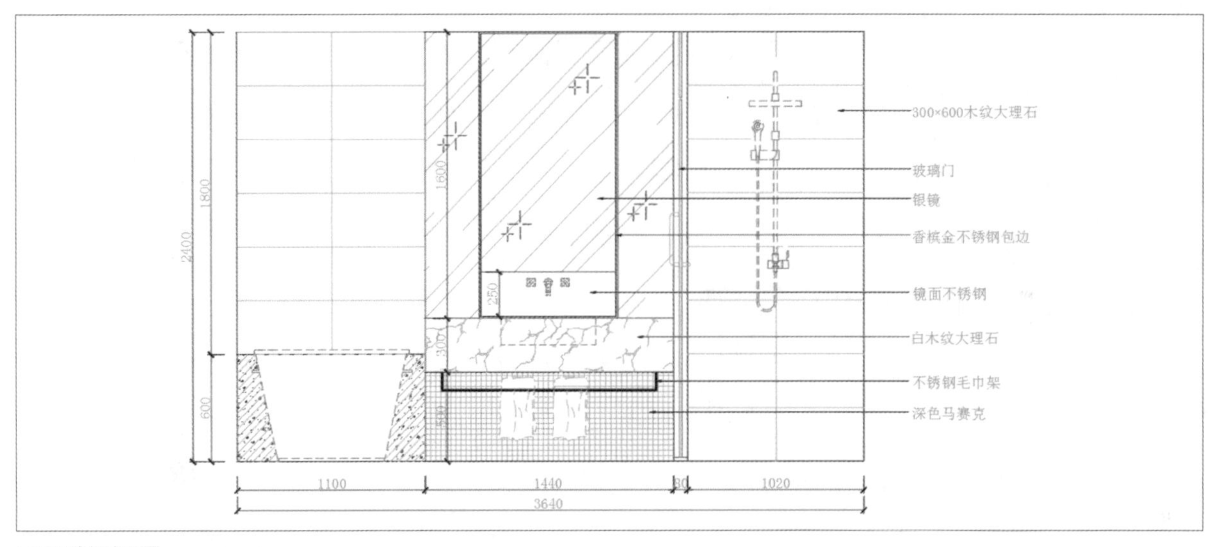

二层卫生间立面图

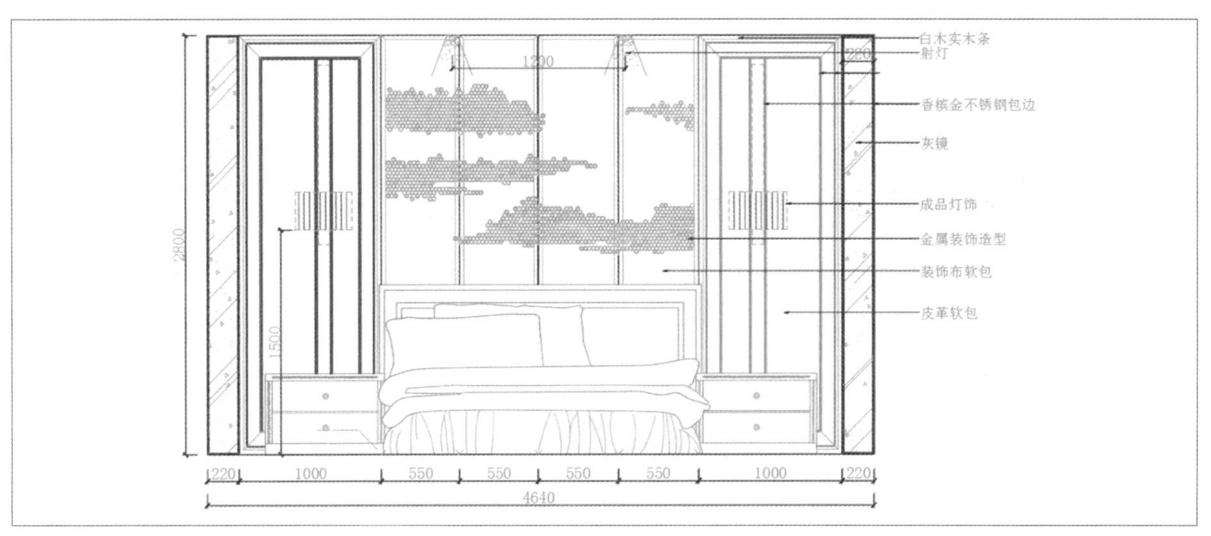

二层主卧背景墙立面图

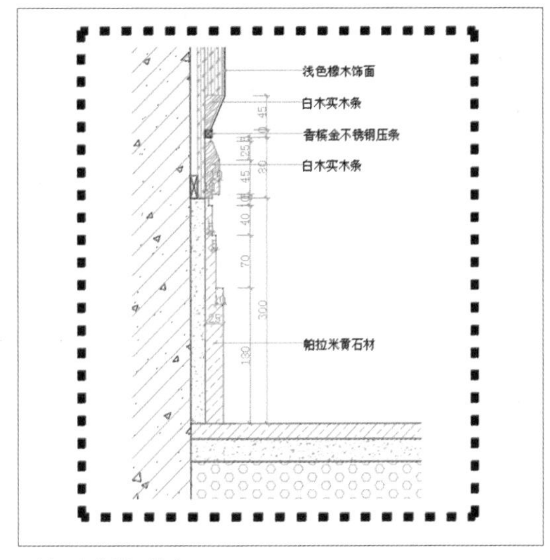

石材踢脚线剖面做法

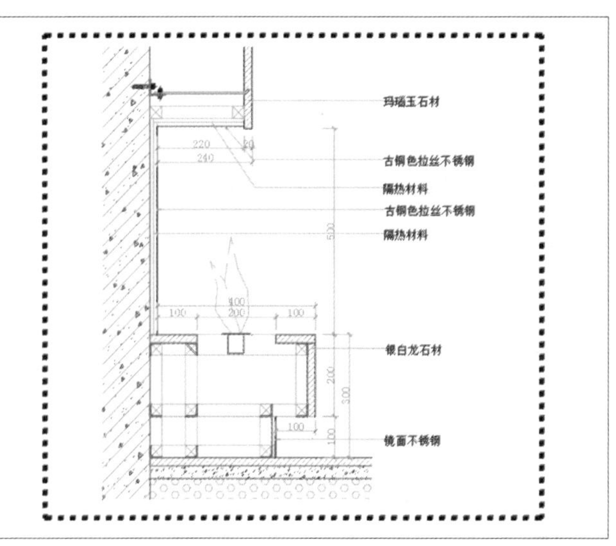

酒精壁炉剖面做法

Article 153 三居室装饰图纸赏析

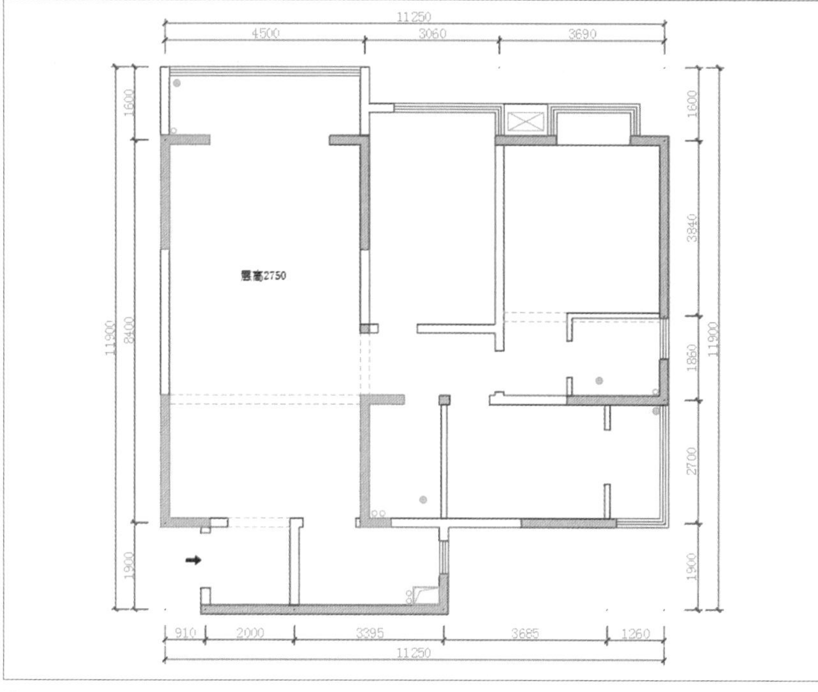

❶三居室原始户型图

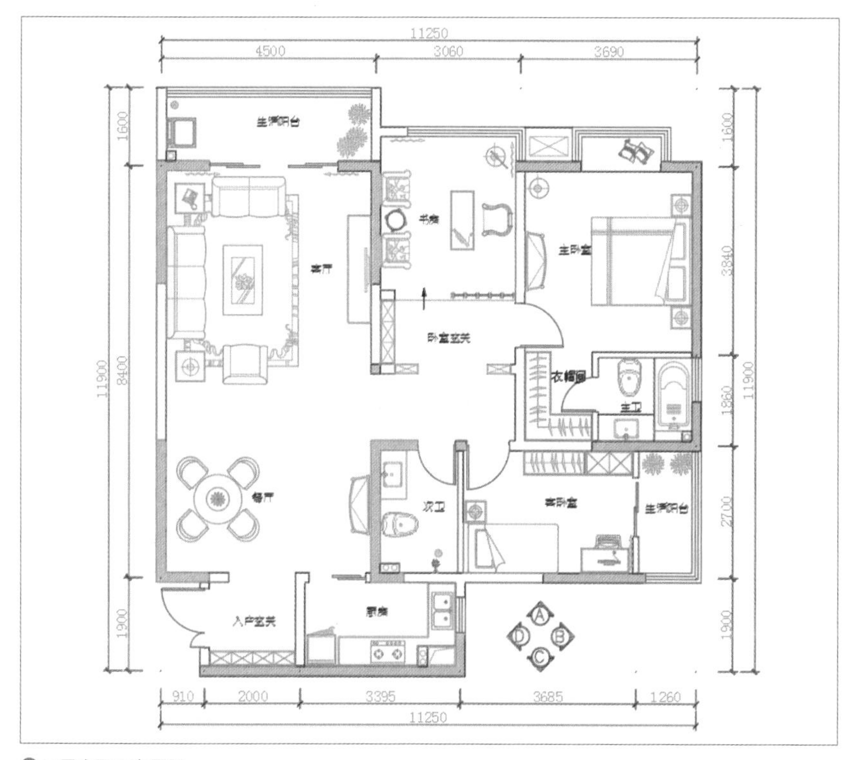

❷三居室平面布置图

套内面积

148m²。

户型格局

原户型❶为框架结构，包括居室、阳台、卫生间。

户型层高

2.75m。

家庭成员

夫妻二人，儿子（12岁）。

屋主需求

男主人需要一个书房，便于日常办公；女主人希望能隔出一个衣帽间。

户型分析

三室两厅两卫，外加两个阳台，空间充足，正好方便一家三口居住。关键是女主人的衣帽间，怎样隔出一个衣帽间又不影响其他空间是重点问题。

设计解读

案例中的客厅、餐厅、玄关、厨房、带阳台的卧室及卫生间都不必改动，满足户主需求即可；朝南向的房间当作书房，将墙体位置挪动一段，多出的空间当作卧室玄关，并改变主卧室门的位置，这样主卫旁边的空间即可做成一个小型衣帽间，满足女主人的需求。书房抬高地面，并使用隔断代替墙体，可为玄关提供充足的采光，显得宽敞通透❷。

❸ 地面材质图

设计解读

本案例中使用的地面材质比较简单，主要是地砖、地板、石材等❸。

入户玄关位置采用雕花瓷砖做边，中间斜铺300mm×300mm的玻化砖，整个客餐厅则使用石材做边，形成一圈波导线，内部使用800mm×800mm全瓷砖。

厨房、卫生间、阳台面积较小，使用的是300mm×300mm防滑砖；卧室、书房则全铺实木复合地板，这是比较常见的家庭地面铺装方式。

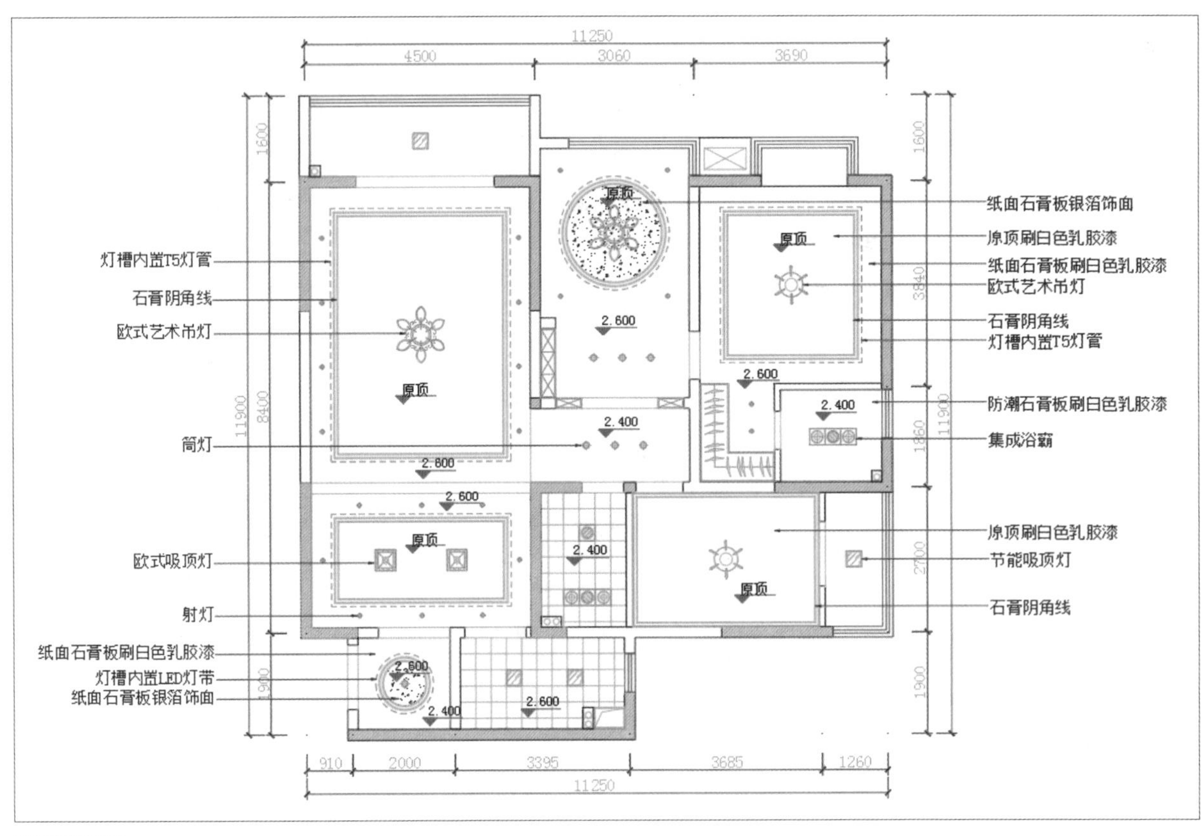

❹ 顶棚布置图

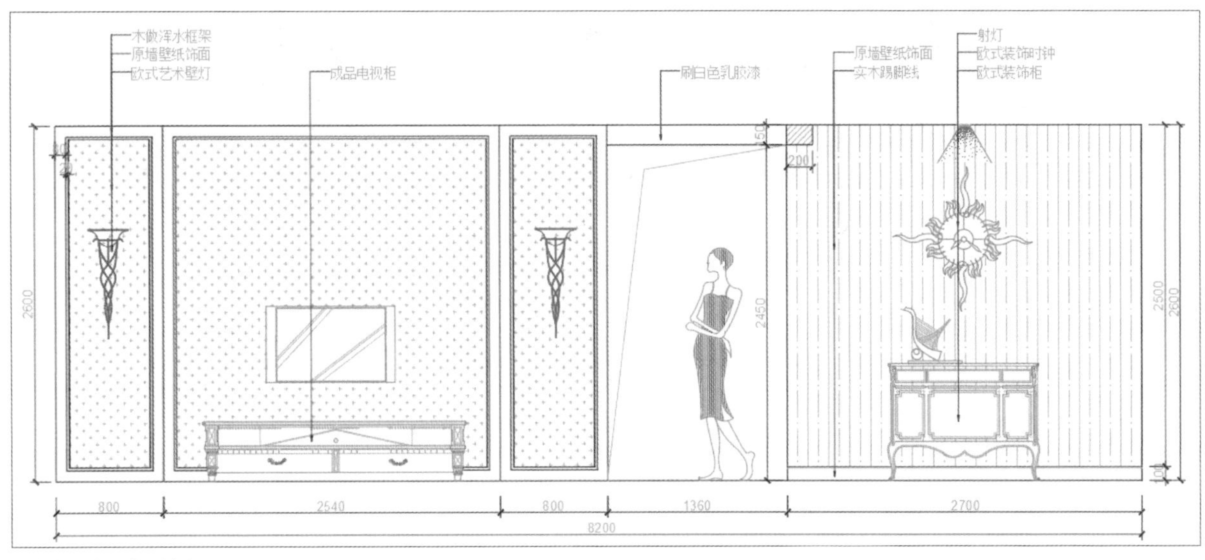

❺ 客餐厅电视背景墙立面图

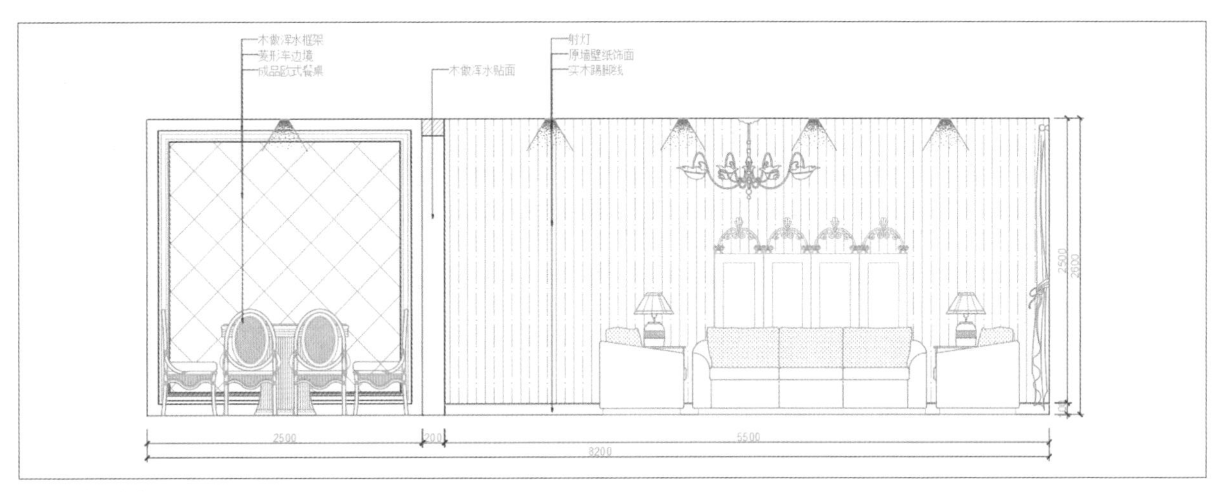

❻ 餐区背景墙立面图

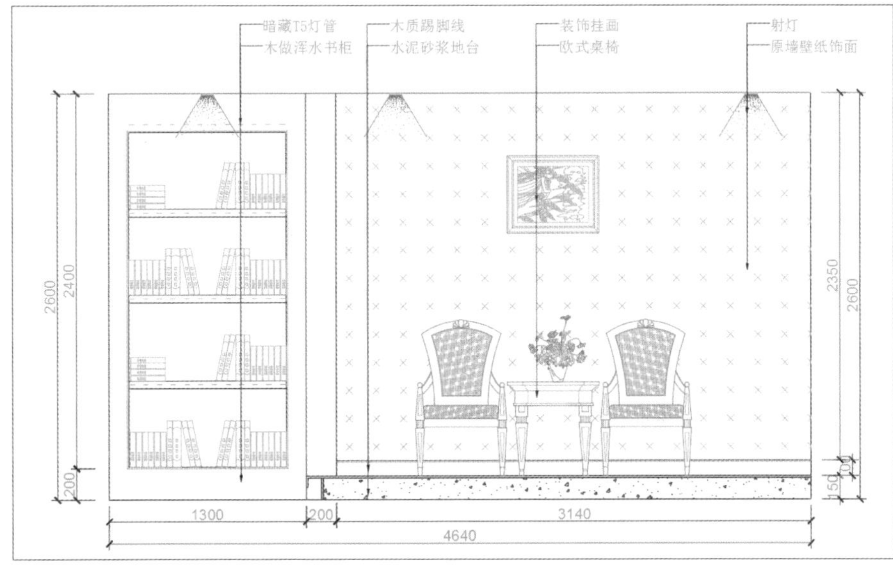

❼ 书房立面图

设计解读

本案例设定为简欧风格，整体墙面装饰以壁纸、镜面、镜框线为主，立面装饰的家具、灯具等也多为欧式造型，整体显得简单大方❹❺❻❼。

Article 154

咖啡厅装饰图纸赏析

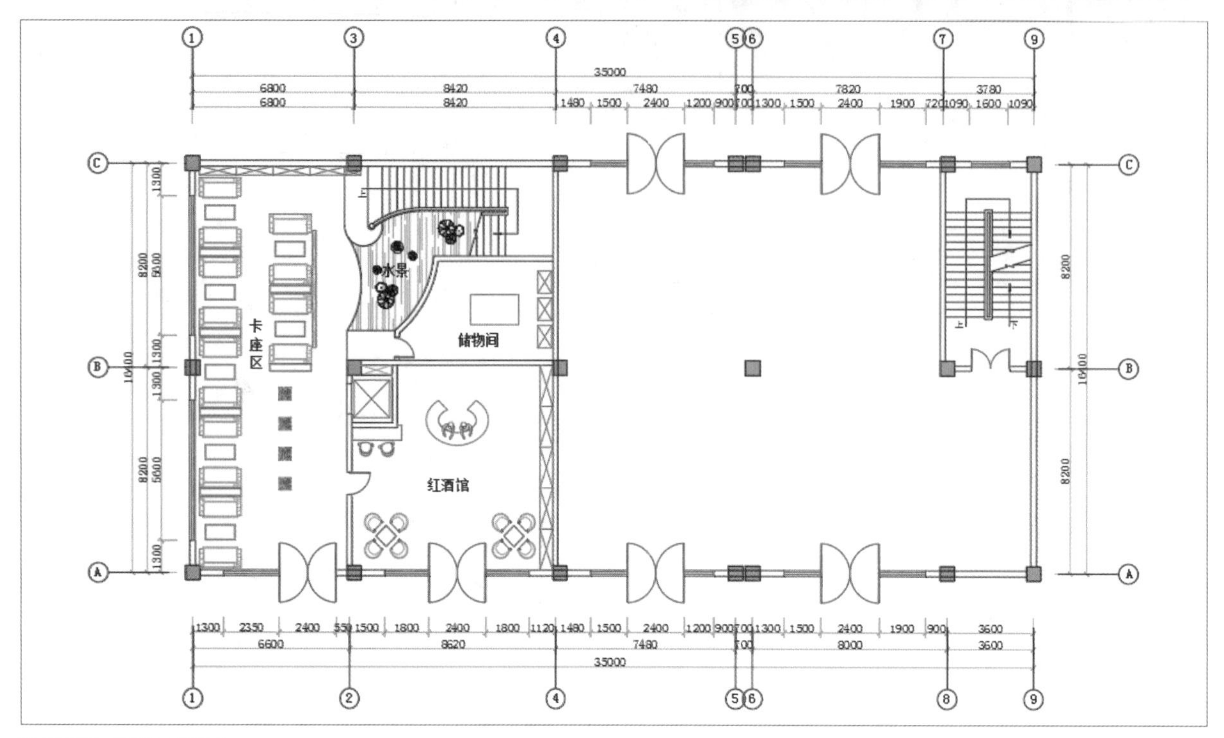

❶ 咖啡厅一层平面布置图

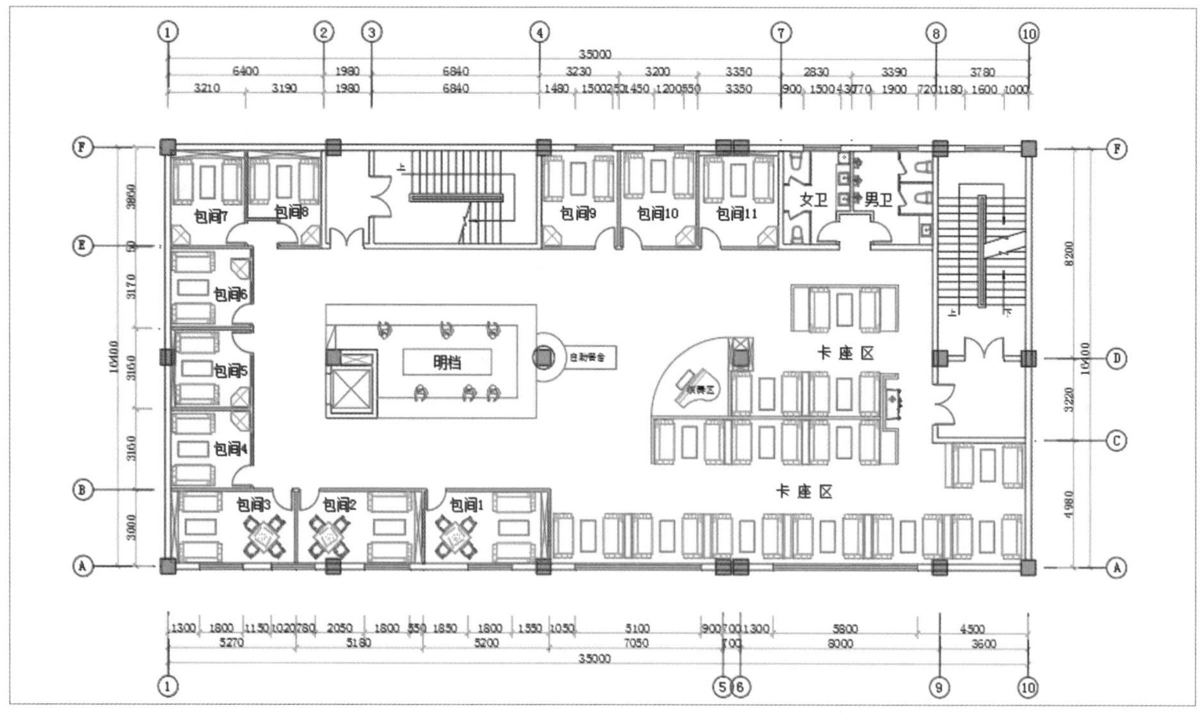

❷ 咖啡厅二层平面布置图

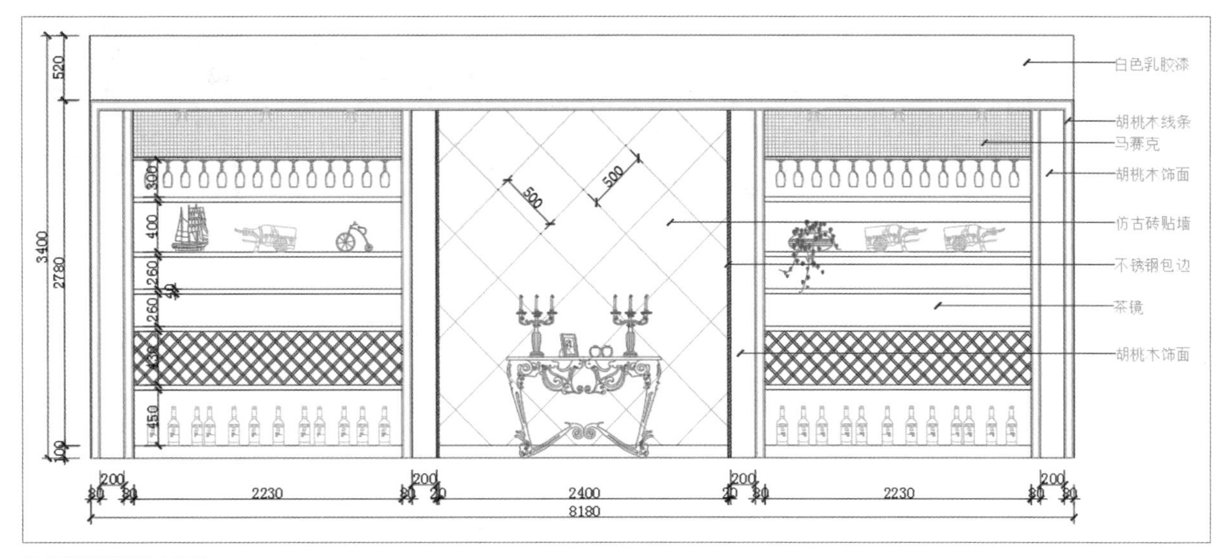

❸ 红酒馆背景墙立面图

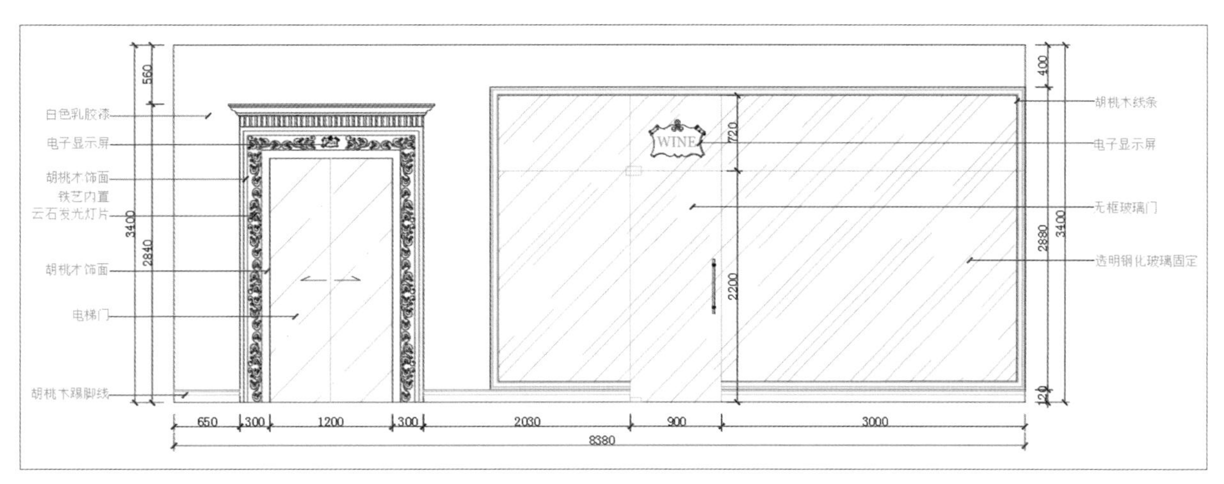

❹ 电梯墙立面图

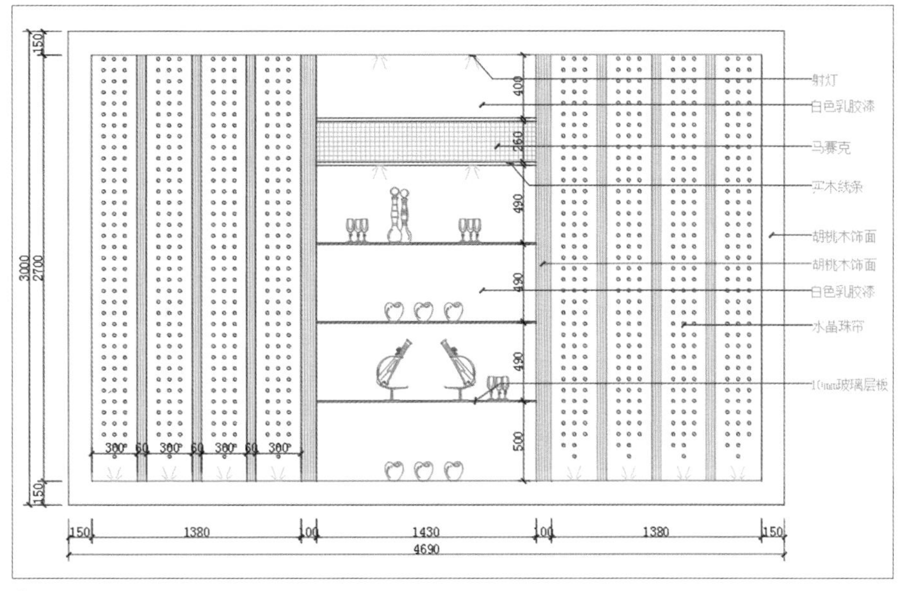

❺ 隔断立面图

设计解读

该咖啡厅的设计方案为欧式风格，所使用的欧式红酒柜、铁艺造型的电梯门、木线条、水晶珠帘、镜面及马赛克等都是比较经典的欧式装饰❶❷❸❹❺。

Article 155

KTV空间装饰图纸赏析

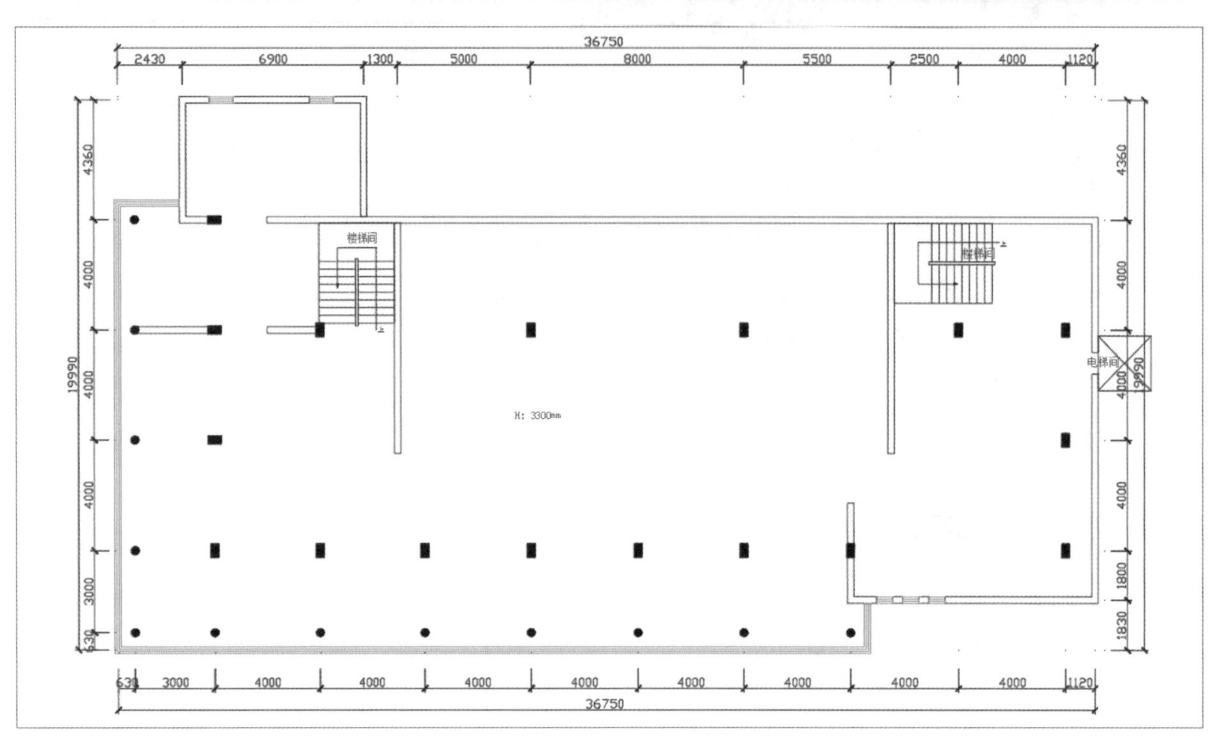

❶ KTV原始结构图

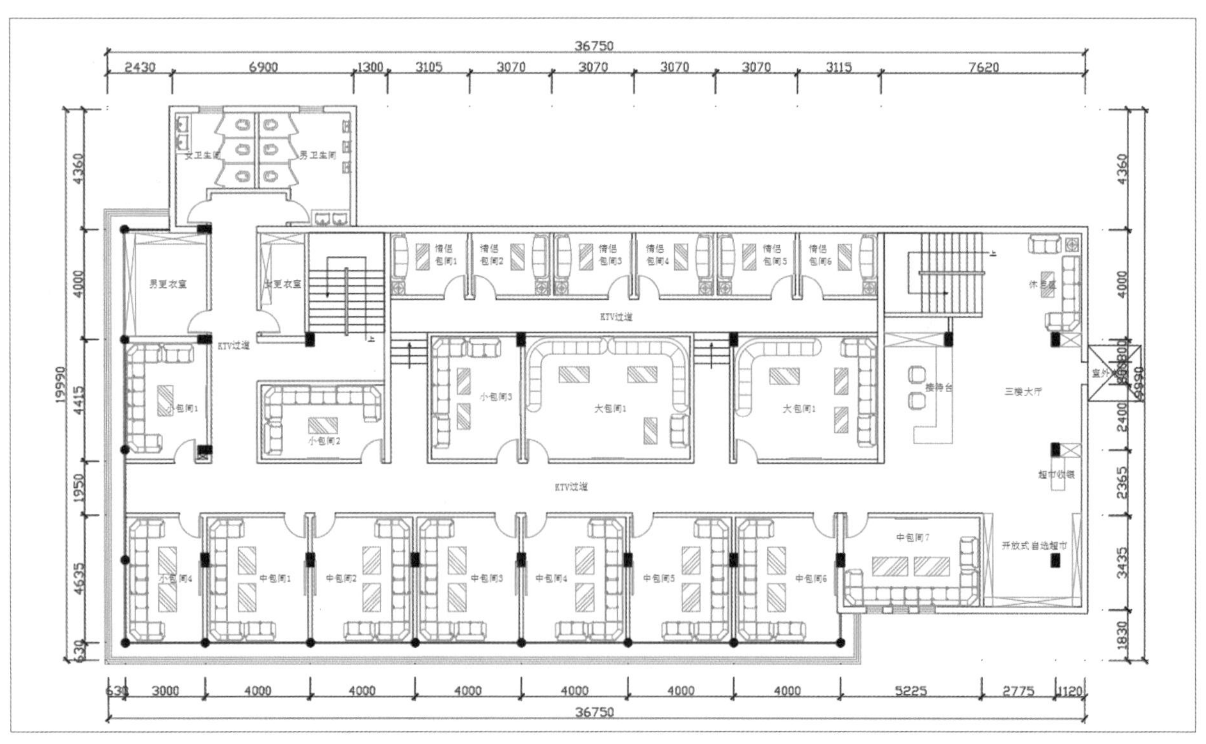

❷ KTV平面布置图

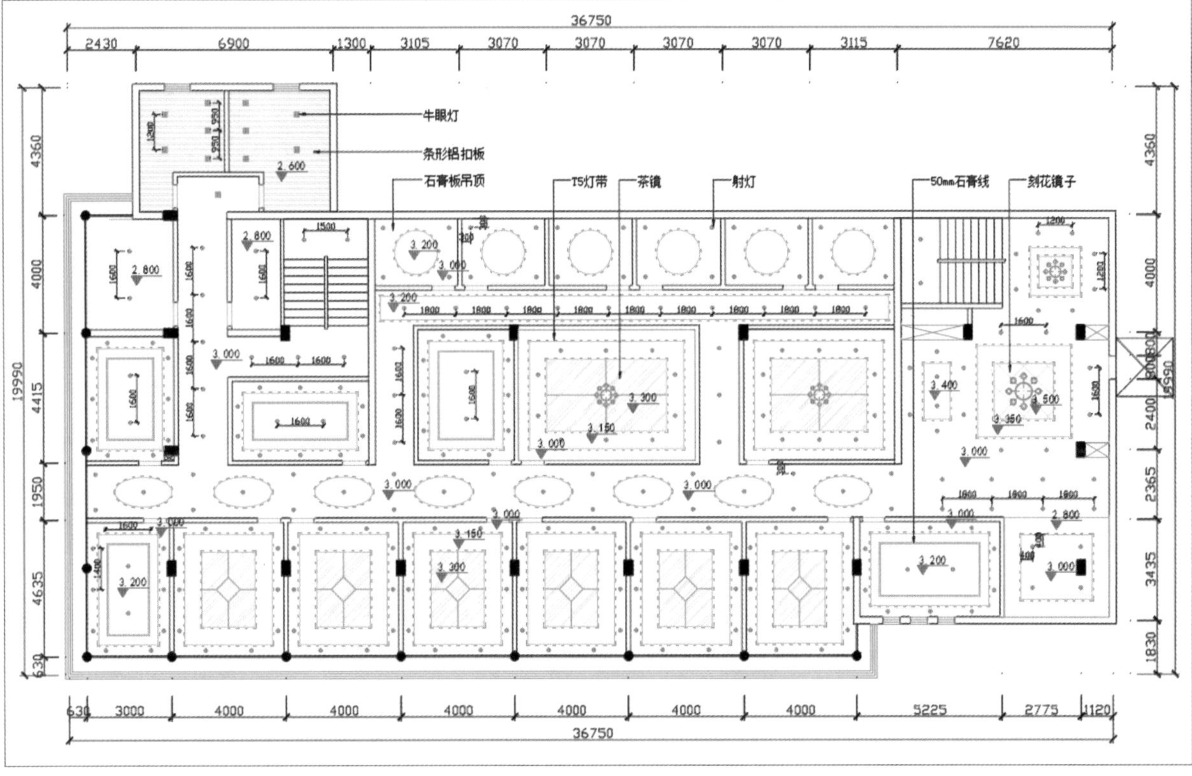

❸ KTV顶棚布置图

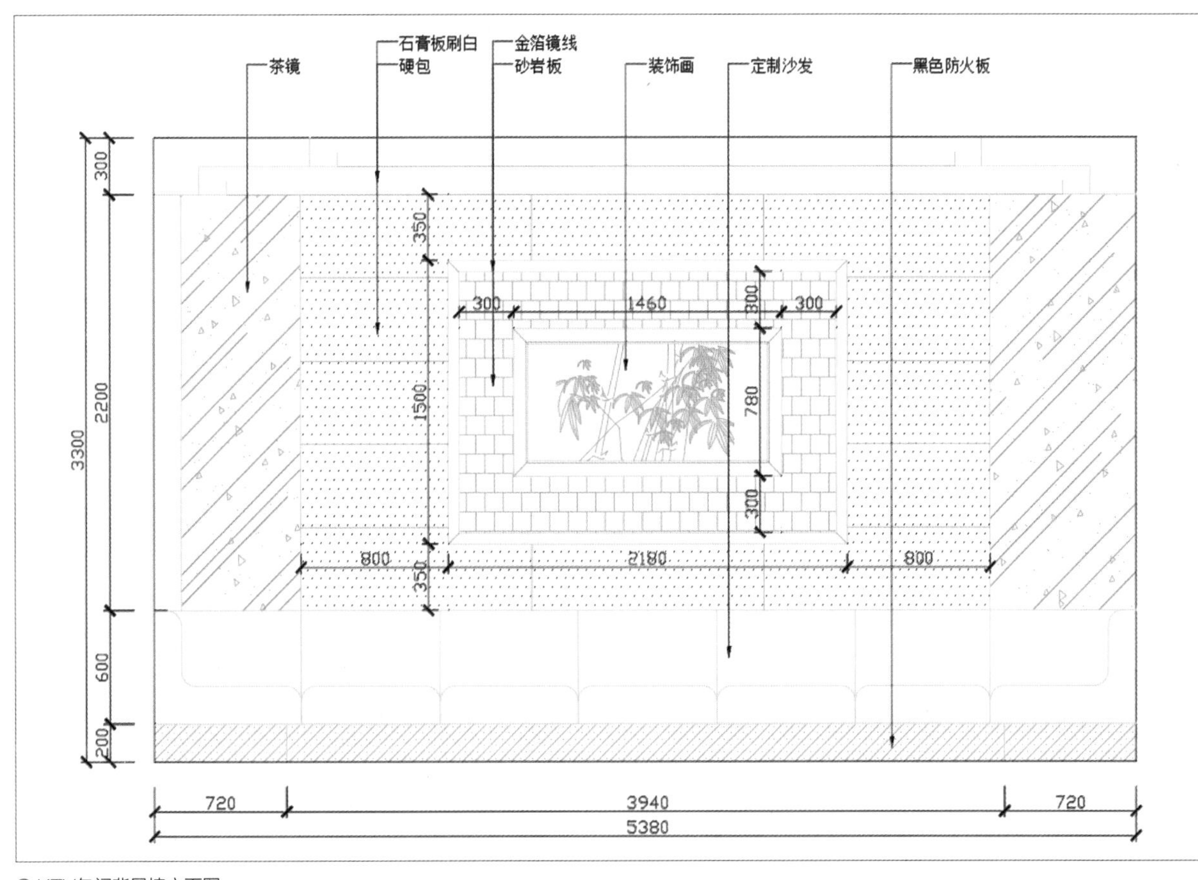

❹ KTV包间背景墙立面图

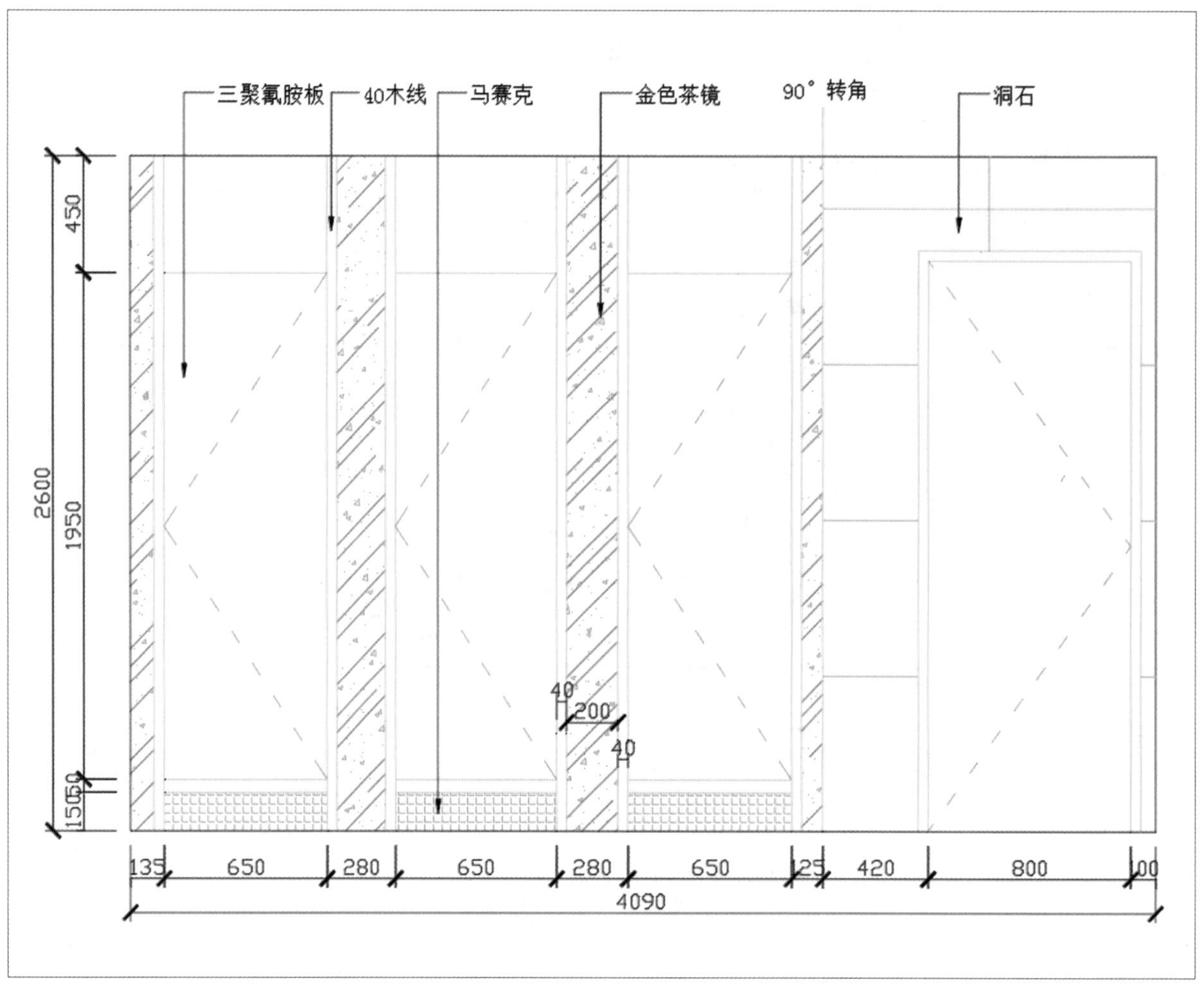

❺ 公共卫生间立面图

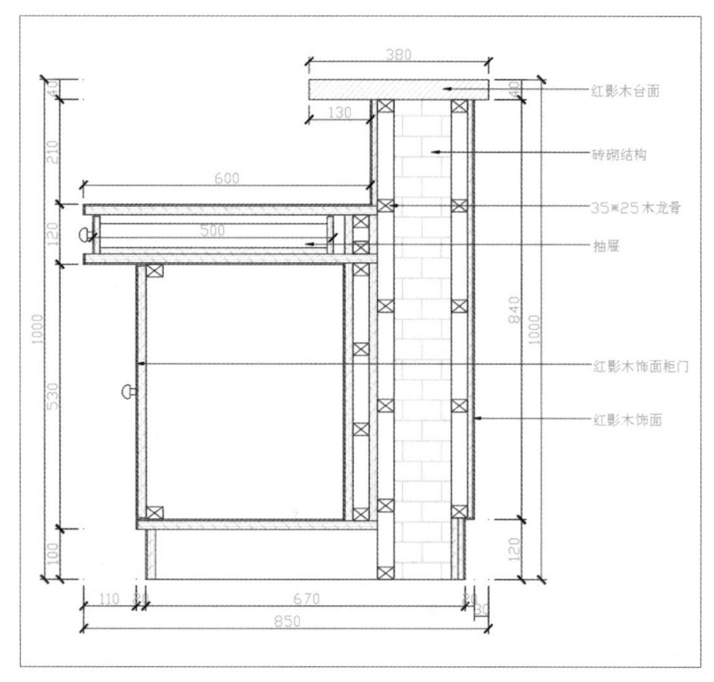

❻ 接待台剖面图

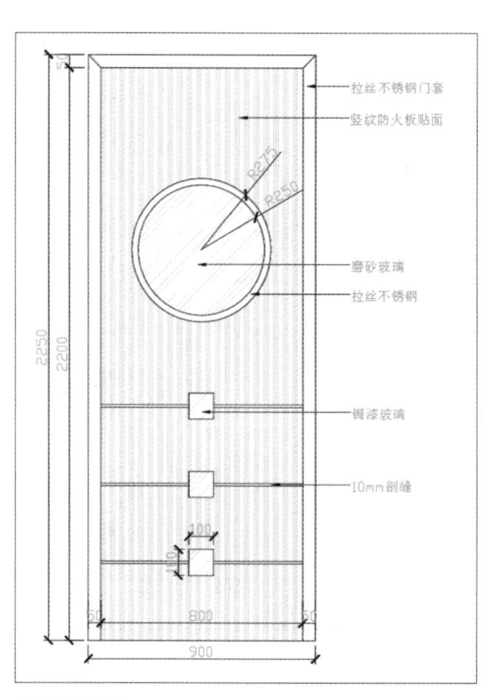

❼ 防火门详图

关键词索引

T

图案/填充

图块

图纸

W

文字

卧室

卫生间

X

命令

玄关

Z